高等职业教育土木建筑大类专业系列规划教材

地基与基础

马　宁　赵心涛　吕金昕　江向东　主　编

清华大学出版社
北　京

内 容 简 介

本书根据专业教学标准对课程主要教学内容的要求，针对施工一线岗位工作需求，突出知识的应用能力培养，依据现行国家、行业标准编写而成。本书内容系统全面、突出实用，注重新技术、新工艺的引入，力求为地基基础施工提供理论与技能的支持。

全书内容包括绪论、工程地质基本知识、土的物理性质与分类、地基土中应力、地基变形、土的抗剪强度与地基承载力、土压力与土坡稳定、地基勘察与局部地基处理、天然地基上的浅基础、桩基础、软弱土地基处理、基坑工程、特殊土地基及土力学试验指导。

本书可作为高等职业教育建筑工程类及相关专业的教学用书，也可供相关工程技术人员学习参考。

图书在版编目（CIP）数据

地基与基础/马宁等主编. —北京：清华大学出版社，2021. 1（2024. 9重印）
高等职业教育土木建筑大类专业系列规划教材
ISBN 978-7-302-55878-1

Ⅰ. ①地… Ⅱ. ①马… Ⅲ. ①地基－基础（工程）－高等职业教育－教材 Ⅳ. ①TU47

中国版本图书馆 CIP 数据核字(2020)第 109181 号

责任编辑：杜　晓
封面设计：曹　来
责任校对：赵琳爽
责任印制：宋　林

出版发行：清华大学出版社
网　　址：https://www.tup.com.cn，https://www.wqxuetang.com
地　　址：北京清华大学学研大厦 A 座　　**邮　　编：**100084
社 总 机：010-83470000　　**邮　　购：**010-62786544
投稿与读者服务：010-62776969，c-service@tup. tsinghua. edu. cn
质量反馈：010-62772015，zhiliang@tup. tsinghua. edu. cn
课件下载：https://www.tup.com.cn，010-83470410
印 装 者：北京鑫海金澳胶印有限公司
经　　销：全国新华书店
开　　本：185mm×260mm　　**印　张：**21. 25　　**字　　数：**512 千字
版　　次：2021 年 1 月第 1 版　　**印　　次：**2024 年 9 月第 4 次印刷
定　　价：59. 90 元

产品编号：088826-01

丛书编写指导委员会名单

前　言

“地基与基础”课程在《高等职业学校建筑工程技术专业教学标准》中定位为专业核心课程，其教学内容需要面向工程一线，满足施工人员对地基基础知识和能力的需求。本书依据专业教学标准对课程主要教学内容的要求，按照《建筑地基基础设计规范》(GB 50007—2011)、《建筑基坑支护技术规程》(JGJ 120—2012)等现行规范、标准、规程编写，书中弱化理论推导和计算设计，突出岗位的针对性和知识的应用性，注重新技术、新工艺的引入，侧重与实际工程紧密联系的理论和技能的运用，侧重基础与基坑支护的结构、受力和构造，侧重地基处理方法的原理和选择，力求做到内容系统、全面、先进和简明。

本书由邯郸职业技术学院马宁、潍坊职业学院赵心涛、四川华新现代职业学院吕金昕、恩施职业技术学院江向东主编，具体分工如下：马宁编写第1章、第9～12章、附录1和附录2，赵心涛编写第2章和第3章，吕金昕编写第4章、第5章和第8章，江向东编写第6章和第7章。全书由马宁统稿。合肥万像建设工程技术有限责任公司吕凤阳为本书提供了配套的动画素材。

本书在编写过程中参考了大量文献，在此一并向作者表示感谢。限于编者的理论和实践水平，书中难免有不妥之处，恳请读者批评指正。

编　者

2020年8月

目 录

第 1 章　绪论 …… 1

1.1　本课程的内容 …… 1

1.1.1　地基基础事故 …… 1

1.1.2　课程的知识构架和基本概念 …… 4

1.2　本学科发展概况 …… 6

1.3　本课程的特点和学习要求 …… 7

思考题 …… 7

第 2 章　工程地质基本知识 …… 8

2.1　概述 …… 8

2.1.1　地质作用 …… 8

2.1.2　地质年代 …… 9

2.2　第四纪沉积物 …… 9

2.2.1　残积物 …… 9

2.2.2　坡积物 …… 10

2.2.3　洪积物 …… 10

2.2.4　冲积物 …… 11

2.2.5　其他沉积物 …… 11

2.3　地下水 …… 12

2.3.1　地下水分类 …… 12

2.3.2　地下水对工程的影响 …… 13

2.3.3　土的渗透性 …… 13

2.3.4　渗流破坏及防治措施 …… 15

小结 …… 17

思考题 …… 18

第 3 章　土的物理性质与分类 …… 19

3.1　土的三相组成 …… 19

3.1.1　土的固相颗粒 …… 19

3.1.2　土中水 …… 21

3.1.3 土中气体 …… 23
3.1.4 土的结构 …… 23
3.1.5 土的构造 …… 24
3.2 土的物理性质指标 …… 25
3.2.1 土的三相组成草图 …… 25
3.2.2 由试验直接测定的指标 …… 25
3.2.3 换算指标 …… 26
3.2.4 三相比例指标的换算关系 …… 28
3.3 土的物理状态指标 …… 29
3.3.1 无黏性土的密实度 …… 29
3.3.2 黏性土的稠度 …… 30
3.4 土的压实性 …… 34
3.4.1 击实试验 …… 34
3.4.2 影响压实效果的因素 …… 34
3.4.3 压实填土的质量控制和检验 …… 35
3.5 地基土(岩)的基本分类 …… 38
3.5.1 岩石 …… 38
3.5.2 碎石土 …… 39
3.5.3 砂土 …… 40
3.5.4 粉土 …… 41
3.5.5 黏性土 …… 41
3.5.6 人工填土 …… 41
3.5.7 特殊土 …… 42
3.6 地基土(岩)的工程分类与性质 …… 44
3.6.1 土的工程分类 …… 44
3.6.2 土的工程性质 …… 45
小结 …… 46
思考题 …… 47
习题 …… 48

第4章 地基土中应力 …… 49
4.1 概述 …… 49
4.2 地基土中自重应力 …… 49
4.2.1 均质土的自重应力 …… 49
4.2.2 成层土的自重应力 …… 50
4.3 基底压力 …… 52
4.3.1 基底压力的分布 …… 52
4.3.2 基底压力的简化计算 …… 53
4.3.3 基底附加压力 …… 55

4.4　地基土中附加应力 …… 57
4.4.1　竖向集中力作用下地基附加应力 …… 57
4.4.2　矩形基础底面受竖向荷载作用时地基中附加应力 …… 59
4.4.3　条形基础底面受竖向荷载作用时地基中附加应力 …… 64
4.4.4　成层地基中的附加应力 …… 66
小结 …… 67
思考题 …… 67
习题 …… 68

第5章　地基变形 …… 70
5.1　土的压缩性 …… 70
5.1.1　基本概念 …… 70
5.1.2　室内压缩试验与压缩性指标 …… 71
5.1.3　现场荷载试验及变形模量 …… 73
5.2　地基最终沉降量计算 …… 75
5.2.1　分层总和法 …… 75
5.2.2　《建筑地基基础设计规范》(GB 50007—2011)计算方法 …… 77
5.3　应力历史对地基沉降的影响 …… 83
5.3.1　土的回弹和再压缩曲线 …… 83
5.3.2　正常固结、超固结和欠固结的概念 …… 84
5.4　饱和黏性土地基沉降与时间的关系 …… 85
5.4.1　饱和土的有效应力原理 …… 85
5.4.2　太沙基一维固结理论 …… 86
5.4.3　实测沉降-时间关系的经验公式 …… 88
5.5　建筑物沉降观测与地基变形允许值 …… 88
5.5.1　地基变形允许值 …… 88
5.5.2　建筑物沉降观测 …… 89
小结 …… 91
思考题 …… 92
习题 …… 92

第6章　土的抗剪强度与地基承载力 …… 94
6.1　土的抗剪强度的工程意义 …… 94
6.2　土的强度理论与强度指标 …… 95
6.2.1　库仑定律 …… 95
6.2.2　土的抗剪强度的构成 …… 96
6.2.3　莫尔-库仑强度理论 …… 96
6.3　土的极限平衡条件 …… 96
6.3.1　土中任一点的应力状态 …… 96

6.3.2 土的极限平衡条件 …… 97
6.4 土的抗剪强度指标的测定 …… 99
6.4.1 直接剪切试验 …… 99
6.4.2 三轴压缩试验 …… 101
6.4.3 无侧限抗压强度试验 …… 103
6.4.4 十字板剪切试验 …… 103
6.5 地基破坏形式及承载力的概念 …… 105
6.5.1 地基破坏形式 …… 105
6.5.2 地基承载力的理论计算 …… 106
6.6 地基承载力的确定 …… 108
6.6.1 根据现场原位测试确定 …… 108
6.6.2 根据理论公式确定 …… 109
6.6.3 根据经验方法确定 …… 109
6.6.4 地基承载力特征值的修正 …… 109
小结 …… 110
思考题 …… 111
习题 …… 111

第7章 土压力与土坡稳定 …… 112
7.1 概述 …… 112
7.2 土压力的分类 …… 113
7.3 朗肯土压力理论 …… 114
7.3.1 基本原理与假设 …… 114
7.3.2 主动土压力 …… 115
7.3.3 被动土压力 …… 117
7.3.4 几种常见情况下土压力的计算 …… 118
7.4 库仑土压力理论 …… 121
7.4.1 基本假设 …… 121
7.4.2 主动土压力 …… 122
7.4.3 被动土压力 …… 123
7.4.4 朗肯理论与库仑理论的比较 …… 124
7.5 《建筑地基基础设计规范》推荐方法 …… 124
7.6 挡土墙设计 …… 125
7.6.1 挡土墙的类型 …… 125
7.6.2 重力式挡土墙的计算 …… 126
7.6.3 重力式挡土墙体形选择与构造措施 …… 128
7.7 土坡稳定性分析 …… 130
7.7.1 影响土坡稳定的因素 …… 130
7.7.2 简单土坡的稳定性分析 …… 131

7.7.3 土质边坡开挖 …… 135
小结 …… 138
思考题 …… 138

第 8 章 地基勘察与局部地基处理 …… 139
8.1 地基勘察基本概念 …… 139
8.1.1 岩土工程勘察 …… 139
8.1.2 岩土工程勘察阶段的划分 …… 139
8.1.3 岩土工程勘察等级 …… 140
8.1.4 地基勘察 …… 140
8.2 地基勘察的任务 …… 141
8.2.1 地基勘察的基本要求 …… 141
8.2.2 基坑工程勘察的要求 …… 141
8.3 地基勘察方法 …… 143
8.3.1 工程地质测绘与调查 …… 143
8.3.2 勘探 …… 143
8.3.3 室内试验与原位测试 …… 144
8.4 地基土的野外鉴别 …… 148
8.5 地基勘察成果报告 …… 149
8.5.1 勘察报告的基本内容 …… 149
8.5.2 勘察报告中与基坑工程有关的内容 …… 150
8.5.3 勘察报告的阅读和使用 …… 151
8.5.4 勘察报告实例 …… 151
8.6 验槽 …… 158
8.6.1 验槽的目的和内容 …… 158
8.6.2 验槽时需具备的资料和条件 …… 159
8.6.3 验槽的方法和注意事项 …… 159
8.7 局部地基的处理 …… 160
8.7.1 松土坑 …… 161
8.7.2 土井、砖井 …… 162
8.7.3 局部软硬地基 …… 164
8.7.4 橡皮土 …… 165
小结 …… 166
思考题 …… 167

第 9 章 天然地基上的浅基础 …… 168
9.1 基本概念 …… 168
9.2 浅基础的类型 …… 169
9.2.1 无筋扩展基础 …… 169

9.2.2 扩展基础 …… 171
9.2.3 柱下条形基础 …… 172
9.2.4 筏形基础 …… 173
9.2.5 箱形基础 …… 174
9.2.6 壳体基础 …… 174
9.3 基础埋置深度 …… 175
9.3.1 建筑物的用途以及基础的形式和构造 …… 175
9.3.2 作用在地基上的荷载大小和性质 …… 175
9.3.3 工程地质和水文地质条件 …… 175
9.3.4 相邻建筑物的基础埋深 …… 176
9.3.5 地基土冻胀和融陷的影响 …… 176
9.4 基础底面尺寸的确定 …… 178
9.4.1 按持力层承载力计算基础底面尺寸 …… 178
9.4.2 地基软弱下卧层承载力验算 …… 182
9.5 无筋扩展基础剖面设计 …… 184
9.6 扩展基础剖面设计 …… 186
9.6.1 扩展基础的构造要求 …… 186
9.6.2 墙下钢筋混凝土条形基础的计算 …… 188
9.6.3 柱下钢筋混凝土独立基础计算 …… 192
9.7 柱下条形基础的构造要求 …… 196
9.8 筏形基础的构造要求 …… 197
9.9 地下室后浇带、施工缝及防水底板的构造要求 …… 199
9.9.1 后浇带 …… 199
9.9.2 施工缝 …… 200
9.9.3 防水底板 …… 201
9.10 减轻建筑物不均匀沉降的措施 …… 202
9.10.1 建筑措施 …… 202
9.10.2 结构措施 …… 204
9.10.3 施工措施 …… 205
小结 …… 206
思考题 …… 207
习题 …… 207

第 10 章 桩基础 …… 209
10.1 概述 …… 209
10.2 桩的分类和选型 …… 210
10.2.1 按承载性状分类 …… 210
10.2.2 按成桩方法分类 …… 211
10.2.3 按桩径(设计直径 d)大小分类 …… 211

10.2.4 桩型的选择 …… 211
10.3 预制桩的种类与打(沉)桩要点 …… 212
10.3.1 常用预制桩种类 …… 212
10.3.2 打(沉)桩要点 …… 215
10.4 灌注桩的种类及施工工艺要点 …… 217
10.4.1 泥浆护壁成孔灌注桩 …… 217
10.4.2 长螺旋钻孔压灌桩 …… 220
10.4.3 沉管灌注桩和内夯沉管灌注桩 …… 221
10.4.4 干作业成孔灌注桩 …… 223
10.4.5 灌注桩后注浆技术 …… 224
10.5 单桩、群桩承载力 …… 226
10.5.1 单桩竖向承载力 …… 226
10.5.2 单桩水平承载力 …… 228
10.5.3 群桩承载力 …… 228
10.6 桩基础的构造要求 …… 229
10.6.1 桩和桩基的构造要求 …… 229
10.6.2 承台的构造要求 …… 230
小结 …… 232
思考题 …… 232

第11章 软弱土地基处理 …… 233
11.1 概述 …… 233
11.1.1 软弱土的种类和性质 …… 233
11.1.2 软弱土地基处理方法分类 …… 234
11.2 碾压法与夯实法 …… 235
11.2.1 机械碾压法 …… 235
11.2.2 振动压实法 …… 235
11.2.3 重锤夯实法 …… 236
11.2.4 强夯法 …… 236
11.3 换填垫层法 …… 238
11.3.1 加固机理及适用范围 …… 238
11.3.2 垫层的设计要点 …… 238
11.3.3 垫层的施工要点 …… 240
11.3.4 垫层的质量检验 …… 241
11.4 排水固结法 …… 241
11.4.1 加固机理及适用范围 …… 241
11.4.2 加压系统设计 …… 242
11.4.3 排水系统设计 …… 243
11.5 复合地基理论概述 …… 244

11.5.1 复合地基的概念及分类 …… 244
11.5.2 复合地基的作用机理 …… 245
11.6 挤密法和振冲法 …… 246
11.6.1 挤密法 …… 246
11.6.2 振冲法 …… 247
11.7 高压喷射注浆法和深层搅拌法 …… 248
11.7.1 高压喷射注浆法 …… 248
11.7.2 深层搅拌法 …… 250
11.8 水泥粉煤灰碎石桩复合地基 …… 251
11.8.1 加固机理 …… 251
11.8.2 适用范围 …… 252
11.8.3 设计要求 …… 252
小结 …… 253
思考题 …… 253

第 12 章 基坑工程 …… 254
12.1 基坑工程概述 …… 254
12.1.1 基坑工程与支护结构 …… 254
12.1.2 基坑工程的特点 …… 255
12.1.3 基坑支护的作用和目的 …… 255
12.2 基坑工程分类 …… 255
12.3 基坑支护结构的类型与选型 …… 256
12.3.1 常见基坑支护结构的类型 …… 256
12.3.2 支护结构的选型 …… 259
12.4 排桩、地下连续墙的受力与设计概要 …… 260
12.4.1 概述 …… 260
12.4.2 土压力的计算方法 …… 261
12.4.3 支挡结构的稳定性验算 …… 262
12.4.4 桩(墙)结构分析 …… 268
12.4.5 支撑体系的选型和结构分析 …… 268
12.4.6 锚杆系统及其设计内容 …… 271
12.5 土钉墙的工作机理与设计概要 …… 272
12.5.1 土钉墙及工作机理 …… 272
12.5.2 土钉墙的特点 …… 273
12.5.3 土钉墙的设计内容 …… 274
12.5.4 土钉墙分析内容与方法 …… 274
12.5.5 土钉墙构造与施工 …… 275
12.5.6 复合土钉墙的概念和类型 …… 277
12.6 水泥土墙的受力与设计概要 …… 278
12.6.1 水泥土墙的概念 …… 278

12.6.2 水泥土墙的特点 …… 279
12.6.3 水泥土墙的设计内容 …… 279
12.6.4 水泥土墙分析内容与方法 …… 279
12.6.5 水泥土墙构造要求 …… 280
12.7 基坑降排水 …… 282
12.7.1 降排水方法 …… 282
12.7.2 井点降水对周围环境的影响 …… 283
12.7.3 防范井点降水不利影响的措施 …… 285
12.8 基坑工程监测 …… 287
12.8.1 基坑监测的意义和目的 …… 287
12.8.2 监测的基本规定 …… 287
12.8.3 监测项目 …… 288
12.8.4 监测点布置 …… 289
12.8.5 监测报警 …… 289
小结 …… 290
思考题 …… 291

第13章 特殊土地基 …… 293
13.1 湿陷性黄土地基 …… 293
13.1.1 黄土的特征与分布 …… 293
13.1.2 黄土湿陷性发生的原因和影响因素 …… 294
13.1.3 湿陷性黄土地基的工程措施 …… 294
13.2 膨胀土地基 …… 295
13.2.1 膨胀土的特征与分布 …… 295
13.2.2 膨胀土的危害 …… 296
13.2.3 膨胀土地基的工程措施 …… 296
小结 …… 297
思考题 …… 298

附录1 土力学试验指导 …… 299
试验一 含水率试验(烘干法) …… 299
试验二 密度试验(环刀法) …… 301
试验三 界限含水率试验(液限、塑限联合测定法) …… 303
试验四 塑限试验 …… 306
试验五 液限试验 …… 308
试验六 固结试验 …… 311
试验七 直接剪切试验(快剪法) …… 314
试验八 击实试验 …… 318

附录2 地质年代表 …… 322
参考文献 …… 324

第1章 绪论

学习目标

1. 知晓课程内容、地基基础的基本概念、建筑工程对地基基础的要求。
2. 了解本学科的发展情况。
3. 了解本课程的特点和学习方法。

1.1 本课程的内容

地基与基础属于地下隐蔽工程，一旦发生事故难以补救，有时会造成重大经济损失甚至人员伤亡。实践证明，建筑工程实践中出现的很多事故均与地基基础有关。随着高层建筑物的兴起，深基础工程增多，地基基础的复杂性及设计、施工的难度也不断提高。对工程中出现问题的研究解决以及经验的积累逐渐形成了本课程内容并不断发展。本课程为地基基础的施工和监理提供有关土的技术理论和技能的支持，具体有以下两点。

(1) 针对室外设计地坪以下建筑工程，使学生搞清楚基础设计、基坑支护或放坡设计的意图以及地基处理方法的原理。

(2) 为土方开挖、基坑降水、基坑支护或放坡、地基处理、基础施工、土方回填等施工方案的制订、施工和监理提供有关土和地下水的必备基础理论知识与技能。

1.1.1 地基基础事故

实际工程中出现的地基基础事故归纳如下。

1. 地基变形事故

1) 建筑物倾斜

基础承受偏心荷载、邻近建筑物荷载在地基中扩散、地基土各部分软硬不同、高压缩性土层厚薄不均等原因均可导致高耸结构发生倾斜，如意大利比萨斜塔(图 1.1)和我国苏州的虎丘塔，倾斜严重时还可导致结构物开裂。

图 1.1 比萨斜塔

意大利比萨斜塔是比萨大教堂的一座钟塔，建成于公元 1370 年，石砌建筑，塔身为圆筒形，全塔共 8 层，高 55m。其基础底面平均压力高达 500kPa，地基持力层为粉砂，下面为粉土和饱和黏土层。建造过程中便发生倾斜，目前塔向南倾斜，塔北侧沉降量约 0.9m，南侧沉降量约 2.7m，塔顶偏离中心线已达 5.27m，倾斜 5.5°。该塔倾斜原因较复杂,曾采用过多种方法进行处理,但效果并不明显。虎丘塔位于苏州市虎丘公园山顶,建成于公元 961 年,砖塔平面呈八角形,全塔共 7 层,高 47.5m。塔身向东北方向严重倾斜,塔顶距离竖直中心线达 2.31m,同时底层塔身出现不少裂缝。地基覆盖层厚度相差悬殊是虎丘塔倾斜的主要原因。后经地基加固,虎丘塔纠倾成功。

2) 建筑物局部倾斜

砖墙承重的条形基础,由于地基的不均匀沉降发生局部倾斜,常导致砖墙墙体开裂,影响房屋的安全和正常使用,如图 1.2 所示。

3) 建筑地基严重下沉

地基严重下沉多因存在高压缩性软弱土,可导致散水倒坡,室内地坪低于室外地坪,水、暖、电等内、外网连接管道断裂等问题,不同程度地影响建筑物的使用。

例如,墨西哥市艺术宫(图 1.3)于 1904 年落成,经几十年时间,地基下沉量高达 4m,邻近公路也下沉 2m。这是由地基超高压缩性淤泥的压缩变形所造成的。

图 1.2 某砖混房屋墙体开裂

图 1.3 墨西哥市艺术宫

2. 建筑物基础开裂

当一幢建筑物的基础位于软硬突变的地基上时,在软硬突变处基础往往发生开裂。作为建筑物的根基,这比墙体的开裂更为严重,处理起来也更为困难。在池塘、故河道、防空洞等不良场地上修建建筑物需特别注意。

3. 建筑物地基滑动

当建筑物施加到地基上的荷载超过地基极限承载力时,地基便发生强度破坏,整幢建筑物就会沿着地基中某一薄弱面发生滑动而倾倒,这往往是灾难性的事故,典型案例为加拿大特朗斯康谷仓(图 1.4)。该谷仓为 5 排圆筒仓,每排 13 个,共 65 个圆筒仓组成整体,平面呈矩形,长 59.44m,宽 23.47m,高 31m,总容积 36368m^3。基础为钢筋混凝土筏形基础,厚 61cm,埋深 3.66m。该谷仓于 1913 年秋完工。10 月,当谷仓装载 31822m^3 谷物时,发生严重下沉,1h 内竖向沉降达 30.5cm,结构物向西倾斜并在 24h 内倾倒。谷仓西端下沉 7.32m,东端上抬 1.52m,仓身倾斜 27°。上部钢筋混凝土筒仓完好。

事故原因是事前不了解基础下埋藏厚达 16m 的软弱黏性土层,谷仓地基因超载发生强度破坏而滑动。

图 1.4 特朗斯康谷仓

4. 建筑物地基溶蚀

当地下水流速较大时,如果土体粗粒孔隙中充填的细粒土被冲走，则产生潜蚀，长期潜蚀会形成地下土洞并导致地表塌陷。在石灰岩溶洞发育地区或矿产开采采空区，在地下水渗流作用下，溶洞或采空区顶部土体不断塌落或侵蚀，最终也可导致地表塌陷。

例如，我国徐州市故黄河河道区域，沉积有较厚的粉砂和粉土，其底部即为古生代奥陶系灰岩，中间缺失老黏土隔水层，灰岩中存在大量溶洞与裂隙。而过量开采地下水引起的水位下降导致覆盖层粉砂和粉土中形成潜蚀与空洞并不断扩大，最终造成多处地面塌陷事故，导致塌陷区房屋倒塌，邻近区域房屋开裂。

5. 建筑物基槽变位滑动

人工边坡如深基基槽，边坡设计、施工不当，将导致基槽变位滑动，对工程施工造成影响，严重的导致邻近建筑物开裂或倒塌。例如，2005 年 7 月，广州海珠区某建筑工地基坑南端约 100m 挡土墙坍塌，造成 5 人被困，工地边平房倒塌，邻近两幢建筑物出现不同程度的倾斜，部分墙体开裂，如图 1.5 所示。

6. 土坡滑动

山麓或山坡上建房时，由于切削坡脚使土坡增加荷载或雨水入渗，导致山坡失稳滑动，房屋倒塌。例如，1972 年 7 月，香港发生一起大滑坡事故，位于山坡上的一幢高层住宅——宝城大厦被冲毁倒塌，同时砸毁邻近一幢住宅楼一角约 5 层住宅，造成大量人员伤亡，如图 1.6 所示。事故的原因是山坡上残积土本身强度较低，加之雨水入渗其强度大大降低，使得土体滑动力超过土的强度，导致山坡土体发生滑动。

图 1.5 广州某建筑工地挡土墙坍塌

图 1.6 香港宝城大厦倒塌

7. 建筑物地基震害

1）地基液化

饱和状态的疏松粉、细砂或粉土，在强烈地震作用下产生液化，地基土呈液态，从而失去承载力，导致建筑物倾斜、开裂等事故发生。例如，1964 年 6 月，日本新潟发生 7.5 级强烈地震，导致大面积饱和砂土地基液化，许多建筑物倾斜，如图 1.7 所示。

2）地基震沉

当建筑物地基为软弱黏性土时，在发生强烈地震时，由于土质强度降低，基础底部软土侧向挤出，会产生严重的震沉。例如，唐山矿冶学院图书馆书库，在 1976 年 7 月唐山地震时，震沉一层楼，室外地面与二层楼地板相近，如图 1.8 所示。

8. 冻胀事故

寒冷地区地基可能产生冻胀，导致墙体开裂。

图 1.7　日本新潟 1964 年震害

图 1.8　唐山矿冶学院图书馆书库震沉

1.1.2　课程的知识构架和基本概念

本课程内容主要包括:土性指标与土力学基本理论、地基基础设计原理与方法、基础和基坑支护的构造措施、土工试验基本方法、岩土工程勘察报告的阅读与应用等。

有关基本概念如下。

1. 地基基础

1）土的特点

土具有碎散性、压缩性、固体颗粒间的相对移动性及透水性等特点。

2）土的用途

土可作为地基,也可作为建筑材料,如路基、堤坎。

3）地基与基础的概念

地基:支承基础的土体或岩体,如图 1.9 所示。

基础:将结构所承受的各种作用传递到地基上的结构组成部分。它是建筑物最底下且扩大的这一部分,如图 1.9 所示。

持力层:位于基础底面下的第一层土。

下卧层:持力层下的土层。

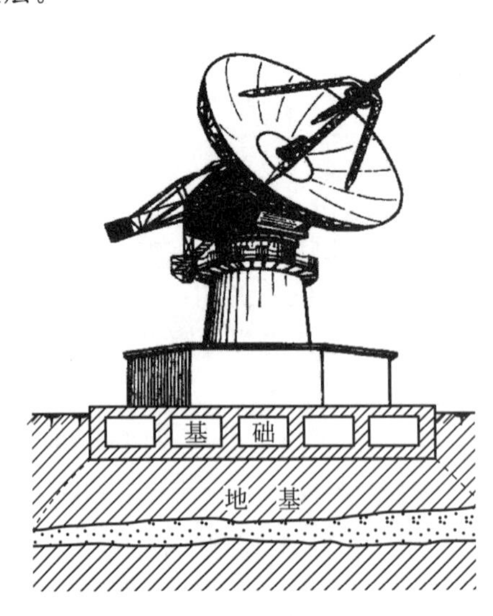

图 1.9　地基基础示意

4）地基的分类

(1) 按地质情况分为土基和岩基。

(2) 按设计施工情况分为天然地基和人工地基。

天然地基：无须处理而直接利用的地基。

人工地基：经过人工处理而达到设计要求的地基。

2. 土力学

地基基础设计的主要理论依据为土力学。土力学是利用力学知识和土工试验技术来研究土的强度、变形及其规律等的一门科学。它研究土的本构关系以及土与结构物相互作用的规律。其中，土的本构关系，即土的应力、应变、强度、时间四变量之间的内在联系。

3. 地基基础设计等级

《建筑地基基础设计规范》(GB 50007—2011)(以下简称《规范》)根据地基复杂程度、建筑物规模和功能特征以及由于地基问题可能造成建筑物破坏或影响正常使用的程度，将地基基础设计分为三个设计等级，设计时应根据具体情况按表 1.1 选用。

表 1.1 地基基础设计等级

设计等级	建筑和地基类型
甲 级	重要的工业与民用建筑物 30 层以上的高层建筑 体形复杂，层数相差超过 10 层的高低层连成一体的建筑物 大面积的多层地下建筑物(如地下车库、商场、运动场等) 对地基变形有特殊要求的建筑物 复杂地质条件下的坡上建筑物(包括高边坡) 对原有工程影响较大的新建建筑物 场地和地基条件复杂的一般建筑物 位于复杂地质条件及软土地区的 2 层及 2 层以上地下室的基坑工程 开挖深度大于 15m 的基坑工程 周围环境条件复杂、环境保护要求高的基坑工程
乙 级	除甲级、丙级以外的工业与民用建筑物 除甲级、丙级以外的基坑工程
丙 级	场地和地基条件简单、荷载分布均匀的 7 层及 7 层以下民用建筑及一般工业建筑物，次要的轻型建筑物 非软土地区且场地地质条件简单、基坑周边环境条件简单、环境保护要求不高且开挖深度小于 5.0m 的基坑工程

4. 地基设计的基本原则

1）地基的强度要求

地基的强度要求作用于地基的荷载不超过地基的承载力，保证地基在防止整体破坏方面有足够的安全储备。《规范》规定：所有建筑物的地基计算均应满足承载力计算的有关规定。此条为强制性条文。

2）地基的变形要求

控制基础沉降，使之不超过地基的变形允许值，保证建筑物不因地基变形而损坏或者影响其正常使用。《规范》规定：设计等级为甲级、乙级的建筑物，均应按地基变形设计；设计等级为丙级的建筑物，有以下情况之一时应做变形验算。

（1）地基承载力特征值小于130kPa，且体形复杂的建筑。

（2）在基础上及其附近有地面堆载或相邻基础荷载差异较大，可能引起地基产生过大的不均匀沉降时。

（3）软弱地基上的建筑物存在偏心荷载时。

（4）相邻建筑距离近，可能发生倾斜时。

（5）地基内有厚度较大或厚薄不均的填土，其自重固结未完成时。

以上为强制性条文。

3）地基的稳定性要求

《规范》规定：对经常受水平荷载作用的高层建筑、高耸结构和挡土墙等，以及建造在斜坡上或边坡附近的建筑物和构筑物，尚应验算其稳定性；基坑工程应进行稳定性验算；建筑地下室或地下构筑物存在上浮问题时，尚应进行抗浮验算。以上为强制性条文。

5. 基础设计中必须满足的技术条件

基础应当具有足够的强度、刚度和耐久性。

1.2 本学科发展概况

地基与基础既是一项古老的工程技术，又是一门年轻的应用科学。远古先民在史前的建筑活动中便已创造了自己的地基基础工艺，我国西安半坡新村新石器时代遗址的考古发掘就发现有土台和石础。举世闻名的长城蜿蜒万里，如处理不好有关岩土问题，就不能穿越各种地质条件的广阔地区，成为亘古奇观。作为本学科理论基础的土力学，始于18世纪兴起工业革命的欧洲。1773年，法国的库仑(Coulomb)根据试验创立了著名的砂土抗剪强度公式，提出了计算挡土墙土压力理论。1857年，英国的朗肯(Rankine)又从另一途径提出了挡土墙土压力理论。1885年，法国的布辛奈斯克(Boussinesq)求得了弹性半空间在竖向集中力作用下的应力和变形的理论解答。1922年，瑞典的费伦纽斯(Fellenius)为解决铁路塌方提出土坡稳定分析法。这些古典的理论和方法至今仍在广泛使用。

1925年，美国的太沙基(Terzaghi)发表了《土力学》专著，于1929年又发表了《工程地质学》。从此，土力学与基础工程成为一门独立的学科而取得不断进展。

20世纪60年代后期，由于计算机的出现、计算方法的改进与测度技术的发展以及本构模型的建立等，土力学迎来了发展的新时期。现代土力学主要表现为一个模型(即本构模型)、三个理论(即非饱和土的固结理论、液化破坏理论和逐渐破坏理论)、四个分支(即理论土力学、计算土力学、试验土力学和应用土力学，其中，理论土力学是龙头，计算土力学是筋脉，试验土力学是基础，应用土力学是动力)。近年来，我国在工程地质勘察，室内及现场土工试验，地基处理新设备、新材料、新工艺的研究和应用方面取得了很大进展。在大量理论研究与实践经验的基础上，有关基础工程的各种设计与施工规范或规程等也相应问世或日臻完善。当然，由于土性复杂，目前的土力学与地基基础理论尚需不断完善。

1.3　本课程的特点和学习要求

本课程涉及工程地质学、土力学、结构设计和施工几个学科领域，内容广泛、综合性强。学习时需面向施工与监理，掌握建筑地基基础领域的基本知识、技能和分析方法。其中，土力学的学习包括理论、试验和经验。

理论学习，即掌握理论公式的意义和应用条件，明确理论的假定条件，掌握理论的适用范围。

试验是了解土的物理性质和力学性质的基本手段，重点掌握基本的土工试验技术，尽可能地多动手操作，从实践中感知土性、获取知识、积累经验。

经验在工程应用中是必不可少的，工程技术人员要不断从实践中总结经验，以便能切合实际地解决工程实际问题。

作为试验性学科，应注意理论的假设和应用范围，注意理论联系实际。

思　考　题

1. 与地基基础有关的工程事故主要有哪些?
2. 什么是地基? 什么是基础? 它们各自的作用是什么?
3. 什么叫持力层? 什么叫下卧层?
4. 什么是天然地基? 什么是人工地基?
5. 什么是土力学?
6. 土与其他建筑材料相比，具有哪些独特的性质?
7. 地基设计的基本原则是什么?
8. 基础设计中必须满足的技术条件是什么?

第2章 工程地质基本知识

学习目标

知识目标

1. 能叙述地质作用、地质年代的概念。
2. 能描述第四纪沉积物类型及其工程特点。
3. 知晓地下水的埋藏条件和对工程的影响。
4. 能叙述和理解土的渗透性指标的含义及表达式。
5. 能叙述流土、管涌概念，描述防治流土、管涌的措施。

能力目标

通过计算和分析，能初步判断基坑出现流土、管涌的可能性，并根据现场实际情况初步提出流土、管涌解决方案。

2.1 概　　述

2.1.1 地质作用

建筑场地的地形、地貌和组成物质（土与岩石）的成分、分布厚度及特性，取决于地质作用。地质作用可分为内力地质作用和外力地质作用。

1. 内力地质作用

内力地质作用一般认为是由地球自转产生的旋转能和放射性元素蜕变产生的热能等引起地壳物质成分、内部构造以及地表形态发生变化的地质作用。其表现为岩浆活动、地壳运动（构造运动）和变质作用。

岩浆活动可使岩浆沿着地壳薄弱地带侵入地壳或喷出地表，岩浆冷凝后生成的岩石称为岩浆岩。地壳运动则形成了各种类型的地质构造和地球表面的基本形态。在岩浆活动和地壳运动过程中，原来生成的各种岩石在高温、高压及渗入挥发性物质（如水、二氧化碳）的变质作用下生成另外一种新的岩石，称为变质岩。

2. 外力地质作用

外力地质作用是由太阳辐射能和地球重力位能引起的地质作用，如昼夜和季节气温变化，雨雪、山洪、河流、冰川、风及生物等对地壳表层岩石产生的风化、剥蚀、搬运与沉积作用。

不同的风化作用形成不同性质的土。风化作用有以下两种类型。

1）物理风化

岩石受风、霜、雨、雪的侵蚀，温度、湿度变化，出现不均匀膨胀与收缩，产生裂隙，崩解为碎块，这个过程称为物理风化。物理风化只改变岩石颗粒的大小和形状，而不改变其矿物成分。其产物的矿物成分与母岩相同，称为原生矿物，如石英、长石和云母等。物理风化生成粗颗粒的无黏性土，如碎石、砾石、砂等。

2）化学风化

岩石碎屑与周围的水、氧气、二氧化碳等物质接触，并受到动植物、微生物的作用，发生化学反应，产生出与原来岩石颗粒成分不同的次生矿物，这个过程称为化学风化。化学风化形成的细粒土颗粒具有黏结力，为黏土矿物，如蒙脱石、伊利石和高岭石等，通常称为黏性土。

外力地质作用过程中的风化、剥蚀、搬运及沉积是彼此密切联系的。风化作用为剥蚀作用创造了条件，而风化、剥蚀、搬运又为沉积作用提供了物质的来源。地表已有的各种岩石，经过风化和侵蚀，在风、流水、冰川、海洋等的作用下，搬运到另一地点堆积起来，经过压密和胶结成为岩石，这种岩石称为沉积岩。

2.1.2　地质年代

土和岩石的性质与其生成的地质年代有关。一般说来，生成年代越久，土和岩石的工程性质越好。

地质年代是指地壳发展历史与地壳运动、沉积环境及生物演化相应的时代段落。地球形成至今大约有60亿年，在这漫长的地质年代，地壳经历了一系列复杂的演变过程，形成了各种类型的地质构造和地貌以及复杂多样的岩石和土。地质年代有绝对和相对之分，相对地质年代在地史的分析中广为应用。根据地层对比和古生物学方法，把地质相对年代划分为五大代（太古代、元古代、古生代、中生代和新生代），下分若干纪、世、期。相应的地层单位为界、系、统、阶（层）。地质年代的划分详见附录。

通常所说的土产生于新生代第四纪更新世（距今100万～1.2万年），更新世又分为早更新世（Q_1）、中更新世（Q_2）、晚更新世（Q_3），其后为全新世（Q_4）。

2.2　第四纪沉积物

地表的岩石经风化剥蚀成岩屑，又经搬运、沉积而成沉积物，年代不长、未经压紧硬结成岩石之前呈松散状态，称为第四纪沉积物，即土。不同成因类型的土各具有一定的分布规律和工程地质特性。根据搬运和沉积的情况不同，可分为以下几种类型。

2.2.1　残积物

残积物是残留在原地未被搬运的那一部分原岩风化产物（图2.1）。颗粒未被磨圆或分选，多为棱角状粗颗粒土。残积物与基岩之间没有明显界限，通常经过一个基岩风化带而直接过渡到新鲜岩石,其矿物成分很大程度上与下卧基岩一致。残积物主要分布在岩石出露地表,经受强烈风化作用的山区、丘陵地带与剥蚀平原。由于残积物没有层理构造、裂隙多、均质性很差,作为建筑物地基,应注意不均匀沉降和土坡稳定性问题。

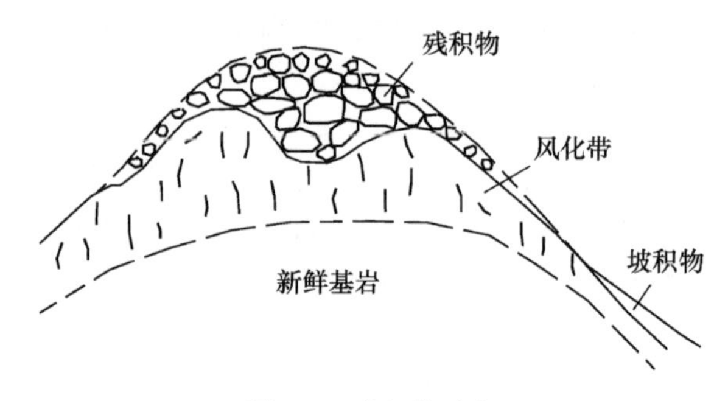

图 2.1 残积物示意

2.2.2 坡积物

坡积物是雨雪、水流的作用力将高处岩石风化产物缓慢地冲刷、剥蚀,并顺着斜坡向下移动,沉积在较平缓的山坡上而形成的沉积物,一般分布在坡腰至坡脚(图 2.2),自上而下呈现由粗而细的分选现象。其矿物成分与下卧基岩没有直接关系。由于坡积物形成于山坡,常发生沿下卧基岩倾斜面滑动的现象。其组成物质粗、细颗粒混杂,土质不均匀,厚度变化大,土质疏松,压缩性高。其作为建筑物地基,应注意不均匀沉降和稳定性问题。

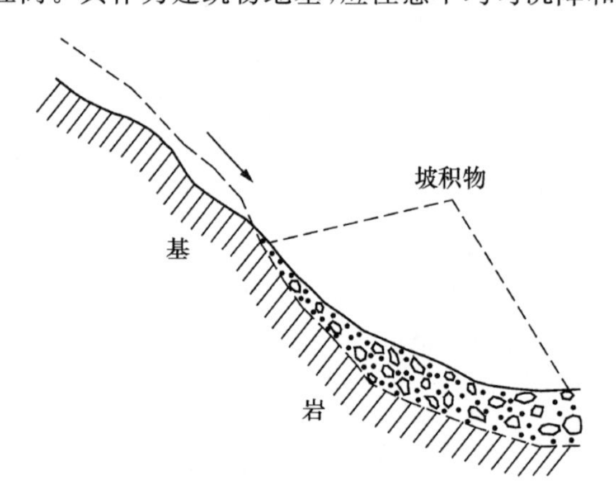

图 2.2 坡积物示意

2.2.3 洪积物

由暴雨或大量融雪形成山洪急流,冲刷、挟带着大量碎屑物质堆积于山谷冲沟出口或山前倾斜平原而形成洪积物(图 2.3)。

山洪流出沟谷口后,由于流速骤减,被搬运的粗颗粒物质首先大量堆积下来,离谷口较远的地方颗粒变细,分布范围逐渐扩大。其地貌特征为:靠谷口处窄而陡,离谷口后逐渐宽而缓,形如扇状,称为洪积扇。由相邻沟谷口的洪积扇组成洪积扇群。

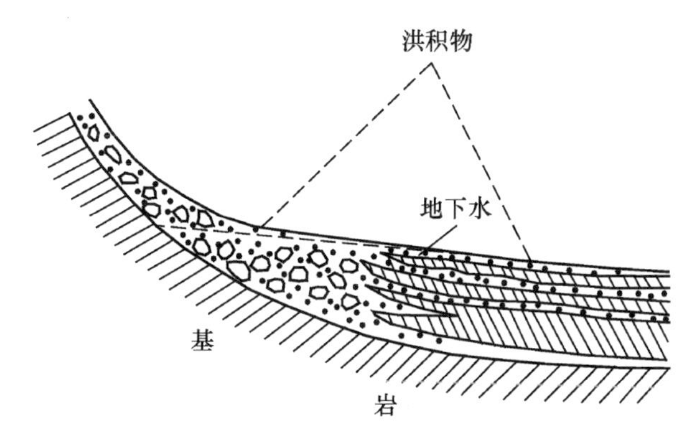

图 2.3 洪积物示意

洪积物的颗粒由于搬运距离短,颗粒棱角仍较为明显。此外,山洪是周期性发生的,每次的大小不尽相同,堆积物质也不一样。因此,洪积物常呈现不规则的交替层理构造,如有夹层、尖灭或透镜体等(图 2.4)。

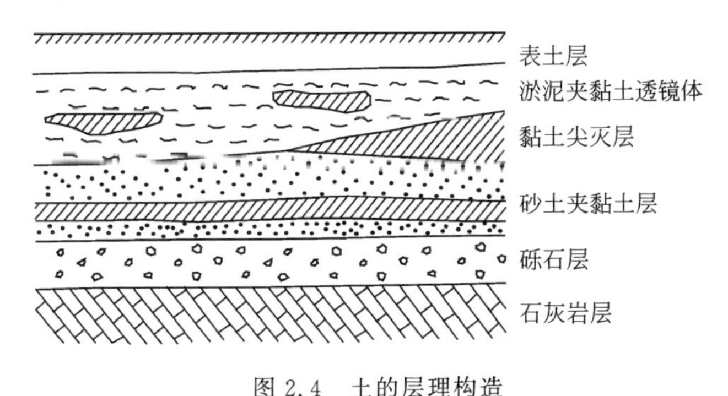

图 2.4 土的层理构造

靠近山地的洪积物颗粒较粗,地下水位较深;而离山较远地段的洪积物颗粒较细,成分均匀,厚度较大,土质密实,这两部分土的承载力一般较高,常为良好的天然地基。上述两部分的过渡地带由于地下水溢出地表而形成沼泽地带,土质较软、承载力较低。洪积物作为建筑物地基,应注意土层尖灭和透镜体引起的不均匀沉降。

2.2.4 冲积物

冲积物是河流流水的作用力将河岸基岩及其上部覆盖的坡积物、洪积物剥蚀后搬运、沉积在河流坡降平缓地带形成的沉积物。其特点是呈现明显的层理构造。由于搬运过程长,棱角颗粒经滚磨、碰撞逐渐形成亚圆或圆形颗粒,其搬运距离越长,则沉积颗粒越细。典型的冲积物是形成于河谷内的沉积物,可分为平原河谷冲积物和山区河谷冲积物等。

2.2.5 其他沉积物

除了上述四种类型的沉积物外,还有海洋沉积物、湖泊沉积物、冰川沉积物和风积物等,它们分别由海洋、湖泊、冰川和风等地质作用形成。下面仅介绍湖泊沉积物。

湖泊沉积物包括湖边沉积物和湖心沉积物。

湖边沉积物主要由湖浪冲蚀湖岸，破坏岸壁形成的碎屑组成。近岸带沉积的主要是粗颗粒土，远岸带沉积的主要是细颗粒土。作为建筑地基，近岸带具有较高的承载力，而远岸带则差些。

湖心沉积物是由河流和湖流挟带的细小悬浮颗粒到达湖心后沉积形成的，主要是黏土和淤泥，常夹有细砂、粉砂薄层，称为带状黏土。这种黏土压缩性高、强度低。

2.3 地下水

地下水是指存在于地面下土和岩石的孔隙、裂隙或溶洞中的水。建筑场地的水文地质条件主要包括地下水的埋藏条件、地下水位及其动态变化、地下水化学成分及其对混凝土的腐蚀性等。

2.3.1 地下水分类

地下水按埋藏条件不同分为三类，如图 2.5 所示。

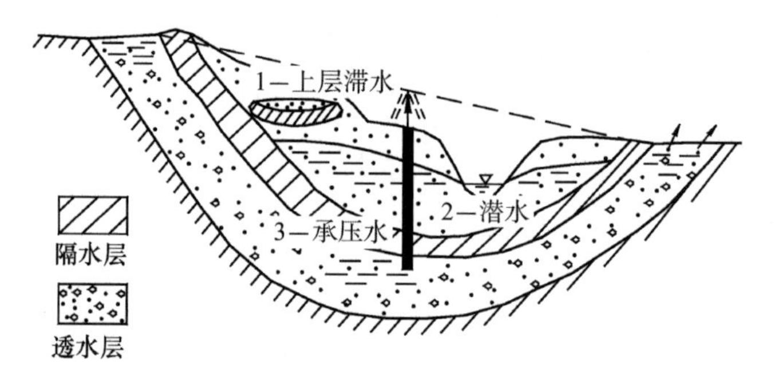

图 2.5 各种类型地下水埋藏示意图

1. 上层滞水

地表水下渗，积聚在局部透水性小的黏性土隔水层上的水为上层滞水。它为雨水补给，有季节性。上层滞水通过蒸发或向隔水底板的边缘下渗排泄。其水量小，动态变化显著且极易遭受污染。

2. 潜水

埋藏在地表以下第一个连续分布的稳定隔水层以上，具有自由水面的重力水为潜水。它为雨水、河水补给，水位有季节性变化。潜水一般埋藏在第四纪沉积层及基岩的风化层中。其水面标高称为地下水位。

3. 承压水

埋藏在两个连续分布的隔水层之间，完全充满的有压地下水为承压水。它通常存在于卵石层中，卵石层呈倾斜式分布，地势高处卵石层中地下水对地势低处产生静水压力。其埋藏区与地表补给区不一致。因此，承压水的动态变化受局部气候因素影响不明显。

2.3.2 地下水对工程的影响

1. 基础埋深

通常设计基础埋深应小于地下水位深度，以避免地下水对基槽的影响。

2. 施工排水

当地下水位高，基础埋深大于地下水位深度时，基槽开挖与基础施工必须进行排水。中小工程可以采用挖排水沟与集水井排水，重大工程必要时应采用井点降水。如排水不好，基槽被踩踏，则会破坏地基土的原状结构，导致地基承载力降低，造成工程隐患。

3. 地下水位升降

地下水位在地基持力层中上升，会导致黏性土软化、湿陷性黄土严重下沉、膨胀土地基吸水膨胀；地下水位在地基持力层中大幅下降，则使地基产生附加沉降。

4. 地下室防水

当地下室位于地下水位以下时，应采取各种防水措施，防止地下室底板及外墙渗漏。

5. 地下水水质侵蚀性

地下水含有各种化学成分，当某些成分含量过多时，会腐蚀混凝土、石料及金属管道等。

6. 空心结构物浮起

当地下水位高于水池、油罐等结构物基础埋深较多时，水的浮力有可能使空载结构物浮起。该情况应在此类结构物的设计中予以考虑。

7. 承压水冲破基槽

当地基中存在承压水时，基槽开挖应考虑承压水上部隔水层的最小厚度问题，以避免承压水冲破隔水层，浸泡基槽。

2.3.3 土的渗透性

1. 土的渗透性概念

地下水通过土颗粒之间的孔隙流动，土体可以被水透过的性质称为土的透水性。它表明水通过孔隙的难易程度。

工程应用：工程设计中，计算地基沉降速率，或地下水位以下施工需计算地下水的涌水量，选择排水措施等均应用渗透性指标。

2. 土的渗透性规律

1）达西定律

1856 年，法国工程师达西(H. Darcy)根据砂土渗透试验得到水在土中的渗透定律，即达西定律，如图 2.6 所示。

达西发现水在砂土中渗透的渗流量 q 与试样断面积 A 及水头损失 Δh 成正比，与渗流长度 l 成反比，即

$$\frac{Q}{t}=q=kA\frac{\Delta h}{l}=kAi \tag{2.1}$$

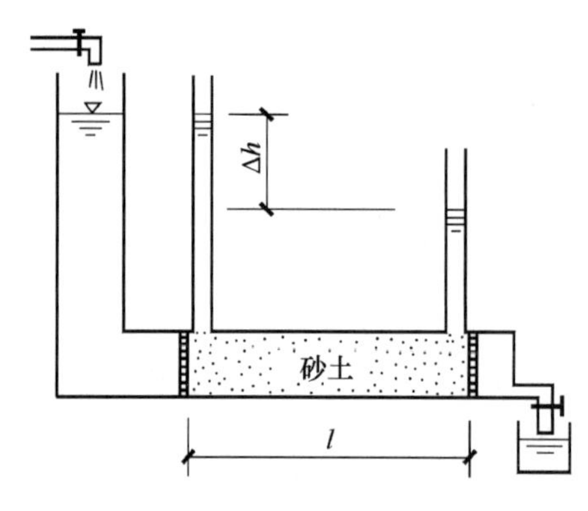

图 2.6 达西渗透试验示意

或

$$v = \frac{q}{A} = ki \tag{2.2}$$

式中：Q ——渗透水量，cm^3；

t ——渗流时间，s；

v ——渗透速度，cm/s；

i ——水力梯度或称水力坡降，$i = \Delta \frac{h}{l}$；

k ——土的渗透系数，cm/s。

土的渗透系数 k 表示单位水力梯度（$i=1$）时的渗透速度，其值大小与土粒的粗细、粒径级配及孔隙比等有关。

式(2.2)表示水的渗透速度与水力梯度成正比，此规律称为达西定律，它是渗透的基本定律。

2）达西定律的适用范围

在一般情况下，砂土、黏土中的渗透速度很小，其渗流可以看作是一种水流流线互相平行的流动——层流。渗流运动规律符合达西定律，渗透速度 v 与水力梯度 i 的关系可在 v-i 坐标系中表示成一条直线，如图 2.7(a)所示。粗颗粒土（如砾、卵石等）的试验结果如图 2.7(b)所示。由于其孔隙很大，当水力梯度较小时，流速不大，渗流可认为是层流，v-i 关系呈线性变化，达西定律仍然适用。当水力梯度较大时，流速增大，渗流将过渡为不规则的相互混杂的流动形式——紊流，这时 v-i 关系呈非线性变化，达西定律不再适用。

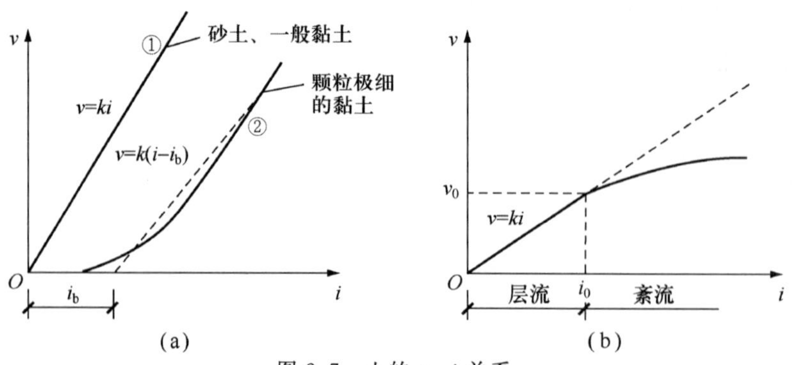

图 2.7 土的 v-i 关系

密实黏土的渗透试验表明，它们的渗透存在一个起始水力梯度 i_b，这种土只有在达到起始水力梯度后才能发生渗透。这类土在发生渗透后，其渗透速度仍可近似地用直线表示，即 $v=k(i-i_b)$，如图 2.7(a)中曲线②所示。

需要注意的是，达西定律中 v 不是某个土孔隙中水的渗流速度，而是水流通过的整个断面上的平均渗流速度。

3. 渗流力 G_D

水在土中渗流时，水流与土颗粒之间产生作用力与反作用力，通常把水流作用在单位体积土体中土颗粒上的力称为动水力，即渗流力 G_D(kN/m^3)。它是水流对土体施加的一种体积力。在工程实践中，如深基坑支护结构设计、防洪堤坝的抢险加固等都要考虑渗流力的影响。

沿地下水流方向取出一个土柱体，如图 2.8 所示，长度为 L，横断面积为 A，则土柱所受的力如下。

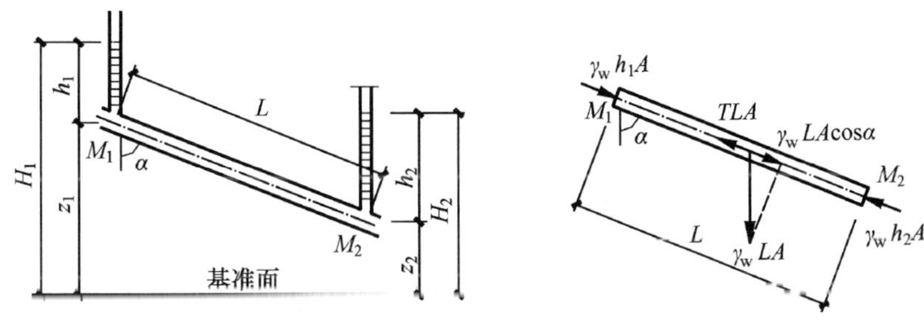

图 2.8　饱和土体动水力计算

(1) 两端点的静水压力 $\gamma_w h_1 A$ 及 $\gamma_w h_2 A$。

(2) 与土柱同体积水柱的质量 $\gamma_w LA$。

(3) 土骨架对渗流水的总阻力 TLA(T 为单位体积土对渗流水的阻力，它与渗流力 G_D 大小相等、方向相反)。

在渗流方向，由静力平衡条件得

$$\gamma_w h_1 A - \gamma_w h_2 A + \gamma_w LA\cos\alpha - TLA = 0$$

除以 A，并将 $h_1 = H_1 - z_1$，$h_2 = H_2 - z_2$，$\cos\alpha = \dfrac{z_1 - z_2}{L}$ 代入上式，得

$$T = \gamma_w \frac{H_1 - H_2}{L} = \gamma_w i$$

即

$$G_D = T = \gamma_w i \tag{2.3}$$

式中：γ_w——水的重度，一般为 9.8kN/m^3，近似取 10kN/m^3；

i——水力梯度。

2.3.4　渗流破坏及防治措施

1. 流土

渗流水流自下而上运动时，渗流力方向与土重力方向相反，土粒间的压力将减小。当渗

流力大于或等于土的有效重度 γ'（去除水的浮力后土的重度）时，土粒间压力被抵消，土粒处于悬浮状态而失去稳定，土粒随水流动，这种现象称为流土。流土发生在黏性土和无黏性土土体表面渗流溢出处，而不发生在土体内部。如基坑开挖时，从基坑中直接抽水以及堤坝下游处均有可能出现流土。在非黏性土中，流土表现为颗粒群的同时运动，如泉眼群、砂沸、土体翻滚等，最终被渗流托起；在黏性土中，流土表现为土块隆起、膨胀、浮动、断裂等险情。发生流土破坏的土体，其中的土颗粒之间都是相互紧密结合的，相互之间具有较强的约束力，可以承受的水头较大，但是流土破坏的危害性却是最大的。因为，流土破坏一旦发生，它是土体的整体破坏，流土通道会迅速向上游或横向延伸，一旦抢险不及时或措施不得当，就有造成土体结构破坏、引发溃堤灾难发生的危险。

如图 2.9 所示，上海轨道交通 4 号线越江隧道施工时，大量流土涌入隧道，造成隧道部分塌陷、地面沉降、建筑倾斜。

图 2.9 流土引发的事故

流土濒临发生时的水力坡降叫作临界水力坡降 i_{cr}，由流土概念及渗流力计算公式得

$$G_D = \gamma_w i_{cr} = \gamma'$$

即

$$i_{cr} = \frac{\gamma'}{\gamma_w} \tag{2.4}$$

防治流土的关键是控制渗流溢出处的水力坡降，使其小于允许水力坡降。

防治流土的措施主要有如下几种。

(1) 减少或消除坑内外地下水的水头差，如采用井点降水法降低地下水位或采取水下挖掘。

(2) 增长渗流路径，如基坑边坡打板桩。

(3) 在向上渗流出口处，地表用透水材料覆盖压重，以平衡渗流力。

2. 管涌

当土中渗流的水力坡降小于临界水力坡降时，虽不致诱发流土，但在渗流力作用下，无黏性土中的细颗粒在粗颗粒形成的孔隙中移动，以致流失；随着土的孔隙不断扩大，渗透流速不断增加，较粗的颗粒也相继被水流逐渐带走，最终导致土体中形成贯通的渗流管道，造成土体塌陷，这种现象称为管涌或潜蚀。因此，管涌破坏一般有个时间发展过程，属于渐进性破坏。管涌可能发生在渗流溢出处，也可能发生在土体内部。管涌的发生表明土体内有一部分细颗粒没有紧密接触，甚至是处于自由状态，粗颗粒无法制约细颗粒。管涌破坏不会直接造成土体结构破坏。

管涌发生的条件如下。

(1) 土质条件。不均匀系数 $C_u>10$ 的无黏性土。

(2) 水力条件(目前研究还不成熟)。与土的结构状态等关系密切,其水力坡降远小于1。

防治管涌的措施如下。

(1) 降低水力坡降,如打板桩。

(2) 在渗流溢出部位铺设反滤层。

图2.10所示为发生在湖南望城湘江大堤最大的管涌。图中的土袋形成围井,用以提高溢出口水位,降低水力坡降;围井中抛填砂卵石,以形成反滤层。设置反滤围井要求围井高度以能使冒水不挟带泥沙为宜,在井口安设排水管排走渗出清水,以防溢流冲塌井壁;围井中反滤层分层铺设,自下而上要求滤料粒径由小至大,如铺填粗砂、碎石、块石等。

图2.10　湘江大堤管涌

小　结

本章主要从工程地质的角度介绍了土的生成、土层的类型和特点、地下水分类、地下水的渗流、渗流造成的破坏及防治等基本概念。这些内容是分析与解决地基基础工程问题时所需的基本知识。

相对地质年代划分为五大代(太古代、元古代、古生代、中生代和新生代),下分若干纪、世、期。通常所说的土产生于新生代第四纪更新世(距今100万~1.2万年),更新世又分为早更新世(Q_1)、中更新世(Q_2)、晚更新世(Q_3),其后为全新世(Q_4)。

土的定义:地表岩石经风化、搬运、沉积而形成的松散集合物,即第四纪沉积物。不同成因类型的土,各具有一定的分布规律和工程地质特性。根据搬运和沉积的情况不同,可分为残积物、坡积物、洪积物、冲积物、其他沉积物等类型。

地下水分为上层滞水、潜水和承压水。地下水对地基承载力、地基沉降、基础防水、抗浮、地下设施耐久性、基槽施工等都具有影响。水在土中以层流的方式渗透时符合达西定律。渗流力可能导致流土和管涌破坏,而降低水力坡降是防治的关键。

思 考 题

1. 什么是地质作用?

2. 什么是相对地质年代? 它分为哪五大代?

3. 什么是第四纪沉积物? 根据搬运和沉积条件不同,第四纪沉积物可分为哪几种类型?

4. 什么是坡积物? 有何特点? 若建筑物建在坡积物上应注意什么问题?

5. 冲积物有哪些主要类型和特点?

6. 什么是洪积物? 有何特点? 若建筑物建在洪积物上应注意什么问题?

7. 按埋藏条件不同,地下水可分为哪几类?

8. 地下水对建筑工程的影响包括哪些方面? 怎样消除地下水的不良影响?

9. 地下水运动有何规律? 土的渗透系数的物理意义是什么?

10. 什么叫渗透力? 其大小和方向如何确定?

11. 试阐述流土和管涌的物理概念及对建筑工程的影响。防治流土和管涌的主要措施是什么?

第3章 土的物理性质与分类

学习目标

知识目标

1. 能叙述和理解土的三相组成的基本概念。

2. 了解土的结构、构造及其特点。

3. 能叙述和理解土的物理性质指标、物理状态指标的含义,能描述指标的测定方法,知晓指标的工程应用。

4. 能叙述和理解土的压实特性,知晓影响土压实性的因素,能描述压实填土的质量标准。

5. 能描述土的基本分类和工程分类,知晓分类依据和标准,知晓各类土的特点。

能力目标

1. 能根据指标大小判别土的性状。

2. 能使用设备测定土的密度、含水量、塑限、液限、最优含水率和最大干密度等指标。

土是岩石在风化作用下形成的大小悬殊的颗粒,经过不同方式的搬运在各种自然环境中生成的沉积物。它由作为土骨架的固态矿物颗粒、孔隙中的水及其溶解物质以及气体组成。因此,土是由颗粒(固相)、水(液相)和气体(气相)所组成的三相体系。不同土的颗粒大小和矿物成分差异很大,三相间的数量比例也各不相同。土的结构与构造也有多种类型。

土的物理性质,如轻重、松密、干湿、软硬等在一定程度上决定了土的力学性质,它是土的最基本的工程特性。土的物理性质由三相组成物质的性质、相对含量以及土的结构构造等因素决定。在处理地基基础问题时,不但要知道土的物理性质特征及其变化规律,了解土的工程特性,还应当熟悉表示土的物理性质的各种指标的测定方法,能够按土的有关特征和指标对地基土进行分类,初步判定土的工程性质。

3.1 土的三相组成

土是由固相颗粒、液相和气相三部分组成的,通常称为土的三相组成。随着三相物质的质量和体积的比例不同,土的性质也不同。

3.1.1 土的固相颗粒

土的固相物质包括无机矿物颗粒和有机质,是构成土骨架的最基本的物质,称为土中的固相颗粒(简称土粒)。

1. 土粒的矿物成分

土粒的矿物成分主要取决于母岩的成分及其所经受的风化作用。不同的矿物成分对土的性质有着不同的影响。粗大土粒往往是岩石经物理风化后形成的碎屑,即原生矿物;而细小土粒主要是化学风化作用形成的次生矿物和生成过程中混入的有机物质。粗大土粒呈块状或粒状,而细小土粒主要呈片状。

2. 土的颗粒级配

天然土是由大小不同的颗粒组成的。随着土粒的粒径由粗变细,土的性质相应地发生很大变化,如土的渗透性由大变小、由无黏性变为有黏性等。工程中可用不同粒径颗粒的相对含量来描述土的颗粒组成情况。

土中不同粒径的土颗粒按适当的粒径范围划分为若干小组,称为粒组。划分粒组的分界尺寸称为界限粒径,划分时应使粒组界限与粒组性质的变化相适应。

我国《土的工程分类标准》(GB/T 50145—2007)的划分标准如表 3.1 所示。表中根据界限粒径 200mm、60mm、2mm、0.075mm 和 0.005mm 把土粒分为六种颗粒(可看作六个粒组),即漂石(块石)、卵石(碎石)、砾粒(含圆砾或角砾)、砂粒、粉粒和黏粒;进一步可归纳为三大粒组,即巨粒、粗粒和细粒。

表 3.1 土粒粒组划分

<table>
<tr><th>粒组</th><th colspan="2">颗粒名称</th><th>粒径 d 的范围/mm</th><th>一般特征</th></tr>
<tr><td rowspan="2">巨粒</td><td colspan="2">漂石(块石)</td><td>$d>200$</td><td rowspan="2">透水性很大,无黏性,无毛细水</td></tr>
<tr><td colspan="2">卵石(碎石)</td><td>$60<d\leqslant200$</td></tr>
<tr><td rowspan="6">粗粒</td><td rowspan="3">砾粒</td><td>粗砾</td><td>$20<d\leqslant60$</td><td rowspan="3">透水性大,无黏性,毛细水上升高度不超过粒径大小</td></tr>
<tr><td>中砾</td><td>$5<d\leqslant20$</td></tr>
<tr><td>细砾</td><td>$2<d\leqslant5$</td></tr>
<tr><td rowspan="3">砂粒</td><td>粗砂</td><td>$0.5<d\leqslant2$</td><td rowspan="3">易透水,当混入云母等杂质时透水性减小,而压缩性增加;无黏性,遇水不膨胀,干燥时松散;毛细水上升高度不大,随粒径变小而增大</td></tr>
<tr><td>中砂</td><td>$0.25<d\leqslant0.5$</td></tr>
<tr><td>细砂</td><td>$0.075<d\leqslant0.25$</td></tr>
<tr><td rowspan="2">细粒</td><td colspan="2">粉粒</td><td>$0.005<d\leqslant0.075$</td><td>透水性小;湿时稍有黏性,遇水膨胀小,干时稍有收缩;毛细水上升高度较大、较快,极易出现冻胀现象</td></tr>
<tr><td colspan="2">黏粒</td><td>$d\leqslant0.005$</td><td>透水性很小,湿时有黏性、可塑性,遇水膨胀大,干时收缩显著;毛细水上升高度大,但速度较慢</td></tr>
</table>

注:漂石、卵石和圆砾颗粒均呈一定的磨圆形状(圆形或亚圆形),块石、碎石和角砾颗粒都带有棱角。

土中各个粒组的相对含量(各粒组占土粒总重的百分比)称为土的颗粒级配。这是决定无黏性土工程性质的主要因素,是确定土的名称和选用建筑材料的重要依据。

土的颗粒级配是通过土的颗粒分析试验测定的。粒径为 0.075～60mm 的土采用筛析法;粒径小于 0.075mm 的土采用密度计法或移液管法。筛分法就是将风干、分散的代表性土样放进一套按孔径大小排列的标准筛(有粗筛和细筛,另外还有顶盖和底盘各一个)顶部,经振摇后，分别称出留在各筛子及底盘上的土量，即可求得各粒组的相对含量的百分数。

常用的颗粒级配的表示方法是累计曲线法。根据颗粒分析试验结果，通常用半对数纸绘制，横坐标(按对数比例尺)表示粒径，纵坐标表示小于某粒径的土粒占总土质量的百分比，如图3.1所示。由曲线的陡缓大致可以判断土的均匀程度。如曲线较陡，则表示粒径大小相差不多，土粒均匀，即级配不良；如曲线平缓，则表示粒径大小相差悬殊，土粒不均匀，即级配良好。

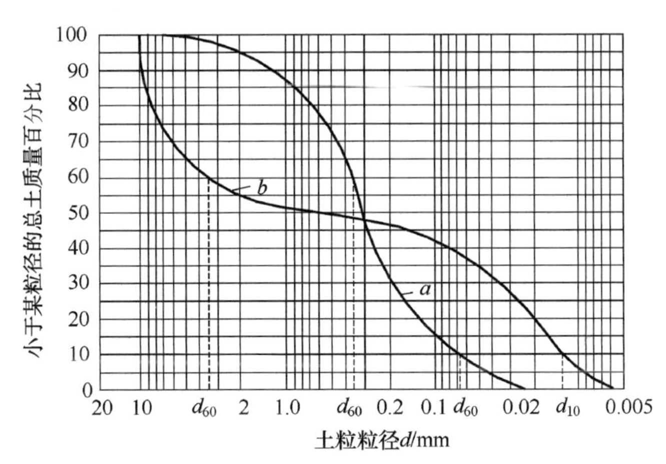

图3.1　颗粒级配曲线

在颗粒级配累计曲线上，可确定两个描述土的级配的指标，即不均匀系数 C_u 和曲率系数 C_c。

$$C_u = \frac{d_{60}}{d_{10}} \tag{3.1}$$

$$C_c = \frac{d_{30}^2}{d_{60}d_{10}} \tag{3.2}$$

式中：d_{10}——小于某粒径土粒质量占总土质量10%时的粒径，称为有效粒径；

d_{30}——小于某粒径土粒质量占总土质量30%时的粒径；

d_{60}——小于某粒径土粒质量占总土质量60%时的粒径，称为限定粒径。

不均匀系数反映不同粒组的分布情况，C_u 越大，表示颗粒大小分布范围越广，越不均匀，土的级配越良好。但如果缺失中间粒径，土粒大小不连续，则形成不连续级配，此时需同时考虑曲率系数，故曲率系数 C_c 是描述累计曲线整体形状的指标。一般工程中将 $C_u<5$ 的土称为匀粒土，属级配不良；$C_u>10$ 的土称为级配良好土。考虑累计曲线整体形状，一般认为，砾类土或砂类土同时满足 $C_u>5$ 及 $C_c=1\sim3$ 两个条件时，称为级配良好。

颗粒级配可以在一定程度上反映土的某些性质。级配良好的土，较粗颗粒间的孔隙被较细的颗粒所填充，易被压实，因而土的密实度较好，相应地基土的强度和稳定性也较好，透水性和压缩性也较小，适于做地基填方的土料。

3.1.2　土中水

土中水是指存在于土孔隙中的水。土中细粒越多，水对土的性质影响越大。按照水与土相互作用程度的强弱，可将土中水分为结合水和自由水两大类。

1. 结合水

结合水是指在电分子引力作用下吸附于土粒表面的水。由于土粒表面一般带有负电荷，围绕土粒形成电场，在土粒电场范围内的水分子和水溶液中的阳离子一起被吸附在土粒表面。极性水分子被吸附后呈定向排列，形成结合水膜，如图 3.2 所示。在靠近土粒表面处，静电引力最强，能把水化离子和极性水分子牢固地吸附在颗粒表面上形成固定层。在固定层外围，静电引力较小，水化离子和极性水分子活动性比在固定层中大些，形成扩散层。固定层与扩散层中的水分别称为强结合水和弱结合水。

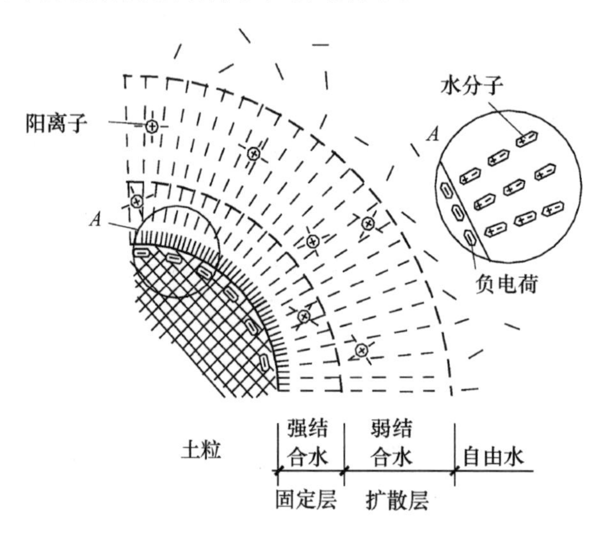

图 3.2　土中水示意

1）强结合水

强结合水因受到表面引力的控制而不能传递静水压力，只有吸热变为蒸汽时才能移动，没有溶解盐类的能力，性质接近于固体。其密度为 1.2～2.4g/cm^3，冰点为－78℃，具有极大的黏滞性、弹性和抗剪强度。当黏土只含有强结合水时，呈固体状态；砂土只含有强结合水时，呈散粒状态。

2）弱结合水

弱结合水仍然不能传递静水压力，但可以从较厚水膜处缓慢地迁移到较薄的水膜处。其密度为 1.0～1.7g/cm^3。当土中含有较多的弱结合水时，土具有一定的可塑性。砂土比表面积较小，几乎不具有可塑性，但黏性土的比表面积较大，弱结合水含量较多，其可塑性范围较大。

弱结合水离土粒表面越远，其受到的电分子引力就越弱，并逐渐过渡为自由水。

2. 自由水

自由水是存在于土孔隙中土粒表面电场影响范围以外的水。它的性质与普通水一样，能传递静水压力，具有溶解能力，冰点为 0℃。按照其移动所受作用力的不同，可分为重力水和毛细水。

1）重力水

重力水是存在于地下水位以下透水层中的地下水，它在重力或压力差作用下能够在土孔隙中自由流动,对土粒具有浮力作用。重力水对土的应力状态以及基坑开挖时的排水、地下构筑物的防水等产生较大影响。

2) 毛细水

毛细水是受到水与空气交界面处表面张力作用的自由水,它能沿着土的细孔隙从潜水面上升到一定的高度。毛细水存在于地下水位以上的透水土层中。

当土孔隙中局部存在毛细水时,毛细水的弯液面和土粒接触处的表面张力反作用于土粒上,使土粒之间由于这种毛细水压力而挤紧,土呈现黏聚现象,这种力称为毛细黏聚力(图 3.3)。在施工现场可以看到稍湿状态的砂堆,能保持垂直陡壁达数十厘米高,就是因为砂粒间具有毛细黏聚力的缘故。在饱和的砂或干砂中,土粒之间无毛细黏聚力,便不会出现垂直陡壁。在工程中,应特别注意毛细水上升对建筑物地下部分的防潮措施、地基土的浸湿以及地基与基础冻胀的重要影响。

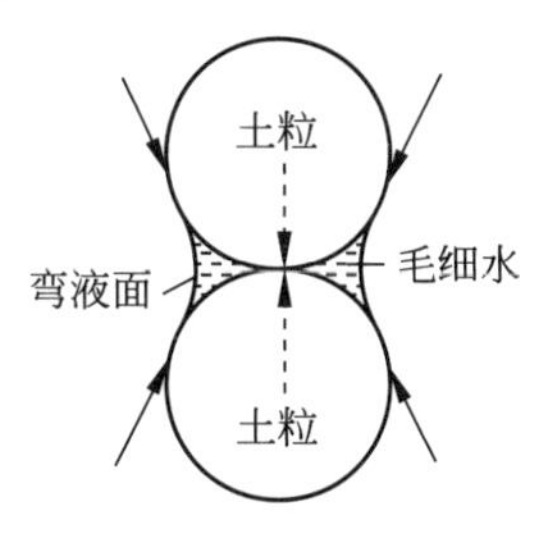

图 3.3 毛细水压力示意

3.1.3 土中气体

土中气体是指充填在土的孔隙中的气体,包括与大气连通的和不连通的两类。

与大气连通的气体对土的工程性质没有太大影响,当土受到外力作用时,这种气体很快从孔隙中排出;但是密闭的气体对土的工程性质有很大影响。密闭气体的成分可能是空气、水汽或天然气等。在压力作用下这种气体可被压缩或溶解于水中,而当压力减小时,气泡会恢复原状或重新游离出来。封闭气体的存在增大了土的弹性和压缩性,降低了土的透水性。

3.1.4 土的结构

土的结构是指土粒的大小、形状、相互排列及其连接关系的综合特征,一般分为单粒结构、蜂窝结构和絮状结构三种基本类型,如图 3.4 所示。

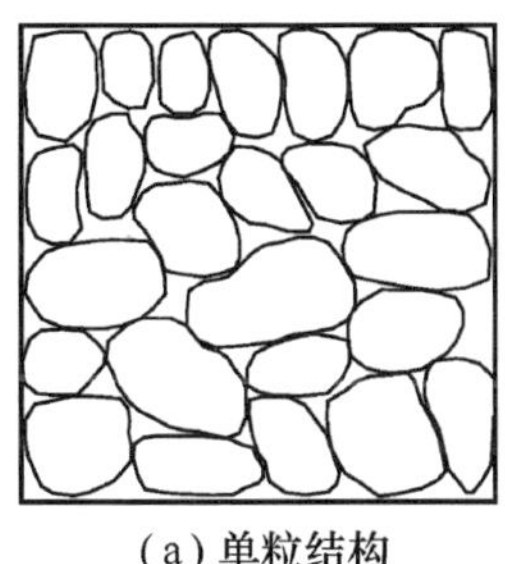

(a) 单粒结构

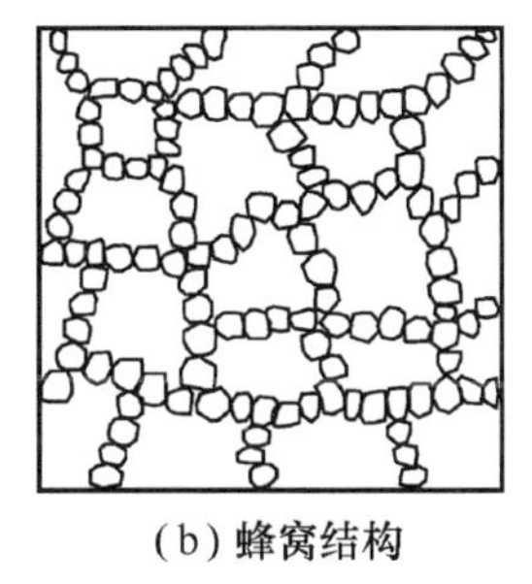

(b) 蜂窝结构

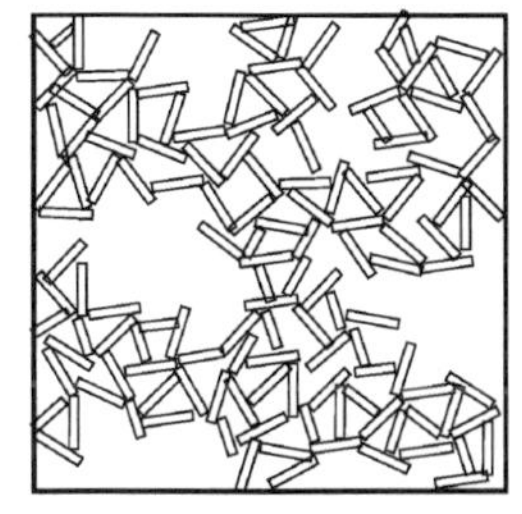

(c) 絮状结构

图 3.4 土的结构

1. 单粒结构

单粒结构是无黏性土的结构特征,是由粗大土粒在水或空气中下沉而形成的。其特点是土粒间没有连接,或连接非常微弱,可以忽略不计。疏松状态的单粒结构在荷载作用下,尤其是在振动荷载作用下会趋向密实，土粒移向更稳定的位置，同时产生较大变形。这种土不宜作为天然地基；密实状态的单粒结构，其土粒排列紧密，强度较大，压缩性小，是较为良好的天然地基。单粒结构的紧密程度取决于矿物成分、颗粒形状、颗粒级配。片状矿物颗粒组成的砂土最为疏松；浑圆的颗粒组成的土比带棱角的容易趋向密实；土粒的级配越不均匀，结构越紧密。

2. 蜂窝结构

蜂窝结构是以粉粒为主的土的结构特征。粒径在 0.075～0.005mm 的土粒在水中沉积时，基本上是单个颗粒下沉，当碰上已沉积的土粒时，由于土粒间的引力大于其重力，因此颗粒就停留在最初的接触点上不再下沉，形成大孔隙的蜂窝状结构。

3. 絮状结构

絮状结构是黏土颗粒特有的结构特征。悬浮在水中的黏粒(≤0.005mm)被带到电解质浓度较大的环境中(如海水)，黏粒间的排斥力因电荷中和而破坏，土粒互相聚合，形成絮状物下沉，沉积为大孔隙的絮状结构。

具有蜂窝结构和絮状结构的土，存在大量的细微孔隙，渗透性小，压缩性大，强度低，土粒间连接较弱，受扰动时土粒接触点可能脱离，导致结构强度损失，强度迅速下降；而后随着时间的推移，强度还会逐渐恢复。其土粒之间的连接强度往往由于长期的压密作用和胶结作用而得到加强。

3.1.5 土的构造

土的构造是指同一土层中土颗粒之间的相互关系特征，通常分为层状构造、分散构造和裂隙构造，如图 3.5～图 3.7 所示。

层状构造是指土粒在沉积过程中，由于不同阶段沉积的物质成分、粒径大小或颜色不同，沿竖向呈现层状特征。层状构造反映不同年代、不同搬运条件形成的土层，是细粒土的一个重要特征。

分散构造是指土层中的土粒分布均匀，性质相近，常见于厚度较大的粗粒土。通常其工程性质较好。

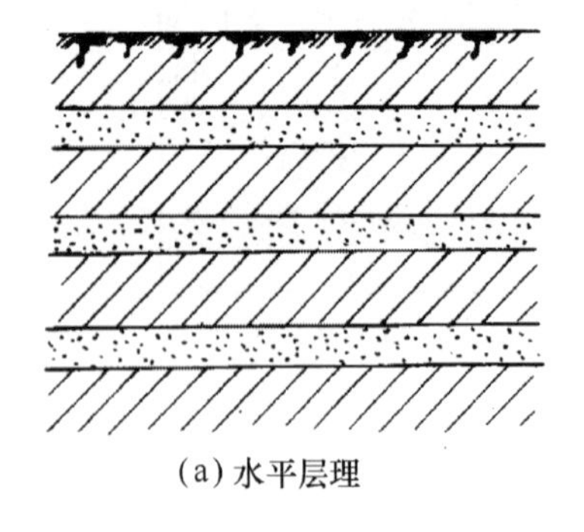

(a) 水平层理

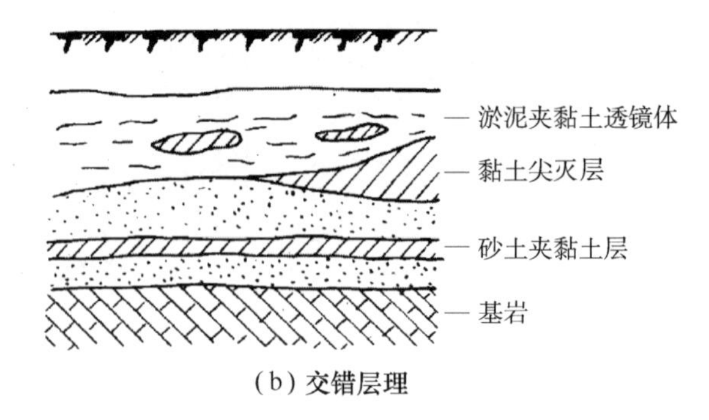

(b) 交错层理

图 3.5　层状构造

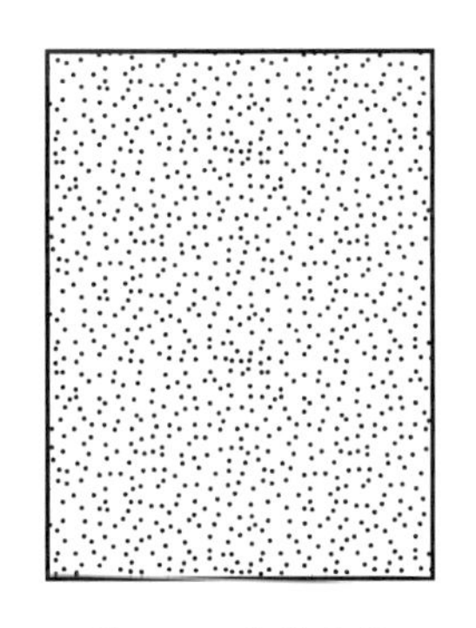

图 3.6 分散构造

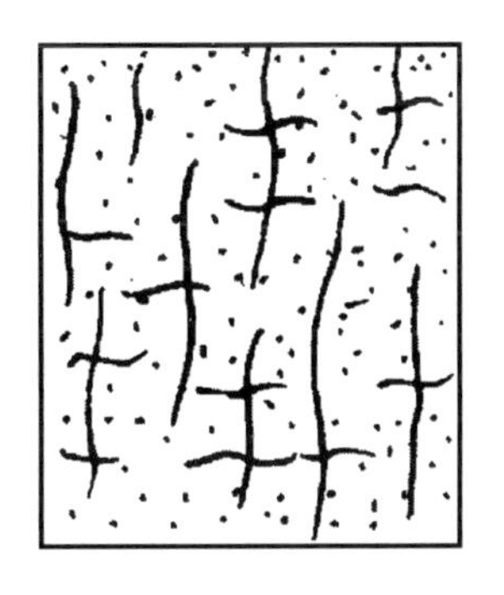

图 3.7 裂隙构造

裂隙构造是指土体被许多不连续的小裂隙所分割。某些硬塑或坚硬状态的黏性土具有此种构造。裂隙的存在大大降低了土体的强度和稳定性,增大了透水性,对工程不利。

3.2 土的物理性质指标

土的物理性质指标反映土的工程性质的特征。土的三相组成物质的性质、三相之间的比例关系以及相互作用决定了土的物理性质。土的三相组成物质在体积和质量上的比例关系称为三相比例指标。三相比例指标反映土的干燥与潮湿、疏松与紧密,是评价土的工程性质的最基本的物理性质指标,也是工程地质勘察报告中的基本内容。

3.2.1 土的三相组成草图

土的三相物质是混杂在一起的,为了便于计算和说明,工程中常将三相物质分别集中起来,如图 3.8 所示,称为土的三项组成草图。图的左边标出各相的质量,土的右边标出各相的体积。图中符号意义如下。

m_s——土粒质量;

m_w——土中水质量;

m——土的总质量;

V_s——土粒体积;

V_w——土中水体积;

V_a——土中气体体积;

V_v——土中孔隙体积;

V——土的总体积。

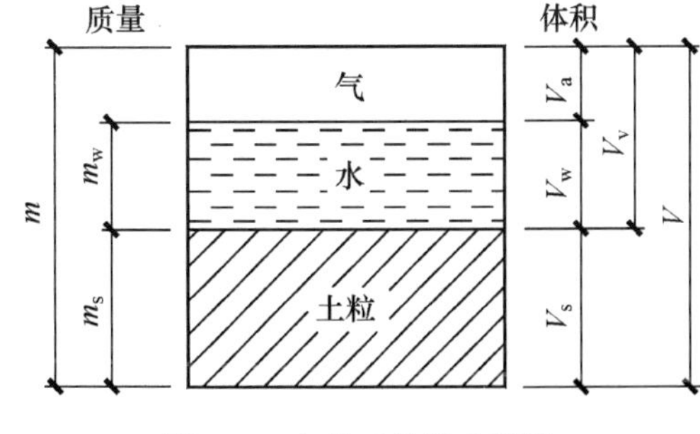

图 3.8 土的三相组成草图

3.2.2 由试验直接测定的指标

通过试验直接测定的指标有土的密度 ρ、土粒比重 d_s和含水量 w。它们是土的三项基本物理性质指标。

1. 土的密度 ρ 和重力密度 γ

单位体积土的质量称为土的密度(g/cm^3),即

$$\rho = \frac{m}{V} \tag{3.3}$$

单位体积土受到的重力称为土的重力密度,简称重度(kN/m^3),即

$$\gamma = \rho g$$

其中,重力加速度 $g=9.81m/s^2$,工程中可取 $g=10m/s^2$。天然状态下,土的密度变化范围较大,一般介于 $1.60 \sim 2.20g/cm^3$。

土的密度的测定方法有环刀法和灌水法。其中,环刀法适用于黏性土、粉土与砂土,灌水法适用于卵石、砾石与原状砂。

2. 土粒比重(土粒相对密度)d_s

土粒的密度与4℃时纯水密度比值称为土粒比重(无量纲),即

$$d_s = \frac{\rho_s}{\rho_w} = \frac{m_s}{V_s \rho_w} \tag{3.4}$$

式中,$\rho_w = 1g/cm^3$。

土粒比重取决于土的矿物成分,不同土类的土粒比重变化幅度不大,在有经验的地区可按经验值选用。一般砂土比重为 2.65~2.69,粉土为 2.70~2.71,黏性土为 2.72~2.75。

土粒比重的测定方法有比重瓶法和经验法等。

3. 土的含水量 w

土中水的质量与土粒质量之比称为土的含水量,以百分数表示,即

$$w = \frac{m_w}{m_s} \times 100\% \tag{3.5}$$

含水量是表示土的湿度的一个重要指标。天然土层的含水量变化范围很大,它与土的种类、埋藏条件及其所处的自然地理环境等有关。一般砂土含水量为 0~40%,黏性土为 20%~60%。一般来说,同一类土含水量越大,其强度越低。

含水量的测定一般采用烘干法,适用于黏性土、粉土和砂土的常规试验。

3.2.3 换算指标

除了上述三个试验指标外,还有六个可以通过计算求得的指标,称为换算指标,包括特定条件下土的密度(重度),即干密度(干重度)、饱和密度(饱和重度)、有效密度(有效重度);反映土的松密程度的指标,即孔隙比、孔隙率;反映土的含水程度的指标,即饱和度。

1. 特定条件下土的密度(重度)指标

1) 土的干密度 ρ_d 和干重度 γ_d

单位体积土中土颗粒的质量称为土的干密度或干土密度,即

$$\rho_d = \frac{m_s}{V} \tag{3.6}$$

单位体积土中土颗粒受到的重力称为土的干重度或干土的重力密度,即

$$\gamma_d = \rho_d g$$

土的干密度一般为1.3～2.0g/cm^3。工程中常用土的干密度作为填方工程土体压实质量控制的标准。土的干密度越大,土体压得越密实,土的工程质量就越好。

2) 土的饱和密度ρ_{sat}和饱和重度γ_{sat}

当土孔隙中充满水时单位体积土的质量称为土的饱和密度,即

$$\rho_{sat} = \frac{m_s + V_v\rho_w}{V} \tag{3.7}$$

单位体积土饱和时受到的重力称为土的饱和重度,即

$$\gamma_{sat} = \rho_{sat} g$$

土的饱和密度一般为1.8～2.3g/cm^3。

3) 土的有效密度ρ'和有效重度γ'

地下水位以下,土体受到水的浮力作用时,扣除水的浮力后单位体积土的质量称为土的有效密度或浮密度,即

$$\rho' = \frac{m_s - V_s\rho_w}{V} = \rho_{sat} - \rho_w \tag{3.8}$$

地下水位以下,土体受到水的浮力作用时,扣除水的浮力后单位体积土受到的重力称为土的有效重度或浮重度,即

$$\gamma' = \rho' g = \gamma_{sat} - \gamma_w$$

式中,$\gamma_w = 10\text{kN/m}^3$。

土的有效密度一般为0.8～1.3g/cm^3。

2. 反映土松密程度的指标

1) 土的孔隙比e

土中孔隙体积与土颗粒体积之比称为土的孔隙比,以小数表示,即

$$e = \frac{V_v}{V_s} \tag{3.9}$$

孔隙比可用来评价天然土层的密实程度。一般砂土孔隙比为0.5～1.0,黏性土为0.5～1.2。当砂土$e<0.6$时,呈密实状态,为良好地基;当黏性土$e>1.0$时,为软弱地基。

2) 土的孔隙率n

土中孔隙体积与土总体积之比称为土的孔隙率,以百分数表示,即

$$n = \frac{V_v}{V} \times 100\% \tag{3.10}$$

孔隙率反映土中孔隙大小的程度,一般为30%～50%。

3. 反映土的含水程度的指标

土中水的体积与孔隙体积之比称为土的饱和度,以百分数表示,即

$$S_r=\frac{V_w}{V_v}\times 100\% \tag{3.11}$$

砂土与粉土以饱和度作为湿度划分的标准。当 $S_r\leqslant 50\%$时，土为稍湿的；当 $50\%<S_r\leqslant 80\%$时，土为很湿的；当 $S_r>80\%$时，土为饱和的。

讨论

1. 对土的天然重度、干重度、有效重度、饱和重度的大小进行比较排序。
2. 列出常见建筑材料的重度值，并与土的重度进行比较，以便记忆。
3. 孔隙比、孔隙率、饱和度能否超过 1 或 100%?

3.2.4 三相比例指标的换算关系

利用试验指标替换三相草图中的各符号，所有三相比例指标之间可以建立相互换算的关系。具体换算时，可假设 $V_s=1(V=1)$，解出各相物质的质量和体积，利用定义式即可导出所求的物理性质指标。土的三相比例指标换算公式如表 3.2 所示。

表 3.2 土的三相比例指标换算公式

名称	符号	表达式	常用换算公式	单位	常见值
土粒比重	d_s	$d_s=\frac{m_s}{V_s\rho_w}$	$d_s=\frac{S_r e}{w}$		砂土:2.65～2.69 粉土:2.70～2.71 黏性土:2.72～2.75
含水量	w	$w=\frac{m_w}{m_s}\times 100\%$	$w=\left(\frac{\gamma}{\gamma_d}-1\right)\times 100\%$		砂土:0～40% 黏性土:20%～60%
密度 重度	ρ γ	$\rho=\frac{m}{V}$ $\gamma=\rho g$	$\rho=\frac{d_s(1+w)}{1+e}\rho_w$ $\gamma=\frac{d_s(1+w)}{1+e}\gamma_w$	g/cm³ kN/m³	1.6～2.2 16～22
干密度 干重度	ρ_d γ_d	$\rho_d=\frac{m_s}{V}$ $\gamma_d=\rho_d g$	$\rho_d=\frac{\rho}{1+w}$ $\gamma_d=\frac{\gamma}{1+w}$	g/cm³ kN/m³	1.3～2.0 13～20
饱和密度 饱和重度	ρ_{sat} γ_{sat}	$\rho_{sat}=\frac{m_s+V_v\rho_w}{V}$ $\gamma_{sat}=\rho_{sat}g$	$\rho_{sat}=\frac{d_s+e}{1+e}\rho_w$ $\gamma_{sat}=\frac{d_s+e}{1+e}\gamma_w$	g/cm³ kN/m³	1.8～2.3 18～23
有效密度 有效重度	ρ' γ'	$\rho'=\frac{m_s-V_s\rho_w}{V}$ $\gamma'=\rho' g$	$\rho'=\rho_{sat}-\rho_w$ $\gamma'=\gamma_{sat}-\gamma_w$	g/cm³ kN/m³	0.8～1.3 8～13
孔隙比	e	$e=\frac{V_v}{V_s}$	$e=\frac{d_s(1+w)\rho_w}{\rho}-1$		砂土:0.5～1.0 黏性土:0.5～1.2
孔隙率	n	$n=\frac{V_v}{V}\times 100\%$	$n=\frac{e}{1+e}\times 100\%$		30%～50%
饱和度	S_r	$S_r=\frac{V_w}{V_v}\times 100\%$	$S_r=\frac{wd_s}{e}$		0～100%

3.3　土的物理状态指标

土的物理状态指标用以研究土的松密和软硬状态。由于无黏性土与黏性土的颗粒大小相差较大，土粒与土中水的相互作用各不相同，即影响土的物理状态的因素不同，需分别进行阐述。

3.3.1　无黏性土的密实度

无黏性土为单粒结构，土粒与土中水的相互作用不明显，影响其工程性质的主要因素是密实度。若土颗粒排列紧密，呈密实状态，其结构就稳定，压缩变形小，强度高，属于良好的天然地基；反之，土呈松散状态，其结构不稳定，压缩变形大，强度低，属于不良地基。

土的密实度通常是指单位体积中固体颗粒的含量。衡量无黏性土密实度的方法如下。

1. 砂土的密实度

1）孔隙比确定法

当$e<0.6$时，为密实状态；当$e>0.95$时，为松散状态。这种方法比较简单，但却无法考虑土颗粒级配的影响。例如，孔隙比相同的两种砂土，颗粒均匀的较密实，颗粒不均匀的较疏松。

2）相对密实度法

考虑到颗粒级配的影响，引入砂土相对密实度的概念，即用天然孔隙比e与该砂土的最松状态孔隙比e_{max}和最密实状态孔隙比e_{min}进行对比，比较e靠近e_{max}或靠近e_{min}，以此来判别砂土的密实度，表达式为

$$D_r=\frac{e_{max}-e}{e_{max}-e_{min}} \tag{3.12}$$

砂土的最小孔隙比e_{min}和最大孔隙比e_{max}采用一定的方法进行测定。

由式(3.12)可以看出，当砂土的天然孔隙比e接近e_{min}时，相对密实度D_r接近1，表明砂土接近最密实状态；当e接近e_{max}时，相对密实度接近0，表明砂土处于最松散状态。根据D_r值将砂土密实度划分为以下三种状态。

(1) $0.67<D_r\leqslant 1$，密实。

(2) $0.33<D_r\leqslant 0.67$，中密。

(3) $0<D_r\leqslant 0.33$，松散。

相对密实度D_r在理论上较为完善，但由于砂土的原状土样很难取得，天然孔隙比难以准确测定，故相对密实度的精度也就无法保证。目前，它主要用于填方质量的控制。

3）现场标准贯入试验法

《规范》采用未经修正的标准贯入试验锤击数N来划分砂土的密实度，如表3.3所示。N是用质量63.5kg的重锤自由下落76cm，使贯入器竖直击入土中30cm所需的锤击数(详见第8.3.3小节)，它综合反映了土的贯入阻力的大小，即密实度的大小。

表 3.3 砂土的密实度

标准贯入试验锤击数 N	$N\leqslant 10$	$10<N\leqslant 15$	$15<N\leqslant 30$	$N>30$
密实度	松散	稍密	中密	密实

2. 碎石土的密实度

碎石土既不易获得原状土样，也难以将贯入器击入土中。对于平均粒径小于或等于50mm 且最大粒径不超过 100mm 的卵石、碎石、圆砾、角砾，《规范》采用重型圆锥动力触探锤击数 $N_{63.5}$来划分其密实度，如表 3.4 所示。

表 3.4 碎石土的密实度

重型圆锥动力触探锤击数 $N_{63.5}$	$N_{63.5}\leqslant 5$	$5<N_{63.5}\leqslant 10$	$10<N_{63.5}\leqslant 20$	$N_{63.5}>20$
密实度	松散	稍密	中密	密实

注：表内 $N_{63.5}$为经综合修正后的平均值。

对于平均粒径大于 50mm 或最大粒径大于 100mm 的碎石土，《规范》则按野外鉴别方法来划分其密实度，如表 3.5 所示。

表 3.5 碎石土密实度野外鉴别方法

密实度	骨架颗粒含量和排列	可 挖 性	可 钻 性
密实	骨架颗粒含量大于总重的 70%，呈交错排列，连续接触	锹镐挖掘困难，用撬棍方能使其松动，井壁一般较稳定	钻进极困难，冲击钻探时，钻杆、吊锤跳动剧烈，孔壁较稳定
中密	骨架颗粒含量等于总重的 60%～70%，呈交错排列，大部分接触	锹镐可挖掘，井壁有掉块现象，从井壁取出大颗粒后，能保持颗粒凹面形状	钻进较困难，冲击钻探时，钻杆、吊锤跳动不剧烈，孔壁有坍塌现象
稍密	骨架颗粒含量等于总重的 55%～60%，排列混乱，大部分不接触	锹镐可以挖掘，井壁易坍塌，从井壁取出大颗粒后砂土立即塌落	钻进较容易，冲击钻探时，钻杆稍有跳动，孔壁易坍塌
松散	骨架颗粒含量小于总重的 55%，排列十分混乱，绝大部分不接触	锹镐易挖掘，井壁极易坍塌	钻进很容易，冲击钻探时，钻杆无跳动，孔壁极易坍塌

注：1. 骨架颗粒是指与表 3.12 碎石土分类名称相对应粒径的颗粒。
2. 碎石土的密实度应按表列各项要求综合确定。

3.3.2 黏性土的稠度

1. 黏性土的状态

黏性土的颗粒很细，土粒与土中水的相互作用很显著。随着含水量的不断增加，黏性土的状态变化为固态—半固态—可塑状态—流动状态，相应土的承载力逐渐下降。所谓可塑状态，就是当黏性土在某含水量范围内，可用外力塑成各种形状而不产生裂纹，并在去除外力后仍能保持既得的形状，土的这种性能叫作可塑性。将黏性土对外力引起的变化或破坏的抵抗能力(软硬程度)称为黏性土的稠度。因此，可用稠度表示黏性土的物理特征。

2. 界限含水量

黏性土从一种状态过渡到另一种状态的分界含水量称为界限含水量。流动状态与可塑状态间的界限含水量称为液限 w_L，可塑状态与半固态间的界限含水量称为塑限 w_p，半固态与固体状态间的界限含水量称为缩限 w_s，如图 3.9 所示。界限含水量均以百分数表示，它对黏性土的分类及工程性质的评价有重要意义。

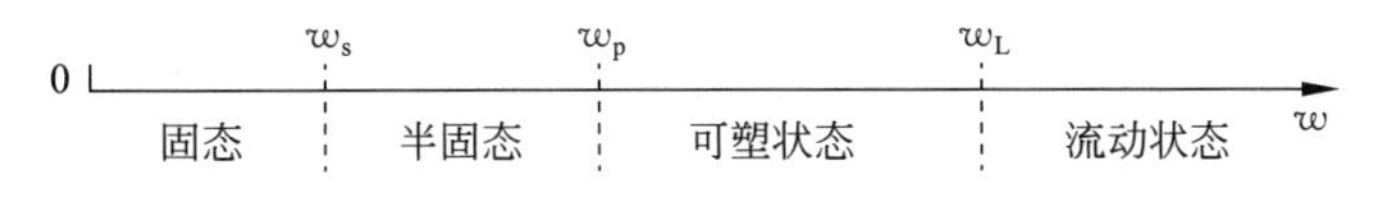

图 3.9 黏性土的物理状态与含水量的关系

3. 界限含水量的测定方法

1) 液限 w_L

(1) 锥式液限仪，如图 3.10 所示。其工作过程为：将调成均匀的浓糊状试样装满盛土杯(盛土杯置于底座上)，刮平杯口表面，用质量为 76g 的圆锥式液限仪测定。提住锥体上端手柄，使锥尖正好接触试样表面中部，松手，使锥体在其自重作用下沉入土中。若圆锥体经 5s 恰好沉入 17mm 深度，这时杯内土样的含水量就是液限 w_L 值。如果沉入土中的深度超过或低于 17mm，则表示试样的含水量高于或低于液限，均应重新试验，直至满足要求。需要特别指出的是，目前有两种液限标准，76g 圆锥式液限仪贯入 10mm 所得含水量称为 10mm 液限。

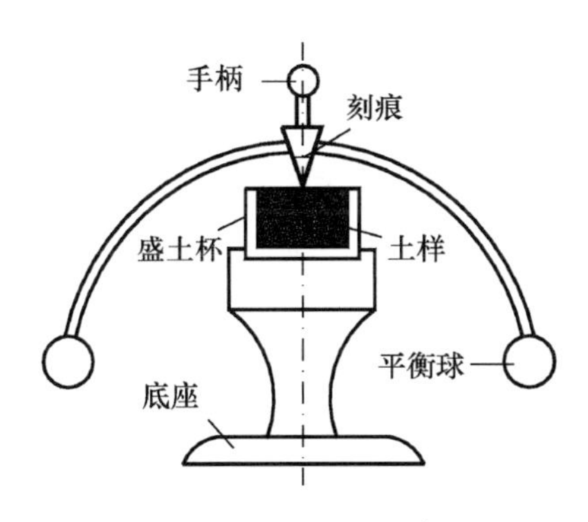

图 3.10 锥式液限仪

由于该法采用手工操作，人为因素影响较大，《土工试验方法标准》(GB/T 50123—2019)规定采用碟式液限仪测定法和液限、塑限联合测定法。

(2) 碟式液限仪，如图 3.11 所示。美国、日本等国家使用碟式液限仪来测定黏性土的液限。其工作过程：将调成浓糊状的试样装在碟内，刮平表面，使最厚处为 10mm，用切槽器在土中切成 V 形槽，以每秒 2 转的速率转动摇柄，使碟反复起落，坠击于底座上，连续下落 25 次后，如土槽合拢长度为 13mm，这时试样的含水量就是液限。

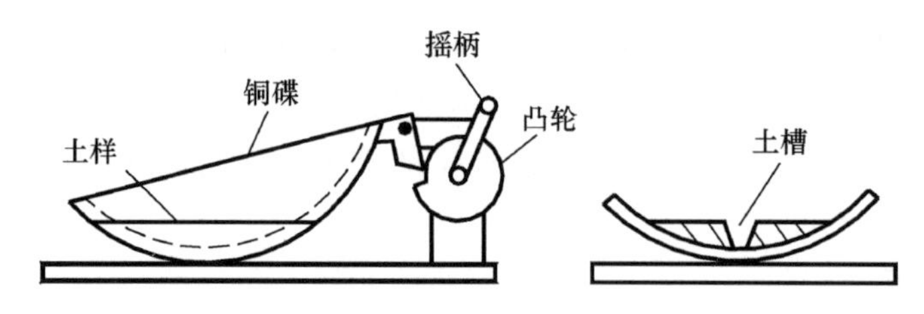

图 3.11　碟式液限仪

2）塑限 w_p

（1）搓滚法（搓条法）。取接近塑限的试样一小块，先用手捏成橄榄形，然后用手掌在毛玻璃板上轻轻搓滚。手掌的压力要均匀地施加压力在土条上，不得使土条在毛玻璃板上无力滚动。当土条搓成 3mm 时，产生裂缝并开始断裂，此时土条的含水量就是塑限。若土条搓至 3mm 直径时仍未出现裂纹和断裂，则表示此时试样的含水量高于塑限；若土条直径大于 3mm 时即断裂，则表示试样的含水量低于塑限。遇此两种情况，均应重取试样进行试验。当土条在任何含水率下始终搓不到 3mm 即开始断裂，则该土无塑性。

搓滚法与碟式液限仪法配套使用。由于搓滚法采用手工操作，人为因素影响较大，故成果不稳定。

（2）液限、塑限联合测定法。该方法是根据圆锥仪的圆锥入土深度与其相应的含水量在双对数坐标上具有线性关系的特性来进行的。利用圆锥质量为 76g 的光电式液、塑限联合测定仪（图 3.12）测得 3 个土试样在不同含水量时的圆锥入土深度，并绘制其关系直线图（图 3.13），在图上查得圆锥下沉深度为 17mm 所对应的含水量即为液限，查得圆锥下沉深度为 10mm 所对应的含水量为 10mm 液限，查得圆锥下沉深度为 2mm 所对应的含水量为塑限，取值以百分数表示，准确至 0.1%。

图 3.12　光电式液、塑限联合测定仪

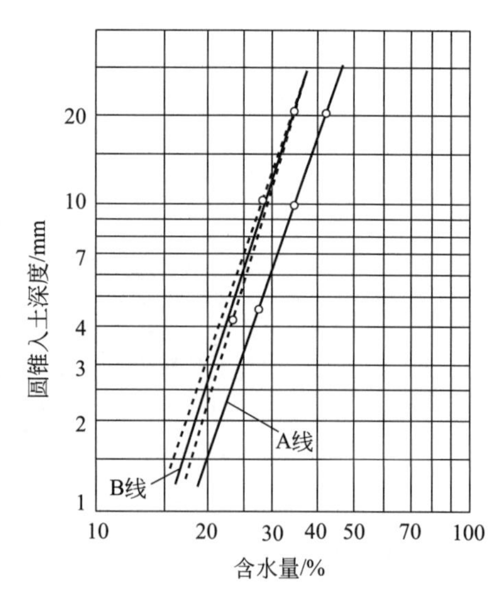

图 3.13　圆锥入土深度与含水量关系

4. 塑性指数 I_p 与液性指数 I_L

1）塑性指数 I_p

可塑性是黏性土区别于无黏性土的重要特征。可塑性的大小用土处在可塑状态的含水

量变化范围——塑性指数来衡量，即

$$I_p = w_L - w_p \tag{3.13}$$

塑性指数习惯上用不带百分号的数值表示。塑性指数越大，则土处在可塑状态的含水量范围越大，土的可塑性越好。也就是说，塑性指数的大小与土可能吸附的结合水的多少有关，一般土中黏粒含量越高或矿物成分吸水能力越强，则塑性指数越大。《规范》用 I_p 作为黏性土与粉土的定名标准。

2）液性指数 I_L

液性指数是指黏性土的天然含水量与塑限的差值和塑性指数之比。它是表示天然含水量与界限含水量相对关系的指标，反映黏性土天然状态的软硬程度，又称为相对稠度，其表达式为

$$I_L = \frac{w - w_p}{I_p} = \frac{w - w_p}{w_L - w_p} \tag{3.14}$$

可塑状态土的液性指数 I_L 取 0～1，I_L 越大，表示土越软；I_L 大于 1 的土处于流动状态；I_L 小于 0 的土则处于固体状态或半固体状态。建筑工程中将液性指数 I_L 用作确定黏性土承载力的重要指标。

《规范》按 I_L 的大小将黏性土划分为 5 种软硬状态，如表 3.6 所示。

表 3.6 黏性土软硬状态的划分

液性指数	$I_L \leqslant 0$	$0 < I_L \leqslant 0.25$	$0.25 < I_L \leqslant 0.75$	$0.75 < I_L \leqslant 1.0$	$I_L > 1.0$
状态	坚硬	硬塑	可塑	软塑	流塑

5. 灵敏度 S_t

天然状态的黏性土通常都具有一定的结构性，当受到外来因素的扰动时，其结构破坏，强度降低，压缩性增大。土的结构性对强度的这种影响通常用灵敏度来衡量。原状土无侧限抗压强度与原土结构完全破坏的重塑土（含水量与密度不变）的无侧限抗压强度之比称为土的灵敏度 S_t，即

$$S_t = \frac{q_u}{q'_u} \tag{3.15}$$

式中：q_u——原状土的无侧限抗压强度，kPa；

q'_u——重塑土的无侧限抗压强度，kPa。

根据灵敏度的大小，可将黏性土分为低灵敏（$1 < S_t \leqslant 2$）、中灵敏（$2 < S_t \leqslant 4$）和高灵敏（$S_t > 4$）3 类。土体灵敏度越高，其结构性越强，受扰动后强度降低越多，所以在施工时应特别注意保护基槽，尽量减少对土体的扰动（如人为践踏基槽）。

黏性土的结构受到扰动后强度降低，但静置一段时间，土的强度会逐渐增长，这种性质称为土的触变性。这是由于土粒、离子和水分子体系随时间而逐渐趋于新的平衡状态之故。例如，在黏性土地基中打桩时，桩周土的结构受到破坏而强度降低，但施工结束后，土的部分强度逐渐恢复，桩的承载力提高。

3.4 土的压实性

在工程建设中经常要进行填土压实，如修筑路基、堤坝、挡土墙，平整场地以及埋设管道，建筑物基坑回填等。为了增加填土的密实度，提高其强度，减少沉降量，降低透水性，通常采用分层碾压、夯实和振动的方法来处理地基。土体能够通过碾压、夯实和振动等方法调整土粒排列，进而增加密实度的性质称为土的压实性。

工程实践表明，对于过湿的黏性土进行碾压或夯实会出现软弹现象（俗称橡皮土），土体不易被压实，对于很干的土进行碾压或夯实也不能充分夯实。因此，对应最佳的夯实效果，存在一个适宜的含水量。在一定的压实功能作用下，土最容易被压实，并能达到最大密实度时的含水量，称为土的最优含水量 w_{op}，相应的干密度则称为最大干密度 ρ_{dmax}。

3.4.1 击实试验

土的压实性可通过在实验室或现场进行击实试验来进行研究。室内击实试验方法如下：将同一种土配制成 5 份以上不同含水量的试样，用同样的压实功能分别对每一份试样分三层进行击实，然后测定各试样击实后的含水量 w 和湿密度 ρ，计算出干密度 ρ_d，从而绘出一条 $w-\rho_d$ 关系曲线，即击实曲线，如图 3.14 所示。由图可知，在一定的击实功能下，只有当含水量达到某一特定值时，土才被击实至最大干密度。含水量大于或小于此特定值，其对应的干密度都小于最大干密度。这一特定含水量即为最优含水量 w_{op}。

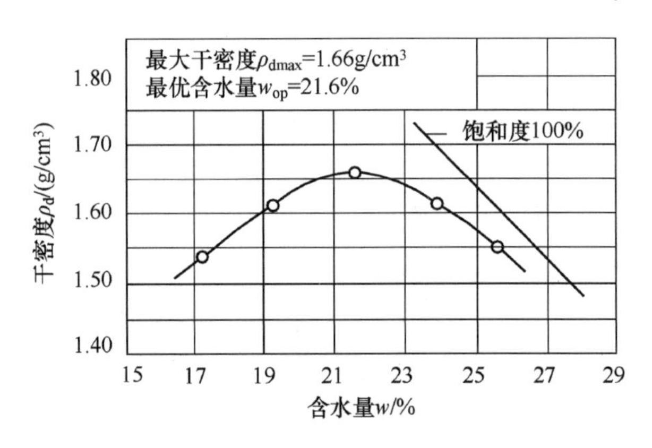

图 3.14 黏性土的击实曲线

3.4.2 影响压实效果的因素

影响土的压实效果的主要因素是土的含水量、压实功能和土的性质。

1. 土的含水量

含水量较小时，土中水主要是强结合水，土粒间的摩擦力、黏结力都很大，土粒的相对移动有困难，因而不易被压实；当含水量适当增大时，土中结合水膜变厚，土粒之间的黏结力减弱而使土粒易于移动,压实效果变好;但当含水量继续增大,以致出现自由水,击实时孔隙中过多的水分不易立即排出,势必阻止土粒的靠拢,则压实效果反而下降。

试验统计证明:黏性土的最优含水量 w_{op} 与土的塑限 w_p 有关,大致为 $w_{op}=w_p+2\%$。土中黏土矿物含量越大,最优含水量越大。

2. 压实功能

夯击的压实功能与夯锤的质量、落高、夯击次数以及被夯击土的厚度等有关;碾压的压实功能则与碾压机具的质量、接触面积、碾压遍数以及土层的厚度等有关。

对于同类土,如图3.15所示,由曲线3至曲线1,随着压实功能的增大,最大干密度相应增大,而最优含水量减小。所以,在压实工程中,若土的含水量较小,则需选用夯实能量较大的机具,才能将土压实至最大干密度;在碾压过程中,如未能将土压至最密实程度,则需增大压实功能(选用功能较大的机具或增加碾压遍数等);若土的含水量较大,则应选用压实功能较小的机具,否则会出现"橡皮土"现象。因此,若要把土压实至工程需要的干密度,必须合理控制压实时土的含水量,选用适合的压实功能。

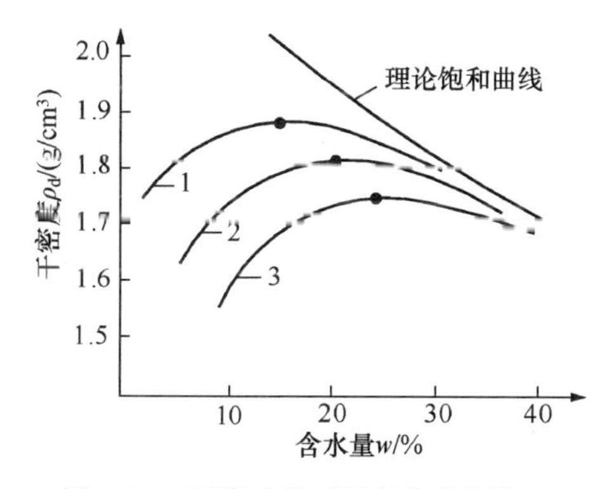

图3.15 压实功能对压实曲线的影响

3. 土的性质

土的颗粒粗细、级配、矿物成分和添加的材料等因素对压实效果有影响。颗粒越粗的土,其最大干密度越大,而最优含水量越小;颗粒级配越均匀,压实曲线的峰值范围就越宽广而平缓;对于黏性土,压实效果与其中的黏土矿物成分含量有关;添加木质素和铁基材料可改善土的压实效果。

砂性土也可用类似于黏性土的方法进行试验。干砂在压力和振动作用下容易密实;稍湿的砂土,因有毛细压力作用使砂土互相靠紧,阻止颗粒移动,压实效果不好;饱和砂土毛细压力消失,压实效果良好。

3.4.3 压实填土的质量控制和检验

本章所述压实地基适用于处理大面积填土地基。浅层软弱地基以及局部不均匀地基的换填处理见第11章中"换填垫层法"一节。

1. 压实填土地基的设计要求

1) 填方土料

填方土料应符合设计要求,以保证填方的强度和稳定性。压实填土的填料可选用粉质黏土、灰土、粉煤灰、级配良好的砂土或碎石土，以及质地坚硬、性能稳定、无腐蚀性和无放射性危害的工业废料等，并应满足下列要求。

(1) 碎石类土或爆破石碴用作回填土料时，其最大粒径不应大于每层铺填厚度的 2/3，铺填时大块料不应集中，且不得回填在分段接头处。以碎石土作填料时，其最大粒径不宜大于 100mm。

(2) 以粉质黏土、粉土作为填料时，其含水量宜为最优含水量，可采用击实试验确定。

(3) 不得使用淤泥、耕土、冻土、膨胀土以及有机质含量大于 5%的土料。

(4) 采用振动压实法时，宜降低地下水位到振实面下 600mm。

2) 施工机具与设计参数

压实机械按工作原理分为静力碾压式、振动式、冲击式和复合作用式等。

压实填土施工时，应根据压实机械的压实性能，地基土性质、密实度、压实系数和施工含水量等，并结合现场试验确定碾压分层厚度、碾压遍数、碾压范围和有效加固深度等施工参数。初步设计可按表 3.7 选用。

表 3.7 填土施工时分层厚度及压实遍数

压实机具	分层厚度/mm	每层压实遍数
平碾	250～300	6～8
振动压实机	250～350	3～4
柴油打夯	200～250	3～4
人工打夯	＜200	3～4

冲击碾压法的冲击设备、分层填料的虚铺厚度、分层压实的遍数等的设计应根据土质条件、工期要求等因素综合确定，其有效加固深度宜为 3.0～4.0m，施工前应进行试验段施工，确定施工参数。

2. 压实填土地基的施工要求

(1) 应根据使用要求、邻近结构类型和地质条件确定允许加载量和范围，并按设计要求均衡分步施加，避免大量、快速集中填土。

(2) 填料前，应清除填土层底面以下的耕土、植被或软弱土层等。

(3) 压实填土施工过程中，应采取防雨、防冻措施，防止填料(粉质黏土、粉土)受雨水淋湿或冻结。

(4) 基槽内压实时，应先压实基槽两边，再压实中间。轮(夯)迹应相互搭接，机械压实应控制行驶速度。在建筑物转角、空间狭小等机械压实不能作业的区域，可采用人工压实的方法。

(5) 冲击碾压法施工的冲击碾压宽度不宜小于 6m，工作面较窄时，需设置转弯车道，冲压最短直线距离不宜小于 100m，冲压边角及转弯区域应采取其他措施压实；施工时，地下水位应降低到碾压面以下 1.5m。

(6) 性质不同的填料应采取水平分层、分段填筑，并分层压实；同一水平层，采用同一填料，不得混合填筑；填方分段施工时，接头部位如不能交替填筑，应按 1∶1 坡度分层留台阶；如能交替填筑，则应分层相互交替搭接，在施工缝的搭接处应适当增加压实遍数；边角及转弯区域应采取其他措施压实，以达到设计标准。

(7) 压实地基施工场地附近有对振动和噪声环境控制要求时，应合理安排施工工序和时间，减少噪声与振动对环境的影响，或采取挖减振沟等减振和隔振措施，并进行振动和噪声监测。

(8) 施工过程中，应避免扰动填土下卧的淤泥或淤泥质土层。压实填土施工结束并经检验合格后，应及时进行基础施工。

3. 压实填土的质量指标

压实填土的质量以压实系数 λ_c 控制。压实系数为压实填土的控制干密度 ρ_d 与最大干密度 ρ_{dmax} 的比值，即

$$\lambda_c = \frac{\rho_d}{\rho_{dmax}} \tag{3.16}$$

压实填土的最大干密度 ρ_{dmax} 和最优含水量宜采用击实试验测定。当无试验资料时，对于黏性土或粉土填料，最大干密度可按下式计算：

$$\rho_{dmax} = \frac{\eta \rho_w d_s}{1 + 0.01 w_{op} d_s} \tag{3.17}$$

式中：ρ_{dmax}——分层压实填土的最大干密度，kg/m³；

η——经验系数，粉质黏土取 0.96，粉土取 0.97；

ρ_w——水的密度，kg/m³；

d_s——土粒相对密度；

w_{op}——填料的最优含水量，%。

当填料为碎石、卵石或岩石碎屑等时，其最大干密度可取 2100～2200kg/m³。

压实填土的质量应根据结构类型和压实填土所在部位，按表 3.8 所示要求确定。

表 3.8 压实填土的质量控制

结构类型	填土部位	压实系数 λ_c	控制含水量/%
砌体承重结构和框架结构	在地基主要受力层范围以内	≥0.97	$w_{op} \pm 2$
	在地基主要受力层范围以下	≥0.95	
排架结构	在地基主要受力层范围以内	≥0.96	
	在地基主要受力层范围以下	≥0.94	

注：地坪垫层以下及基础底面标高以上的压实填土，其压实系数不应小于 0.94。

4. 压实填土的质量检验

(1) 在施工过程中，应分层取样检验土的干密度和含水量；每 50～100m² 面积内应设不少于 1 个检测点，每一个独立基础下，检测点不少于 1 个，条形基础每 20 延米设检测点不少于 1 个，压实系数不得低于表 3.8 所示规定；采用灌水法或灌砂法检测的碎石土干密度不得低于 2.0t/m³。

(2) 有地区经验时，可采用动力触探、静力触探、标准贯入等原位试验，并结合干密度试验的对比结果进行质量检验。

(3) 冲击碾压法施工宜分层进行变形量、压实系数等土的物理力学指标监测和检测。

(4) 地基承载力验收检验,可通过静荷载试验并结合动力触探、静力触探、标准贯入等试验结果综合判定。每个单体工程静荷载试验不应少于3点,大型工程可按单体工程的数量或面积确定检验点数。

《建筑地基处理技术规范》(JGJ 79—2012)以强制性条款的形式规定:压实地基的施工质量检验应分层进行。每完成一道工序,应按设计要求进行验收,未经验收或验收不合格时,不得进行下一道工序施工。

3.5 地基土(岩)的基本分类

地基土(岩)的分类是指根据分类用途和土(岩)的各种性质的差异将其划分为一定的类别。其意义在于根据分类名称可以大致判断土(岩)的工程特性、评价土(岩)作为建筑材料的适宜性、结合其他指标来确定地基的承载力等。

地基土(岩)的分类方法很多,作为建筑地基的岩土,可分成岩石、碎石土、砂土、粉土、黏性土和人工填土6大类。

3.5.1 岩石

1. 定义

岩石是指颗粒间牢固连接,形成整体或具有节理裂隙的岩体。

2. 分类

(1) 根据其成因分为岩浆岩、沉积岩和变质岩。

(2) 根据其坚硬程度划分为坚硬岩、较硬岩、较软岩、软岩和极软岩,如表3.9所示。

表3.9 岩石坚硬程度的划分

坚硬程度类别	坚硬岩	较硬岩	较软岩	软岩	极软岩
饱和单轴抗压强度标准值 f_{rk}/MPa	$f_{rk}>60$	$60\geqslant f_{rk}>30$	$30\geqslant f_{rk}>15$	$15\geqslant f_{rk}>5$	$f_{rk}\leqslant 5$

当缺乏饱和单轴抗压强度资料或不能进行该项试验时,可在现场通过观察定性划分,划分标准如表3.10所示。

表3.10 岩石坚硬程度的定性划分

名称		定性鉴定	代表性岩石
硬质岩	坚硬岩	锤击声清脆,有回弹,振手,难击碎;基本无吸水反应	未风化~微风化的花岗岩、闪长岩、辉绿岩、玄武岩、安山岩、片麻岩、石英岩、硅质砾岩、石英砂岩、硅质石灰岩等
	较硬岩	锤击声较清脆,有轻微回弹,稍振手,较难击碎;有轻微吸水反应	(1) 微风化的坚硬岩; (2) 未风化~微风化的大理岩、板岩、石灰岩、白云岩、钙质砂岩等

续表

名称		定性鉴定	代表性岩石
软质岩	较软岩	锤击声不清脆，无回弹，较易击碎；浸水后用指甲可刻出印痕	(1) 中等风化～强风化的坚硬岩和较硬岩； (2) 未风化～微风化的凝灰岩、千枚岩、砂质泥岩、泥灰岩等
	软岩	锤击声哑，无回弹，有凹痕，易击碎；浸水后用手可掰开	(1) 强风化的坚硬岩和较硬岩； (2) 中等风化～强风化的较软岩； (3) 未风化～微风化的页岩、泥质砂岩、泥岩等
极软岩		锤击声哑，无回弹，有较深凹痕，用手可捏碎；浸水后可捏成团	(1) 全风化的各种岩石； (2) 各种半成岩

(3) 根据岩体完整程度划分为完整、较完整、较破碎、破碎和极破碎。不同规范和标准的具体划分标准有所不同。

(4) 根据风化程度划分为未风化、微风化、中等风化、强风化、全风化和残积土。《岩土工程勘察规范》(GB 50021—2001)(2009 年版)的部分规定如表 3.11 所示。

表 3.11　岩石按风化程度分类

风化程度	野　外　特　征
未风化	岩质新鲜，偶见风化痕迹
微风化	结构基本未变，仅节理面有渲染或略有变色，有少量风化裂隙
中等风化	结构部分破坏，沿节理面有次生矿物。风化裂隙发育，岩体被切割成岩块。用镐难挖，岩芯钻方可钻进
强风化	结构大部分破坏，矿物成分显著变化。风化裂隙很发育，岩体破碎。用镐可挖，干钻不易钻进
全风化	结构基本破坏，但尚可辨认，有残余结构强度，可用镐挖，干钻可钻进
残积土	组织结构全部破坏，已风化成土状，锹镐易挖掘，干钻易钻进，具有可塑性

3. 工程性质

微风化的硬质岩石为最优良的地基；强风化的软质岩石工程性质差，这类地基的承载力不如一般卵石地基承载力高。

3.5.2　碎石土

1. 定义

碎石土是指粒径大于 2mm 的颗粒含量超过总质量 50%的土。

2. 分类

根据土的粒径级配中各粒组含量和颗粒形状分为漂石、块石、卵石、碎石、圆砾和角砾，如表 3.12 所示。

表 3.12　碎石土的分类

土的名称	颗粒形状	粒组含量
漂石 块石	圆形及亚圆形为主 棱角形为主	粒径大于 200mm 的颗粒含量超过总质量 50%
卵石 碎石	圆形及亚圆形为主 棱角形为主	粒径大于 20mm 的颗粒含量超过总质量 50%
圆砾 角砾	圆形及亚圆形为主 棱角形为主	粒径大于 2mm 的颗粒含量超过总质量 50%

注：分类时应根据粒组含量栏从上到下以最先符合者确定。

3. 工程性质

常见的碎石土强度高、压缩性小、渗透性大，为优良地基。其中，密实碎石土为优等地基，中密碎石土为优良地基，稍密碎石土为良好地基。

3.5.3　砂土

1. 定义

砂土是指粒径大于 2mm 的颗粒含量不超过总质量 50%、粒径大于 0.075mm 的颗粒含量超过总质量 50%的土。

2. 分类

砂土根据粒组含量可分为砾砂、粗砂、中砂、细砂和粉砂，如表 3.13 所示。

表 3.13　砂土的分类

土的名称	粒组含量
砾砂	粒径大于 2mm 的颗粒含量占总质量 25%～50%
粗砂	粒径大于 0.5mm 的颗粒含量超过总质量 50%
中砂	粒径大于 0.25mm 的颗粒含量超过总质量 50%
细砂	粒径大于 0.075mm 的颗粒含量超过总质量 85%
粉砂	粒径大于 0.075mm 的颗粒含量超过总质量 50%

注：分类时应根据粒组含量栏从上到下以最先符合者确定。

3. 工程性质

(1) 密实与中密状态的砾砂、粗砂、中砂为优良地基，稍密状态的砾砂、粗砂、中砂为良好地基。

(2) 粉砂与细砂要具体分析:密实状态时为良好地基,饱和疏松状态时为不良地基。

3.5.4 粉土

1. 定义

粉土是指粒径大于0.075mm的颗粒含量不超过总质量50%,且塑性指数$I_p \leqslant 10$的土。需要注意的是,这里的塑性指数是由相应于76g圆锥体沉入土样中深度为10mm时测定的液限计算而得。

2. 分类

粉土的性质介于砂土和黏性土之间,它具有砂土和黏性土的某些特征,不同地区的粉土中砂粒、粉粒、黏粒含量所占比例相差较大,因此工程特性也有所差别,但目前由于认识上的差别,尚难确定一个能被普遍接受的划分亚类标准。

3. 工程性质

密实的粉土为良好地基;饱和稍密的粉土,地震时易产生液化;砂粒含量较多的粉土,地震时可能产生液化,类似于砂土的性质;黏粒含量较多(>10%)的粉土不会液化,性质近似于黏性土。

3.5.5 黏性土

1. 定义

黏性土是指塑性指数$I_p > 10$的土。这里的塑性指数仍是由相应于76g圆锥体沉入土样中深度为10mm时测定的液限计算而得。

2. 分类

根据塑性指数大小,黏性土分为黏土和粉质黏土,当$10 < I_p \leqslant 17$时为粉质黏土,当$I_p > 17$时为黏土。

3. 工程性质

黏性土的工程性质与其含水量的大小密切相关。密实、硬塑的黏性土为优良地基,疏松、流塑状态的黏性土为软弱地基。

3.5.6 人工填土

1. 定义

人工填土是指由于人类活动而堆积的土。其成分复杂,均质性差。

2. 分类

根据人工填土的组成与成因分为素填土、压实填土、杂填土和冲填土4类,如表3.14所示。

表 3.14 人工填土按组成物质分类

土的名称	组成物质
素填土	由碎石土、砂土、粉土、黏性土等组成
压实填土	经过压实或夯实的素填土
杂填土	含有建筑物垃圾、工业废料、生活垃圾等杂物
冲填土	由水力冲填泥砂形成

根据人工填土的堆积年代分为老填土和新填土。通常黏性土堆填时间超过 10 年，粉土堆填时间超过 5 年的称为老填土；黏性土堆填时间少于 10 年，粉土堆填时间少于 5 年的称为新填土。

3. 工程性质

通常人工填土的工程性质不良，强度低，压缩性大且不均匀。其中，压实填土相对较好。杂填土因成分复杂，平面与立面分布很不均匀、无规律，工程性质较差。

3.5.7 特殊土

特殊土是指在特定的地理环境下形成的具有特殊性质的土。它的分布一般具有明显的区域性，包括淤泥、淤泥质土、泥炭、泥炭质土、红黏土、次生红黏土、湿陷性土、膨胀土、多年冻土等。

1. 淤泥和淤泥质土

在静水或缓慢的流水环境中沉积，并经生物化学作用形成，其天然含水量大于液限($w>w_L$)，天然孔隙比 $e\geqslant1.5$ 的黏性土为淤泥；天然含水量大于液限($w>w_L$)，而天然孔隙比 $1.0\leqslant e<1.5$ 的黏性土或粉土为淤泥质土。

工程性质：压缩性高、强度低、透水性低，为不良地基。

2. 泥炭和泥炭质土

在湖相和沼泽静水、缓慢的流水环境中沉积，经生物化学作用形成，含有大量未分解的腐殖质，有机质含量大于 60%的土为泥炭，有机质含量大于或等于 10%且小于或等于 60%的土为泥炭质土。其呈深褐色～黑色，具有含水量高、孔隙比高、天然密度低的特点。

工程性质：压缩性高、不均匀、强度低、透水性低。不应直接作为建筑物的天然地基持力层，应根据地区经验处理。

3. 红黏土和次生红黏土

红黏土和次生红黏土为碳酸盐岩系的岩石经红土化作用形成的高塑性黏土，其液限 w_L 一般大于 50%。红黏土经再搬运后仍保留其基本特征，其液限 w_L 大于 45%的土为次生红黏土。其以贵州、云南、广西等省和自治区分布最为典型。

工程性质：强度高、压缩性低，上硬下软，具有明显的收缩性。

4. 湿陷性土

在一定压力下浸水后产生附加沉降，其湿陷系数大于或等于 0.015 的土称为湿陷性土。根据上覆土自重压力下是否发生湿陷变形，可划分为自重湿陷性土和非自重湿陷性土。

5. 膨胀土

土中黏粒成分主要由亲水性矿物组成，同时具有显著的吸水膨胀和失水收缩特性，其自由膨胀率大于或等于 40%的黏性土称为膨胀土。

6. 多年冻土

多年冻土是指土的温度等于或低于摄氏零度、含有固态水且这种状态在自然界连续保持 3 年或 3 年以上的土。当自然条件改变时，产生冻胀、融陷、热融滑塌等特殊不良地质现象及发生物理力学性质的改变。

【例 3.1】 某土样，测定其土粒相对密度 $d_s=2.73$，天然密度 $\rho=2.09\text{g/cm}^3$，含水量 $w=24.2\%$，液限 $w_L=34\%$，塑限 $w_p=19.8\%$，试确定：

(1) 土的干密度。

(2) 土的名称。

(3) 土的硬状态。

解　(1) 土的干密度。

$$\rho_d=\frac{\rho}{1+w}=\frac{2.09}{1+0.242}=1.683(\text{g/cm}^3)$$

(2) 土的塑性指数。

$$I_p=w_L-w_p=34-19.8=14.2,\quad 10<I_p<17$$

故该土为粉质黏土。

(3) 土的液性指数。

$$I_L=\frac{w-w_p}{w_L-w_p}=\frac{24.2-19.8}{34-19.8}=0.31,\quad 0.25<I_L<0.75$$

故该土处于可塑状态。

【例 3.2】 某砂土，标准贯入试验锤击数 $N=28$，土样筛分试验结果如表 3.15 所示，试确定该土的名称和状态。

表 3.15　土样筛分试验结果

筛孔直径/mm	20	2	0.5	0.25	0.075	<0.075(底盘)	总计
留筛土质量/g	0	30	120	160	150	40	500
占全部土质量的百分比/%	0	6	24	32	30	8	100
大于某筛孔径的土质量百分比/%	0	6	30	62	92	—	—

解　定名时按照以粒组含量由大到小最先符合者为准的原则。

粒径大于 0.25mm 的颗粒占全部土质量的 62%，大于 50%。同时，按表 3.13 排列的名称顺序又是第一个适合规定的条件，所以该砂土定名为中砂。

3.6 地基土(岩)的工程分类与性质

3.6.1 土的工程分类

土可分为八类,如表 3.16 所示。

表 3.16 土的工程分类

土的分类	土的级别	土的名称	坚实系数 f	密度/(t/m³)	开挖方法及工具
一类土(松软土)	Ⅰ	砂土、粉土、冲积砂土层、疏松的种植土、淤泥(泥炭)	0.5～0.6	0.6～1.5	用锹、锄头挖掘,少许用脚蹬
二类土(普通土)	Ⅱ	粉质黏土,潮湿的黄土,夹有碎石、卵石的砂,粉土混卵(碎)石,种植土、填土	0.6～0.8	1.1～1.6	用锹、锄头挖掘,少许用镐翻松
三类土(坚土)	Ⅲ	软及中等密实黏土,重粉质黏土、砾石土,干黄土、含有碎石与卵石的黄土、粉质黏土,压实的填土	0.8～1.0	1.75～1.9	主要用镐,少许用锹、锄头挖掘,部分用撬棍
四类土(砂砾坚土)	Ⅳ	坚硬密实的黏性土或黄土,含碎石卵石的中等密实的黏性土或黄土,粗卵石,天然级配砂石,软泥灰岩	1.0～1.5	1.9	整个先用镐、撬棍,后用锹挖掘,部分用楔子及大锤
五类土(软石)	Ⅴ～Ⅵ	硬质黏土,中密的页岩、泥灰岩、白垩土,胶结不紧的砾岩,软石灰及贝壳石灰石	1.5～4.0	1.1～2.7	用镐或撬棍、大锤挖掘,部分使用爆破方法
六类土(次坚石)	Ⅶ～Ⅸ	泥岩、砂岩、砾岩,坚实的页岩、泥灰岩,密实的石灰岩,风化花岗岩、片麻岩及正长岩	4.0～10.0	2.2～2.9	用爆破方法开挖,部分用风镐
七类土(坚土)	Ⅹ～ⅩⅢ	大理石,辉绿岩,玢岩,粗、中粒花岗岩,坚实的白云岩、砂岩、砾岩、片麻岩、石灰岩,微风化安山岩,玄武岩	10.0～18.0	2.5～3.1	用爆破方法开挖
八类土(特坚土)	ⅩⅣ～ⅩⅥ	安山岩,玄武岩,花岗片麻岩,坚实的细粒花岗岩、闪长岩、石英岩、辉长岩、辉绿岩、玢岩、角闪岩	18.0～25.0以上	2.7～3.3	用爆破方法开挖

注:1. 土的级别相当于一般 16 级土石分类级别。

2. 坚实系数 f 相当于普氏岩石强度系数。

3.6.2　土的工程性质

1. 土的可松性

土的可松性为土经挖掘以后，其组织破坏、体积增加的性质，以后虽然回填压实，仍不能恢复成原来的体积。土的可松性程度一般以可松性系数表示(表 3.17)，它是挖填土方时，计算土方机械生产率、回填土方量、运输机具数量、进行场地平整规划竖向设计、土方平衡调配的重要参数。

表 3.17　各种土的可松性参考数值

土的类别	体积增加百分比/%		可松性系数	
	最初	最终	K_p	K_p'
一类(种植土除外)	8～17	1～2.5	1.08～1.17	1.01～1.03
一类(植物性土、泥炭)	20～30	3～4	1.20～1.30	1.03～1.04
二类	14～28	1.5～5	1.14～1.28	1.02～1.05
三类	24～30	4～7	1.24～1.30	1.04～1.07
四类(泥灰岩、蛋白石除外)	26～32	6～9	1.26～1.32	1.06～1.09
四类(泥灰岩、蛋白石)	33～37	11～15	1.33～1.37	1.11～1.15
五至七类	30～45	10～20	1.30～1.45	1.10～1.20
八类	45～50	20～30	1.45～1.50	1.20～1.30

注：最初体积增加百分比为$\frac{V_2-V_1}{V_1}\times100\%$，最终体积百分比为$\frac{V_3-V_1}{V_1}\times100\%$。

表 3.17 中各参数意义如下。

K_p——最初可松性系数，$K_p=\frac{V_2}{V_1}$；

K_p'——最终可松性系数，$K_p'=\frac{V_3}{V_1}$；

V_1——开挖前土的自然体积；

V_2——开挖后土的松散体积；

V_3——运至填方处压实之后的体积。

2. 土的压缩性

取土回填或者移挖作填，松土经运输、填压以后均会压缩，一般土的压缩性以土的压缩率表示，如表 3.18 所示。

表 3.18　土的压缩率 *P* 的参考值

土的类别	土的名称	土的压缩率	$1m^3$松散土压实后的体积/m^3
一至二类土	种植土	20%	0.80
	一般土	10%	0.90
	砂土	5%	0.95

续表

土的类别	土的名称	土的压缩率	$1m^3$松散土压实后的体积/m^3
三类土	天然湿度黄土	12%～17%	0.85
	一般土	5%	0.95
	干燥坚实黄土	5%～7%	0.94

一般可按填方截面增加10%～20%方数考虑。

土的压缩率P(%)也可用下列公式计算,即

$$P=\frac{\rho-\rho_d}{\rho_d}\times 100\% \tag{3.18}$$

式中:ρ——土压实后的干密度,kg/m^3;

ρ_d——原状土的干密度,kg/m^3。

小结

本章主要讨论了土的三相组成及土的性质和状态指标,介绍了土的分类。这些内容是评价土的工程性质、分析与解决地基基础工程问题时所需的基本知识。

1. 土的组成

1) 固体颗粒

颗粒的形状、大小、矿物成分及组成情况是决定土的物理力学性质的主要因素。土的颗粒级配是决定无黏性土工程性质的主要因素,是确定土的名称和选用建筑材料的重要依据。

2) 土中水

土中水是指存在于土孔隙中的水。土中细粒越多,水对土的性质影响越大。按水与土相互作用程度的强弱,土中水分为在电分子引力下吸附于土粒表面的结合水和存在于土孔隙中土粒表面电场影响范围以外的自由水。当土中含有较多的弱结合水时,土具有一定的可塑性。在工程中,应特别注意毛细水上升对建筑物地下部分的防潮措施、地基土的浸湿以及地基与基础的冻胀的重要影响。

3) 土中气体

土中气体根据存在形式分为与大气连通的气体和不连通的密闭气体两类。

2. 土的物理性质指标

(1) 通过试验直接测定的指标:土的密度ρ、土粒相对密度d_s和含水量w。

(2) 间接换算的指标:ρ_d,ρ_{sat},ρ',e,n,S_r。

3. 土的物理状态指标

1) 无黏性土的密实度

衡量砂土密实度的方法有孔隙比确定法、相对密实度法和《规范》采用的现场标准贯入试验法,衡量碎石土密实度的方法有《规范》采用的适用于卵石、碎石、圆砾、角砾的重型圆锥

动力触探锤击法和适用于碎石土的野外鉴别方法。

2）黏性土的稠度

（1）黏性土的界限含水量（液限 w_L、塑限 w_p、缩限 w_s）以及 w_L、w_p 的测定方法对黏性土的分类及工程性质的评价有重要意义。

（2）塑性指数 I_p。《规范》用 I_p 作为黏性土与粉土的定名标准。

（3）液性指数 I_L。反映黏性土天然状态的软硬程度，又称为相对稠度。建筑工程中将液性指数 I_L 用作确定黏性土承载力的重要指标。《规范》按 I_L 的大小将黏性土划分为5种软硬状态，即坚硬、硬塑、可塑、软塑、流塑。

4. 土的压实性

影响土的压实效果的主要因素是土的含水量、压实功能和土的性质。对应最佳的夯实效果，存在一个适宜的含水量大小。在一定的压实功能作用下，土最容易被压实，并能达到最大密实度时的含水量，称为土的最优含水量 w_{op}，相应的干密度则称为最大干密度 ρ_{dmax}。

填方土料应符合设计要求，保证填方的强度和稳定性。

压实机械按工作原理分为静力碾压式、振动式、冲击式和复合作用式等。它们适用于不同施工场地和土质类型的土层压实。

压实填土的质量以压实系数 λ_c 控制。

5. 地基土的基本分类和工程分类

粗粒土（粒径大于0.075mm）按各粒组含量和颗粒形状分类，细粒土（粒径小于0.075mm）按塑性指数分类。但需注意黏性土的工程性质受土的成因、生成年代的影响很大。

工程分类是按土的坚实程度划分的。

思　考　题

1. 土的三相组成是什么？土中水分为哪几类？对土的工程性质各有何影响？

2. 什么叫粒组？土粒粒组的划分标准是什么？

3. 什么叫土的颗粒级配？如何从级配曲线的陡缓形态判断土的工程特性？

4. 土的结构有哪几种？不同的结构对土性有何影响？

5. 土的物理性质指标有几个？哪些是直接测定的？用什么方法测定？

6. 说明天然重度、饱和重度、有效重度、干重度的物理概念和相互关系，并比较同一种土各数值的大小关系。

7. 黏性土的物理状态指标有几个？塑限和液限用什么方法测定？

8. 无黏性土最主要的物理状态指标是什么？《规范》采用什么方法来划分密实度？

9. 什么叫土的塑性指数？其数值大小与颗粒粗细有何关系？塑性指数大的土具有什么特点？

10. 什么叫液性指数？如何用液性指数来评价土的工程性质？

11. 土的压实性与哪些因素有关？什么是土的最大干密度和最优含水量？

12. 压实填土对填方土料有何要求？

13. 怎样检查填土压实的质量？

14.《规范》将地基土分为哪几大类？各类土划分的依据是什么？

15. 地基土依据什么进行工程分类？分为哪几类？

习　题

1. 某原状土样，体积为 76cm³，湿土质量为 120g，干土质量为 96g，土粒相对密度为 2.65，试确定土样的密度、干密度、饱和密度、有效密度、含水量、孔隙比、孔隙率和饱和度。

2. 某饱和土样，含水量为 30%，土粒相对密度为 2.69，试求土的密度、干密度、饱和密度、有效密度和孔隙比。

3. 某原状土样，试验测得土的天然重度为 19.6kN/m³，含水量为 20.8%，土粒相对密度为 2.74，试求土的干重度、饱和重度、有效重度、饱和度、孔隙比和孔隙率。

4. 某砂土试样，筛分试验结果如表 3.19 所示，试确定该砂土的名称。

表 3.19　某砂土试样筛分试验结果

粒径/mm	2.0	1.0	0.5	0.25	0.075	<0.075	总计
留筛土质量/g	72	96	120	82	94	36	500

5. 某砂土的颗粒分析结果如表 3.20 所示，要求：

表 3.20　某砂土的颗粒分析结果

粒径范围/mm	>2	2～0.5	0.5～0.25	0.25～0.075	<0.075
粒组含量(质量分数)/%	8.6	20.1	25.4	33.5	12.4

(1) 确定该土样的名称。

(2) 如果现场标准贯入试验锤击数 $N=18$，确定该土的密实度。

6. 某地基土，测得其含水量为 24.8%，液限为 29.6%，塑限为 18.4%，试求塑性指数和液性指数，并确定土的名称，判定土的状态。

7. 将土配制成 6 份不同含水量的试样，以标准方法分别进行击实试验，测得各试样击实后的含水量和密度如表 3.21 所示，已知土粒相对密度为 2.67，试求最优含水量 w_{op}。

表 3.21　各试样击实后的含水量和密度

w/%	18.3	16.2	14.2	12.1	10.5	9.3
ρ/(g/cm³)	1.90	1.95	2.00	1.98	1.90	1.86

8. 某工地在填土施工中所用土料的含水量为 5%，为便于夯实，需在土料中加水，使其含水量增至 15%，试问：每 1000kg 质量的土料应加多少水？

第4章　地基土中应力

学习目标

知识目标

1. 能描述地基土中应力的主要类型和分布规律，能理解土的自重应力、基底压力和基底附加压力的含义。

2. 能理解地基附加应力的含义，知晓其计算方法。

3. 了解成层土中应力集中和应力扩散的概念。

能力目标

能够计算出土的自重应力、基底压力和基底附加压力。

4.1　概　　述

地基的沉降、强度与稳定性，均与土中应力分布有关。土中应力包括土的自重应力和附加应力。土的自重应力是在未建造基础前，由土体重力引起的应力；附加应力则是由建筑物荷载或地基堆载等在土中引起的应力(新增应力)。

一般自重应力不产生地基变形(新填土除外)，而附加应力是产生地基变形的主要原因。

土中应力求解通常利用弹性理论，即假定地基土是均匀、连续、各向同性的半无限空间线性变形体。然而该假定与土的实际情况不符，即实际上土是成层的非均质的各向异性体。但该方法计算简单，并且当应力变化不大时，计算结果与实际较为接近，可以满足实际工程的需要。

4.2　地基土中自重应力

4.2.1　均质土的自重应力

当把地基土视为均质的半无限空间体时，土体在自重作用下只能产生竖向变形，而无侧向位移和剪切变形。因此，在深度 z 处平面上，土体因自身重力产生的竖向应力 σ_{cz}(以后简称自重应力)等于单位面积上土柱体的重力，如图 4.1 所示，即

$$\sigma_{cz} = \gamma z \tag{4.1}$$

式中：γ——土的重度。

由式(4.1)可知，自重应力沿水平面均匀分布，随深度 z 线性增加，呈三角形分布图形。

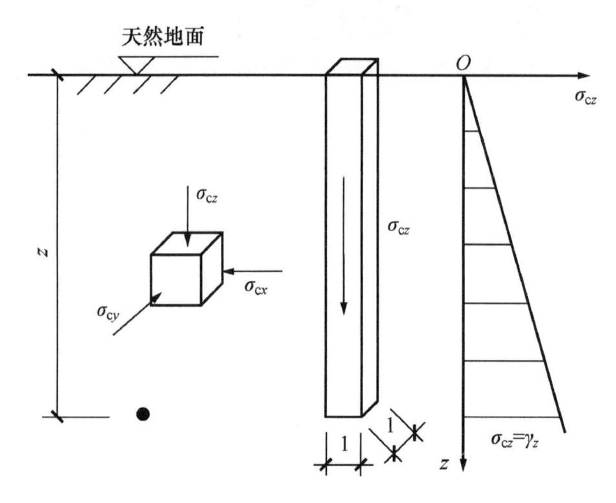

图 4.1　均质土的自重应力分布

地基中除有作用于水平面上的竖向自重应力外，在竖直面上还作用有水平的侧向自重应力。由于土柱体在重力作用下无侧向变形和剪切变形，可以证明，侧向自重应力 σ_{cx} 和 σ_{cy} 与 σ_{cz} 成正比，剪应力均为零，即

$$\sigma_{cz} = \sigma_{cy} = K_0\sigma_{cz} \tag{4.2}$$

$$\tau_{xy} = \tau_{yz} = \tau_{zx} = 0 \tag{4.3}$$

式中：K_0——土的侧压力系数或静止土压力系数，由实测或按以下经验公式确定：

$$K_0 = 1 - \sin\varphi \tag{4.4}$$

式中：φ——土的内摩擦角。

4.2.2　成层土的自重应力

通常地基土为成层土或有地下水存在，各层土的重度不同。如图 4.2 所示，若各土层的厚度为 h_i，重度为 γ_i，则在深度 z 处土的自重应力可通过对各层土自重应力的累加求得，即

$$\sigma_{cz} = \gamma_1 h_1 + \gamma_2 h_2 + \cdots + \gamma_n h_n = \sum_{i=1}^{n} \gamma_i h_i \tag{4.5}$$

式中：γ_i——第 i 层土的天然重度，对地下水位以下的土层取有效重度 γ'_i，kN/m³；

h_i——第 i 层土的厚度，m；

n——从天然地面到深度 z 处土的层数。

只有通过土粒接触点传递的粒间应力才能使土粒相互挤密，从而引起地基的变形，而且粒间应力对地基土的强度具有重要影响，因此粒间应力又称为有效应力。土的自重应力可定义为土自身有效重力在土体中引起的应力。土中竖向和侧向自重应力一般均指有效应

力，所以对地下水位以下土层必须用有效重度 γ' 代替天然重度 γ。

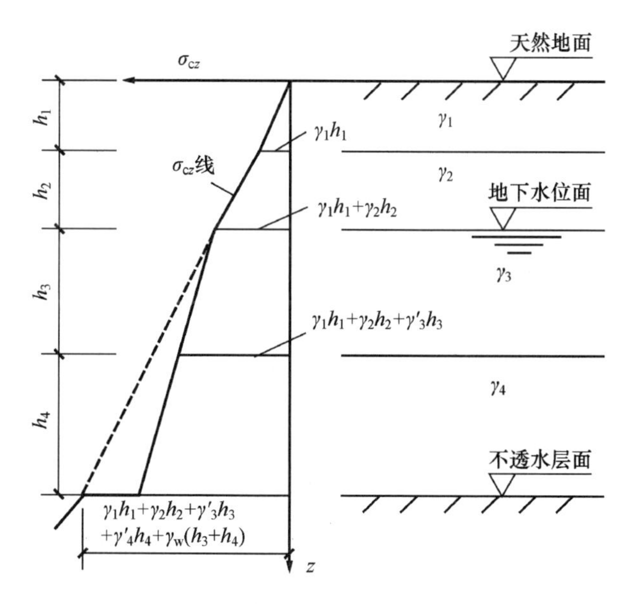

图 4.2　成层土的自重应力分布

由图 4.2 可知，自重应力分布曲线的变化规律如下。

- 土的自重应力分布曲线是一条折线，拐点在土层交界处和地下水位处。
- 同一层土的自重应力按直线变化。
- 自重应力随深度的增加而增大。

如果地下水位以下存在不透水层(如岩层或只含结合水的坚硬黏土层)，由于不透水层中不存在水的浮力，所以层面及以下的自重应力应按上覆土层的水、土总重计算，如图 4.2 所示。

另外，地下水位的升降会引起自重应力的变化，进而影响地基的沉降，如图 4.3 所示，需引起注意。

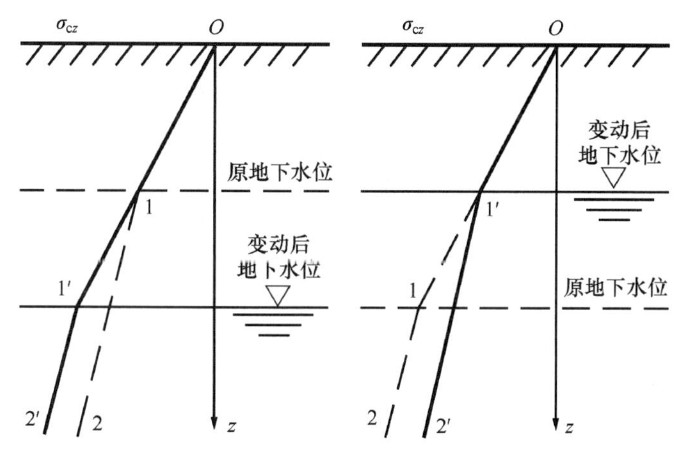

图 4.3　地下水位升降对自重应力的影响

O—1—2 线为原自重应力的分布；O—1′—2′线为地下水位变动后自重应力的分布

讨论

地下水位的升降会引起土自重应力和地基沉降怎样的变化？

【例 4.1】 某工程地基土层及其物理性质指标如图 4.4 所示，试计算土中自重应力并绘出其分布图。

解

$$\sigma_{cz1} = \gamma_1 h_1 = 17.5 \times 2.0 = 35(\text{kPa})$$

$$\sigma_{cz2} = \gamma_1 h_1 + \gamma'_2 h_2 = 35 + (17.9 - 10) \times 2.5 = 54.75(\text{kPa})$$

$$\sigma_{cz3} = \gamma_1 h_1 + \gamma'_2 h_2 + \gamma'_3 h_3 = 54.75 + (19.3 - 10) \times 4.0 = 91.95(\text{kPa})$$

土层中的自重应力 σ_{cz} 分布如图 4.4 所示。

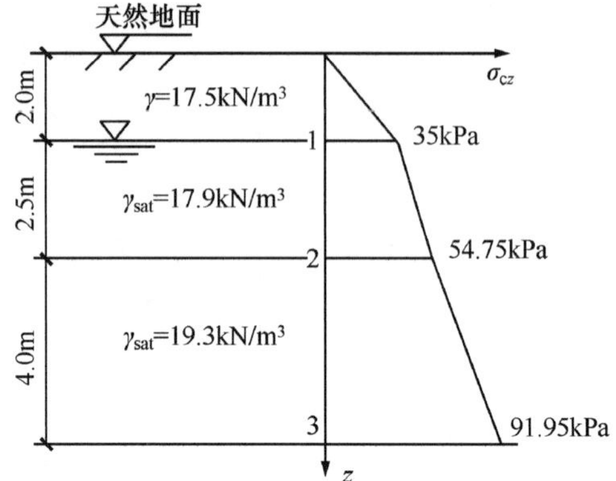

图 4.4 土的自重应力计算及分布

4.3 基底压力

建筑物的荷载通过基础传给地基，在基础底面与地基之间产生接触压力，称为基底压力。它既是基础作用于地基表面的力，又是地基作用于基础的地基反力。要计算上部荷载在地基中产生的附加应力，就必须首先研究基底压力的大小与分布规律。

4.3.1 基底压力的分布

基底压力的分布与基础的大小和刚度、荷载的大小与分布、地基土的性质、基础埋置深度等许多因素有关。它涉及上部结构、基础和地基相互作用的问题。实测表明，基底压力的分布有以下几种形态。

1. 柔性基础

柔性基础，如土坝、路基等，抗弯刚度很小，如同放在地基上的柔软薄膜，在竖向荷载作用下没有抵抗弯曲变形的能力，基础随着地基一起变形，基础底面的沉降中部大而边缘小。因此，基底压力的分布与上部荷载分布情况相同，如图 4.5(a)所示。如果要使柔性基础底面各点沉降相同，则必定要增加边缘荷载，减少中部荷载，如图 4.5(b)所示。

(a) 荷载均布时　(b) 沉降均匀时

图 4.5 柔性基础基底压力分布

2. 刚性基础

刚性基础,如箱形基础、素混凝土基础等,抗弯刚度很大,承受荷载后基础不挠曲。如同上述柔性基础各点沉降相同的情况,在中心荷载作用下,刚性基础的基底压力分布也是边缘大、中部小。但由于基础边缘地基土塑性变形的产生,基础边缘处的基底压力不可能超过一定的数值,反力发生重分布,因此,开始时基底压力呈马鞍形分布,中间小而边缘大[图 4.6(a)];随着荷载增大,边缘地基土塑性区逐渐扩大,边缘基底压力不再增加,应力向基础中心转移,使基底压力呈抛物线形分布[图 4.6(b)];若荷载继续增大,接近地基的破坏荷载时,基底压力会继续发展且呈钟形分布[图 4.6(c)]。

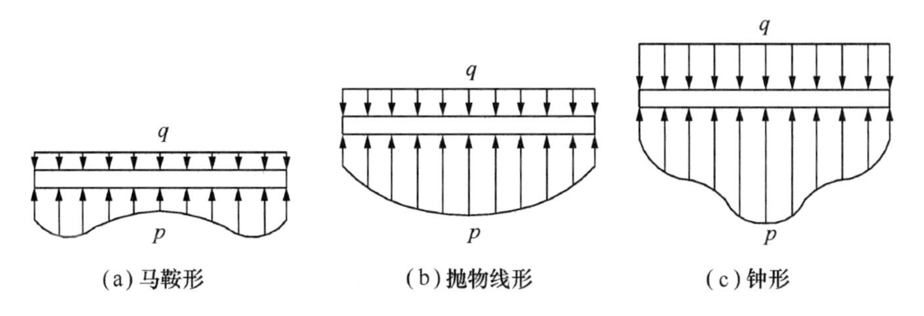

图 4.6 刚性基础基底压力分布

实际工程中,基础介于柔性和绝对刚性之间,一般具有较大的刚度。由于受到地基承载力的限制,作用在基础上的荷载不会太大,基础又有一定的埋深,基底压力大多属于马鞍形分布,比较接近直线。因此,工程中近似认为基底压力按直线分布,按照材料力学公式简化计算。

4.3.2 基底压力的简化计算

1. 轴心受压基础

基础所受荷载的合力通过基底形心,假定基底压力为均匀分布,如图 4.7 所示。

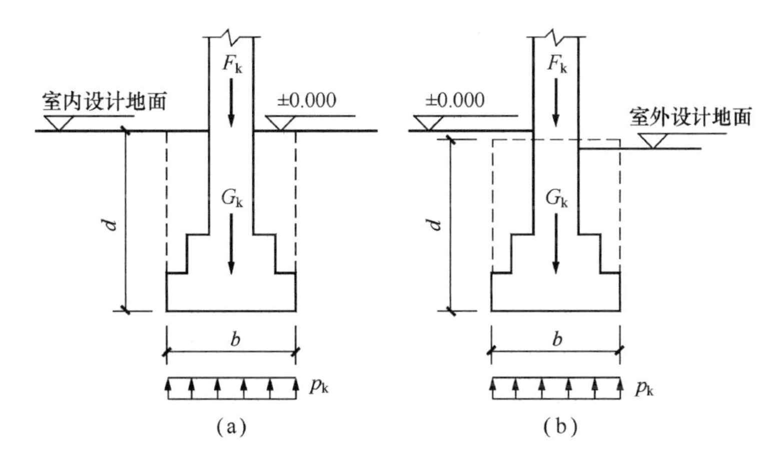

图 4.7 中心荷载作用下基底压力分布

则

$$p_k = \frac{F_k + G_k}{A} \tag{4.6}$$

式中：p_k——相应于正常使用极限状态下作用的标准组合时，基础底面处的平均压力值，kPa；

F_k——相应于正常使用极限状态下作用的标准组合时，上部结构传至基础顶面的竖向力值，kN；

A——基础底面面积，m^2；

G_k——基础自重和基础上的土重，kN；$G_k = \gamma_G A d$，其中 γ_G 为基础和回填土的平均重度，一般取 $20kN/m^3$，但在地下水位以下部分应扣除浮力 $10kN/m^3$，取有效重度；d 为基础埋深，内墙内柱基础从室内设计地面算起，外墙外柱基础从室内外平均设计地面算起，m。

对于基础长度大于宽度 10 倍的条形基础，通常沿基础长度方向取 1m 来计算，此时公式(4.6)中 A 取基础宽度 b，而 F_k 和 G_k 则为每延米内的相应值，单位为 kN/m。

讨论

结合图 4.7，讨论不同情况下计算基础和回填土体积时基础埋深的取值范围。

2. 偏心受压基础

单向偏心荷载作用下，通常将基底长边方向取与偏心方向一致，如图 4.8 所示，此时基底边缘压力为

$$p_{\substack{kmax \\ kmin}} = \frac{F_k + G_k}{bl} \pm \frac{M_k}{W} = \frac{F_k + G_k}{bl}\left(1 \pm \frac{6e}{l}\right) \tag{4.7}$$

式中：p_{kmax}，p_{kmin}——相应于正常使用极限状态下作用的标准组合时，基底边缘的最大、最小压力值，kPa；

M_k——相应于正常使用极限状态下作用的标准组合时，作用于基底的力矩值，kN·m；

W——基底的抵抗矩，$W = \frac{bl^2}{6}$，m^3；

e——偏心距，$e = \frac{M_k}{F_k + G_k}$，m。

由式(4.7)可知，按照荷载偏心距 e 的大小，基底压力的分布可能出现如下三种情况。

(1) 当 $e < l/6$ 时，$p_{kmin} > 0$，基底压力呈梯形分布，如图 4.8(a)所示。

(2) 当 $e = l/6$ 时，$p_{kmin} = 0$，基底压力呈三角形分布，如图 4.8(b)所示。

(3) 当 $e > l/6$ 时，$p_{kmin} < 0$，地基反力出现拉力，如图 4.8(c)所示。由于地基土不可能承受拉力，此时产生拉应力部分的基底将与地基土局部脱开，使基底压力重新分布。根据偏心荷载与基底压力的平衡条件，偏心荷载合力 $F_k + G_k$ 作用线应通过三角形基底压力分布图的形心，由此得出

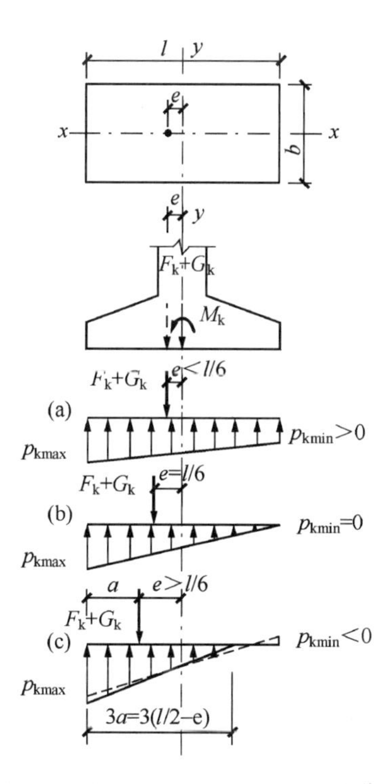

图 4.8 偏心荷载作用下基底压力分布

$$\frac{3a}{2}p_{\mathrm{kmax}}b = F_{\mathrm{k}} + G_{\mathrm{k}}$$

即

$$p_{\mathrm{kmax}} = \frac{2(F_{\mathrm{k}} + G_{\mathrm{k}})}{3ab} = \frac{2(F_{\mathrm{k}} + G_{\mathrm{k}})}{3b\left(\dfrac{l}{2} - e\right)} \tag{4.8}$$

4.3.3 基底附加压力

基础通常埋置在天然地面以下一定深度处，该处原有自重应力因基坑开挖而被卸除。由于天然土层在自重作用下的变形已经完成，只有超出基底处原有自重应力的那部分应力才使地基产生附加变形。使地基产生附加变形的基底压力称为基底附加压力 p_0。因此，基底附加压力是上部结构和基础传至基底的基底压力与基底处原有的自重应力之差，按式(4.9)计算，如图 4.9 所示。

$$p_0 = p_{\mathrm{k}} - \sigma_{cz} = p_{\mathrm{k}} - \gamma_0 d \tag{4.9}$$

式中：σ_{cz}——基底处土的自重应力标准值，kPa；

γ_0——基础底面标高以上天然土层的加权平均重度，其中地下水位以下的土层用有效重度计算，即 $\gamma_0 = \dfrac{\gamma_1 h_1 + \gamma_2 h_2 + \cdots + \gamma_n h_n}{h_1 + h_2 + \cdots + h_n}$，kN/m^3；

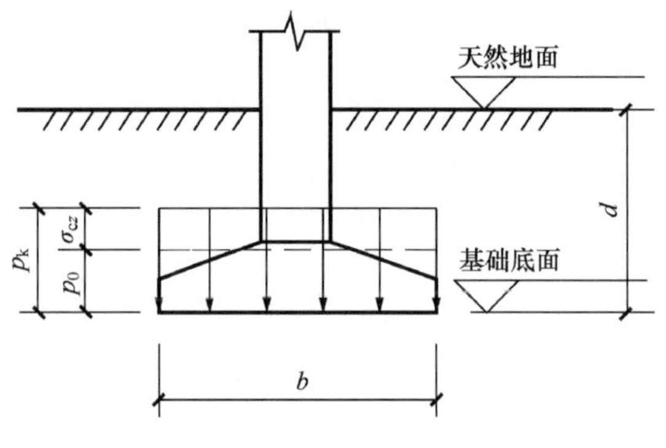

图 4.9　基底附加压力计算

d——基础埋置深度，从天然地面算起，对于新填土场地，则应从老天然地面算起，$d=h_1+h_2+\cdots+h_n$。

重要说明

需要指出的是，以式(4.9)用于地基承载力计算(地基强度验算)；如果用于计算地基变形量，所求基底压力和基底附加压力则为相应于正常使用极限状态下作用的准永久组合时的压力值，且不应计入风荷载和地震作用。

讨论

(1) 单向偏心荷载作用下基底附加压力计算公式是什么？

(2) 基底压力和基底附加压力计算公式中的基础埋深 d 值有何区别？

(3) 对于基底压力和基底附加压力，为什么在地基承载力计算时取作用的标准组合，而在计算地基变形时取作用的准永久组合？

【例 4.2】 某矩形单向偏心受压基础，基础底面尺寸为 $b=2\text{m}$，$l=3\text{m}$。其上作用荷载如图 4.10 所示，$F_k=300\text{kN}$，$M_k=120\text{kN}\cdot\text{m}$，试计算基底压力(绘出分布图)和基底附加压力。

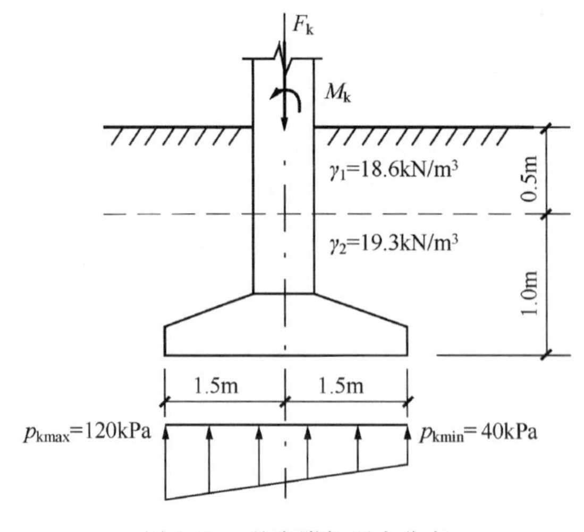

图 4.10　基底附加压力分布

解 (1) 基础及其上回填土的重力。

$$G_k = 20 \times 2 \times 3 \times 1.5 = 180(\text{kN})$$

(2) 偏心距。

$$e = \frac{M_k}{F_k + G_k} = \frac{120}{300 + 180} = 0.25\text{m} < \frac{l}{6} = \frac{3}{6} = 0.5(\text{m})$$

(3) 基底压力。

$$\begin{aligned} p_{\substack{\text{kmax}\\ \text{kmin}}} &= \frac{F_k + G_k}{bl} \pm \frac{M_k}{W} = \frac{F_k + G_k}{bl}\left(1 \pm \frac{6e}{l}\right) \\ &= \frac{300 + 180}{2 \times 3} \times \left(1 \pm \frac{6 \times 0.25}{3}\right) \\ &= 80 \times (1 \pm 0.5) \\ &= {}^{120}_{40}(\text{kPa}) \end{aligned}$$

基底压力的分布图形如图 4.10 所示。

(4) 基底以上土的加权平均重度。

$$\gamma_0 = \frac{\gamma_1 h_1 + \gamma_2 h_2}{h_1 + h_2} = \frac{18.6 \times 0.5 + 19.3 \times 1.0}{0.5 + 1.0} = 19.07(\text{kN/m}^3)$$

(5) 基底附加压力。

$$p_{\substack{0\text{max}\\ 0\text{min}}} = p_{\substack{\text{kmax}\\ \text{kmin}}} - \gamma_0 d = {}^{120}_{40} - 19.07 \times 1.5 = {}^{91.4}_{11.4}(\text{kPa})$$

4.4 地基土中附加应力

地基土中的附加应力是由建筑物荷载所引起的应力增量，目前采用弹性理论求解的方法计算。因此，需对地基做以下假设。

(1) 地基是半无限空间弹性体。

(2) 地基土是均匀、连续的，即变形模量 E 和侧膨胀系数 μ 各处相等。

(3) 地基土是等向的，即各向同性的，同一点的 E 和 μ 各个方向相等。

即假设地基是均匀连续、各向同性的半无限空间弹性体。按照弹性力学，地基附加应力计算分为空间问题(如集中力、矩形荷载、圆形荷载)和平面问题(如线荷载、条形荷载)。

4.4.1 竖向集中力作用下地基附加应力

在半无限空间弹性体表面作用一个竖向集中力时，如图 4.11 所示，在半空间内任一点所引起的应力和位移的弹性力学解由法国人布辛奈斯克(J. Boussinesq，1885 年)求得。其中，在建筑工程中常用到的竖向附加应力 σ_z 表达式为

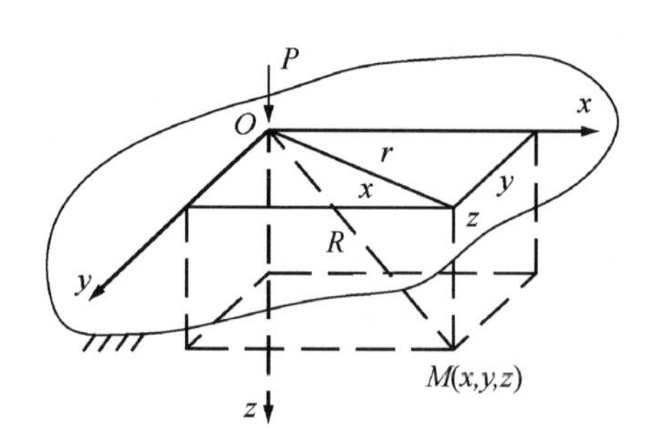

图 4.11 竖向集中力作用下土中附加应力

$$\sigma_z = \frac{3P}{2\pi}\frac{z^3}{R^5} = \alpha\frac{P}{z^2} \tag{4.10}$$

式中：α——竖向集中力作用下地基竖向附加应力系数由式(4.11)计算，也可由表 4.1 查得。

$$\alpha = \frac{3}{2\pi\left[1+\left(\frac{r}{z}\right)^2\right]^{\frac{5}{2}}} \tag{4.11}$$

表 4.1 竖向集中荷载作用下地基竖向附加应力系数 α

$\frac{r}{z}$	α	$\frac{r}{z}$	α	$\frac{r}{z}$	α	$\frac{r}{z}$	α	$\frac{r}{z}$	α
0.00	0.4775	0.50	0.2733	1.00	0.0844	1.50	0.0251	2.00	0.0085
0.05	0.4745	0.55	0.2466	1.05	0.0744	1.55	0.0224	2.20	0.0058
0.10	0.4657	0.60	0.2214	1.10	0.0658	1.60	0.0200	2.40	0.0040
0.15	0.4516	0.65	0.1978	1.15	0.0581	1.65	0.0179	2.60	0.0029
0.20	0.4329	0.70	0.1762	1.20	0.0513	1.70	0.0160	2.80	0.0021
0.25	0.4103	0.75	0.1565	1.25	0.0454	1.75	0.0144	3.00	0.0015
0.30	0.3849	0.80	0.1386	1.30	0.0402	1.80	0.0129	3.50	0.0007
0.35	0.3577	0.85	0.1226	1.35	0.0357	1.85	0.0116	4.00	0.0004
0.40	0.3294	0.90	0.1083	1.40	0.0317	1.90	0.0105	4.50	0.0002
0.45	0.3011	0.95	0.0956	1.45	0.0282	1.95	0.0095	5.00	0.0001

对式(4.10)进行分析，可以得到集中力作用下地基附加应力 σ_z 的分布特征，如图 4.12 所示。在荷载轴线上，$r=0$，竖向附加应力 σ_z 随着深度 z 的增加而减小；在任一水平线上，深度 z 为定值，当 $r=0$ 时，σ_z 最大，但随着 r 的增大，σ_z 逐渐减小；在 $r>0$ 的竖直线上，当 $z=0$ 时，$\sigma_z=0$，随着 z 的增大，σ_z 逐渐增大，但当 z 增大到一定深度时，σ_z 由最大值逐渐减小。

如果将地基中 σ_z 相同的点连接起来，便得到如图 4.13 所示的附加应力 σ_z 的等值线，由图可知，附加应力呈泡状向四周扩散分布，距离集中力作用点越远，附加应力就越小。

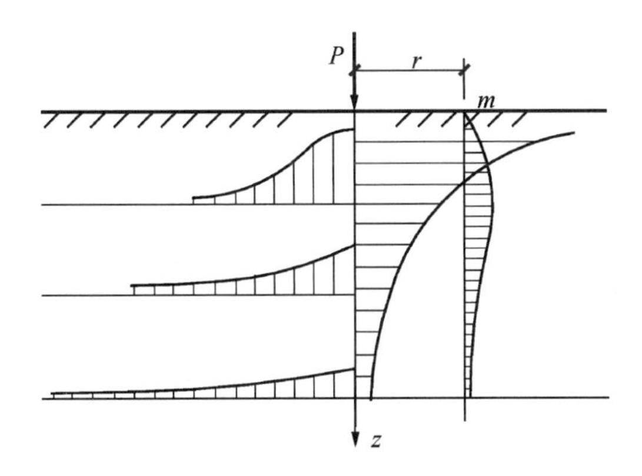

图 4.12　竖向集中力作用下土中附加应力分布

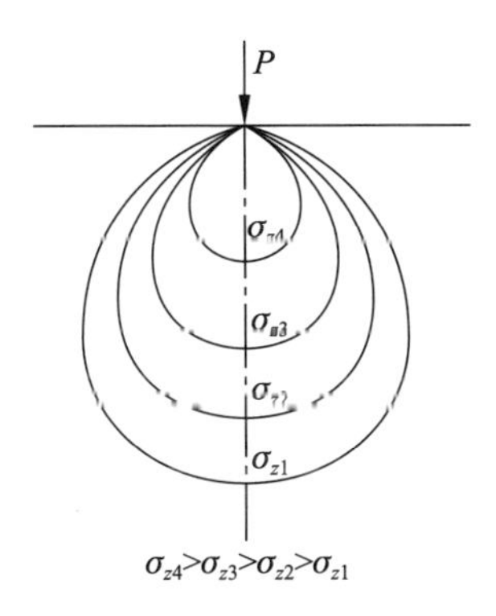

图 4.13　附加应力 σ_z 的等值线

4.4.2　矩形基础底面受竖向荷载作用时地基中附加应力

1. 竖向均布荷载作用角点下的附加应力

矩形基础底面尺寸为 $b\times l$，基底附加压力均匀分布。将基底角点作为坐标原点并建立坐标系，如图 4.14 所示。在矩形内取一微面积 $\mathrm{d}x\mathrm{d}y$，微面积上的荷载 $\mathrm{d}P=p_0\mathrm{d}x\mathrm{d}y$，则在角点下任一深度 z 处的 M 点由集中力 $\mathrm{d}P$ 引起的竖向附加应力 $\mathrm{d}\sigma_z$ 可由式(4.12)求得，即

$$\mathrm{d}\sigma_z=\frac{3}{2\pi}\times\frac{p_0z^3}{(x^2+y^2+z^2)^{\frac{5}{2}}}\mathrm{d}x\mathrm{d}y \tag{4.12}$$

将其在基底范围内进行积分即得

$$\begin{aligned}\sigma_z&=\iint_A\mathrm{d}\sigma_z=\frac{3p_0z^3}{2\pi}\int_0^b\int_0^l\frac{1}{(x^2+y^2+z^2)^{\frac{5}{2}}}\,\mathrm{d}x\mathrm{d}y\\&=\frac{p_0}{2\pi}\left[\frac{blz(b^2+l^2+2z^2)}{(b^2+z^2)(l^2+z^2)\sqrt{b^2+l^2+z^2}}+\arctan\frac{bl}{z\sqrt{b^2+l^2+z^2}}\right]\end{aligned} \tag{4.13}$$

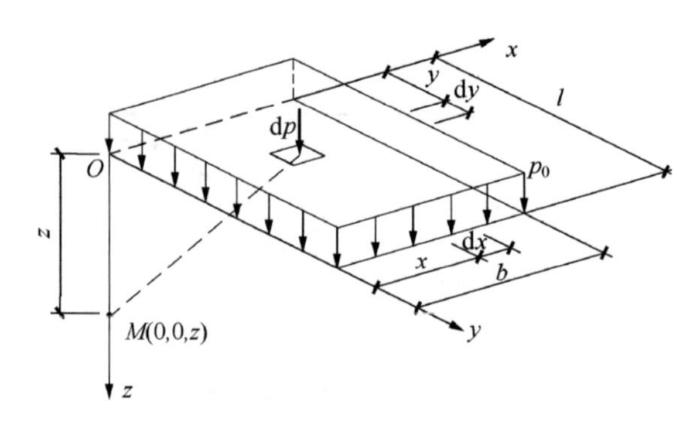

图 4.14　均布矩形荷载角点下的附加应力

令

$$\alpha_c = \frac{1}{2\pi}\left[\frac{blz(b^2+l^2+2z^2)}{(b^2+z^2)(l^2+z^2)\sqrt{b^2+l^2+z^2}} + \arctan\frac{bl}{z\sqrt{b^2+l^2+z^2}}\right]$$

则

$$\sigma_z = \alpha_c p_0 \tag{4.14}$$

式中：α_c——矩形基底受竖向均布荷载作用时角点下土的竖向附加应力系数，由 $m=\frac{l}{b}$ 和 $n=\frac{z}{b}$ 查表 4.2 求得，但需注意，l 为基底长边，b 为基底短边；

p_0——基底附加压力；

z——由基底起算的地基深度。

表 4.2　竖向均布矩形荷载角点下土的竖向附加应力系数 α_c

$n=\frac{z}{b}$	$m=\frac{l}{b}$											
	1.0	1.2	1.4	1.6	1.8	2.0	3.0	4.0	5.0	6.0	10.0	条形
0.0	0.250	0.250	0.250	0.250	0.250	0.250	0.250	0.250	0.250	0.250	0.250	0.250
0.2	0.249	0.249	0.249	0.249	0.249	0.249	0.249	0.249	0.249	0.249	0.249	0.249
0.4	0.240	0.242	0.243	0.243	0.244	0.244	0.244	0.244	0.244	0.244	0.244	0.244
0.6	0.223	0.228	0.230	0.232	0.232	0.233	0.234	0.234	0.234	0.234	0.234	0.234
0.8	0.200	0.207	0.212	0.215	0.216	0.218	0.220	0.220	0.220	0.220	0.220	0.220
1.0	0.175	0.185	0.191	0.195	0.198	0.200	0.203	0.204	0.204	0.204	0.205	0.205
1.2	0.152	0.163	0.171	0.176	0.179	0.182	0.187	0.188	0.189	0.189	0.189	0.189
1.4	0.131	0.142	0.151	0.157	0.161	0.164	0.171	0.173	0.174	0.174	0.174	0.174

续表

$n=\frac{z}{b}$	$m=\frac{l}{b}$										
	1.0	1.2	1.4	1.6	1.8	2.0	3.0	4.0	5.0	6.0	10.0	条形
1.6	0.112	0.124	0.133	0.140	0.145	0.148	0.157	0.159	0.160	0.160	0.160	0.160
1.8	0.097	0.108	0.117	0.124	0.129	0.133	0.143	0.146	0.147	0.148	0.148	0.148
2.0	0.084	0.095	0.103	0.110	0.116	0.120	0.131	0.135	0.136	0.137	0.137	0.137
2.2	0.073	0.083	0.092	0.098	0.104	0.108	0.121	0.125	0.126	0.127	0.128	0.128
2.4	0.064	0.073	0.081	0.088	0.093	0.098	0.111	0.116	0.118	0.118	0.119	0.119
2.6	0.057	0.065	0.072	0.079	0.084	0.089	0.102	0.107	0.110	0.111	0.112	0.112
2.8	0.050	0.058	0.065	0.071	0.076	0.080	0.094	0.100	0.102	0.104	0.105	0.105
3.0	0.045	0.052	0.058	0.064	0.069	0.073	0.087	0.093	0.096	0.097	0.099	0.099
3.2	0.040	0.047	0.053	0.058	0.063	0.067	0.081	0.087	0.090	0.092	0.093	0.094
3.4	0.036	0.042	0.048	0.053	0.057	0.061	0.075	0.081	0.085	0.086	0.088	0.089
3.6	0.033	0.038	0.043	0.048	0.052	0.056	0.069	0.076	0.080	0.082	0.084	0.084
3.8	0.030	0.035	0.040	0.044	0.048	0.052	0.065	0.072	0.075	0.077	0.080	0.080
4.0	0.027	0.032	0.036	0.040	0.044	0.048	0.060	0.067	0.071	0.073	0.076	0.076
4.2	0.025	0.029	0.033	0.037	0.041	0.044	0.056	0.063	0.067	0.070	0.072	0.073
4.4	0.023	0.027	0.031	0.034	0.038	0.041	0.053	0.060	0.064	0.066	0.069	0.070
4.6	0.021	0.025	0.028	0.032	0.035	0.038	0.049	0.056	0.061	0.063	0.066	0.067
4.8	0.019	0.023	0.026	0.029	0.032	0.035	0.046	0.053	0.058	0.060	0.064	0.064
5.0	0.018	0.021	0.024	0.027	0.030	0.033	0.043	0.050	0.055	0.057	0.061	0.062
6.0	0.013	0.015	0.017	0.020	0.022	0.024	0.033	0.039	0.043	0.046	0.051	0.052
7.0	0.009	0.011	0.013	0.015	0.016	0.018	0.025	0.031	0.035	0.038	0.043	0.045
8.0	0.007	0.009	0.010	0.011	0.013	0.014	0.020	0.025	0.028	0.031	0.037	0.039
9.0	0.006	0.007	0.008	0.009	0.010	0.011	0.016	0.020	0.024	0.026	0.032	0.035
10.0	0.005	0.006	0.007	0.007	0.008	0.009	0.013	0.017	0.020	0.022	0.028	0.032
12.0	0.003	0.004	0.005	0.005	0.006	0.006	0.009	0.012	0.014	0.017	0.022	0.026
14.0	0.002	0.003	0.004	0.004	0.004	0.005	0.007	0.009	0.011	0.013	0.018	0.023
16.0	0.002	0.002	0.003	0.003	0.003	0.004	0.005	0.007	0.009	0.010	0.014	0.020
18.0	0.001	0.002	0.002	0.002	0.003	0.003	0.004	0.006	0.007	0.008	0.012	0.018
20.0	0.001	0.001	0.002	0.002	0.002	0.002	0.004	0.005	0.006	0.007	0.010	0.016
25.0	0.001	0.001	0.001	0.001	0.001	0.002	0.002	0.003	0.004	0.004	0.007	0.013
30.0	0.001	0.001	0.001	0.001	0.001	0.001	0.002	0.002	0.003	0.003	0.005	0.011
35.0	0.000	0.000	0.001	0.001	0.001	0.001	0.001	0.002	0.002	0.002	0.004	0.009
40.0	0.000	0.000	0.000	0.000	0.001	0.001	0.001	0.001	0.001	0.002	0.003	0.008

2. 竖向均布荷载作用任意点下的附加应力

如图 4.15 所示，若要求解地基中任意点 o 下的附加应力，可通过点 o 将荷载面积划分为若干矩形面积，使点 o 处于划分的这若干个矩形面积的共同角点上，再利用式(4.14)和应力叠加原理即可求得，这种方法称为角点法。

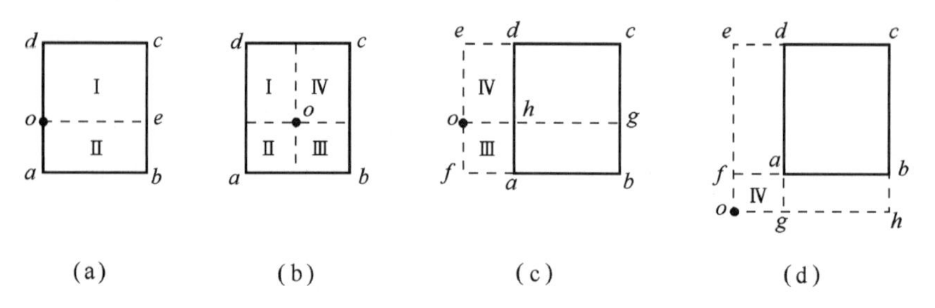

图 4.15 角点法计算均布矩形荷载下地基附加应力

(1) 矩形基底边上点 o 下的附加应力，如图 4.15(a)所示。

$$\sigma_z = (\alpha_{c\mathrm{I}} + \alpha_{c\mathrm{II}})p_0 \tag{4.15}$$

式中：$\alpha_{c\mathrm{I}}$、$\alpha_{c\mathrm{II}}$——相应于面积Ⅰ、面积Ⅱ角点下的附加应力系数，但需注意，l 为任一矩形荷载面的长边，b 为短边，以下相同。

(2) 矩形基底以内点 o 下的附加应力，如图 4.15(b)所示。

$$\sigma_z = (\alpha_{c\mathrm{I}} + \alpha_{c\mathrm{II}} + \alpha_{c\mathrm{III}} + \alpha_{c\mathrm{IV}})p_0 \tag{4.16}$$

(3) 矩形基底边缘以外点 o 下的附加应力，如图 4.15(c)所示。

此时荷载面 $abcd$ 可看作由Ⅰ($ofbg$)与Ⅲ($ofah$)之差和Ⅱ($oecg$)与Ⅳ($oedh$)之差合成，因此

$$\sigma_z = (\alpha_{c\mathrm{I}} + \alpha_{c\mathrm{II}} - \alpha_{c\mathrm{III}} - \alpha_{c\mathrm{IV}})p_0 \tag{4.17}$$

(4) 矩形基底角点以外点 o 下的附加应力，如图 4.15(d)所示。

此时荷载面 $abcd$ 可看作由Ⅰ($ohce$)扣除Ⅱ($ohbf$)和Ⅲ($ogde$)之后再加上Ⅳ($ogaf$)而成，因此

$$\sigma_z = (\alpha_{c\mathrm{I}} - \alpha_{c\mathrm{II}} - \alpha_{c\mathrm{III}} + \alpha_{c\mathrm{IV}})p_0 \tag{4.18}$$

【例 4.3】 如图 4.16 所示，某矩形轴心受压基础，基底尺寸为 b=2m，l=3m，基础埋深 d=1.0m，基底附加压力 p_0=100kPa，试计算基础中点下土的附加应力并绘出应力分布图。

解 采用角点法，将基底划分为四块相同的小矩形，则小矩形面积的长边 l=1.5m，短边 b=1m，$m=\frac{l}{b}=\frac{1.5}{1}=1.5$。基础中点下土的附加应力 $\sigma_z=4\alpha_{c\mathrm{I}}p_0$，计算过程如表 4.3 所示。

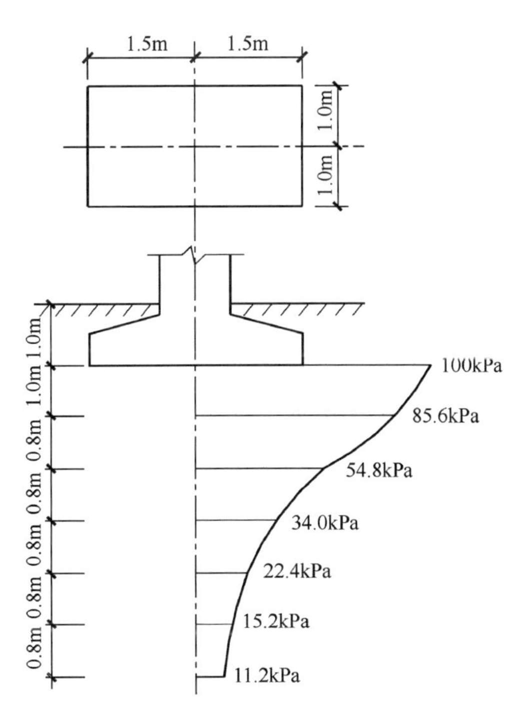

图 4.16 [例 4.3]附加应力分布图

表 4.3 附加应力计算

点	z/m	$\frac{z}{b}$	α_{cI}	$\sigma_z=4\alpha_{cI}p_0$/kPa
0	0	0	0.250	100
1	0.8	0.8	0.214	85.6
2	1.6	1.6	0.137	54.8
3	2.4	2.4	0.085	34.0
4	3.2	3.2	0.056	22.4
5	4.0	4.0	0.038	15.2
6	4.8	4.8	0.028	11.2

3. 竖向三角形分布荷载作用角点下的附加应力

对于单向偏心受压基础，基底附加压力一般呈梯形分布，此时可将梯形分布分解为均匀分布和三角形分布的叠加来进行计算。

如图 4.17 所示，将坐标原点 O 建立在荷载强度为零的一个角点上，荷载为零的角点记作 1 角点，荷载为 p_0 的角点记作 2 角点，则 1 角点下 z 深度处的竖向附加应力为

$$\sigma_z = \alpha_{t1} p_0 \tag{4.19}$$

式中：α_{t1}——1 角点下土的竖向附加应力系数，按式(4.20)计算或由 $m=\frac{l}{b}$ 和 $n=\frac{z}{b}$ 按照《规范》(GB 50007—2011)附录 K 表 K.0.2 查得。需要注意的是，b 为沿三角形分

布荷载方向的边长。

$$\alpha_{t1} = \frac{mn}{2\pi}\left[\frac{1}{\sqrt{m^2+n^2}} - \frac{n^2}{(1+n^2)\sqrt{m^2+n^2+1}}\right] \tag{4.20}$$

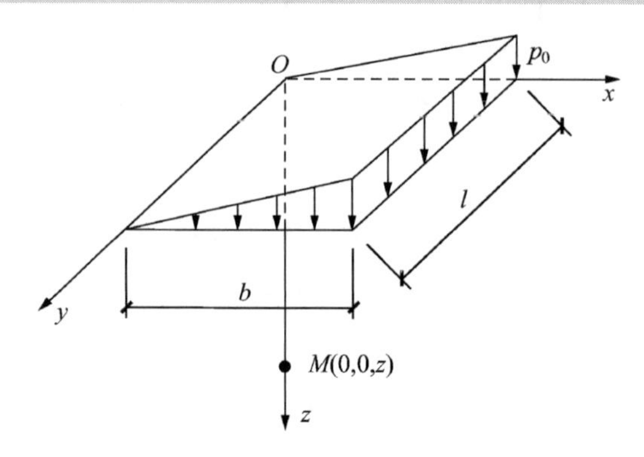

图 4.17 竖向三角形分布矩形荷载作用下的附加应力

同理,可求得荷载最大值边角点 2 下 z 深度处的竖向附加应力为

$$\sigma_z = (\alpha_c - \alpha_{t1})p_0 = \alpha_{t2}p_0 \tag{4.21}$$

式中:α_{t2}——2 角点下土的竖向附加应力系数,由 $m=\frac{l}{b}$ 和 $n=\frac{z}{b}$ 按照《规范》(GB 50007—2011)附录 K 表 K.0.2 查得。

对于地基中任意点的竖向附加应力,则可应用上述均布和三角形分布的矩形荷载角点下附加应力系数 α_c、α_{t1}、α_{t2},考虑荷载的叠加以及荷载面积的叠加,应用角点法计算。

4.4.3 条形基础底面受竖向荷载作用时地基中附加应力

1. 竖向均布荷载作用下附加应力

如图 4.18 所示,条形基础基底附加压力为竖向均布荷载 p_0,则地基中任意点 M 处的竖向附加应力为

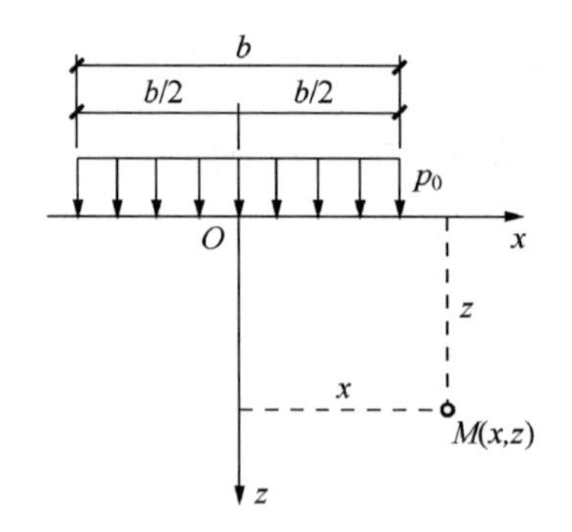

图 4.18 竖向条形均布荷载作用下的附加应力

$$\sigma_z = \alpha_{sz}p_0 \tag{4.22}$$

式中：α_{sz}——竖向条形均布荷载下土的竖向附加应力系数，按式(4.23)计算或由 $m=\dfrac{z}{b}$ 和 $n=\dfrac{x}{b}$ 查表 4.4 求得。

$$\alpha_{sz}=\frac{1}{\pi}\left[\arctan\frac{1-2n}{2m}+\arctan\frac{1+2n}{2m}-\frac{4m(4n^2-4m^2-1)}{(4n^2+4m^2-1)^2+16m^2}\right] \tag{4.23}$$

表 4.4　竖向条形均布荷载作用下土的竖向附加应力系数 α_{sz}

$m=\dfrac{z}{b}$	$n=\dfrac{x}{b}$					
	0.00	0.25	0.50	1.00	1.50	2.00
0.00	1.00	1.00	0.50	0.00	0.00	0.00
0.25	0.96	0.90	0.50	0.02	0.00	0.00
0.50	0.82	0.74	0.48	0.08	0.02	0.00
0.75	0.67	0.61	0.45	0.15	0.04	0.02
1.00	0.55	0.51	0.41	0.19	0.07	0.03
1.25	0.46	0.44	0.37	0.20	0.10	0.04
1.50	0.40	0.38	0.33	0.21	0.11	0.06
1.75	0.35	0.34	0.30	0.21	0.13	0.07
2.00	0.31	0.31	0.28	0.20	0.14	0.08
3.00	0.21	0.21	0.20	0.17	0.13	0.10
4.00	0.16	0.16	0.15	0.14	0.12	0.10
5.00	0.13	0.13	0.12	0.12	0.11	0.09
6.00	0.11	0.10	0.10	0.10	0.10	—

2. 竖向三角形分布条形荷载作用下附加应力

如图 4.19 所示，条形基础基底附加压力为三角形分布，若将坐标原点 O 定在条形基础底面中点，x 坐标以指向荷载增大方向为正，则地基中任意点 M 处的竖向附加应力为

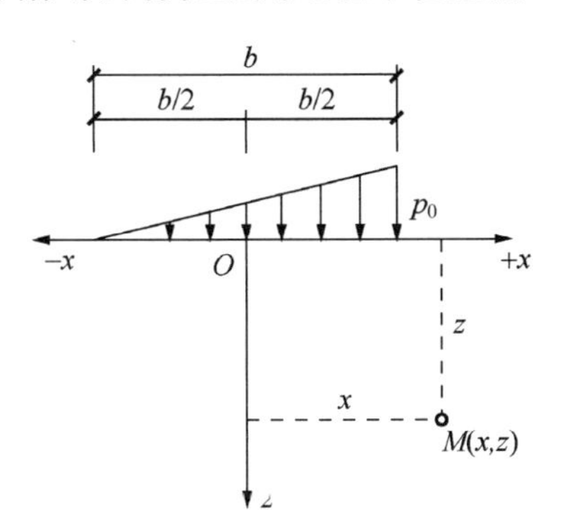

图 4.19　竖向三角形分布条形荷载作用下的附加应力

$$\sigma_z=\alpha_{tz}p_0 \tag{4.24}$$

式中：α_{tz}——竖向三角形分布条形荷载下土的竖向附加应力系数，由 $m=\dfrac{z}{b}$ 和 $n=\dfrac{x}{b}$ 查表 4.5 求得。

以上对工程实践中常见的矩形轴心受压基础、矩形单向偏心受压基础、条形轴心受压基础、条形单向偏心受压基础在地基中产生的附加应力的求解进行了阐述，使用中要特别注意各种计算公式所取的坐标原点 O 的位置以及 x 坐标轴的方向。

表 4.5 竖向三角形分布条形荷载作用下土的竖向附加应力系数 α_{tz}

$m=\frac{z}{b}$	$n=\frac{x}{b}$											
	−1.50	−1.00	−0.75	−0.50	−0.25	0.00	0.25	0.50	0.75	1.00	1.50	2.00
0.00	0.00	0.00	0.00	0.00	0.25	0.50	0.75	0.50	0.00	0.00	0.00	0.00
0.25	0.00	0.00	0.01	0.08	0.26	0.48	0.65	0.42	0.08	0.02	0.00	0.00
0.50	0.01	0.02	0.05	0.13	0.26	0.41	0.47	0.35	0.16	0.06	0.01	0.00
0.75	0.01	0.05	0.08	0.15	0.25	0.33	0.36	0.29	0.19	0.10	0.03	0.01
1.00	0.03	0.06	0.10	0.16	0.22	0.28	0.29	0.25	0.18	0.12	0.05	0.02
1.50	0.05	0.09	0.11	0.15	0.18	0.20	0.20	0.19	0.16	0.13	0.07	0.04
2.00	0.06	0.09	0.11	0.14	0.16	0.16	0.16	0.15	0.13	0.12	0.08	0.05
2.50	0.06	0.08	0.12	0.13	0.13	0.13	0.13	0.12	0.11	0.10	0.07	0.05
3.00	0.06	0.08	0.09	0.10	0.10	0.11	0.11	0.10	0.10	0.09	0.07	0.05
4.00	0.06	0.07	0.07	0.08	0.08	0.08	0.08	0.08	0.08	0.07	0.06	0.05
5.00	0.05	0.06	0.06	0.06	0.06	0.06	0.06	0.06	0.06	0.06	0.05	0.04

4.4.4 成层地基中的附加应力

以上土中附加应力的计算方法将土体视为均质、连续、各向同性的半无限空间弹性体，与土的性质无关。但是，地基土往往是由软硬不一的多种土层所组成，其变形特性在竖直方向差异较大，应属于双层地基的应力分布问题。对于双层地基的应力分布问题，存在两种情况：一种是坚硬土层上覆盖着薄的可压缩土层，即薄压缩层情况；另一种是软弱土层上有一层压缩性较低的土层，即硬壳层情况。对于前者（薄压缩层情况），土中附加应力分布将发生应力集中现象；对于后者（硬壳层情况），土中附加应力分布将发生应力扩散现象，如图 4.20 所示。

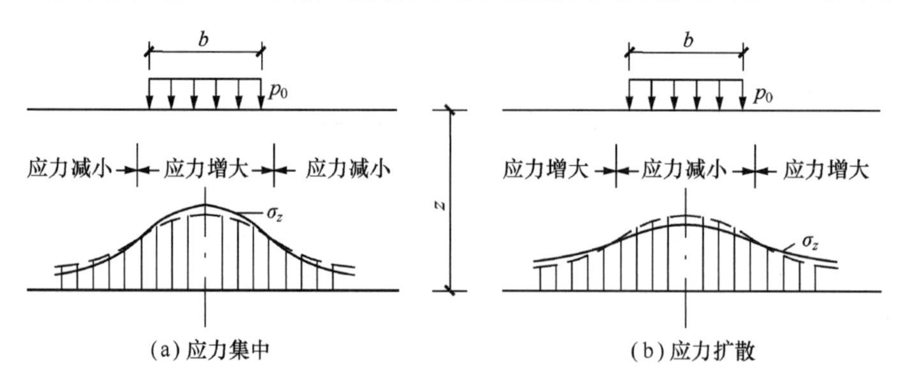

(a) 应力集中　　(b) 应力扩散

图 4.20 双层地基对附加应力的影响

注：虚线表示均质地基中水平面上的附加应力分布

在实际地基中，下卧刚性岩层将引起应力集中现象，岩层埋藏越浅，应力集中越显著。在坚硬土层下存在软弱下卧层时，土中应力扩散的现象将随上层坚硬土层厚度的增大而更加显著，同时它还与双层地基的变形模量 E_0、泊松比 μ 有关，即随参数 f 的增加而显著。

$$f=\frac{E_{01}}{E_{02}}\frac{1-\mu_2^2}{1-\mu_1^2} \tag{4.25}$$

式中：E_{01}、E_{02}——上面硬层与下卧软弱层的变形模量；

μ_1、μ_2——上面硬层与下卧软弱层的泊松比。

由于土的泊松比变化不大，一般为$\mu=0.3\sim0.4$，因此参数f的大小主要取决于变形模量的比值$\frac{E_{01}}{E_{02}}$。

双层地基中应力集中和应力扩散的概念有着重要的工程意义，特别是在软土地区，表面有一层硬壳层，由于应力扩散作用，可以减少地基的沉降。因此，在设计中基础应尽量浅埋，并在施工中采取保护措施，避免浅层土的结构遭受破坏。

浅基础基槽打夯的作用。

小　结

本章主要学习了土的自重应力、基底压力和基底附加压力的含义与计算，土中附加应力的含义及其分布规律，工程中常见荷载条件下的土中附加应力计算。

土中应力指土体在自身重力、建筑物和构筑物荷载等因素作用下所产生的应力。土中应力过大时，会使土体因强度不足而发生破坏，或使土体出现滑动失稳。此外，土中应力的增加会引起土体变形，使建筑物发生沉降、倾斜。

土作为三相体，具有明显的各向异性和非线性特征。简便起见，目前计算土中应力的方法仍采用弹性理论公式，将地基土视作均匀、连续、各向同性的半无限空间弹性体。这种假定同土体的实际情况有差别，不过其计算结果尚能满足实际工程的要求。

土中自重应力的计算可归纳为$\sigma_{cz}=\gamma_1h_1+\gamma_2h_2+\cdots+\gamma_nh_n=\sum_{i=1}^{n}\gamma_ih_i$，但在计算中要注意地下水的影响，在地下水位以下取土的有效重度。

基底压力和基底附加压力计算时，需注意基础埋深d的起算点的不同。在计算基底压力时，d从设计地面起算；而在计算基底附加压力时，去除基底以上原有土的自重，所用d一般从天然地面起算。

土中附加应力的计算可归纳为公式$\sigma_z=\alpha p_0$，需注意查表计算附加应力系数α时，各种计算公式所取的坐标原点O的位置以及x坐标轴的方向。对矩形基础，采用角点法计算；对条形基础，则可直接计算。

思　考　题

1. 什么是自重应力？什么是附加应力？二者在地基中如何分布？

2. 什么是基底压力？什么是基底附加压力？二者有何区别？
3. 计算自重应力时，为什么地下水位以下要用有效重度？
4. 影响基底压力分布的因素有哪些？为什么通常可以按直线分布来计算？
5. 在偏心荷载作用下，基底压力如何计算？为什么会出现应力重新分布？
6. 怎样计算地基中的自重应力、附加应力？
7. 自重应力能使土体产生压缩变形吗？水位下降能使土体产生压缩变形吗？
8. 计算地基附加应力时有哪些假定？
9. 简述地基中竖向附加应力的分布规律。

习 题

1. 某建筑场地，地表水平，各层土水平，基本情况如下：第一层土为填土，厚度为 1.0m，$\gamma=16.7\text{kN/m}^3$；第二层土为粉土，厚度为 2.5m，$\gamma=19.4\text{kN/m}^3$；第三层土为粉质黏土，厚度为 3.0m，$\gamma=20.3\text{kN/m}^3$；第四层土为黏土，厚度为 4.0m，$\gamma=21.4\text{kN/m}^3$。试绘制自重应力 σ_{cz} 沿深度的分布图。

2. 建筑场地的地质剖面如图 4.21 所示，试绘制自重应力 σ_{cz} 分布图。

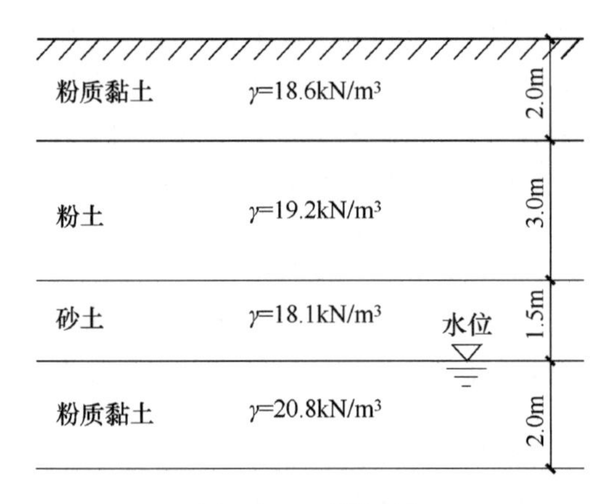

图 4.21 习题 2 图

3. 如图 4.22 所示，轴心受压矩形基础基底附加压力 $p_0=110\text{kPa}$，试求基底 1、2、3 以下 4m 深度处土的附加应力。

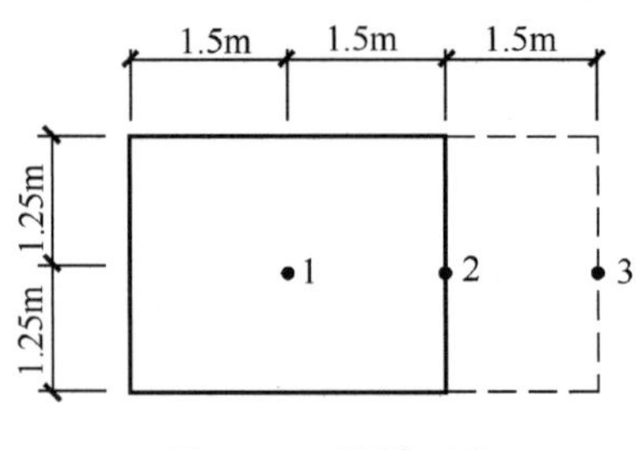

图 4.22 习题 3 图

4. 如图 4.23 所示，某墙下条形基础，基础埋深 $d=0.8\mathrm{m}$，基底宽度为 0.9m，上部结构传来的荷载 $F_k=100\mathrm{kN/m}$，试计算基底压力和基底附加压力。

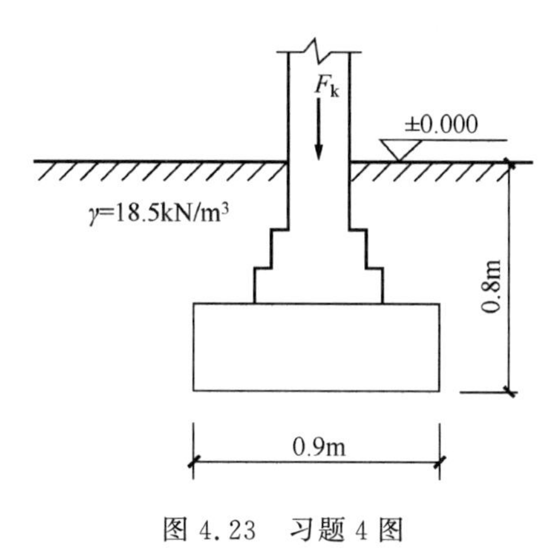

图 4.23　习题 4 图

5. 如图 4.24 所示，某矩形单向偏心受压基础，基础底面尺寸为 $b=1.8\mathrm{m}$，$l=2\mathrm{m}$。其上作用荷载 $F_k=240\mathrm{kN}$，$M_k=50\mathrm{kN\cdot m}$，试计算基底压力(绘出分布图)和基底附加压力。

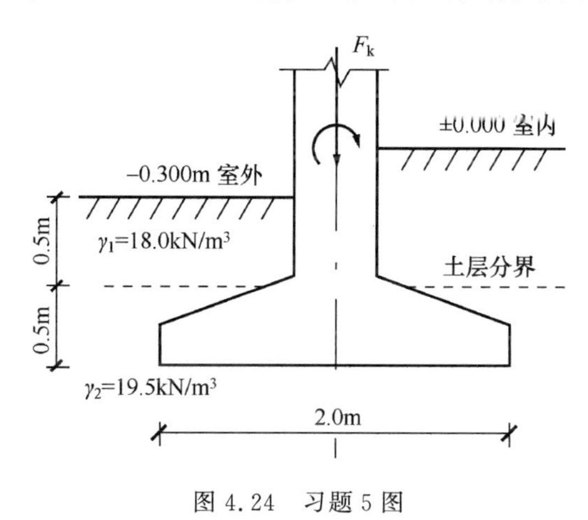

图 4.24　习题 5 图

第5章 地基变形

学习目标

知识目标

1. 理解土的压缩性及其指标。
2. 理解分层总和法和规范推荐法原理。
3. 了解土的应力历史对土的压缩性的影响。
4. 知晓一维固结理论基本概念。
5. 能够叙述地基变形特征与变形允许值概念。
6. 了解建筑物沉降观测。

能力目标

能够应用规范法计算简单浅基础建筑地基的最终沉降量,并判别地基变形是否满足《规范》要求。

地基中各层土的应力变化确定后,再通过地基勘察报告查得相应土的压缩性指标(压缩系数或压缩模量),就可以算得地基的最终沉降量。但由于地基土的复杂性,上部结构、基础与地基的共同作用,压缩性指标试验方法的不准确以及沉降计算理论的不完善等原因,目前还不能精确计算分析地基的沉降。《规范》还规定,在同一整体大面积基础上建有多栋高层和低层建筑,宜考虑上部结构、基础与地基的共同作用进行变形计算。

5.1 土的压缩性

5.1.1 基本概念

1. 土的压缩性

土的压缩性是指地基土在压力作用下体积减小的特性。土体积缩小包括两个方面:一是土中水、气从孔隙中排出,使孔隙体积减小;二是土颗粒本身、土中水及封闭在土中的气体被压缩,这部分很小,可以忽略不计。

2. 固结

土的压缩随时间增长的过程称为固结。对于透水性大的无黏性土,其压缩过程在很短时间内就可以完成;而透水性小的黏性土,其压缩稳定所需的时间要比砂土长得多。

5.1.2　室内压缩试验与压缩性指标

1. 室内压缩试验

土的室内压缩试验也称固结试验，它是研究土压缩性的常用方法。

室内压缩试验采用的试验装置为压缩仪，也称固结仪，如图5.1所示。试验时将切有土样的环刀置于刚性护环中，由于金属环刀及刚性护环的限制，土样在竖向压力作用下只能发生竖向变形，而无侧向变形。在土样上、下放置的透水石是土样受压后排出孔隙水的两个界面。压缩过程中竖向压力通过刚性板施加给土样，土样产生的压缩量可通过百分表量测。常规压缩试验通过逐级加荷进行试验，常用的分级加荷量 p(kPa)为50、100、200、400。

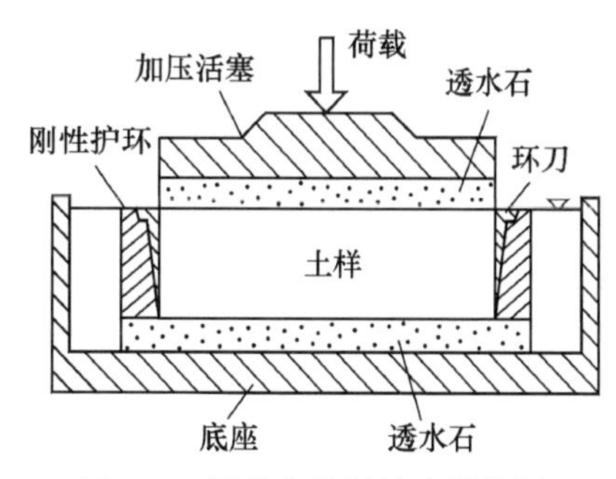

图5.1　压缩仪的压缩容器简图

根据压缩过程中土样变形与土的三相指标的关系，可以导出试验过程孔隙比 e 与压缩量 Δs 的关系，即

$$e = e_0 - \frac{\Delta s}{H_0}(1 + e_0) \tag{5.1}$$

式中：e_0——土样受压前的初始孔隙比；

H_0——土样初始高度；

Δs——土样压缩量。

这样，根据式(5.1)即可得到各级荷载下对应的孔隙比，从而可绘制出土样压缩试验的 $e-p$ 曲线及 $e-\lg p$ 曲线。

2. 压缩性指标

1) 压缩系数 a

通常可将常规压缩试验所得的 $e-p$ 数据采用普通直角坐标绘制成 $e-p$ 曲线，如图5.2(a)所示。曲线越陡，则土的压缩性越高。设压力由 p_1 增至 p_2，相应的孔隙比由 e_1 减小到 e_2，当压力变化范围不大时，可将 M_1M_2 一小段曲线用割线来代替，用割线 M_1M_2 的斜率来表示土在这一段压力范围的压缩性，即

$$a = \tan\alpha = \frac{\Delta e}{\Delta p} = \frac{e_1 - e_2}{p_2 - p_1} \tag{5.2}$$

式中：a——压缩系数，MPa^{-1}。

由图5.2(a)可见，压缩系数越大，则在一定压力范围内孔隙比变化越大，土的压缩性越高。但压缩系数为变量，它与所取的起始压力 p_1 以及最终压力 p_2 有关。而对应实际工程中地基土所受压力由土的自重应力 p_1 增加到土的自重应力与建筑物附加应力之和 p_2，为便于应用和比较，《规范》规定，地基土的压缩性可按 $p_1=100\mathrm{kPa}$，$p_2=200\mathrm{kPa}$ 时相对应的压缩系数 a_{1-2} 划分为低压缩性、中压缩性、高压缩性，并符合以下规定。

(1) 当 $a_{1-2}<0.1\mathrm{MPa}^{-1}$ 时，地基土为低压缩性土。

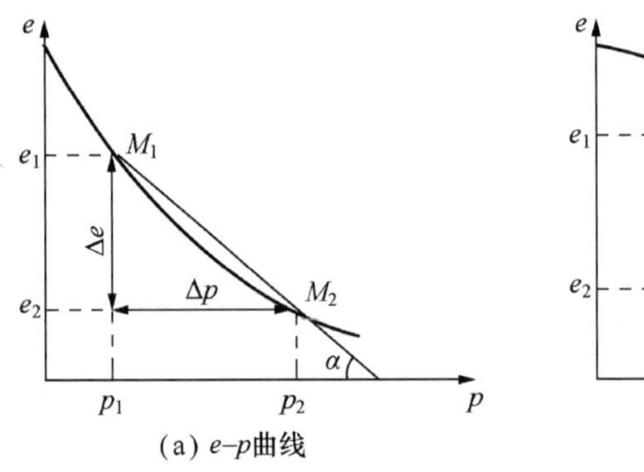

(a) e–p曲线

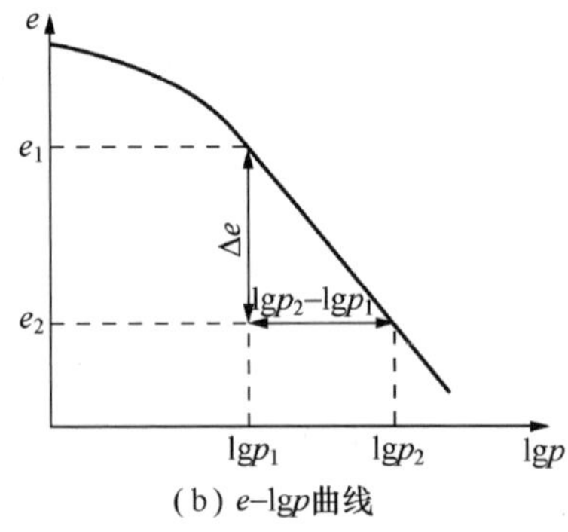

(b) e–lgp曲线

图 5.2 压缩曲线

(2) 当 $0.1\text{MPa}^{-1} \leqslant a_{1-2} < 0.5\text{MPa}^{-1}$时,地基土为中压缩性土。

(3) 当 $a_{1-2} \geqslant 0.5\text{MPa}^{-1}$时,地基土为高压缩性土。

2) 压缩指数 C_c

如采用 $e-\lg p$ 曲线,如图 5.2(b)所示,可以看到,当压力较大时,$e-\lg p$ 曲线接近直线。将 $e-\lg p$ 曲线直线段的斜率用 C_c来表示,称为压缩指数。

$$C_c = \frac{e_1 - e_2}{\lg p_2 - \lg p_1} \tag{5.3}$$

压缩指数 C_c与压缩系数 a 不同,它在压力较大时为常数,不随压力变化而变化。C_c值越大,土的压缩性越高。一般认为,$C_c<0.2$ 时为低压缩性土,$0.2 \leqslant C_c \leqslant 0.4$ 时为中压缩性土,$C_c>0.4$ 时为高压缩性土。

讨论

对数坐标轴如何绘制?有何特点?

3) 压缩模量 E_s

根据 $e-p$ 曲线,可以得到另一个重要的侧限压缩指标——侧限压缩模量,简称压缩模量,用 E_s来表示。其定义为:土在完全侧限条件下竖向应力增量 Δp 与相应的应变增量 $\Delta\varepsilon$ 的比值。

当竖向压力由 p_1增至 p_2时,土样高度由 H_1减小至 H_2,则 $\Delta p = p_2 - p_1$,土样压缩量 $\Delta s = H_1 - H_2$。

$$E_s = \frac{\Delta p}{\Delta\varepsilon} = \frac{\Delta p}{\dfrac{\Delta s}{H_1}} = \frac{p_2 - p_1}{H_1 - H_2} H_1 \tag{5.4}$$

式中:E_s——侧限压缩模量,MPa。

在完全侧限条件下,试样截面积 A 以及土颗粒体积 V_s不变,则试样体积

$$V = V_s + V_v = V_s(1 + e_0) = H_0 A$$

即

$$\frac{1 + e_0}{H_0} = \frac{A}{V_s} = \text{常数}$$

则在各级荷载下

$$\frac{1+e_1}{H_1}=\frac{1+e_2}{H_2}=\frac{1+e_2}{H_1-\Delta s}$$

从而得出

$$\Delta s=\frac{e_1-e_2}{1+e_1}H_1=\frac{\Delta e}{1+e_1}H_1 \tag{5.5}$$

由此可导出压缩系数 a 与压缩模量 E_s 之间的关系为

$$E_s=\frac{\Delta p}{\frac{\Delta s}{H_1}}=\frac{\Delta p}{\frac{\Delta e}{1+e_1}}=\frac{1+e_1}{a} \tag{5.6}$$

与压缩系数 a 一样，压缩模量 E_s 也不是常数，而是随着压力大小而变化。因此，在运用到沉降计算中时，比较合理的做法是根据实际竖向应力的大小，在压缩曲线上取相应的孔隙比计算这些指标。用压缩模量划分压缩性等级和评价土的压缩性可按表 5.1 规定。

表 5.1　地基土按 E_s 值划分压缩性等级的规定

室内压缩模量 E_s/MPa	压缩性等级	室内压缩模量 E_s/MPa	压缩性等级
$E_s\leqslant 2$	特高压缩性	$7.5<E_s\leqslant 11$	中压缩性
$2<E_s\leqslant 4$	高压缩性	$11<E_s\leqslant 15$	中低压缩性
$4<E_s\leqslant 7.5$	中高压缩性	$E_s>15$	低压缩性

5.1.3　现场荷载试验及变形模量

室内侧限压缩试验从现场采集土样，存在不同程度的土样扰动问题，软土更是无法提取。另外，试验环境与条件也与现场天然土的状况存在差异。鉴于此，可以采用现场原位测试，包括荷载试验和旁压试验等。以下介绍《规范》中浅层平板荷载试验，它适用于确定浅部地基土层的承载板下应力主要影响范围内的岩土承载力和变形模量。

1. 试验装置

试验装置如图 5.3 所示，一般由加荷稳定装置、反力装置和观测装置三部分组成。加荷稳压装置包括承压板、千斤顶和稳压器等，反力装置常用平台堆载或地锚，观测装置包括百分表及固定支架等。

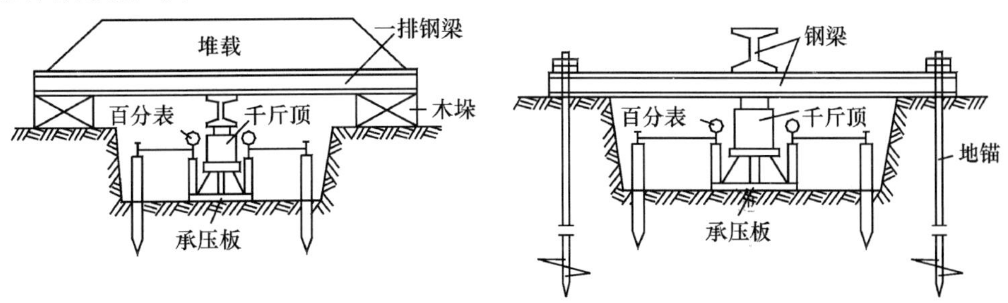

图 5.3　荷载试验装置

2. 试验方法

现场荷载试验是在工程现场通过千斤顶逐级对置于地基土上的承压板施加荷载，观测、记录沉降随时间的发展以及稳定时的沉降量 s，将上述试验得到的各级荷载与相应的稳定沉降量绘制成 $p-s$ 曲线，即获得地基土荷载试验的结果。

1）试坑设置

试验通常在试坑中进行，试坑宽度或直径不应小于承压板宽度或直径的 3 倍。承压板面积不应小于 $0.25m^2$，对软土和粒径较大的填土，则不应小于 $0.50m^2$。试验时必须注意保持试验土层的原状结构和天然湿度，宜在拟试压表面用粗砂或中砂层找平，其厚度不应超过 20mm。另外，同一土层参加统计的试验点不应少于 3 个。

2）加荷方法与标准

（1）第一级荷载（包括设备自重）接近开挖试坑所卸除的土重，相应沉降量不计。

（2）第一级荷载后，每级荷载增量，对较松软的土采用 10～25kPa，对较硬密的土采用 50kPa。

（3）加荷等级不应少于 8 级。最大加载量不应小于设计要求的 2 倍。

（4）每级加载后，按间隔 5min、5min、10min、10min、15min、15min 测读沉降量，以后间隔 0.5h 测读一次沉降量，当连续 2h 每 1h 沉降量小于 0.1mm 时，可认为沉降已达相对稳定标准，施加下一级荷载。

3）加载终止标准

当出现下列情况之一时，即认为土已达到极限状态，可终止加载：

（1）承压板周围的土出现明显侧向挤出，周边岩土出现明显隆起或径向裂缝持续发展。

（2）本级荷载的沉降量大于前级荷载沉降量的 5 倍，荷载与沉降曲线出现明显陡降。

（3）在某级荷载下 24h 沉降速率不能达到相对稳定标准。

（4）总沉降量与承压板直径（或宽度）之比大于或等于 0.06。

当满足前三种情况之一时，其对应的前一级荷载定为极限荷载。终止加载后，可按规定逐级卸载，并进行回弹观测，以作为参考。

4）$p-s$ 曲线

根据试验结果可绘制 $p-s$ 曲线，图 5.4 所示为有明显陡降段的曲线。通常可分为三个阶段，即直线变形阶段、局部剪切阶段和完全破坏阶段。其中，直线变形阶段与局部剪切阶段的界限点 1 处荷载称为比例界限荷载（或称临塑荷载），局部剪切阶段与完全破坏阶段的界限点 2 处荷载即为极限荷载。

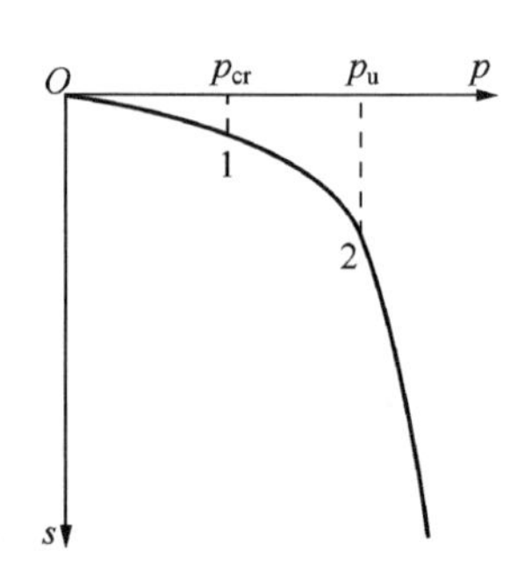

图 5.4　$p-s$ 曲线

3. 变形模量 E_0

土的变形模量是指土体在无侧限条件下的应力与应变的比值，用 E_0 表示。其大小可由荷载试验结果求得。在 $p-s$ 曲线的直线段或接近于直线段任选一压力 p 和它所对应的沉降 s，根据弹性理论计算沉降的公式反求地基的变形模量 E_0(MPa)，即

$$E_0 = I_0(1-\mu^2)\frac{pd}{s} \tag{5.7}$$

式中：p——直线段的荷载（一般取临塑荷载 p_{cr}），kPa；

s——相应于 p 的承压板下沉量，m；

d——承压板直径或边长，m；

μ——土的泊松比，碎石土取 0.27，砂土取 0.30，粉土取 0.35，粉质黏土取 0.38，黏土取 0.42；

I_0——刚性承压板的形状系数，圆形承压板取 0.785，方形承压板取 0.886。

如果 $p-s$ 曲线不出现直线段，当压板面积为 0.25～0.50m^2，可取 $s=(0.01\sim0.015)d$ 所对应的荷载代入式(5.7)计算，但该荷载不应大于最大加载量的 0.5 倍。

4. 变形模量 E_0 与压缩模量 E_s 的关系

压缩模量 E_s 是土在完全侧限的条件下得到的，为竖向正应力与相应的正应变的比值。而变形模量 E_0 是根据现场载荷试验得到的，它是指土在侧向自由膨胀条件下正应力与相应的正应变的比值。

根据三向应力条件下的广义胡克定律，从理论上可以得到压缩模量与变形模量之间的换算关系为

$$E_0=\beta E_s \tag{5.8}$$

$$\beta=1-\frac{2\mu^2}{1-\mu}$$

式中，由于 $0\leqslant\mu\leqslant0.5$，所以 $0\leqslant\beta\leqslant1$。

由于土体不是完全弹性体，加之上述两种试验的影响因素较多，使得理论关系与实测关系有一定差距。实测资料表明，E_0 与 E_s 的比值并不像理论得到的在 0～1 变化，而可能出现 E_0 与 E_s 的比值超过 1 的情况，且土的结构性越强或压缩性越小，其比值越大。

5.2 地基最终沉降量计算

地基最终沉降量是指地基土在建筑荷载作用下达到压缩稳定时地基表面的沉降量。下面主要介绍常用的分层总和法与《规范》推荐法。

5.2.1 分层总和法

1. 基本假定

分层总和法一般取基底中心点下地基附加应力来计算各分层土的竖向压缩量，认为基础的平均沉降量 s 为各分层上竖向压缩量 Δs_i 之和。在计算 Δs_i 时，假设地基土只在竖向发生压缩变形，而无侧向变形，故可利用室内侧限压缩试验成果进行计算。

基本假定如下。

(1) 地基土是一个均匀、等向的半无限空间弹性体。

(2) 地基土层受荷载后不能发生侧向变形。

(3) 基础沉降量根据基础中心点下土柱所受的附加应力 σ_z 进行计算。

(4) 基础最终沉降量等于基础底面下某一深度范围内各土层压缩量的总和。该深度以下土层的压缩变形值小到可以忽略不计。

2. 计算公式

如图 5.5 所示，根据式(5.5)和式(5.6)可得各分层土的压缩量 Δs_i 如下：

$$\Delta s_i = \frac{e_{1i} - e_{2i}}{1 + e_{1i}} h_i = \frac{a_i}{1 + e_{1i}} (p_{2i} - p_{1i}) h_i = \frac{\Delta p_i}{E_{si}} h_i \tag{5.9}$$

则最终沉降量

$$s = \sum_{i=1}^{n} \Delta s_i \tag{5.10}$$

式中：h_i——第 i 层土的厚度，m；

e_{1i}——对应于第 i 层土上、下层面自重应力的平均值 $p_{1i} = \frac{[\sigma_{c(i-1)} + \sigma_{ci}]}{2}$ 作用下，从土的压缩曲线上得到的孔隙比；

e_{2i}——对应于第 i 层土自重应力平均值 p_{1i} 与第 i 层土上、下层面附加应力平均值 $\Delta p_i = \frac{[\sigma_{z(i-1)} + \sigma_{zi}]}{2}$ 之和 p_{2i}，从土的压缩曲线上得到的孔隙比；

a_i、E_{si}——分别为第 i 层土的压缩系数和压缩模量；

n——沉降计算范围内的土分层数。

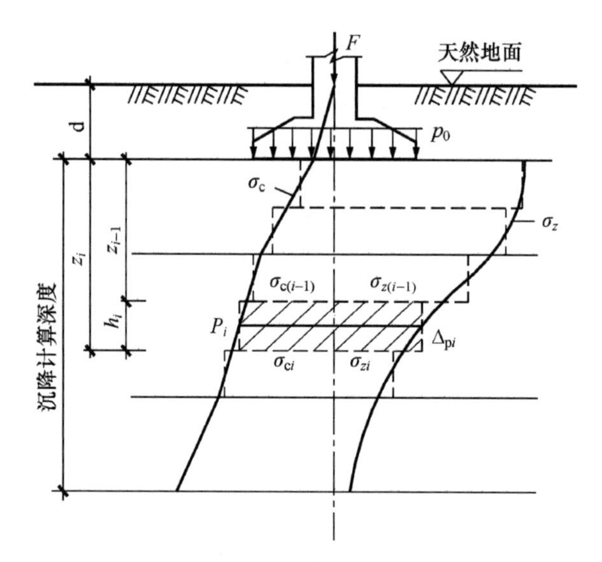

图 5.5　分层总和法计算地基最终沉降量

3. 计算步骤

(1) 地基土分层。天然土的分界层面(不同土层的压缩性及重度不同)及地下水面(水面上下土的有效重度不同)为计算分层界面，分层厚度一般不宜大于 0.4b(b 为基底宽度)。基础底面附近附加应力数值大且曲线变化大，分层应薄些，以保证附加应力分布曲线用直线代替计算，误差不大。

(2) 计算各分层界面处土的自重应力。土的自重应力应从天然地面起算。

(3) 计算各分层界面处基底中心点下土的竖向附加应力。

(4) 确定地基变形计算深度。一般取地基附加应力等于自重应力的 20%$\left(\text{即}\frac{\sigma_z}{\sigma_c}=0.2\right)$深度处作为变形计算深度的下限值;但在该深度以下如有高压缩性土,则应继续向下计算至$\frac{\sigma_z}{\sigma_c}=0.1$深度处作为变形计算深度的下限值。如变形计算深度范围内存在基岩,变形计算深度可取至基岩表面为止。

(5) 按式(5.9)计算各分层土的压缩量 Δs_i。

(6) 按式(5.10)叠加计算地基的最终沉降量。

5.2.2 《建筑地基基础设计规范》(GB 50007—2011)计算方法

分层总和法的基本假定存在近似性,难以对某些复杂因素进行综合反映。经实测对比,对低压缩性土计算值偏大,对高压缩性土计算值偏小。《规范》将分层总和法加以简化,引入了平均附加应力系数的概念,并在总结大量实践经验的基础上,重新规定了地基变形计算深度的标准,引入了地基沉降计算经验系数 ψ_s。

1. 计算公式

由式(5.9)和式(5.10)可知

$$s' = \sum_{i=1}^{n} \frac{\Delta p_i h_i}{E_{si}}$$

式中:$\Delta p_i h_i$——第 i 层土附加应力曲线所包围的面积,即图 5.6 中图形 3465 的面积,用 A_{3465} 表示。

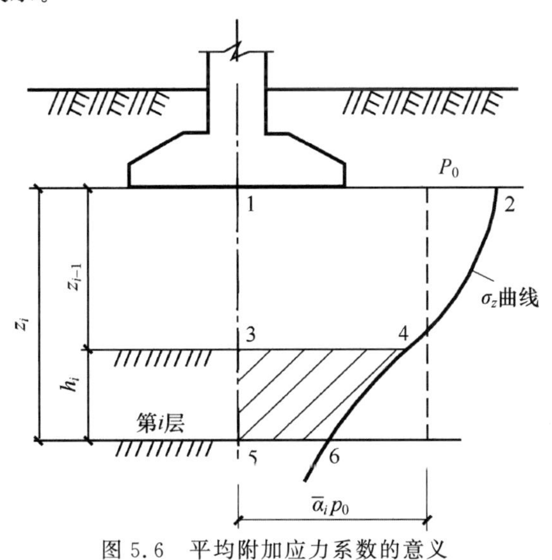

图 5.6 平均附加应力系数的意义

而

$$A_{3465} = A_{1265} - A_{1243}$$

由 $A = \int_0^z \sigma_z \mathrm{d}z = p_0 \int_0^z \alpha \mathrm{d}z$,引入平均附加应力系数 $\bar{\alpha}$,则

$$A_{1265} = p_0\bar{\alpha}_i z_i$$

$$A_{1243} = p_0\bar{\alpha}_{i-1} z_{i-1}$$

故

$$s' = \sum_{i=1}^{n} \frac{A_{3465}}{E_{si}} = \sum_{i=1}^{n} \frac{p_0}{E_{si}}(\bar{\alpha}_i z_i - \bar{\alpha}_{i-1} z_{i-1}) \tag{5.11}$$

再引入沉降计算经验系数 ψ_s，最后得

$$s = \psi_s s' = \psi_s \sum_{i=1}^{n} \frac{p_0}{E_{si}}(\bar{\alpha}_i z_i - \bar{\alpha}_{i-1} z_{i-1}) \tag{5.12}$$

式中：s——地基最终沉降量，mm；

ψ_s——沉降计算经验系数，根据地区沉降观测资料及经验确定，无地区经验时可采用表 5.2 所示数值；

n——地基变形计算深度范围内所划分的土层数；

p_0——相应于作用的准永久组合时基础底面处的附加压力，kPa；

E_{si}——基础底面下第 i 层土的压缩模量，MPa，应取土的自重压力至土的自重压力与附加压力之和的压力段计算；

z_i、z_{i-1}——基础底面至第 i 层土、第 $i-1$ 层土底面的距离，m；

$\bar{\alpha}_i$、$\bar{\alpha}_{i-1}$——基础底面计算点至第 i 层土、第 $i-1$ 层土底面范围内平均附加应力系数，可按《规范》附录 K 采用。其中，矩形基础底面受均布荷载作用时如表 5.3 所示，矩形基础底面长边为 l，短边为 b。

表 5.2 沉降计算经验系数 ψ_s

基底附加压力 \ $\bar{E}_s$/MPa	2.5	4.0	7.0	15.0	20.0
$p_0 \geqslant f_{ak}$	1.4	1.3	1.0	0.4	0.2
$p_0 \leqslant 0.75 f_{ak}$	1.1	1.0	0.7	0.4	0.2

注：$\bar{E}_s$ 为变形计算深度范围内压缩模量的当量值，计算公式为 $\bar{E}_s = \dfrac{\sum A_i}{\sum \dfrac{A_i}{E_{si}}}$，其中 A_i 为第 i 层土附加应力系数沿土层厚度的积分值。

表 5.3 矩形面积上均布荷载作用下角点的平均附加应力系数 $\bar{\alpha}$

z/b \ l/b	1.0	1.2	1.4	1.6	1.8	2.0	2.4	2.8	3.2	3.6	4.0	5.0	10.0
0.0	0.2500	0.2500	0.2500	0.2500	0.2500	0.2500	0.2500	0.2500	0.2500	0.2500	0.2500	0.2500	0.2500
0.2	0.2496	0.2497	0.2497	0.2498	0.2498	0.2498	0.2498	0.2498	0.2498	0.2498	0.2498	0.2498	0.2498
0.4	0.2474	0.2479	0.2481	0.2483	0.2483	0.2484	0.2485	0.2485	0.2485	0.2485	0.2485	0.2485	0.2485
0.6	0.2423	0.2437	0.2444	0.2448	0.2451	0.2452	0.2454	0.2455	0.2455	0.2455	0.2455	0.2455	0.2456
0.8	0.2346	0.2372	0.2387	0.2395	0.2400	0.2403	0.2407	0.2408	0.2409	0.2409	0.2410	0.2410	0.2410
1.0	0.2252	0.2291	0.2313	0.2326	0.2335	0.2340	0.2346	0.2349	0.2351	0.2352	0.2352	0.2353	0.2353
1.2	0.2149	0.2199	0.2229	0.2248	0.2260	0.2268	0.2278	0.2282	0.2285	0.2286	0.2287	0.2288	0.2289
1.4	0.2043	0.2102	0.2140	0.2164	0.2180	0.2191	0.2204	0.2211	0.2215	0.2217	0.2218	0.2220	0.2221

续表

$\frac{z}{b}$ \ $\frac{l}{b}$	1.0	1.2	1.4	1.6	1.8	2.0	2.4	2.8	3.2	3.6	4.0	5.0	10.0
1.6	0.1939	0.2006	0.2049	0.2079	0.2099	0.2113	0.2130	0.2138	0.2143	0.2146	0.2148	0.2150	0.2152
1.8	0.1840	0.1912	0.1960	0.1994	0.2018	0.2034	0.2055	0.2066	0.2073	0.2077	0.2079	0.2082	0.2084
2.0	0.1746	0.1822	0.1875	0.1912	0.1938	0.1958	0.1982	0.1996	0.2004	0.2009	0.2012	0.2015	0.2018
2.2	0.1659	0.1737	0.1793	0.1833	0.1862	0.1883	0.1911	0.1927	0.1937	0.1943	0.1947	0.1952	0.1955
2.4	0.1578	0.1657	0.1715	0.1757	0.1789	0.1812	0.1843	0.1862	0.1873	0.1880	0.1885	0.1890	0.1895
2.6	0.1503	0.1583	0.1642	0.1686	0.1719	0.1745	0.1779	0.1799	0.1812	0.1820	0.1825	0.1832	0.1838
2.8	0.1433	0.1514	0.1574	0.1619	0.1654	0.1680	0.1717	0.1739	0.1753	0.1763	0.1769	0.1777	0.1784
3.0	0.1369	0.1449	0.1510	0.1556	0.1592	0.1619	0.1658	0.1682	0.1698	0.1708	0.1715	0.1725	0.1733
3.2	0.1310	0.1390	0.1450	0.1497	0.1533	0.1562	0.1602	0.1628	0.1645	0.1657	0.1664	0.1675	0.1685
3.4	0.1256	0.1334	0.1394	0.1441	0.1478	0.1508	0.1550	0.1577	0.1595	0.1607	0.1616	0.1628	0.1639
3.6	0.1205	0.1282	0.1342	0.1389	0.1427	0.1456	0.1500	0.1528	0.1548	0.1561	0.1570	0.1583	0.1595
3.8	0.1158	0.1234	0.1293	0.1340	0.1378	0.1408	0.1452	0.1482	0.1502	0.1516	0.1526	0.1541	0.1554
4.0	0.1114	0.1189	0.1248	0.1294	0.1332	0.1362	0.1408	0.1438	0.1459	0.1474	0.1485	0.1500	0.1516
4.2	0.1073	0.1147	0.1205	0.1251	0.1289	0.1319	0.1365	0.1396	0.1418	0.1434	0.1445	0.1462	0.1479
4.4	0.1035	0.1107	0.1164	0.1210	0.1248	0.1279	0.1325	0.1357	0.1379	0.1396	0.1407	0.1425	0.1444
4.6	0.1000	0.1070	0.1127	0.1172	0.1209	0.1240	0.1287	0.1319	0.1342	0.1359	0.1371	0.1390	0.1410
4.8	0.0967	0.1036	0.1091	0.1136	0.1173	0.1204	0.1250	0.1283	0.1307	0.1324	0.1337	0.1357	0.1379
5.0	0.0935	0.1003	0.1057	0.1102	0.1139	0.1169	0.1216	0.1249	0.1273	0.1291	0.1304	0.1325	0.1348
5.2	0.0906	0.0972	0.1026	0.1070	0.1106	0.1136	0.1183	0.1217	0.1241	0.1259	0.1273	0.1295	0.1320
5.4	0.0878	0.0943	0.0996	0.1039	0.1075	0.1105	0.1152	0.1186	0.1211	0.1229	0.1243	0.1265	0.1292
5.6	0.0852	0.0916	0.0968	0.1010	0.1046	0.1076	0.1122	0.1156	0.1181	0.1200	0.1215	0.1238	0.1266
5.8	0.0828	0.0890	0.0941	0.0983	0.1018	0.1047	0.1094	0.1128	0.1153	0.1172	0.1187	0.1211	0.1240
6.0	0.0805	0.0866	0.0916	0.0957	0.0991	0.1021	0.1067	0.1101	0.1126	0.1146	0.1161	0.1185	0.1216
6.2	0.0783	0.0842	0.0891	0.0932	0.0966	0.0995	0.1041	0.1075	0.1101	0.1120	0.1136	0.1161	0.1193
6.4	0.0762	0.0820	0.0869	0.0909	0.0942	0.0971	0.1016	0.1050	0.1076	0.1096	0.1111	0.1137	0.1171
6.6	0.0742	0.0799	0.0847	0.0886	0.0919	0.0948	0.0993	0.1027	0.1053	0.1073	0.1088	0.1114	0.1149
6.8	0.0723	0.0779	0.0826	0.0865	0.0898	0.0926	0.0970	0.1004	0.1030	0.1050	0.1066	0.1092	0.1129
7.0	0.0705	0.0761	0.0806	0.0844	0.0877	0.0904	0.0949	0.0982	0.1008	0.1028	0.1044	0.1071	0.1109
7.2	0.0688	0.0742	0.0787	0.0825	0.0857	0.0884	0.0928	0.0962	0.0987	0.1008	0.1023	0.1051	0.1090
7.4	0.0672	0.0725	0.0769	0.0806	0.0838	0.0865	0.0908	0.0942	0.0967	0.0988	0.1004	0.1031	0.1071
7.6	0.0656	0.0709	0.0752	0.0789	0.0820	0.0846	0.0889	0.0922	0.0948	0.0968	0.0984	0.1012	0.1054
7.8	0.0642	0.0693	0.0736	0.0771	0.0802	0.0828	0.0871	0.0904	0.0929	0.0950	0.0966	0.0994	0.1036
8.0	0.0627	0.0678	0.0720	0.0755	0.0785	0.0811	0.0853	0.0886	0.0912	0.0932	0.0948	0.0976	0.1020
8.2	0.0614	0.0663	0.0705	0.0739	0.0769	0.0795	0.0837	0.0869	0.0894	0.0914	0.0931	0.0959	0.1004
8.4	0.0601	0.0649	0.0690	0.0724	0.0754	0.0779	0.0820	0.0852	0.0878	0.0893	0.0914	0.0943	0.0938
8.6	0.0588	0.0636	0.0676	0.0710	0.0739	0.0764	0.0805	0.0836	0.0862	0.0882	0.0898	0.0927	0.0973
8.8	00576	0.0623	0.0663	0.0696	0.0724	0.0749	0.0790	0.0821	0.0846	0.0866	0.0882	0.0912	0.0959

续表

$\frac{z}{b}$ \ $\frac{l}{b}$	1.0	1.2	1.4	1.6	1.8	2.0	2.4	2.8	3.2	3.6	4.0	5.0	10.0
9.2	0.0554	0.0599	0.0637	0.0670	0.0697	0.0721	0.0761	0.0792	0.0817	0.0837	0.0853	0.0882	0.0931
9.6	0.0533	0.0577	0.0614	0.0645	0.0672	0.0696	0.0734	0.0765	0.0789	0.0809	0.0825	0.0855	0.0905
10.0	0.0514	0.0556	0.0592	0.0622	0.0649	0.0672	0.0710	0.0739	0.0763	0.0783	0.0799	0.0829	0.0880
10.4	0.0496	0.0537	0.0572	0.0601	0.0627	0.0649	0.0686	0.0716	0.0739	0.0759	0.0775	0.0804	0.0857
10.8	0.0479	0.0519	0.0553	0.0581	0.0606	0.0628	0.0664	0.0693	0.0717	0.0736	0.0751	0.0781	0.0834
11.2	0.0463	0.0502	0.0535	0.0563	0.0587	0.0609	0.0644	0.0672	0.0695	0.0714	0.0730	0.0759	0.0813
11.6	0.0448	0.0486	0.0518	0.0545	0.0569	0.0590	0.0625	0.0652	0.0675	0.0694	0.0709	0.0738	0.0793
12.0	0.0435	0.0471	0.0502	0.0529	0.0552	0.0573	0.0606	0.0634	0.0656	0.0674	0.0690	0.0719	0.0774
12.8	0.0409	0.0444	0.0474	0.0499	0.0521	0.0541	0.0573	0.0599	0.0621	0.0639	0.0654	0.0682	0.0739
13.6	0.0387	0.0420	0.0448	0.0472	0.0493	0.0512	0.0543	0.0568	0.0589	0.0607	0.0621	0.0649	0.0707
14.4	0.0367	0.0398	0.0425	0.0448	0.0468	0.0486	0.0516	0.0540	0.0561	0.0577	0.0592	0.0619	0.0677
15.2	0.0349	0.0379	0.0404	0.0426	0.0446	0.0463	0.0492	0.0515	0.0535	0.0551	0.0565	0.0592	0.0650
16.0	0.0332	0.0361	0.0385	0.0407	0.0425	0.0442	0.0469	0.0492	0.0511	0.0527	0.0540	0.0567	0.0625
18.0	0.0297	0.0323	0.0345	0.0364	0.0381	0.0396	0.0422	0.0442	0.0460	0.0475	0.0487	0.0512	0.0570
20.0	0.0269	0.0292	0.0312	0.0330	0.0345	0.0359	0.0383	0.0402	0.0418	0.0432	0.0444	0.0468	0.0524

2. 地基变形计算深度 z_n

1）有相邻荷载影响时

地基变形计算深度可通过试算确定，即要求满足：

$$\Delta s'_n \leqslant 0.025 \sum_{i=1}^{n} \Delta s'_i \tag{5.13}$$

式中：$\Delta s'_i$——在计算深度范围内，第 i 层土的计算变形值，mm；

$\Delta s'_n$——在由计算深度向上取厚度为 Δz 的土层计算变形值，mm，Δz 取值如表 5.4 所示。

表 5.4 Δz 值

b/m	$b \leqslant 2$	$2 < b \leqslant 4$	$4 < b \leqslant 8$	$b > 8$
Δz/m	0.3	0.6	0.8	1.0

如确定的计算深度下部仍有较软土层，应继续计算，直到再次符合式(5.13)为止。

2）无相邻荷载影响时

基础宽度在 1～30m 范围时，基础中点的地基变形计算深度也可按下列简化公式计算，即

$$z_n = b(2.5 - 0.4\ln b) \tag{5.14}$$

式中：b——基础宽度，m。

在计算深度范围内存在基岩时，z_n 可取至基岩表面；当存在较厚的坚硬黏性土层，其孔

隙比小于 0.5、压缩模量大于 50MPa，或存在较厚的密实砂卵石层，其压缩模量大于 80MPa 时，z_n 可取至该层土表面。此时，地基土附加压力分布应考虑相对硬层存在的影响，按式(5.15)计算地基最终沉降量。

$$s_{gz} = \beta_{gz} s_z \tag{5.15}$$

式中：s_{gz}——具有刚性下卧层时，地基土的变形计算值，mm；

β_{gz}——刚性下卧层对上覆土层的变形增大系数，按表 5.5 采用；

s_z——变形计算深度相当于实际土层厚度按式(5.12)计算确定的地基最终变形计算值，mm。

表 5.5　具有刚性下卧层时地基变形增大系数 β_{gz}

$\frac{h}{b}$	0.5	1.0	1.5	2.0	2.5
β_{gz}	1.26	1.17	1.12	1.09	1.00

注：h 表示基底下的土层厚度，b 表示基础底面宽度。

3. 计算步骤

(1) 确定分层厚度。按天然土层分层(E_s不同)。

(2) 确定地基变形计算深度。

(3) 计算各土层的压缩变形量。

(4) 确定沉降计算经验系数。

(5) 得出地基最终沉降量。

【例 5.1】　矩形独立柱基基础底面尺寸 $b \times l = 3.0\text{m} \times 3.0\text{m}$，基础埋深 $d = 1.5\text{m}$，上部结构传来的轴向力准永久组合值 $F = 600\text{kN}$，地基土分层及各层土的侧限压缩模量如图 5.7 所示，持力层的地基承载力特征值 $f_{ak} = 120\text{kPa}$，用《规范》推荐法计算基础中点的最终沉降量。

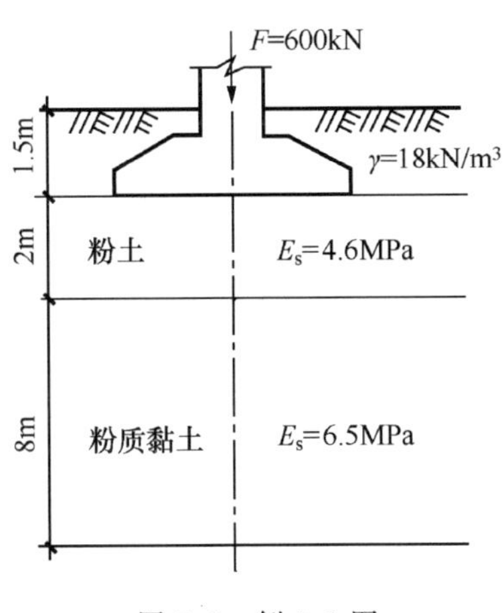

图 5.7　例 5.1 图

解　(1) 计算基底附加压力。

基础底面压力

$$p=\frac{F+G}{A}=\frac{600+20\times 3\times 3\times 1.5}{3\times 3}=96.67(\mathrm{kPa})$$

基底附加压力

$$p_0=p-\gamma d=96.67-18\times 1.5=69.67(\mathrm{kPa})$$

(2) 确定沉降计算深度 z_n。

$$z_n=b(2.5-0.4\ln b)=3\times(2.5-0.4\ln 3)=6.182(\mathrm{m})\approx 6.2(\mathrm{m})$$

(3) 计算各土层压缩量,如表 5.6 所示。

计算平均附加应力系数时,需将基础分为相同的四块,应用"角点法",按$\frac{\frac{l}{2}}{\frac{b}{2}}=\frac{l}{b}$,$\frac{z}{\frac{b}{2}}$查表 5.3,所得结果 $\bar{\alpha}_i$ 再乘以 4。表中,$\Delta s_i'=\frac{p_0}{E_{si}}(\bar{\alpha}_i z_i-\bar{\alpha}_{i-1}z_{i-1})$。

(4) 确定沉降计算经验系数 ψ_s,得出最终沉降量。

$$\bar{E}_s=\frac{\sum A_i}{\sum\frac{A_i}{E_{si}}}=\frac{(z_2\bar{\alpha}_2-0\times\bar{\alpha}_0)}{\left[\frac{(z_1\bar{\alpha}_1-0\times\bar{\alpha}_0)}{E_{s1}}+\frac{(z_2\bar{\alpha}_2-z_1\bar{\alpha}_1)}{E_{s2}}\right]}=\frac{2.6958}{\frac{1.664}{4.6}+\frac{1.0318}{6.5}}=5.18(\mathrm{MPa})$$

由于 $p_0<0.75f_{ak}=0.75\times 120=90(\mathrm{kPa})$,查表 5.2 得

$$\psi_s=1.0-\frac{1.0-0.7}{7.0-4.0}\times(5.18-4.0)=0.882$$

则基础中点的最终沉降量为

$$s=\psi_s s'=0.882\times 36.26=31.98(\mathrm{mm})$$

表 5.6 各土层沉降计算表

点号	z_i/m	$\frac{l}{b}$	$\frac{z}{b}$ $\left(b=\frac{3.0}{2}\right)$	$\bar{\alpha}_i$	$z_i\bar{\alpha}_i$/m	$z_i\bar{\alpha}_i-z_{i-1}\bar{\alpha}_{i-1}$/m	E_{si}/MPa	$\Delta s_i'$/mm	$s'=\sum_{i=1}^{n}\Delta s_i'$ /mm
0	0	1.0	0	4×0.25 =1.0000	0				
1	2.0	1.0	1.33	4×0.208 =0.832	1.6640	1.6640	4.6	25.2	25.2
2	6.2	1.0	4.13	4×0.1087 =0.4348	2.6958	1.0318	6.5	11.06	36.26

4. 地基土的回弹变形量和回弹再压缩变形量

高层建筑由于基础埋置较深,地基回弹再压缩变形往往在总沉降中占重要地位,甚

至某些高层建筑设置 3～4 层(甚至更多层)地下室时,总荷载有可能小于或等于该深度土的自重应力,这时高层建筑地基沉降变形将由地基回弹变形决定。因此,当基础埋置较深时,需考虑地基回弹变形量和回弹再压缩变形量的计算。土的回弹和再压缩情况参见 5.3 节内容。

结合公式应用,归纳出《规范》推荐法在哪些方面优于分层总和法?

5.3 应力历史对地基沉降的影响

应力历史是指土在形成的地质年代中经受应力变化的情况。同一种土的应力历史不同,则其压缩性也不相同,在相同压力作用下所产生的沉降也不相同。土的回弹和再压缩试验可以反映这一现象。

5.3.1 土的回弹和再压缩曲线

在进行室内压缩试验时,如果加压到某级荷载(相应于图 5.8 中曲线上的 b 点)后不再加压,而是逐级进行卸载,直至零,则可得到卸载阶段的关系曲线,如图中 bc 曲线所示,称为回弹曲线。可以看到,回弹曲线不和初始加载的曲线 ab 重合,变形不能全部恢复。残留的这部分变形,称为残余变形;小部分可恢复的变形,称为弹性变形。若接着重新逐级加压,则可得到土的再压缩曲线,如图 5.8 中 cdf 曲线所示。其中 df 段像是 ab 段的延续,犹如其间没有经过卸载和再加压的过程。

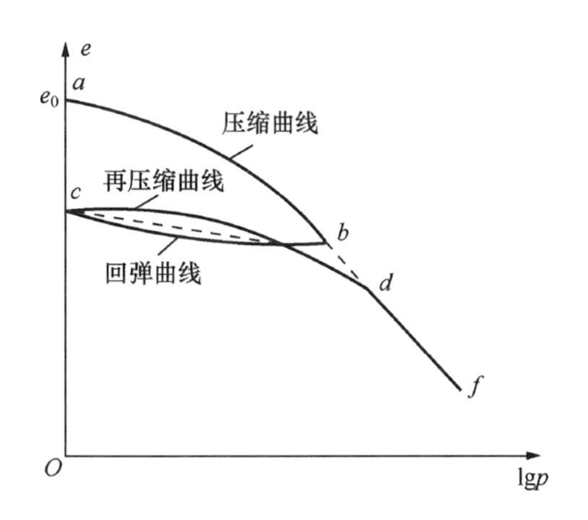

图 5.8 土的回弹-再压缩曲线

卸载段和再压缩段的平均斜率称为回弹指数或再压缩指数 C_e。

从土的回弹和再压缩曲线可以看出:土的再压缩曲线比原压缩曲线斜率要小得多,说明土经过压缩后,卸荷再压缩时,其压缩性明显降低。

5.3.2 正常固结、超固结和欠固结的概念

加荷、卸荷对黏性土压缩性的影响非常显著。根据土的先(前)期固结压力 p_c(天然土层在历史上所承受过的最大固结压力)与现有土层自重应力 $\sigma_{cz}=\gamma z$ 之比,即超固结比 OCR(Over-Consolidation Ratio),将天然土层分为三种固结土。

1. 正常固结土

土层先期固结压力等于现有覆盖土的自重应力。图 5.9(a)所示是逐渐沉积到现在地面高度,并在土的自重应力下达到压缩稳定的,即 $p_c=\sigma_{cz}=\gamma z$,$OCR=1.0$。

2. 超固结土

土层先期固结压力大于现有覆盖土的自重应力。如图 5.9(b)所示,历史上由于河流冲刷或人类活动等剥蚀作用,将其上部的一部分土体剥蚀掉,或古冰川由于气候转暖,冰川融化导致上覆压力减小,即 $p_c>\sigma_{cz}$,$OCR>1.0$。

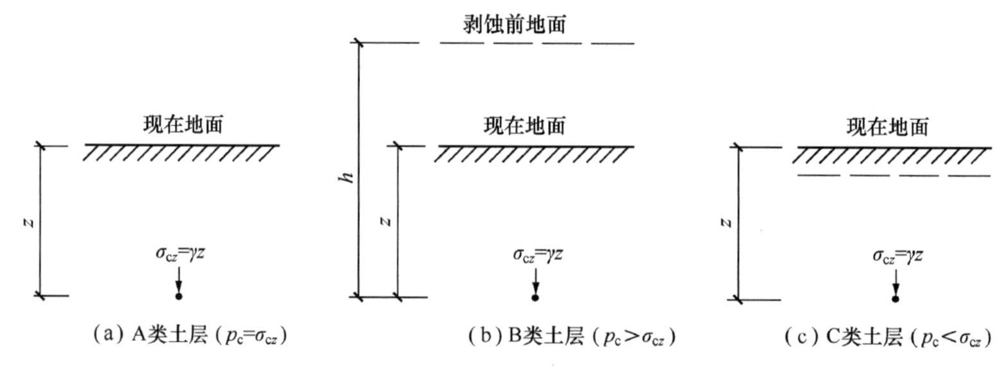

图 5.9 土层应力历史分类

3. 欠固结土

土层先期固结压力小于现有覆盖土的自重应力。如图 5.9(c)所示,它为新近沉积的黏性土或人工填土,因沉积时间不久,在土自重作用下还没有完全固结。图中虚线表示将来固结稳定后的地表,即 $p_c<\sigma_{cz}$,$OCR<1.0$。

结合回弹再压缩曲线,可以看到:对于同一种土,在上述三种固结状态下,其压缩特性是完全不同的。因此,在计算地基沉降量时,应考虑应力历史对地基沉降的影响,根据土的原始压缩曲线确定土的压缩性指标。

确定先期固结压力 p_c的方法很多,最常用的是卡萨格兰德(A. Cassagrande,1936 年)简易的经验作图法,如图 5.10 所示,其步骤如下。

(1) 在 $e-\lg p$ 曲线上找出曲率半径最小的点 A,过点 A 作水平线 $A1$ 和切线 $A2$。

(2) 作$\angle 1A2$ 的平分线 $A3$,与 $e-\lg p$ 曲线尾部直线段的延长线交于点 B。

(3) 点 B 所对应的有效应力即为前期固结压力 p_c。

必须指出,采用这种简易的经验作图法要求取土质量较高,绘制 $e-\lg p$ 曲线时还应注意选用合适的比例,否则很难找到曲率半径最小的点 A,就不一定能得出可靠的结果。还应结合现场的调查资料综合分析确定。

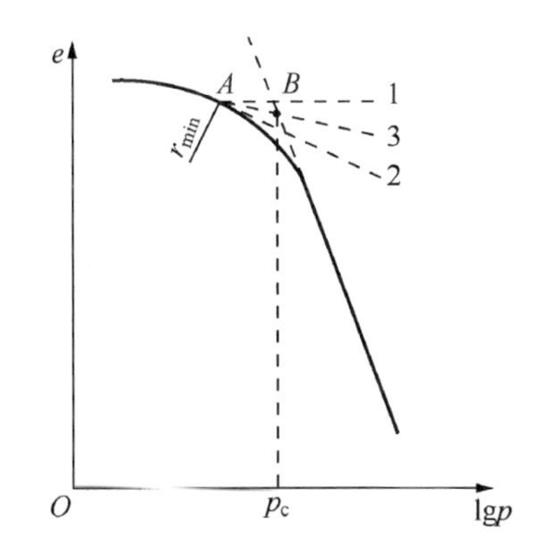

图 5.10　确定 p_c 的卡萨格兰德经验作图法

讨论

分层总和法和《规范》推荐法针对的是哪种类型的土？三种土对地基变形计算有何影响？

5.4　饱和黏性土地基沉降与时间的关系

地基沉降是在荷载产生的附加应力作用下，土孔隙水排出，孔隙压缩而引起的渗透固结现象。孔隙水的排出需要一定的时间，其长短与荷载大小、土层排水条件、土的渗透性等因素有关。

碎石土和砂土的压缩性小、渗透性大，在建筑施工过程中，地基沉降已经基本完成。但饱和黏性土和粉土则需很长的时间才能达到沉降稳定。厚的饱和软黏土层沉降需要几年甚至几十年才能完成。因此，工程中一般只考虑黏性土和粉土的沉降与时间的关系，并应用于确定建筑物各部分之间的连接方式、施工顺序以及处理地基变形事故等方面。

5.4.1　饱和土的有效应力原理

外部荷载在饱和土体中产生的附加应力是由土体中颗粒骨架与孔隙水共同承担的。其中，由颗粒骨架承担的应力称为有效应力，用 σ' 表示；由孔隙水所承担的应力称为孔隙水压力，用 u 表示。在土体渗透固结的过程中，排水、压缩和应力转移同时进行，土体中各点孔隙水压力逐渐消散，有效应力相应增长，即孔隙水压力逐渐向有效应力转化，但饱和土体受到的附加应力 σ_z 始终等于有效应力 σ' 和孔隙水压力 u 之和，即

$$\sigma_z = \sigma' + u \tag{5.16}$$

式(5.16)即为饱和土的有效应力原理。当 $t=0$ 时，$u=\sigma_z$，$\sigma'=0$；而当 $t\rightarrow\infty$ 时，$u=0$，$\sigma'=\sigma_z$。其中，有效应力的作用使土颗粒产生位移，引起土体的变形和强度变化。

5.4.2 太沙基一维固结理论

一维固结是指土中孔隙水的渗流和土的压缩变形只沿竖直方向发生。在实际工程中，大面积均布荷载下薄压缩层地基，如果顶面或底面有透水层，则可视为一维固结。

一维固结理论的基本假设如下。

(1) 土是均质、各向同性和完全饱和的。

(2) 土粒和孔隙水是不可压缩的。

(3) 土层的压缩和土中水的渗流只沿竖向发生，是单向(一维)的。

(4) 土中水的渗流服从达西定律，且土的渗透系数 k 和压缩系数 a 在渗流过程中保持不变。

(5) 外荷载是一次瞬时施加的。

固结度是指土层在固结过程中，某一时刻 t 的沉降量与土层最终沉降量的比值。对于单向渗透固结，由于土层的固结沉降与该层的有效应力面积成正比，因此固结度可表述为某一时刻 t 土层的有效应力面积与起始孔隙水压力面积之比。

太沙基(K. Terzaghi，1925 年)建立了饱和土的一维固结微分方程，并依据土层的初始条件和边界条件推导出土中某点某时刻 t 的孔隙水压力 $u_{z,t}$ 公式，将其代入固结度公式，即可得到固结度计算公式。固结土层中附加应力分布和排水条件发生变化，则固结度计算公式也不相同，但它们均是时间因子的函数，即

$$U_t = f(T_v) \tag{5.17}$$

式中：U_t——t 时刻的固结度；

T_v——竖向固结时间因数，$T_v=\frac{C_v t}{H^2}$，无量纲；

C_v——土的竖向固结系数，由室内压缩试验确定，$C_v=\frac{k(1+e)}{\gamma_w a}$，$m^2$/年；

t——固结过程中某一时间，年；

H——压缩土层中最远的排水距离，当土层为单面排水时，H 取土层厚度；双面排水时，H 取土层厚度的一半，m；

k——土的渗透系数，m/年；

e——土的初始平均孔隙比；

a——土的压缩系数，MPa^{-1}；

γ_w——水的重度，$\gamma_w=10kN/m^3$。

为了便于应用，可按式(5.17)绘制出各种不同附加应力分布及排水条件下的 U_t 与 T_v 的关系曲线，如图 5.11 所示。图中 α 等于压缩土层透水面附加应力与压缩土层不透水面附加应力的比，即 $\alpha=\frac{\sigma_a}{\sigma_b}$。

情况 1：$\alpha=1$，适用于基础底面积很大，压缩土层较薄的情况。

情况 2：$\alpha=0$，适用于大面积新填土层(饱和时)由于自重应力引起的固结。

情况 3：$\alpha<1$，适用于土层在自重应力作用下尚未固结，又在其上施加荷载的情况。

情况 4：$\alpha=\infty$，适用于基底面积小、土层厚的情况。

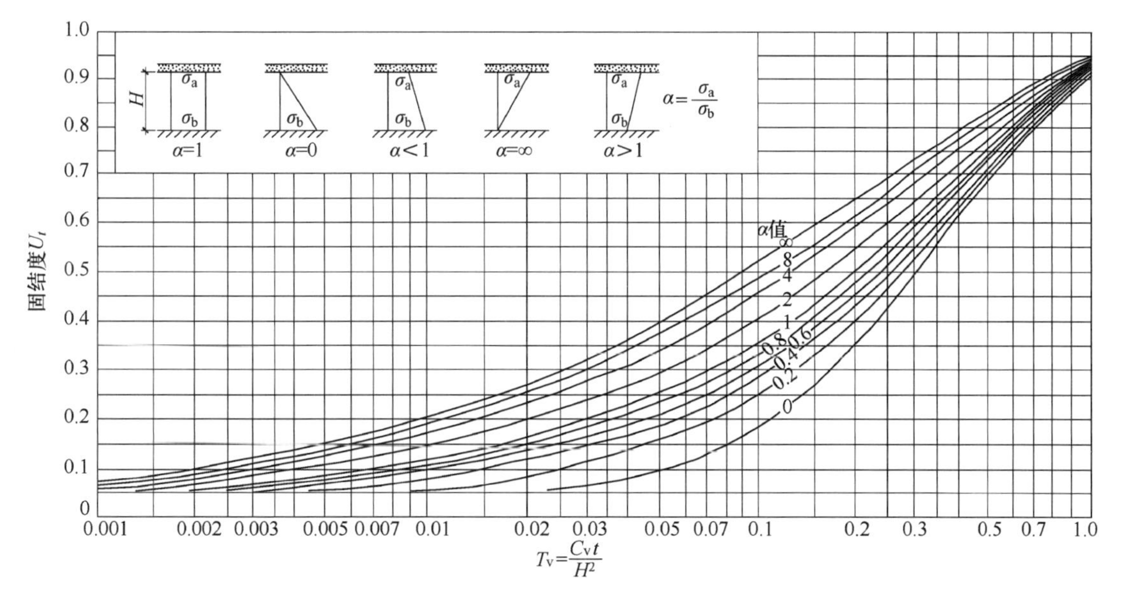

图 5.11 固结度 U_t 与时间因数 T_v 关系曲线

情况 5：$\alpha>1$，类似于情况 4，但在不透水层面上的附加应力大于 0。

以上情况均为单面排水，若是双面排水，则不论附加应力如何分布，只要是线性分布，均按情况 1 计算，只是时间因数的公式中 H 改为$\frac{H}{2}$。

通过图 5.11 可以解决地基在某一时间的沉降量问题和到达某一沉降量时所需时间问题。

【例 5.2】 某饱和黏性土层厚 8m，在大面积荷载作用下，$p_0=100\text{kPa}$，土层初始孔隙比 $e=0.9$，压缩系数 $a=0.4\text{MPa}^{-1}$，渗透系数 $k=0.016\text{m}/年$，底面为坚硬不透水土层，求：

(1) 加荷 1 年时的地基沉降量。

(2) 沉降量达 100mm 时所需时间。

解 (1) 求 $t=1$ 年时的沉降量。

大面积荷载作用下，可认为黏性土层中附加应力沿深度均匀分布，即 $\sigma_z=p_0=100\text{kPa}$。

黏性土层最终沉降量为

$$s=\frac{a}{1+e}\sigma_z H=\frac{0.4\times10^{-3}}{1+0.9}\times100\times8\times10^3=168.4(\text{mm})$$

竖向固结系数为

$$C_v=\frac{k(1+e)}{a\gamma_w}=\frac{0.016\times(1+0.9)}{0.4\times10^{-3}\times10}=7.6(\text{m}^2/年)$$

时间因数为

$$T_v=\frac{C_v t}{H^2}=\frac{7.6\times1}{8^2}=0.11875$$

查图 5.11，按 $\alpha=1$，得固结度 $U_t=40\%$，则 $t=1$ 时的沉降量为

$$s_t=0.4\times168.4=67.36(\text{mm})$$

(2) 求沉降量达 100mm 所用时间。

固结度 $U_t=\frac{s_t}{s}=\frac{100}{168.4}=59.4\%$，查图 5.11，按 $\alpha=1$，得 $T_v=0.29$，则所需时间 $t=\frac{T_vH^2}{C_v}=\frac{0.29\times8^2}{7.6}=2.442$(年)。

5.4.3 实测沉降-时间关系的经验公式

需要指出的是，由于一维固结理论作了各种简化假设，另外室内试验所确定的土的物理力学性质指标与实际存在一定的差异，故其计算的结果难以与实际情况相符。而根据建筑物沉降观测资料，在大多数情况下，沉降与时间的关系呈双曲线式或对数曲线式，因此在工程实践中，可根据实测的沉降与时间资料来确定曲线的参数，并进而求得任一时刻 t 时地基的沉降量 s_t。

5.5 建筑物沉降观测与地基变形允许值

5.5.1 地基变形允许值

为了保证建筑物的正常使用，防止建筑物因地基变形过大而发生裂缝、倾斜甚至破坏等事故，必须保证地基变形值不大于地基变形允许值。《规范》对此作出规定，如表 5.7 所示。对表中未包括的建筑物，其地基变形允许值应根据上部结构对地基变形的适应能力和使用上的要求确定。

表 5.7 建筑物的地基变形允许值

<table>
<tr><th colspan="2" rowspan="2">变形特征</th><th colspan="2">地基土类别</th></tr>
<tr><th>中、低压缩性土</th><th>高压缩性土</th></tr>
<tr><td colspan="2">砌体承重结构基础的局部倾斜</td><td>0.002</td><td>0.003</td></tr>
<tr><td rowspan="3">工业与民用建筑相邻柱基的沉降差</td><td>框架结构</td><td>$0.002l$</td><td>$0.003l$</td></tr>
<tr><td>砌体墙填充的边排柱</td><td>$0.0007l$</td><td>$0.001l$</td></tr>
<tr><td>当基础不均匀沉降时不产生附加应力的结构</td><td>$0.005l$</td><td>$0.005l$</td></tr>
<tr><td colspan="2">单层排架结构(柱距为 6m)柱基的沉降量/mm</td><td>(120)</td><td>200</td></tr>
<tr><td rowspan="2">桥式起重机轨面的倾斜(按不调整轨道考虑)</td><td>纵向</td><td colspan="2">0.004</td></tr>
<tr><td>横向</td><td colspan="2">0.003</td></tr>
<tr><td rowspan="4">多层和高层建筑的整体倾斜</td><td>$H_g\leqslant24$</td><td colspan="2">0.004</td></tr>
<tr><td>$24<H_g\leqslant60$</td><td colspan="2">0.003</td></tr>
<tr><td>$60<H_g\leqslant100$</td><td colspan="2">0.0025</td></tr>
<tr><td>$H_g>100$</td><td colspan="2">0.002</td></tr>
<tr><td colspan="2">体形简单的高层建筑基础的平均沉降量/mm</td><td colspan="2">200</td></tr>
</table>

续表

变形特征		地基土类别	
		中、低压缩性土	高压缩性土
高耸结构基础的倾斜	$H_g \leqslant 20$	0.008	
	$20 < H_g \leqslant 50$	0.006	
	$50 < H_g \leqslant 100$	0.005	
	$100 < H_g \leqslant 150$	0.004	
	$150 < H_g \leqslant 200$	0.003	
	$200 < H_g \leqslant 250$	0.002	
高耸结构基础的沉降量/mm	$H_g \leqslant 100$	400	
	$100 < H_g \leqslant 200$	300	
	$200 < H_g \leqslant 250$	200	

注：1. 本表数值为建筑物地基实际最终变形允许值。

2. 有括号者仅适用于中压缩性土。

3. l 为相邻柱基的中心距离(mm)，H_g为自室外地面起算的建筑物高度(m)。

表5.7中相应的地基变形特征可分为以下几种：

(1) 沉降量——基础中心点的沉降值。

(2) 沉降差——相邻独立基础沉降量的差值。

(3) 倾斜——基础倾斜方向两端点的沉降差与其距离的比值。

(4) 局部倾斜——砌体承重结构沿纵向6～10m基础两点的沉降差与其距离的比值。

由于建筑地基不均匀、荷载差异很大、体形复杂等因素引起的地基变形，对于砌体承重结构，应由局部倾斜值控制；对于框架结构和单层排架结构，应由相邻柱基的沉降差控制；对于多层或高层建筑和高耸结构，应由倾斜值控制，必要时尚应控制平均沉降量。

5.5.2　建筑物沉降观测

1. 沉降观测的意义

建筑物的沉降观测能反映地基的实际变形以及地基变形对建筑物的影响程度。因此，系统的沉降观测资料是验证地基基础设计是否正确，分析地基事故以及判别施工质量的重要依据，也是确定建筑物地基变形允许值的重要资料。此外，通过对沉降计算值与实测值的对比，还可以了解现行沉降计算方法的准确性，以便改进或发展更符合实际的沉降计算方法。

2. 需要进行沉降观测的建筑物

《建筑变形测量规范》(JGJ 8—2016)规定，下列建筑物应在施工期间及使用期间进行沉降变形观测：

(1) 地基基础设计等级为甲级的建筑；

(2) 软弱地基上的地基基础设计等级为乙级的建筑；

(3) 加层、扩建建筑或处理地基上的建筑；

(4) 受邻近施工影响或受场地地下水等环境因素变化影响的建筑；

(5) 采用新型基础或新型结构的建筑；

(6) 大型城市基础设施；

(7) 体形狭长且地基土变化明显的建筑。

以上 7 条为强制性条文。

另外，需要积累建筑物沉降经验或进行设计分析的工程，应进行建筑物沉降观测和基础反力监测。沉降观测宜同时设分层沉降监测点。

3. 沉降观测的内容

建筑沉降观测可根据需要，分别或组合测定建筑场地沉降、基坑回弹、地基土分层沉降以及基础和上部结构沉降。

4. 沉降观测的方法

1) 仪器与精度

沉降观测的仪器采用精密水准仪，各等级水准测量使用的仪器型号和标尺类型应符合《建筑变形测量规范》(JGJ 8—2016)的规定。作业前和作业过程中，应根据现场作业条件的变化情况，对所用仪器设备进行检查校正。各期变形测量应在短时间内完成。对不同期测量，宜采用相同的观测网形、观测路线和观测方法，并宜使用相同的测量仪器设备。对于特等和一等变形观测，尚宜固定观测人员、选择最佳观测时段并在相近的环境条件下观测。

对应于精度要求为特高精度、高精度、中等精度、低精度，建筑变形测量级别分为特级、一级、二级、三级。应按《建筑变形测量规范》的规定估算沉降测量精度，选择沉降测量精度等级并采取相应的作业方式。

2) 沉降基准点和沉降工作基点的设置

基准点是为进行变形测量而布设的稳定的、需长期保存的测量控制点。应设置在变形区域以外、位置稳定、易于长期保存的地方，并应定期复测。当基准点与所测建筑距离较远致使变形测量作业不方便时，宜设置工作基点，即工作基点是为便于现场变形观测作业而布设的相对稳定的测量点。当有工作基点时，每期变形观测时均应将其与基准点进行联测，然后再对监测点进行观测。

沉降基准点的点位选择应符合下列规定。

(1) 基准点应避开交通干道主路、地下管线、仓库堆栈、水源地、河岸、松软填土、滑坡地段、机器振动区，以及其他可能使标识、标志易遭腐蚀和破坏的地方。

(2) 密集建筑区内，基准点与待测建筑的距离应大于该建筑基础最大深度的 2 倍。

(3) 二等、三等和四等沉降观测，基准点可选择在满足前款距离要求的其他稳固的建筑上。

(4) 对地铁、高架桥等大型工程，以及大范围建设区域等长期变形测量工程，宜埋设 2～3 个基岩标作为基准点。

特等、一等沉降观测，基准点不应少于 4 个；其他等级沉降观测，基准点不应少于 3 个。基准点之间应形成闭合环。高程工作基点可根据作业需要设置。

3) 沉降监测点的设置

监测点是指布设在建筑场地、地基、基础、上部结构或周边环境的敏感位置上能反映其变形特征的测量点。沉降监测点的布设应能反映建筑及地基变形特征，并应顾及建筑结构和地质结构特点。当建筑结构或地质结构复杂时，应加密布点。

对于民用建筑，沉降监测点宜布设在下列位置：

(1) 建筑物的四角、核心筒四角、大转角处及沿外墙每 10～20m 处或每隔 2～3 根柱基上。

(2) 高低层建筑、新旧建筑、纵横墙等交接处的两侧。

(3) 建筑裂缝、后浇带和沉降缝两侧、基础埋深相差悬殊处、人工地基与天然地基接壤处、不同结构的分界处及填挖方分界处以及地质条件变化处两侧。

(4) 对宽度大于或等于 15m、宽度虽小于 15m 但地质复杂以及膨胀土、湿陷性土地区的建筑，应在承重内隔墙中部设内墙点，并在室内地面中心及四周设地面点。

(5) 邻近堆置重物处、受振动显著影响的部位及基础下的暗浜处。

(6) 框架结构及钢结构建筑的每个或部分柱基上或沿纵横轴线上。

(7) 筏形基础、箱形基础底板或接近基础的结构部分之四角处及其中部位置。

(8) 重型设备基础和动力设备基础的四角、基础形式或埋深改变处。

(9) 超高层建筑或大型网架结构的每个大型结构柱监测点数不宜少于 2 个，且应设置在对称位置。

对电视塔、烟囱、水塔、油罐、炼油塔、高炉等大型或高耸建筑，监测点应设在沿周边与基础轴线相交的对称位置上，点数不应少于 4 个。

4) 沉降观测的周期与观测时间

(1) 建筑施工阶段的观测应符合下列规定。

① 宜在基础完工后或地下室砌完后开始观测。

② 观测次数与间隔时间应视地基与荷载增加情况确定。民用高层建筑宜每加高 2～3 层观测 1 次，工业建筑宜按回填基坑、安装柱子和屋架、砌筑墙体、设备安装等不同施工阶段分别进行观测。若建筑施工均匀增高，应至少在增加荷载的 25%、50%、75%和 100%时各测 1 次。

③ 施工过程中若暂时停工，在停工时及重新开工时应各观测 1 次。停工期间可每隔 2～3 月观测 1 次。

(2) 建筑运营阶段的观测次数，应视地基土类型和沉降速率大小确定。除有特殊要求外，可在第一年观测 3～4 次，第二年观测 2～3 次，第三年后每年观测 1 次，至沉降达到稳定状态或满足观测要求为止。

(3) 观测过程中，若发现大规模沉降、严重不均匀沉降或严重裂缝等，或出现基础附近地面荷载突然增减、基础四周大量积水、长时间连续降雨等情况，应提高观测频率，并应实施安全预案。

(4) 建筑沉降达到稳定状态，可由沉降量与时间关系曲线判定。当最后 100 天的最大沉降速率小于 0.01～0.04mm/d 时，可认为已达到稳定状态。对具体沉降观测项目，最大沉降速率的取值宜结合当地地基土的压缩性能来确定。

小 结

本章主要介绍了用于地基沉降计算的地基土压缩性指标及其测定方法、应力历史对地基沉降的影响、地基最终沉降量的计算原理和《规范》推荐法、解决饱和黏性土沉降与时间关系的一维固结理论、建筑物的沉降观测和地基变形允许值。

地基土的压缩性指标分别为由室内压缩试验得到的 a、E_s、C_c 等指标和通过室外现场原位试验得到的 E_0。

《规范》推荐法是建立在分层总和法基础上的一种简化、修正的地基最终沉降量计算方法。

确定地基沉降量时，应考虑土层的应力历史，按照正常固结土、超固结土、欠固结土的原始压缩曲线计算地基沉降量。

一维固结理论与实际情况有较大出入，工程实践中，常采用经验估算法来研究沉降与时间的关系。

为保证建筑物的安全和正常使用，《规范》按照地基变形特征规定了地基变形允许值。对不同类型的建筑采用不同的地基变形允许值进行控制。

《规范》规定了需要进行沉降观测的建筑物情况。

思考题

1. 什么是土体的压缩曲线？它是如何获得的？
2. 什么是土体的压缩系数？它如何反映土的压缩性质？工程中为什么用 a_{1-2} 判断土的压缩性质？
3. 什么是压缩模量？它与压缩系数有何关系？
4. 压缩模量和变形模量在概念上有何区别？
5. 什么是正常固结土、超固结土和欠固结土？
6. 《规范》推荐法计算地基沉降的要点是什么？
7. 什么是饱和土的有效应力原理？
8. 研究地基沉降与时间关系的意义是什么？
9. 哪些建筑物或构筑物需要进行沉降差、倾斜、局部倾斜验算？
10. 什么样的建筑物需要沉降观测？有哪些沉降观测内容？

习题

1. 某土样室内压缩试验成果如表 5.8 所示，试求土的压缩系数 a_{1-2} 和相应的侧限压缩模量 E_{s1-2}，并评价该土样的压缩性。

表 5.8 习题 1 表

压应力 p/kPa	50	100	200	300	400
孔隙比	0.701	0.675	0.647	0.622	0.601

2. 某柱下独立基础如图5.12所示，底面尺寸为2.0m×2.0m，基础埋深$d=1.2\text{m}$，上部柱传来的中心荷载准永久组合值$F=400\text{kN}$，地基表层为粉质黏土，$\gamma_1=18.5\text{kN/m}^3$，$E_{s1}=5.2\text{MPa}$，厚度$h_1=2.0\text{m}$；第二层为黏土，$\gamma_2=17.5\text{kN/m}^3$，$E_{s2}=4.5\text{MPa}$，厚度$h_2=2.0\text{m}$；以下为岩石。持力层地基承载力特征值$f_{ak}=120\text{kPa}$。试用《规范》推荐法计算柱基的最终沉降量。

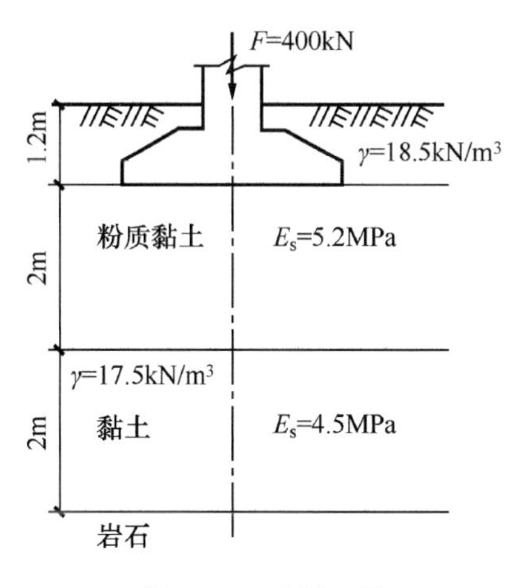

图5.12 习题2图

第 6 章 土的抗剪强度与地基承载力

学习目标

知识目标

1. 理解并掌握土的抗剪强度理论和抗剪强度指标，掌握土的极限平衡理论，学会利用土的极限平衡条件分析土的状态的方法。
2. 熟悉土的强度指标的测定方法及测定方法的选择。
3. 了解黏性土在不同排水条件下的试验结果。
4. 理解地基破坏的基本形式和地基承载力确定的几种方法。
5. 能解释地基承载力修正公式中各参数的含义。

能力目标

能够进行地基承载力特征值的修正，计算出修正后的地基承载力特征值。

6.1 土的抗剪强度的工程意义

土的抗剪强度是指土体抵抗剪切破坏的极限能力。建筑物地基在外荷载作用下将产生剪应力和剪切变形。当土体中某点的剪切应力达到土的抗剪强度时，土将沿剪切应力作用方向产生相对滑动，形成滑动面，该点便发生剪切破坏。随着外荷载的增大，剪切破坏的范围(即塑性变形区)不断扩大，最后在地基中形成连续的滑动面，地基发生整体剪切破坏而丧失稳定性。因此，土的强度问题实质上就是土的抗剪强度问题。

工程中涉及土的抗剪强度的问题主要有三类：第一类是土坝、路堤等填方边坡以及天然土坡等的稳定性问题[图 6.1(a)]；第二类是土压力问题，如挡土墙和地下结构等的周围土体，它的强度破坏将造成对墙体过大的侧向土压力，甚至可能导致这些工程构筑物发生滑动、倾覆等破坏事故[图 6.1(b)]；第三类是土作为建筑物地基的承载力问题，如果基础下的地基土体产生整体滑动或因局部剪切破坏而导致过大的地基变形，将会造成上部结构的破坏或影响其正常使用功能[图 6.1(c)]。

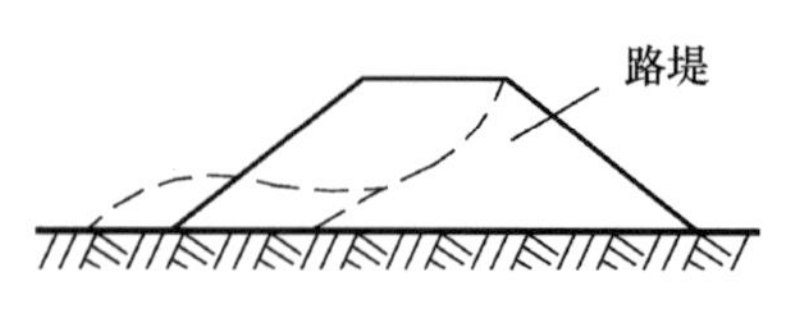

(a) 边坡稳定性问题

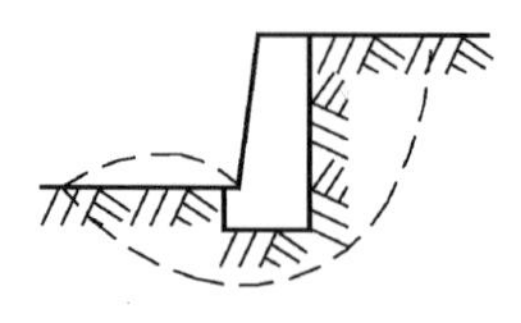

(b) 土压力问题

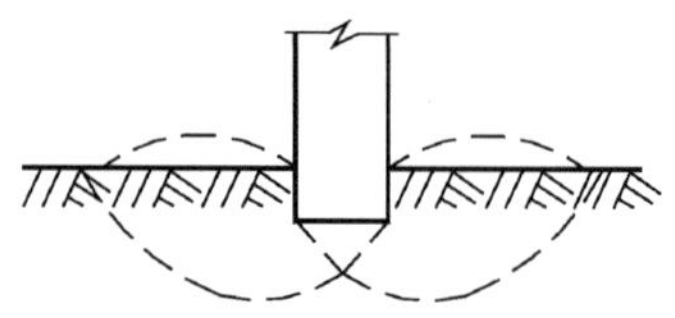

(c) 建筑物地基承载力问题

图 6.1　土的抗剪强度问题

6.2 土的强度理论与强度指标

6.2.1 库仑定律

1776 年，法国学者库仑(C. A. Coulomb)根据砂土剪切试验，将土的抗剪强度表达为滑动面上法向总应力的函数，即

$$\tau_f = \sigma \tan\varphi \tag{6.1}$$

后来又根据黏性土的试验结果，提出更为普遍的抗剪强度表达公式，即

$$\tau_f = c + \sigma \tan\varphi \tag{6.2}$$

式中：τ_f——土的抗剪强度，kPa；

σ——剪切滑动面上的法向总应力，kPa；

c——土的黏聚力，kPa，对于无黏性土，$c=0$；

φ——土的内摩擦角，(°)。

式(6.1)和式(6.2)统称为库仑公式或库仑定律，如图 6.2 所示。它表明土的抗剪强度不是定值，而与剪切滑动面上的法向应力 σ 有关。土的抗剪强度与滑动面上的法向应力成正比，其中 c、φ 称为土的总应力抗剪强度指标。这一基本关系式能满足一般工程的精度要求，是目前研究土的抗剪强度的基本定律。

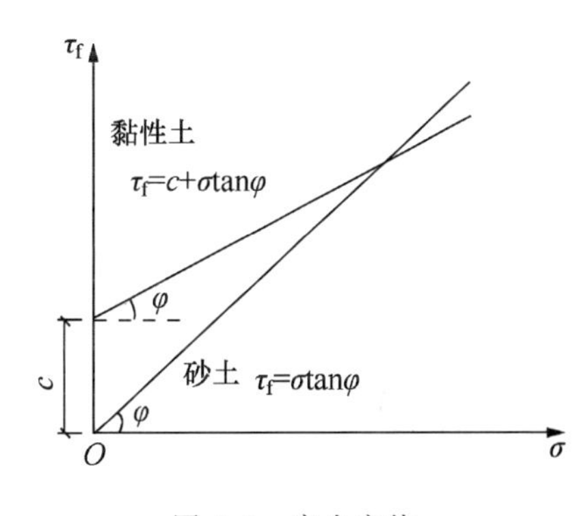

图 6.2 库仑定律

上述土的抗剪强度表达式中采用的法向应力为总应力 σ，称为总应力表达式。根据有效应力原理，饱和土中某点的总应力 σ 等于有效应力 σ' 和孔隙水压力 u 之和，即 $\sigma=\sigma'+u$。而只有有效应力的变化才能引起强度的变化(有效应力才是引起土体变形、产生强度变化的直接原因)。

若法向应力采用有效应力 σ'，则可以得到如下抗剪强度的有效应力表达式，即

$$\tau_f = c' + \sigma' \tan\varphi' = c' + (\sigma - u)\tan\varphi' \tag{6.3}$$

式中：σ'——剪切破坏面上的法向有效应力，kPa；

c'——有效黏聚力，kPa；

φ'——有效内摩擦角，(°)；

u——土中的超静孔隙水压力，kPa。

对于同一种土，c'、φ' 接近于常数，与试验方法无关，而 c、φ 则随试验方法、土样排水条件的变化产生较大差异。但由于孔隙水压力难以准确测定，工程中往往选择最接近实际条件的试验方法取得总应力强度指标，用于地基强度问题的分析。

6.2.2 土的抗剪强度的构成

由库仑定律可以看出，土的抗剪强度由内摩阻力 $\sigma\tan\varphi$ 和黏聚力 c 两部分所构成。

内摩阻力包括土粒之间的表面摩擦力和由于土粒之间相互嵌入与连锁作用而产生的咬合力。其大小决定于土粒表面的粗糙度、密实度、土颗粒的大小以及颗粒级配等因素。

黏聚力是由于黏性土粒之间的胶结作用和电分子吸引力作用等形成的，其大小与土的矿物组成和压密程度有关。土粒越细，塑性越大，其黏聚力就越大。

6.2.3 莫尔-库仑强度理论

1910 年莫尔(Mohr)提出材料的破坏是剪切破坏，在破坏面上的剪切应力是法向应力的函数。

$$\tau_f = f(\sigma) \tag{6.4}$$

此函数关系所确定的曲线称为莫尔破坏包线，如图 6.3 所示。理论和试验证明，莫尔理论对土比较适合。实际上，库仑定律是莫尔强度理论的特例。当莫尔包线采用库仑定律表示的直线关系时，即形成了土的莫尔-库仑强度理论。

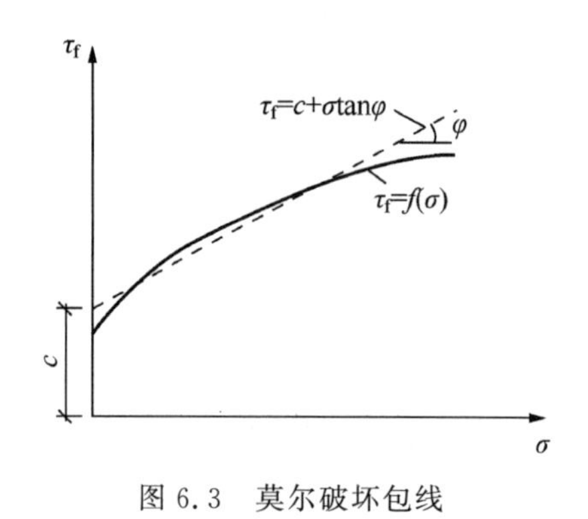

图 6.3　莫尔破坏包线

6.3 土的极限平衡条件

当土体中任意一点在某一平面上的剪应力等于土的抗剪强度时，该点即处于极限平衡状态。此时，土中大、小主应力与土的抗剪强度指标之间的关系称为土的极限平衡条件。通常需先研究土中任一点的应力状态。

6.3.1 土中任一点的应力状态

简单起见，以下仅研究平面应变问题。在土体中任取一微单元体，如图 6.4(a)所示，设作用在该单元体上的大、小主应力分别为 σ_1 和 σ_3，在微单元体内与主应力 σ_1 作用平面呈任

意角 α 的 mn 平面上有正应力 σ 和剪应力 τ。取楔形脱离体 abc，如图 6.4(b)所示，沿水平和垂直方向根据静力平衡条件建立方程组为

$$\sigma_3 \mathrm{d}s\sin\alpha - \sigma \mathrm{d}s \sin\alpha + \tau \mathrm{d}s \cos\alpha = 0$$
$$\sigma_1 \mathrm{d}s\cos\alpha - \sigma \mathrm{d}s \cos\alpha - \tau \mathrm{d}s \sin\alpha = 0$$

联立求解可得 mn 平面上的应力为

$$\sigma = \frac{1}{2}(\sigma_1 + \sigma_3) + \frac{1}{2}(\sigma_1 - \sigma_3)\cos 2\alpha \tag{6.5}$$

$$\tau = \frac{1}{2}(\sigma_1 - \sigma_3)\sin 2\alpha \tag{6.6}$$

由材料力学可知，以上 σ、τ 和 σ_1、σ_3 之间的关系也可以用莫尔应力圆表示，如图 6.4(c)所示，即在 σ-τ 直角坐标系中，按一定的比例尺，沿 σ 轴截取 OB 和 OC 分别表示 σ_3 和 σ_1，以 D 点为圆心、$(\sigma_1-\sigma_3)$ 为直径作圆，从 DC 开始逆时针旋转角 2α，得 DA 线。可以证明，A 点的横坐标即为斜面 mn 上的正应力 σ，纵坐标即为斜面 mn 上的剪应力 τ。因此，莫尔应力圆就可以表示土体中任一点的应力状态，圆周上各点的坐标表示该点土体相应斜面上的正应力和剪应力，该斜面与大主应力作用面的夹角为 α。

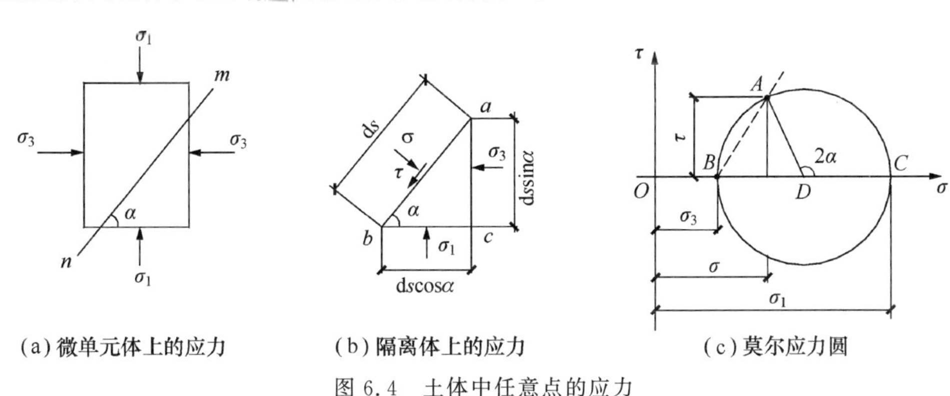

(a) 微单元体上的应力　(b) 隔离体上的应力　(c) 莫尔应力圆

图 6.4 土体中任意点的应力

6.3.2 土的极限平衡条件

将抗剪强度包线与莫尔应力圆画在同一坐标图上，观察应力圆与抗剪强度包线之间的位置变化，如图 6.5 所示。随着土中应力状态的改变，应力圆与强度包线之间的位置关系将发生三种变化情况，土中也将出现相应的三种平衡状态。

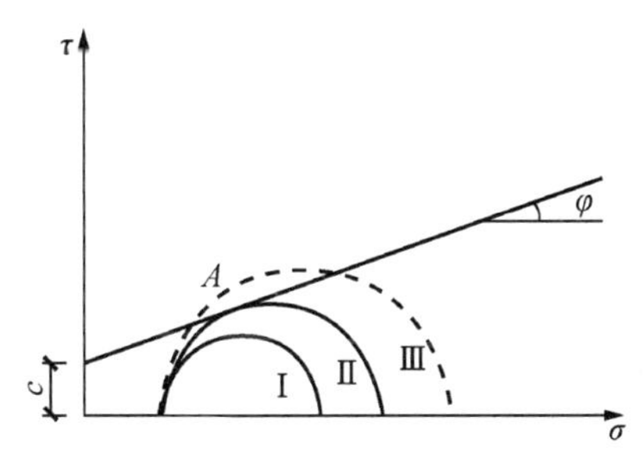

图 6.5 莫尔应力圆与抗剪强度的关系

(1) 整个莫尔应力圆位于抗剪强度包线的下方(圆Ⅰ),表明通过该点的任意平面上的剪应力都小于土的抗剪强度,此时该点处于稳定平衡状态,不会发生剪切破坏。

(2) 莫尔应力圆与抗剪强度包线相切(圆Ⅱ),表明在相切点所代表的平面上,剪应力正好等于土的抗剪强度,此时该点处于极限平衡状态,相应的应力圆称为极限应力圆。

(3) 莫尔应力圆与抗剪强度包线相割(圆Ⅲ),表明该点某些平面上的剪应力已超过了土的抗剪强度,此时该点已发生剪切破坏。由于此时地基应力将发生重分布,事实上该应力圆所代表的应力状态并不存在。

如图 6.6 所示,黏性土微单元体中 mn 面为破裂面,根据其莫尔应力圆与抗剪强度线相切的几何关系,在直角△ARD 中,有

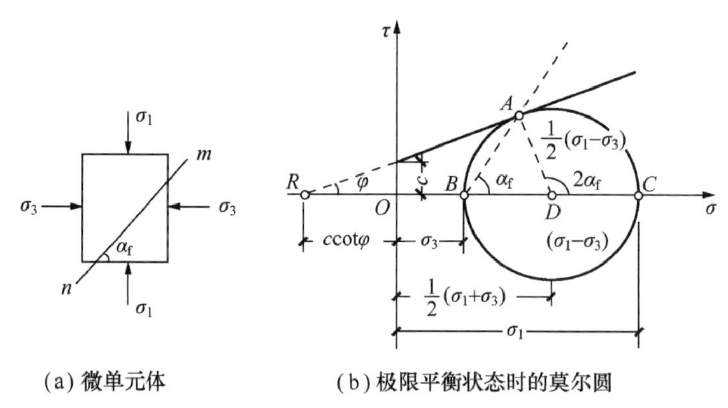

(a) 微单元体　　(b) 极限平衡状态时的莫尔圆

图 6.6　土体中任一点达到极限平衡状态时的莫尔圆

$$\sin\varphi=\frac{AD}{RD}=\frac{\frac{1}{2}(\sigma_1-\sigma_3)}{c\cot\varphi+\frac{1}{2}(\sigma_1+\sigma_3)}$$

利用三角函数整理得黏性土极限平衡条件

$$\sigma_1=\sigma_3\tan^2\left(45^\circ+\frac{1}{2}\varphi\right)+2c\tan\left(45^\circ+\frac{1}{2}\varphi\right)\tag{6.7}$$

或

$$\sigma_3=\sigma_1\tan^2\left(45^\circ-\frac{1}{2}\varphi\right)-2c\tan\left(45^\circ-\frac{1}{2}\varphi\right)\tag{6.8}$$

对于无黏性土,由于 $c=0$,由式(6.7)、式(6.8)得无黏性土极限平衡条件为

$$\sigma_1=\sigma_3\tan^2\left(45^\circ+\frac{1}{2}\varphi\right)\tag{6.9}$$

或

$$\sigma_3=\sigma_1\tan^2\left(45^\circ-\frac{1}{2}\varphi\right)\tag{6.10}$$

由△ARD 的内角与外角关系可得

$$2\alpha_f = 90° + \varphi$$

即破裂面与大主应力 σ_1 作用面的夹角

$$\alpha_f = 45° + \frac{1}{2}\varphi \tag{6.11}$$

土的极限平衡条件同时表明，土体剪切破坏时的破裂面不是发生在最大剪应力 τ_{max} 的作用面 $\alpha=45°$ 上，而是发生在与大主应力的作用面呈 $\alpha=45°+\frac{\varphi}{2}$ 的平面上。

6.4 土的抗剪强度指标的测定

土的抗剪强度指标的测定可采用原状土室内剪切试验、无侧限抗压强度试验、现场剪切试验、十字板剪切试验等方法。《规范》规定：当采用室内剪切试验确定时，宜选择三轴压缩试验的自重压力下预固结的不固结不排水试验。经过预压固结的地基可采用固结不排水试验。

6.4.1 直接剪切试验

1. 直接剪切试验原理

直接剪切试验是测定土的抗剪强度的最简单的方法。直接剪切试验所使用的仪器称为直剪仪。按加荷方式的不同，直剪仪可分为应变控制式和应力控制式两种。我国目前普遍采用的是应变控制式直剪仪，该仪器的主要部件由固定的上盒和活动的下盒组成，试样放在盒内上、下两块透水石之间，如图 6.7 所示。试验时，由杠杆系统通过加压活塞和透水石对试样施加某一垂直应力 σ，然后等速推动下盒，使试样在沿上、下盒之间的水平接触面上受剪直至破坏，剪应力 τ 的大小可借助与上盒接触的量力环测定。

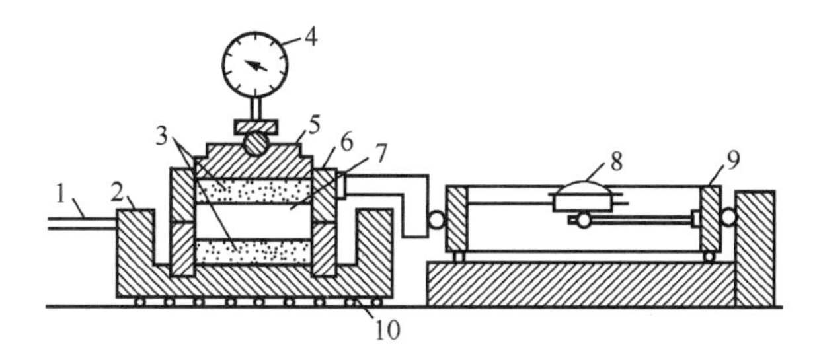

图 6.7　应变控制式直接剪切仪

1—轮轴；2—底座；3—透水石；4—测微表；5—活塞；
6—上盒；7—土样；8—测微表；9—量力环；10—下盒

试验中通常对同一种土取 4 个试样，分别在不同的垂直应力下剪切破坏，可将试验结果绘制成抗剪强度 τ_f 与垂直应力 σ 之间的关系，即如图 6.2 所示抗剪强度线。

土样的抗剪强度可根据一定垂直应力 σ 作用下试样剪切位移 Δl（上、下盒水平相对位移)与剪应力 τ 的关系曲线来确定。对于密实砂土、坚硬黏土等,其 $\tau-\Delta l$ 曲线将出现峰值(图 6.8 中曲线 2),可取峰值剪应力作为该级法向应力 σ 下的抗剪强度 τ_f;对于松砂、软土等,$\tau-\Delta l$ 曲线一般无峰值出现(图 6.8 中曲线 1),可取剪切位移 $\Delta l=4$mm 时所对应的剪应力作为该级法向应力 σ 下的抗剪强度 τ_f。

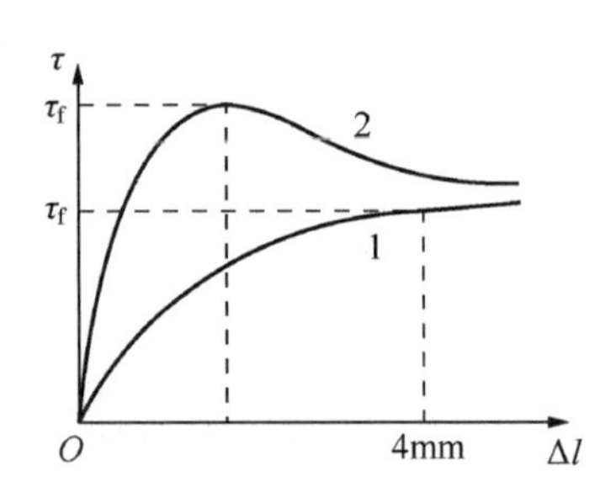

图 6.8 剪应力与剪切位移关系曲线

2. 直接剪切试验方法

大量的试验和工程实践都表明,土的抗剪强度是与土受力后的排水固结状况有关,故测定抗剪强度指标的试验方法应与现场的施工加荷条件一致。直接剪切试验由于其仪器构造的局限,无法做到任意控制试样的排水条件,为了在直接剪切试验中能尽量考虑实际工程中存在的不同固结排水条件,通常采用不同加荷速率的试验方法来近似模拟土体在受剪时的不同排水条件,由此产生了三种不同的直接剪切试验方法,即快剪、固结快剪和慢剪。

1) 快剪

快剪试验是在对试样施加竖向压力后,立即以 0.8～1.2mm/min 的剪切速率快速施加水平剪应力,使试样剪切破坏。一般从加荷到土样剪坏只用 3～5min。该方法适用于渗透系数小于 10^{-6}cm/s 的细粒土。

2) 固结快剪

固结快剪是在对试样施加竖向压力后,让试样充分排水固结,待沉降稳定后,再以0.8～1.2mm/min 的剪切速率快速施加水平剪应力,使试样剪切破坏。它适用于渗透系数小于 10^{-6}cm/s 的细粒土。

3) 慢剪

慢剪是在对试样施加竖向压力后,让试样充分排水固结,待沉降稳定后,以小于 0.02mm/min 的剪切速率施加水平剪应力,直至试样剪切破坏,使试样在受剪过程中一直充分排水和产生体积变形。该方法适用于细粒土。

讨论

比较三种试验方法得到的黏聚力 c 值和内摩擦角 φ 值的大小。

3. 直接剪切试验的优、缺点

直接剪切试验具有设备简单、土样制备及试验操作方便等优点,但也存在不少缺点,主要有以下几个方面。

(1) 剪切面限定在上、下盒之间的平面,而不是沿土样最薄弱的面剪切破坏。

(2) 剪切面上剪应力分布不均匀,土样剪切破坏先从边缘开始,在边缘产生应力集中现象。

(3) 在剪切过程中,土样剪切面逐渐缩小,而在计算抗剪强度时仍按土样的原截面面积计算。

(4) 试验时不能严格控制排水条件,并且不能量测孔隙水压力;尤其是对于饱和黏性土,其抗剪强度受排水条件影响较大,故试验会产生较大偏差。

6.4.2 三轴压缩试验

1. 三轴压缩试验仪器

三轴压缩试验所使用的仪器是三轴压缩仪(也称三轴剪切仪),其构造如图 6.9 所示,主要由压力室、轴向加压系统、周围压力系统以及孔隙水压力量测系统等组成。

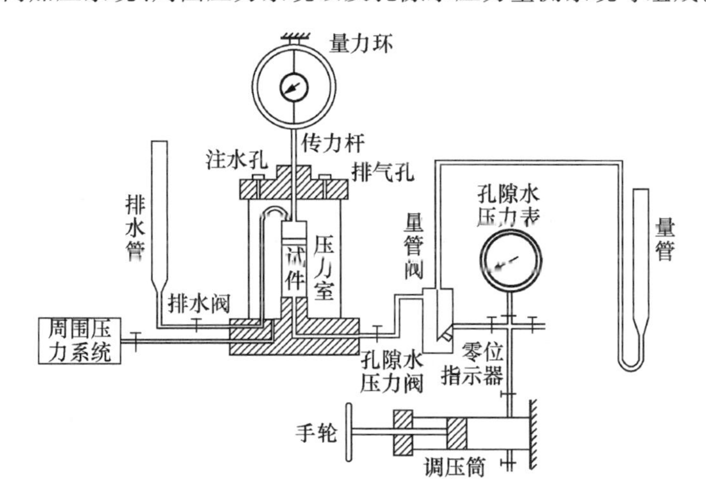

图 6.9 三轴压缩仪

压力室是三轴仪的主要组成部分,它是一个由金属上盖、底座以及透明有机玻璃圆筒组成的密闭容器。轴向加压系统用以对试样施加轴向附加压力,并可控制轴向应变的速率。周围压力系统则通过液体(通常是水)对试样施加周围压力。孔隙水压力量测系统则可在试验时分别测出试样受力后土中排出的水量变化以及土中孔隙水压力的变化。对于试样的竖向变形,则利用置于压力室上方的测微表或位移传感器测读。

2. 三轴试验的基本原理

常规三轴试验一般按如下步骤进行。

(1) 将土样切制成圆柱体套在橡胶膜内,放在密闭的压力室中,根据试验排水要求启闭有关的阀门开关。

(2) 向压力室内注入气压或液压,使试样承受周围压力 σ_3 作用,并使该周围压力在整个试验过程中保持不变。

(3) 通过活塞杆对试样施加竖向压力($\sigma_1-\sigma_3$),随着竖向压力逐渐增大,试样最终将因受剪而破坏。

上述试验过程将依据试验要求不同而有所变化。

用同一种土样的若干个试件(一般 3 或 4 个)分别在不同的周围压力 σ_3 下进行试验,可得一组极限应力圆,如图 6.10(c)中的圆Ⅰ、圆Ⅱ和圆Ⅲ所示。作出这些极限应力圆的公切线,即为该土样的抗剪强度包线,由此便可求得土样的抗剪强度指标 c 和 φ 值。

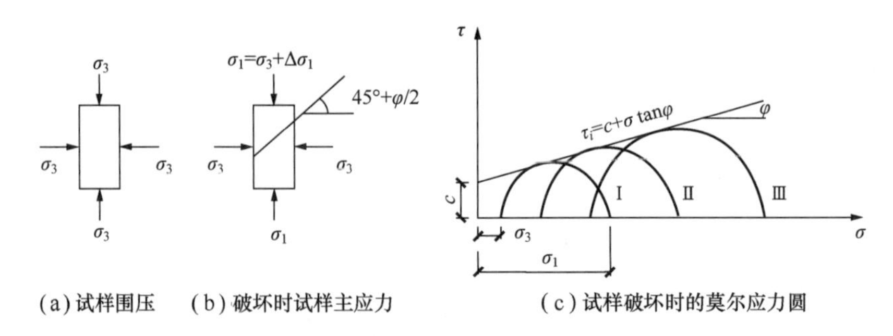

图 6.10 三轴试验基本原理

3. 三轴试验方法

通过控制土样在周围压力作用下固结条件和剪切时的排水条件,可形成如下三种三轴试验方法。

1) 不固结不排水剪(unconsolidated undrained triaxial test,UU)

试样在施加周围压力和随后施加轴向压应力直至剪坏的整个试验过程中都不允许排水,相当于饱和软黏土中快速加荷时的应力状况。对于土层较厚、渗透性较小、施工速度较快工程的施工期或竣工期时,可采用不固结不排水剪的强度指标。

2) 固结不排水剪(consolidated undrained triaxial test,CU)

在施加周围压力 σ_3 时,将排水阀门打开,允许试样充分排水,待固结稳定后关闭排水阀门,然后再施加轴向压应力,使试样在不排水的条件下剪切破坏。在剪切过程中,试样没有任何体积变形。若要在受剪过程中量测孔隙水压力,则要打开试样与孔隙水压力量测系统间的管路阀门。其适用的实际工程条件为一般正常固结土层在工程竣工或在使用阶段受到大量、快速的活荷载或新增荷载的作用下所对应的受力情况。

3) 固结排水剪(consolidated drained triaxial test,CD)

在施加周围压力及随后施加轴向压应力直至剪坏的整个试验过程中都将排水阀门打开,并给予充分的时间使试样中的孔隙水压力能够完全消散。其适用的实际工程条件为地基土透水性较好,排水条件良好,以及加荷速率较慢。

4. 三轴试验的优、缺点

三轴试验的突出优点是能够控制排水条件以及可以量测土样中孔隙水压力的变化。此外,三轴试验中试样的应力状态也比较明确,剪切破坏时的破裂面在试样的最薄弱处,而不像直接剪切试验那样限定在上、下盒之间。一般来说,三轴试验的结果是比较可靠的。三轴压缩试验的主要缺点是试验操作比较复杂,对操作技术要求比较高。另外,常规三轴试验中的试样所受的力是轴对称的,与工程实际中土体的受力情况仍有差异,要满足土样在三向应力条件下进行剪切试验,就必须采用更为复杂的真三轴仪进行试验。

从不同试验方法的试验结果可以看到,同一种土施加的总应力虽然相同而试验方法或者说控制的排水条件不同时,则所得的强度指标就不相同,故土的抗剪强度与总应力之间没有唯一的对应关系。因此,若采用总应力方法表达土的抗剪强度时,其强度指标应与相应的试验方法(主要是排水条件)相对应。理论上说,土的抗剪强度与有效应力之间具有很好的对应关系，若在试验时量测土样的孔隙水压力，据此算出土中的有效应力，则可以采用与试验方法无关的有效应力指标来表达土的抗剪强度。

6.4.3　无侧限抗压强度试验

无侧限抗压强度试验是三轴压缩试验中周围压力 $\sigma_3=0$ 的一种特殊情况，所以又称为单轴试验。无侧限抗压强度试验采用无侧限压缩仪，但现在也常利用三轴仪做该种试验。试验时，在不加任何侧向压力的情况下，对圆柱体试样施加轴向压力，直至试样剪切破坏。试样破坏时的轴向压力以 q_u 表示，称为无侧限抗压强度。

由于不能施加周围压力，根据试验结果，只能作一个极限应力圆，难以得到破坏包线，如图 6.11 所示。饱和黏性土的三轴不固结不排水剪试验结果表明，其破坏包线为一水平线，即 $\varphi_u=0$。因此，对于饱和黏性土的不排水抗剪强度，便可利用无侧限抗压强度 q_u 来得到，即

$$\tau_f = c_u = \frac{q_u}{2} \tag{6.12}$$

式中：τ_f——土的不排水抗剪强度，kPa；

c_u——土的不排水黏聚力，kPa；

q_u——无侧限抗压强度，kPa。

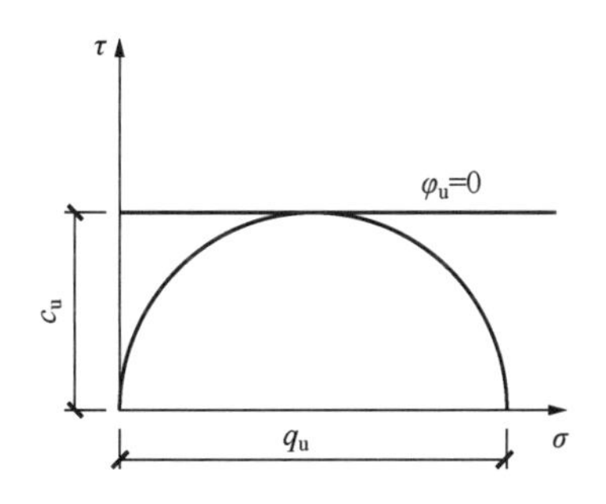

图 6.11　土的无侧限抗压强度试验

无侧限抗压强度试验除了可以测定饱和黏性土的抗剪强度指标外，还可以测定饱和黏性土的灵敏度 S_t。

6.4.4　十字板剪切试验

十字板剪切试验是一种土的抗剪强度的原位测试方法，适合于在现场测定饱和黏性土的原位不排水抗剪强度，特别适用于均匀饱和软黏土。

十字板剪切试验采用的试验设备主要是十字板剪力仪(图 6.12)，十字板剪力仪通常由十字板头、扭力装置和量测装置三部分组成。试验时，先把套管打到拟测试深度以上 75cm，将套管内的土清除，再通过套管将安装在钻杆下的十字板压入土中至测试的深度。加荷则

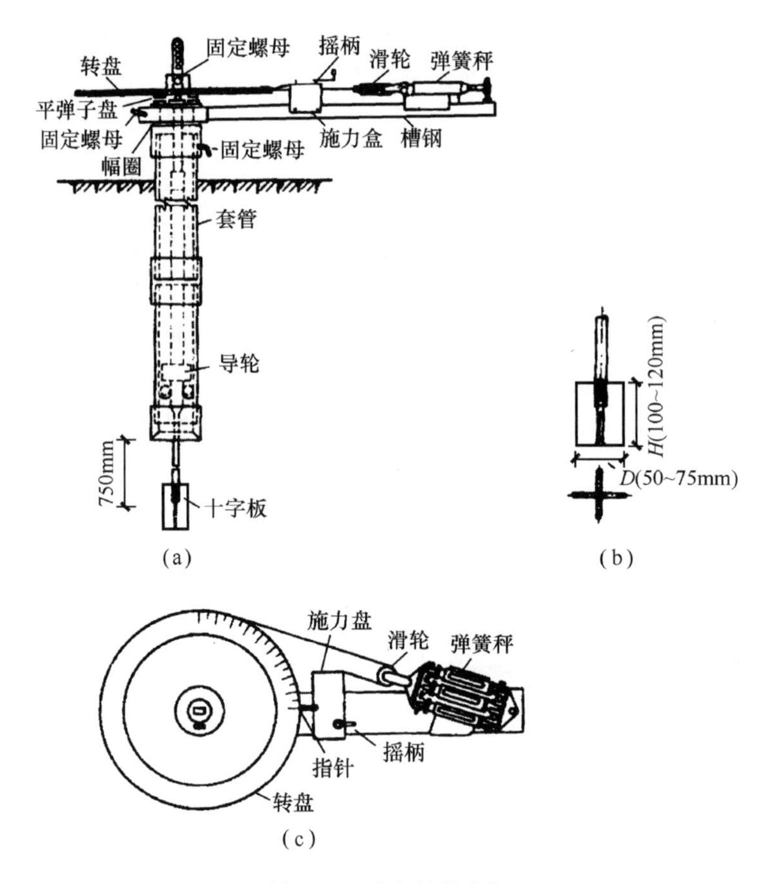

图 6.12　十字板剪力仪

由地面上的扭力装置对钻杆施加扭矩，使埋在土中的十字板扭转，直至土体剪切破坏，形成圆柱面破坏面。

设土体剪切破坏时所施加的扭矩为 M，则它与剪切破坏圆柱面（包括侧面和上下面）上土的抗剪强度所产生的抵抗力矩相等，即

$$M_{\max} = \frac{1}{2}\pi D^2 H\tau_{\mathrm{v}} + \frac{\pi D^2}{6}\tau_{\mathrm{H}} \tag{6.13}$$

式中：$M_{\max}$——剪切破坏时的扭矩，kN·m；

τ_{v}、τ_{H}——剪切破坏时圆柱体侧面和上、下面土的抗剪强度，kPa；

H——十字板的高度，m；

D——十字板的直径，m。

天然状态的土体是各向异性的，但实用上为了简化计算，假定土体为各向同性体，即 $\tau_{\mathrm{v}}=\tau_{\mathrm{H}}$，则式(6.13)可写成

$$\tau_{\mathrm{v}} = \tau_{\mathrm{H}} = \frac{2M_{\max}}{\pi D^2\left(H + \dfrac{D}{3}\right)} \tag{6.14}$$

对于饱和软黏土的不排水剪，$\varphi_{\mathrm{u}}=0$，此时 $c_{\mathrm{u}}=\tau_{\mathrm{v}}=\tau_{\mathrm{H}}$。

6.5 地基破坏形式及承载力的概念

6.5.1 地基破坏形式

实践表明，建筑地基在荷载作用下往往由于承载力不足而产生剪切破坏，其破坏形式可以分为整体剪切破坏、冲剪破坏和局部剪切破坏三种。

1. 整体剪切破坏

整体剪切破坏的荷载与沉降关系曲线，即 $p-s$ 曲线如图 6.13 中曲线 A 所示，地基破坏过程可分为三个阶段。

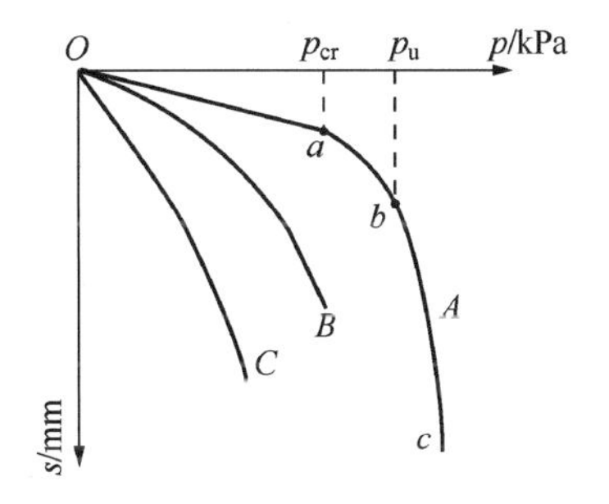

图 6.13 不同类型的 $p-s$ 曲线

1）压密阶段（或称线弹性变形阶段）

这一阶段 $p-s$ 曲线接近直线（Oa 段），土中各点的剪应力均小于土的抗剪强度，土体处于弹性平衡状态。地基的沉降主要是由于土的压密变形引起的。相应于 a 点的荷载称为比例界限荷载（临塑荷载），以 p_{cr} 表示。

2）剪切阶段（或称弹塑性变形阶段）

这一阶段 $p-s$ 曲线已不再保持线性关系（ab 段），沉降的增长率随荷载的增大而增加。地基土中局部范围内（首先在基础边缘处）的剪应力达到土的抗剪强度，土体发生剪切破坏，这些区域也称为塑性区。随着荷载的继续增加，土中塑性区的范围也逐步扩大，直到土中形成连续的滑动面。b 点对应的荷载称为极限荷载，以 p_u 表示。

3）完全破坏阶段

当荷载超过极限荷载后，土中塑性区范围不断扩展，最后在土中形成连续滑动面，基础急剧下沉或向一侧倾斜，土从基础四周挤出，地面隆起，地基发生整体剪切破坏，通常称为完全破坏阶段。此时 $p-s$ 曲线陡直下降（bc 段）。

2. 冲剪破坏

冲剪破坏一般发生在基础刚度较大且地基土十分软弱的情况下。其 $p-s$ 曲线如图 6.13 中曲线 C 所示。冲剪破坏的特征为：随着荷载的增加，基础下土层发生压缩变形，基础随之下沉；当荷载继续增加，基础四周的土体发生竖向剪切破坏，基础刺入土中；冲剪破坏时，地基中没有出现明显的连续滑动面，基础四周地面不隆起，而是随基础的刺入微微下沉，伴随有过大的沉降，没有倾斜发生，$p-s$ 曲线无明显拐点。

3. 局部剪切破坏

局部剪切破坏是介于整体剪切破坏与冲剪破坏之间的一种破坏形式，其破坏过程与整体剪切破坏有类似之处，但 $p-s$ 曲线无明显的三阶段，如图 6.13 中曲线 B 所示。局部剪切破坏的特征为：$p-s$ 曲线从一开始就呈非线性状态；地基破坏是从基础边缘开始，但是滑动面未延伸到地表，而是终止在地基土内部某一位置；基础两侧的土体微微隆起，基础一般不会发生倒塌或倾斜破坏。

地基三种形式的破坏过程如图 6.14 所示。

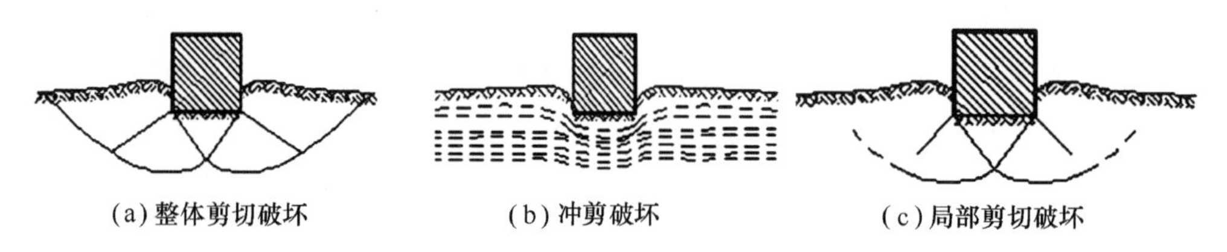

图 6.14 地基的破坏形式

地基的破坏形式主要与土的压缩性有关，一般来说，对于密实砂土和坚硬黏土等低压缩性土将出现整体剪切破坏；而对于压缩性比较大的松砂和软黏土，将可能出现局部剪切破坏或冲剪破坏。此外，破坏形式还与基础埋深、加荷速率等因素有关。目前尚无合理的理论作为统一的判别标准。当基础埋深不大，地基为低压缩性土，荷载不急剧施加且不会引起土体积的变化时，地基中将发生整体剪切破坏。当基础埋深较大，或者地基中存在高压缩性土，加荷速度可以产生土体压缩变形或者冲击荷载时，就可能产生冲剪破坏。当处在两者之间的情况下，则可能产生局部剪切破坏。

6.5.2 地基承载力的理论计算

重要说明

本小节所述计算公式均是在整体剪切破坏的条件下导出的。对于局部剪切破坏和冲剪破坏的情况，目前尚无理论公式可循。

1. 临塑荷载

临塑荷载是地基土中将要出现但尚未出现塑性变形区时的基底压力。根据土中应力计算的弹性理论和土体极限平衡条件，可推得均布条形荷载作用下地基的临塑荷载计算公式为

$$p_{cr}=\frac{\pi(r_0 d+c\cot\varphi)}{\cos\varphi+\varphi-\frac{\pi}{2}}+\gamma_0 d=cN_c+r_0 dN_d \tag{6.15}$$

$$N_c=\frac{\pi\cot\varphi}{\cot\varphi+\varphi-\frac{\pi}{2}},\quad N_d=\frac{\cot\varphi+\varphi+\frac{\pi}{2}}{\cot\varphi+\varphi-\frac{\pi}{2}}$$

式中：γ_0——基础埋深范围内土的重度，kN/m^3；

d——基础埋置深度，m；

c——基础底面以下土的黏聚力，kPa；

φ——基础底面以下土的内摩擦角，rad。

2. 临界荷载

工程实践表明，即使地基中存在塑性区的发展，只要塑性区范围不超出某一限度，就不致影响建筑物的安全和正常使用。因此，以 p_{cr} 作为地基土的承载力偏于保守。地基塑性区发展的允许深度与建筑物类型、荷载性质以及土的特性等因素有关，目前尚无统一意见。一般认为，在中心垂直荷载作用下，塑性区的最大发展深度 z_{max} 可控制在基础宽度的 $\frac{1}{4}$，即 $z_{max}=\frac{b}{4}$；而对于偏心荷载作用的基础，可取 $z_{max}=\frac{b}{3}$，与它们相对应的荷载分别用 $p_{1/4}$、$p_{1/3}$ 表示，称为临界荷载，公式如下：

$$p_{1/4}=\frac{\pi\left(r_0 d+c\cot\varphi+\frac{rb}{4}\right)}{\cot\varphi+\varphi-\frac{\pi}{2}}+\gamma_0 d=N_c c+N_d\gamma_0 d+N_{1/4}\gamma b \tag{6.16}$$

$$p_{1/3}=\frac{\pi\left(r_0 d+c\cot\varphi+\frac{rb}{3}\right)}{\cot\varphi+\varphi-\frac{\pi}{2}}+\gamma_0 d=N_c c+N_d\gamma_0 d+N_{1/3}\gamma b \tag{6.17}$$

$$N_{1/4}=\frac{\pi}{4\left(\cot\varphi+\varphi-\frac{\pi}{2}\right)},N_{1/3}=\frac{\pi}{3\left(\cot\varphi+\varphi-\frac{\pi}{2}\right)}$$

式中：γ——基础底面以下土的重度，地下水位以下用有效重度，kN/m^3。

需要指出的是，上述 p_{cr}、$p_{1/4}$、$p_{1/3}$ 计算公式都是在均布条形荷载条件下推得的，应用于矩形基础或圆形基础，其结果偏于安全。另外，公式的推导中采用了弹性理论计算土中应力，对于已出现塑性区的塑性变形阶段，其推导是不够严格的。

3. 极限荷载

地基的极限荷载是指地基在外荷作用下，产生的应力达到极限平衡时的荷载。求解极限荷载的方法很多，分为两类：一类是根据土体的极限平衡理论和已知的边界条件计算出各点达到极限平衡时的应力及滑动方向，求得极限荷载。该法理论严密，但求解复杂，故不常用。另一类是通过模型试验，研究地基的滑动面形状并进行简化，根据滑动土体的静力平衡条件求解极限荷载。推导时的假定条件不同，则得到的极限荷载公式就不同，该法应用广泛。

地基极限荷载的一般计算公式为

$$p_u=\frac{1}{2}\gamma bN_r+cN_c+qN_q \tag{6.18}$$

式中：γ——基底以下土的天然重度，kN/m^3；

c——基础底面以下土的黏聚力，kPa；

q——基础的旁侧荷载，其值为基础埋深范围内土的自重应力，kPa；

N_r、N_c、N_q——地基承载力系数，均为 $\tan\alpha=\tan\left(45^\circ+\frac{\varphi}{2}\right)$的函数。

极限荷载是地基开始滑动破坏的荷载，因此用作地基承载力特征值时，必须除以安全系数，以一定的安全度予以折减。安全系数 k 值的取值与上部结构的类型、荷载的性质与组合、建筑物的安全等级、抗剪强度指标的试验方法与取值，以及是否考虑破坏形态而作折减等有关，并要和当地在工程实践中采用该式所得到的经验等综合考虑后确定，一般为 2～3，这样使所得值的出入很大。

6.6 地基承载力的确定

地基承载力的确定是地基基础设计中一个非常重要而又复杂的问题，它不仅与土的物理力学性质有关，而且还与基础的类型、底面尺寸与形状、埋深、建筑类型、结构特点以及施工速度等有关。

地基承载力特征值是指由荷载试验测定的地基土压力-变形曲线线性变形段内规定的变形所对应的压力值，其最大值为比例界限值。实际即为发挥正常使用功能时所允许采用的抗力设计值。《规范》规定：地基承载力特征值可由荷载试验或其他原位测试、公式计算并结合工程实践经验等方法综合确定。

6.6.1 根据现场原位测试确定

现场原位测试有荷载试验、静力触探试验、圆锥动力触探、标准贯入试验、十字板剪切试验、旁压试验等。

1. 荷载试验

浅层平板荷载试验方法与步骤见第 5.1 节内容。《规范》对根据 $p-s$ 曲线确定承载力特征值作了如下规定。

(1) 当 $p-s$ 曲线上有比例界限时，取该比例界限所对应的荷载值。

(2) 当极限荷载小于对应比例界限的荷载值的 2 倍时，取极限荷载值的一半。

(3) 当不能按上述两款要求确定时，当压板面积为 0.25～0.5m^2，可取 $\frac{s}{b}=0.01\sim0.015$ 所对应的荷载，但其值不应大于最大加载量的一半。

另外，同一土层参加统计的试验点不应少于三点。各试验实测值的极差不得超过其平均值的 30%，取此平均值作为该土层的地基承载力特征值 f_{ak}。由于承压板尺寸较小，其在地基土中的影响范围有限，约为承压板宽度或直径的 2 倍，加之成层土的影响，不能充分反映实际基础下地基土的性状，应考虑承压板与实际基础的尺寸效应。

2. 静力触探试验

静力触探试验(见第 8 章)是通过静力将触探头压入土层，利用电测技术测得贯入阻力，再根据地区经验关系即可估算地基承载力。

3. 动力触探试验

动力触探试验根据探头结构的不同，分为标准贯入试验和圆锥动力触探试验（见第8章）。它们是用一定质量的击锤以一定高度自由下落，将探头打入地基土中，测定使探头贯入土中一定深度的击数，并以击数的 N 值大小来判定土的工程性质，确定地基承载力。

《建筑地基基础设计规范》(GB J7—89)曾给出根据动力触探锤击数确定地基承载力的承载力表。由于我国地域广阔，土质条件各异，用几张表格很难概括全国的规律，用查表法确定承载力，在大多数地区基本适合或偏保守，但也不排除个别地区可能不安全，因此之后的《规范》取消了承载力表，但各地方根据地区试验成果统计分析和地方建设经验建立了地方承载力表，可查表确定地基承载力。

需要强调的是，利用触探法时必须有地区经验，即当地的对比资料。当地基基础设计等级为甲级和乙级时，应结合室内试验成果综合分析，不宜单独应用。

6.6.2　根据理论公式确定

《规范》推荐下式作为地基承载力特征值的理论计算公式：

$$f_a = M_b \gamma b + M_d \gamma_m d + M_c c_k \tag{6.19}$$

式中：f_a——由土的抗剪强度指标确定的地基承载力特征值；

M_b, M_d, M_c——承载力系数，按《规范》中表5.2.5确定；

b——基础底面宽度，m。当大于6m时按6m取值，对于砂土，小于3m时按3m取值；

c_k——基底下一倍短边宽度的深度范围内土的黏聚力标准值。

式(6.19)是以 $p_{1/4}$ 为基础得来的，适用于偏心距 $e \leqslant 0.033$ 倍基础底面宽度的情况。由于按土的抗剪强度确定地基承载力时没有考虑建筑物对地基变形的要求，所以按式(6.19)所得承载力确定基础底面尺寸后，还应进行地基特征变形验算。

6.6.3　根据经验方法确定

当拟建建筑场地附近已有建筑物时，调查这些建筑物的结构形式、荷载、基底土层性状、基础形式尺寸和采用的地基承载力数值以及建筑物有无裂缝和其他损坏现象等来确定地基承载力。这种方法一般适用于荷载不大的中、小型工程。

6.6.4　地基承载力特征值的修正

当地基宽度大于3m或埋置深度大于0.5m时，从荷载试验或其他原位测试、经验值等方法确定的地基承载力特征值，尚应按下式修正：

$$f_a = f_{ak} + \eta_b \gamma (b-3) + \eta_d \gamma_m (d-0.5) \tag{6.20}$$

式中：f_a——修正后的地基承载力特征值；

f_{ak}——地基承载力特征值；

η_b、η_d——基础宽度和埋深的地基承载力修正系数，按基底以下土的类别查表 6.1 取值；

γ——基础底面以下土的重度，地下水位以下取有效重度；

b——基础底面宽度，m。当基础底面宽度小于 3m 时，按 3m 取值；大于 6m 时，按 6m 取值；

γ_m——基础底面以上土的加权平均重度，位于地下水位以下的土层取有效重度；

d——基础埋置深度，m。宜自室外地面标高算起，在填方整平地区可自填土地面标高算起，但填土在上部结构施工后完成时应从天然地面标高算起。对于地下室，当采用箱形基础或筏形基础时，基础埋置深度自室外地面标高算起；当采用独立基础或条形基础时，应从室内地面标高算起。

表 6.1　承载力修正系数

土的类别		η_b	η_d
淤泥和淤泥质土		0	1.0
人工填土 e 或 I_L 大于或等于 0.85 的黏性土		0	1.0
红黏土	含水比 $\alpha_w > 0.8$	0	1.2
	含水比 $\alpha_w \leqslant 0.8$	0.15	1.4
大面积压实填土	压实系数大于 0.95、黏粒含量 $\rho_c \geqslant 10\%$ 的粉土	0	1.5
	最大干密度大于 2100kg/m^3 的级配砂石	0	2.0
粉土	黏粒含量 $\rho_c \geqslant 10\%$ 的粉土	0.3	1.5
	黏粒含量 $\rho_c < 10\%$ 的粉土	0.5	2.0
e 及 I_L 均小于 0.85 的黏性土		0.3	1.6
粉砂、细砂（不包括很湿与饱和时的稍密状态）		2.0	3.0
中砂、粗砂、砾砂和碎石土		3.0	4.4

注：1. 强风化和全风化的岩石，可参照所风化成的相应土类取值，其他状态下的岩石不修正。
2. 地基承载力特征值按《规范》附录 D 深层平板荷载试验确定时 η_d 取 0。
3. 含水比是指土的天然含水量与液限的比值。
4. 大面积压实填土是指填土宽度大于基础宽度两倍的质量控制严格的填土地基，质量控制不满足要求的填土地基深度修正系数应取 1.0。

小　结

本章主要介绍了土的强度理论与抗剪强度指标、土的极限平衡条件、土抗剪强度指标的测定方法、地基破坏的形式及地基承载力的确定方法。

土的抗剪强度理论是研究与计算地基承载力和分析地基承载稳定性的基础。土的抗剪强度可以采用库仑公式表达，土的极限平衡条件是判定土中一点平衡状态的基准。

土的抗剪强度指标 c、φ 值一般通过试验确定。试验条件，尤其是排水条件对强度指标将带来很大影响，故在选择抗剪强度指标时，应尽可能符合工程实际的受力条件和排水条件。

地基破坏形式可以分为整体剪切破坏、冲剪破坏和局部剪切破坏三种。当基础宽度大于3m或深度大于0.5m时，从荷载试验或其他原位测试、经验值等方法确定的地基承载力特征值尚应进行深度和宽度修正。

触探法是确定地基承载力的重要手段，但应用时必须有地区经验，即当地的对比资料。

思　考　题

1. 什么是土的抗剪强度？什么是土的抗剪强度指标？同一种土的抗剪强度是否为定值？为什么？

2. 什么是土的极限平衡状态和极限平衡条件？

3. 为什么抗剪强度与试验方法有关？工程上如何选用？

4. 土的破坏形式有哪几种？各有何特点？

5. 试述临塑荷载 p_{cr} 及临界荷载 $p_{1/4}$、$p_{1/3}$ 的意义。

6. 测定土的抗剪强度指标的方法主要有哪些？比较它们的优、缺点。

习　　题

1. 已知某土样的内摩擦角 $\varphi=25°$，黏聚力 $c=10\text{kPa}$，如果小主应力 $\sigma_3=150\text{kPa}$，试问：

(1) 剪切破坏时的大主应力 σ_1 是多少？

(2) 剪切破坏面与大主应力作用面的夹角是多少？

2. 某土样三轴压缩试验至剪切破坏，测得 $\sigma_1=300\text{kPa}$，$\sigma_3=60\text{kPa}$，剪切破坏面与大主应力作用面(水平面)夹角为60°，试确定该土样的 c、φ 值。

第7章 土压力与土坡稳定

学习目标

知识目标

1. 能叙述三种土压力的概念，理解三种土压力产生的条件。
2. 能描述朗肯和库仑土压力理论的基本假设，知晓其原理，能比较两种理论的计算结果。
3. 熟悉挡土墙的类型、构造和设计方法。
4. 了解各类边坡坡脚允许值的经验数值的规定。
5. 能理解和描述土坡稳定性分析的方法。

能力目标

能初步计算常见情况下墙后的土压力。

7.1 概　　述

在土木工程中，为了防止土体坍塌，通常采用各种构筑物支挡土体，这些构筑物称为挡土墙，如支撑建筑物周围填土的挡土墙、地下室的外墙、支撑基坑的板桩墙、堆放散粒材料的挡土墙等；另一些构筑物如桥台，则受到土体的支撑，土体起到提供反力的作用，也称为挡土墙，如图7.1所示。

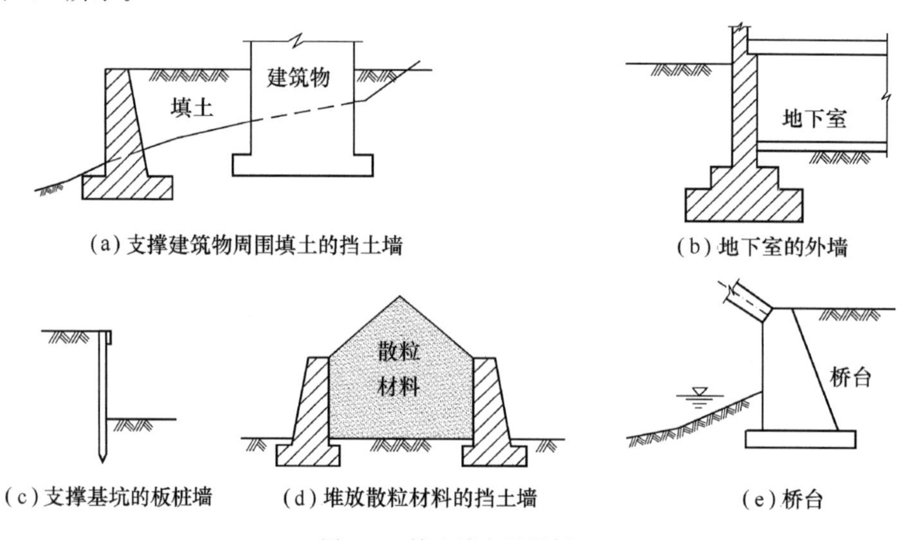

(a) 支撑建筑物周围填土的挡土墙　(b) 地下室的外墙

(c) 支撑基坑的板桩墙　(d) 堆放散粒材料的挡土墙　(e) 桥台

图7.1　挡土墙应用举例

由于土体的自重或外荷载的作用，墙背作用有侧向压力，这种侧向压力即为土压力。土压力是挡土墙所受到的主要外荷载，其计算十分复杂，它与填土的性质、挡土墙的形状和位移方向以及地基土质等因素有关。目前大多采用古典的朗肯和库仑土压力理论。

土坡可分为由地质作用而形成的天然土坡和因平整场地、开挖基坑等形成的人工土坡。由于某些不利因素的影响，土坡可能发生局部土体滑动而丧失稳定性。因此，应验算土坡的稳定性及采取适当的工程措施。

7.2　土压力的分类

在影响挡土墙后土压力大小及分布规律的众多因素中，挡土墙的位移方向和位移量是最重要的因素。根据挡土墙的位移情况和墙后土体所处的应力状态，可将土压力分为以下三种。

1）主动土压力

当挡土墙向离开土体方向偏移至墙后土体达到极限平衡状态时，作用在墙背上的土压力称为主动土压力，用 E_a 表示，如图 7.2(a)所示。

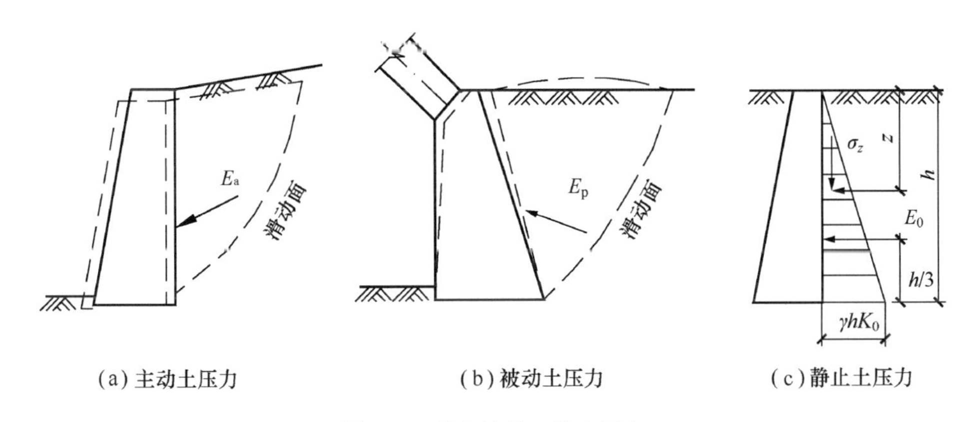

(a) 主动土压力　(b) 被动土压力　(c) 静止土压力

图 7.2　挡土墙的三种土压力

2）被动土压力

当挡土墙在外力作用下向土体方向偏移至墙后土体达到极限平衡状态时，作用在墙背上的土压力称为被动土压力，用 E_p 表示，如图 7.2(b)所示。拱桥桥台在桥上荷载作用下挤压土体并产生一定量的位移，则作用在台背上的侧压力属于被动土压力。

3）静止土压力

当挡土墙静止不动，墙后土体处于弹性平衡状态时，作用在墙背上的土压力称为静止土压力，用 E_0 表示，如图 7.2(c)所示。地下室外墙、地下水池侧壁、涵洞的侧壁以及其他不产生位移的挡土构筑物均可按静止土压力计算。

静止土压力犹如半空间弹性变形体在土的自重作用下无侧向变形时的水平侧压力，如图 7.2(c)所示，故填土表面下任意深度 z 处的静止土压力强度可按式(7.1)计算，即

$$\sigma_0 = K_0 \gamma z \tag{7.1}$$

式中：K_0——土的侧压力系数或静止土压力系数；

γ——墙后填土的重度，kN/m^3。

静止土压力系数 K_0 与土的性质、密实程度等因素有关，一般砂土可取 0.35～0.50，黏性土可取 0.50～0.70。对于正常固结土，也可近似按半经验公式 $K_0=1-\sin\varphi'$ 计算，其中 φ' 为土的有效内摩擦角。

由式(7.1)可知，静止土压力沿墙高呈三角形分布，如图 7.2(c)所示。如取单位墙长，则作用在墙上的静止土压力为

$$E_0=\frac{1}{2}\gamma h^2 K_0 \tag{7.2}$$

式中：h——挡土墙墙高，m。

E_0 的作用点在距离墙底 $h/3$ 处，即静止土压力强度分布图形的形心处。

上述三种土压力与挡土墙位移的关系如图 7.3 所示。试验研究表明，产生被动土压力所需的位移量 Δp 比产生主动土压力所需的位移量 Δa 要大得多。在相同的条件下，主动土压力小于静止土压力，而静止土压力小于被动土压力，即 $E_a<E_0<E_p$。

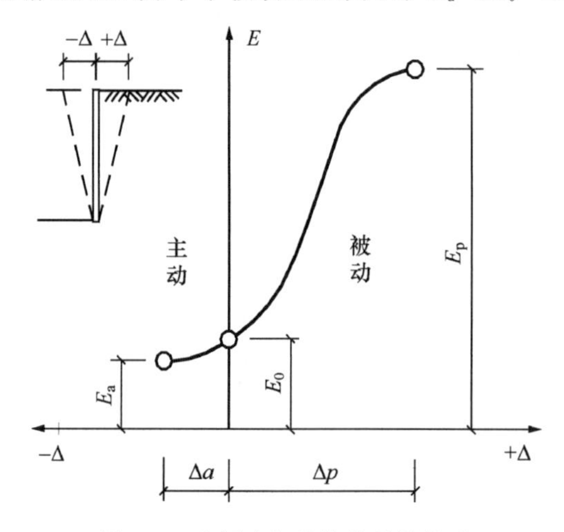

图 7.3 土压力与墙体位移的关系

7.3 朗肯土压力理论

7.3.1 基本原理与假设

朗肯(Ran Kine，1857 年)土压力理论是根据弹性半空间的应力状态和土的极限平衡条件而得出的土压力计算方法，其基本假设如下。

(1) 墙背竖直光滑，与填土间无摩擦力。

(2) 墙后填土表面水平。

由于墙背与填土间无摩擦力，故剪应力为零，墙背为主应力面。这样，若挡土墙不出现位移，则墙后土体处于弹性平衡状态，作用在墙背上的应力状态与弹性半空间土体的应力状

态相同。此时，墙后任意深度 z 处的单元微体[图 7.4(a)]所处的应力状态可用图 7.4(d)中的莫尔应力圆Ⅰ表示。其中，大主应力 $\sigma_1=\sigma_z=\gamma z$，小主应力 $\sigma_3=\sigma_x=K_0\gamma z$。

当挡土墙离开土体运动时，如图 7.4(b)所示，墙后土体有伸张的趋势。此时竖向应力 σ_z 不变，法向应力 σ_x 减小，当挡土墙位移使墙后土体达到极限平衡状态时，σ_x 达到最小值 σ_a，其莫尔应力圆与抗剪强度包线相切[图 7.4(d)中圆Ⅱ]。土体形成一系列滑裂面，面上各点都处于极限平衡状态，此时墙背法向应力 σ_x 为最小主应力，即朗肯主动土压力。滑裂面与大主应力作用面(即水平面)夹角 $\alpha=45°+\varphi/2$。

同理，若挡土墙在外力作用下挤压土体，如图 7.4(c)所示，σ_z 仍不变，但 σ_x 增大，当 σ_x 超过 σ_z 时，σ_x 成为大主应力，σ_z 为小主应力。当挡土墙位移使墙后土体达到极限平衡状态时，σ_x 达最大值 σ_p，莫尔应力圆与抗剪强度包线相切[图 7.4(d)中圆Ⅲ]，土体形成一系列滑裂面，此时墙背法向应力 σ_x 为最大主应力，即朗肯被动土压力。滑裂面与水平面夹角 $\alpha'=45°-\varphi/2$。

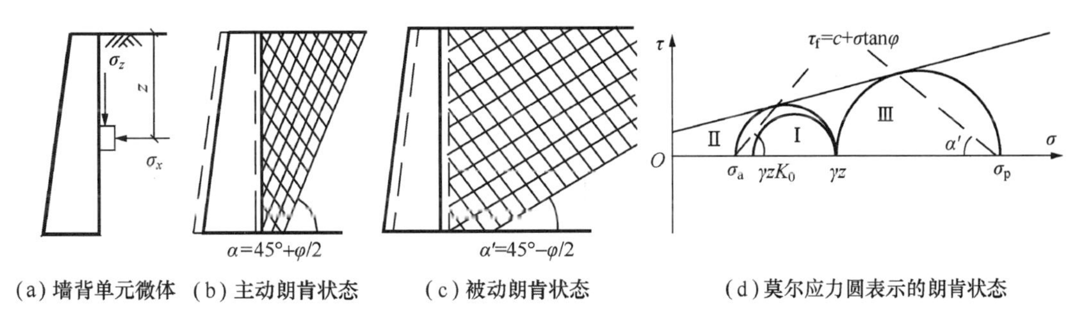

(a) 墙背单元微体　(b) 主动朗肯状态　(c) 被动朗肯状态　(d) 莫尔应力圆表示的朗肯状态

图 7.4　半空间体的极限平衡状态

7.3.2　主动土压力

根据土的强度理论，当土体中某点处于极限平衡状态时，大、小主应力 σ_1 和 σ_3 应满足以下关系式。

黏性土：

$$\sigma_1=\sigma_3\tan^2\left(45°+\frac{\varphi}{2}\right)+2c\tan\left(45°+\frac{\varphi}{2}\right) \tag{7.3a}$$

或

$$\sigma_3=\sigma_1\tan^2\left(45°-\frac{\varphi}{2}\right)-2c\tan\left(45°-\frac{\varphi}{2}\right) \tag{7.3b}$$

无黏性土：

$$\sigma_1=\sigma_3\tan^2\left(45°+\frac{\varphi}{2}\right) \tag{7.4a}$$

或

$$\sigma_3=\sigma_1\tan^2\left(45°-\frac{\varphi}{2}\right) \tag{7.4b}$$

按照朗肯假设，当挡土墙离开土体运动至墙后土体极限平衡状态时，墙背土体中离地表任意深度 z 处竖向应力 σ_z 为大主应力 σ_1，σ_x 为小主应力 σ_3，故可得朗肯主动土压力强度 σ_a 为

黏性土：

$$\sigma_a = \sigma_x = \gamma z \tan^2\left(45° - \frac{\varphi}{2}\right) - 2c\tan\left(45° - \frac{\varphi}{2}\right) = \gamma z K_a - 2c\sqrt{K_a} \tag{7.5}$$

无黏性土：

$$\sigma_a = \gamma z K_a \tag{7.6}$$

式中：K_a——主动土压力系数，$K_a = \tan^2\left(45° - \frac{\varphi}{2}\right)$；

c——填土的黏聚力，kPa。

由式(7.6)可知，无黏性土的主动土压力强度与 z 成正比，沿墙高的压力呈三角形分布，如图 7.5(b)所示，如取单位墙长计算，则主动土压力为

$$E_a = \frac{1}{2}\gamma h^2 K_a \tag{7.7}$$

且 E_a通过三角形形心，即作用在离墙底$\frac{h}{3}$处。

而由式(7.5)可知，黏性土的主动土压力强度还受到黏聚力 c 的影响，产生负侧压力 $2c\sqrt{K_a}$，土压力分布如图 7.5(c)所示。图中 ade 部分为负值，对墙背是拉力。实际上，在很小的拉力作用下墙与土就会分离，故在计算土压力时该部分略去不计，黏性土的土压力分布实际上仅为 abc 部分。

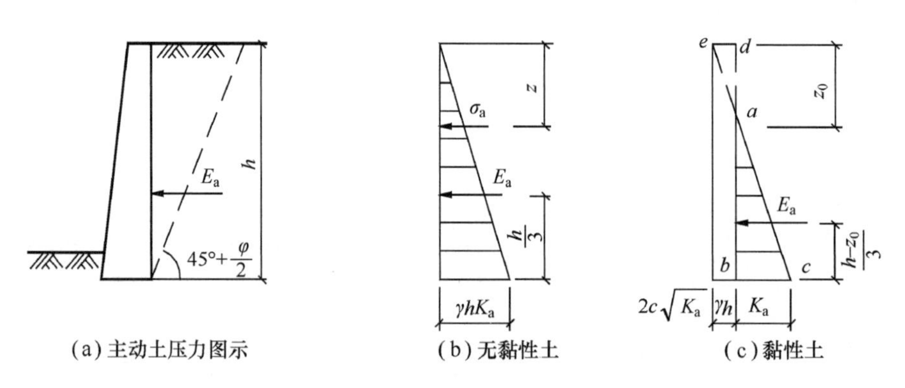

图 7.5 朗肯主动土压力分布

a 点离填土面的深度 z_0称为临界深度。当填土面无荷载时，令式(7.5)为 0，则

$$\sigma_a = \gamma z K_a - 2c\sqrt{K_a} = 0$$

故临界深度为

$$z_0 = \frac{2c}{\gamma\sqrt{K_a}} \tag{7.8}$$

取单位墙长计算，则主动土压力为

$$E_a = \frac{1}{2}(h - z_0)(\gamma h K_a - 2c\sqrt{K_a})$$
$$= \frac{1}{2}\gamma h^2 K_a - 2ch\sqrt{K_a} + \frac{2c^2}{\gamma} \tag{7.9}$$

主动土压力 E_a通过三角形压力分布图 abc 的形心，即作用在离墙底$\frac{h-z_0}{3}$处。

7.3.3 被动土压力

当挡土墙在外力作用下挤压土体使墙后土体达到极限平衡状态时，墙背土体中离地表任意深度 z 处竖向应力 σ_z 变为小主应力 σ_3，而水平应力 σ_x 变为大主应力 σ_1。同理，可由式(7.3a)和式(7.4a)推导得出朗肯被动土压力强度 σ_p 为

黏性土：

$$\sigma_p = \gamma z K_p + 2c\sqrt{K_p} \tag{7.10}$$

无黏性土：

$$\sigma_p = \gamma z K_p \tag{7.11}$$

式中：K_p——被动土压力系数，$K_p = \tan^2\left(45° + \frac{\varphi}{2}\right)$。

被动土压力分布如图 7.6 所示，如取单位墙长计算，则总被动土压力为

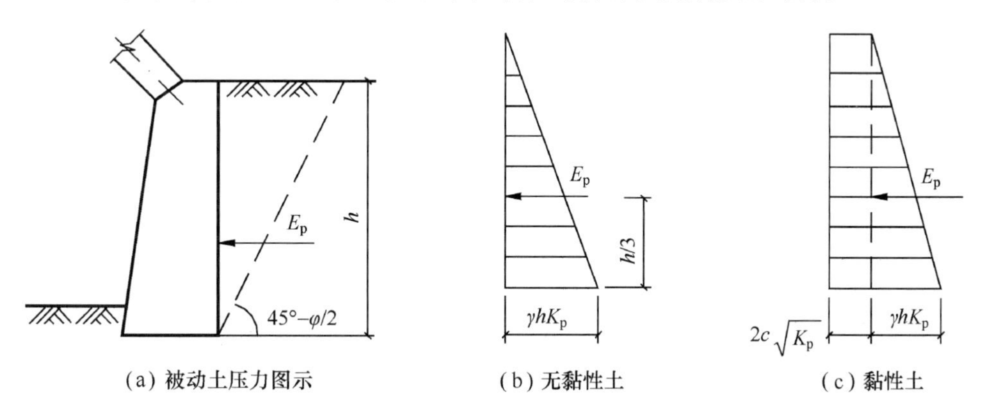

(a) 被动土压力图示　(b) 无黏性土　(c) 黏性土

图 7.6 朗肯被动土压力分布

黏性土：

$$E_p = \frac{1}{2}\gamma h^2 K_p + 2ch\sqrt{K_p} \tag{7.12}$$

无黏性土：

$$E_p = \frac{1}{2}\gamma h^2 K_p \tag{7.13}$$

被动土压力 E_p 通过三角形或梯形压力分布图的形心，形心位置可通过一次求矩得到。

【例 7.1】 某挡土墙高度为 5m，墙背垂直光滑，填土面水平。填土为黏性土，其物理力学性质指标如下：$c=8\text{kPa}$，$\varphi=18°$，$\gamma=18\text{kN/m}^3$。试计算该挡土墙主动土压力及其作用点位置，并绘出主动土压力强度分布图。

解 (1)主动土压力系数。

$$K_a = \tan^2\left(45° - \frac{\varphi}{2}\right) = \tan^2\left(45° - \frac{18°}{2}\right) = 0.528$$

(2) 墙底处的主动土压力强度。

$$\sigma_a = \gamma z K_a - 2c\sqrt{K_a} = 18 \times 5 \times 0.528 - 2 \times 8 \times \sqrt{0.528} = 35.89(\text{kPa})$$

(3) 临界深度。

$$z_0 = \frac{2c}{\gamma\sqrt{K_a}} = \frac{2 \times 8}{18 \times \sqrt{0.528}} = 1.223(\text{m})$$

(4) 主动土压力。

主动土压力强度分布如图 7.7 所示。

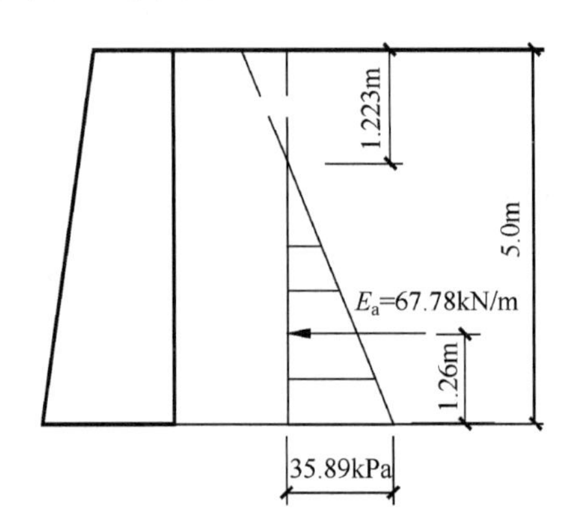

图 7.7 例 7.1 主动土压力分布图

总主动土压力

$$E_a = 35.89 \times (5 - 1.223) \times \frac{1}{2} = 67.78(\text{kN/m})$$

主动土压力 E_a 作用点距墙底的距离为

$$\frac{h - z_0}{3} = \frac{5 - 1.223}{3} = 1.26(\text{m})$$

7.3.4 几种常见情况下土压力的计算

1. 填土表面有连续均布荷载

当挡土墙后填土表面有连续均布荷载 q 作用时，填土表面下深度 z 处的竖向应力 $\sigma_z =$

$q+\gamma z$。若填土为无黏性土，则挡土墙后主动土压力强度为

$$\sigma_a=(q+\gamma z)K_a$$

墙顶土压力强度为

$$\sigma_{a1}=qK_a$$

墙底土压力强度为

$$\sigma_{a2}=(q+\gamma H)K_a$$

土压力强度分布图形如图7.8所示，土压力合力作用点在梯形的形心。

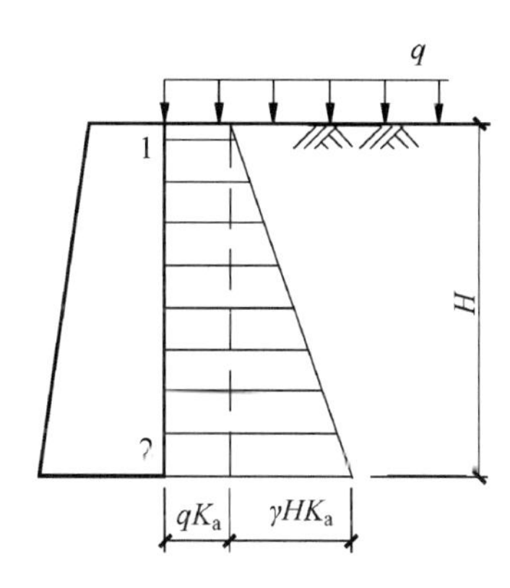

图7.8　填土表面有连续均布荷载

由此可见，填土表面有均布荷载时，其主动土压力强度只需在无荷载情况下增加一项 qK_a 即可，对于黏性填土情况也是如此。

2. 成层填土

当挡土墙后填土由不同性质的水平土层组成时，若求填土面下 z 深度处土压力强度，只需求出 z 深度处土竖向应力，将其代替公式中的 γz 即可。但应注意，不同土层的 c、K_a、K_p 不同，因此，在土层分界面上会出现两个土压力强度数值，土压力强度分布曲线将出现突变。

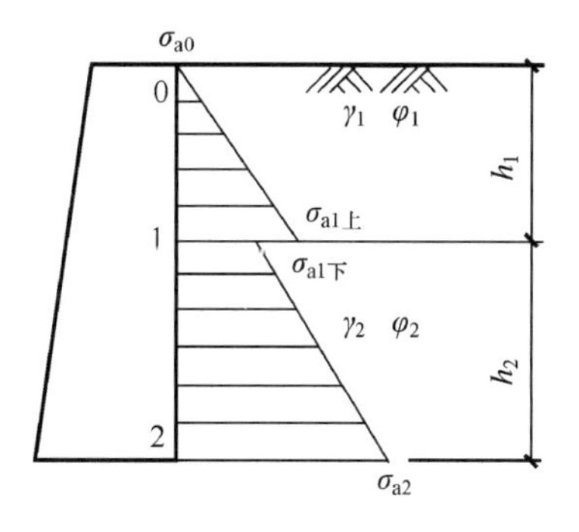

图7.9　成层填土

以无黏性土为例，如图7.9所示，其主动土压力强度如下：

$$\sigma_{a0}=0$$
$$\sigma_{a1上}=\gamma_1 h_1 K_{a1}$$
$$\sigma_{a1下}=\gamma_1 h_1 K_{a2}$$
$$\sigma_{a2}=(\gamma_1 h_1+\gamma_2 h_2)K_{a2}$$

3. 墙后填土有地下水

当墙后填土有地下水时，墙背所受到的总侧压力为土压力和水压力之和。计算土压力时，一般假设地下水位上下土的内摩擦角 φ 和黏聚力 c 及墙与土之间的摩擦角 δ 相同，地下水位以下取有效重度计算。图 7.10 中 $abdec$ 部分为土压力分布图，cef 部分为水压力分布图。

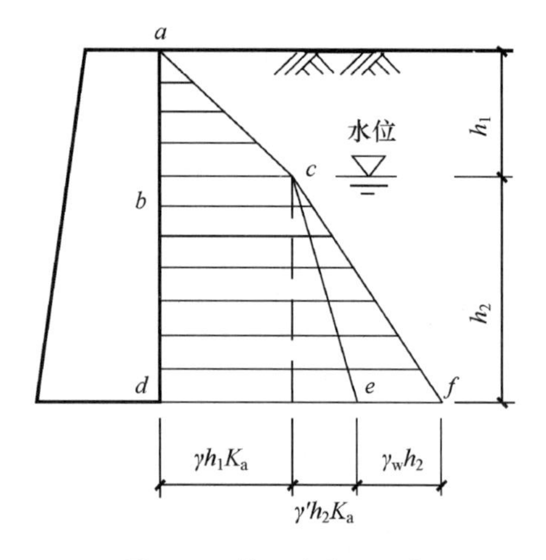

图 7.10 填土中有地下水

【例 7.2】 某挡土墙高 5m，墙背垂直光滑，墙后填土面水平，填土分为两层，各层土的物理力学性质指标如图 7.11 所示。试计算该挡土墙主动土压力及其作用点位置，并绘出土压力分布图。

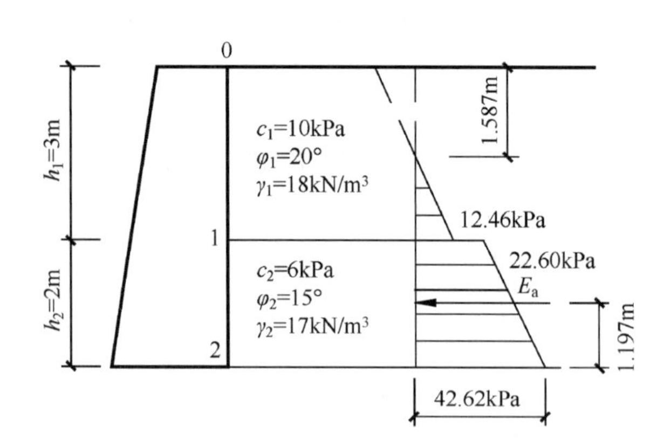

图 7.11 例 7.2 主动土压力分布图

解 该挡土墙条件符合朗肯理论。

(1) 主动土压力系数为

$$K_{a1}=\tan^2\left(45°-\frac{\varphi_1}{2}\right)=\tan^2\left(45°-\frac{20°}{2}\right)=0.49$$

$$K_{a2}=\tan^2\left(45°-\frac{\varphi_2}{2}\right)=\tan^2\left(45°-\frac{15°}{2}\right)=0.589$$

(2) 临界深度为

$$z_0=\frac{zc_1}{\gamma_1\sqrt{K_{a1}}}=\frac{2\times 10}{18\times\sqrt{0.49}}=1.587(\text{m})$$

(3) 第一层土底面的主动土压力强度为

$$\sigma_{a1上}=\gamma_1 h_1 K_{a1}-2c_1\sqrt{K_{a1}}=18\times 3\times 0.49-2\times 10\times\sqrt{0.49}=12.46(\text{kPa})$$

(4) 第二层土顶面的主动土压力强度为

$$\sigma_{a1下}=\gamma_1 h_1 K_{a2}-2c_2\sqrt{K_{a2}}=18\times 3\times 0.589-2\times 6\times\sqrt{0.589}=22.6(\text{kPa})$$

(5) 第二层土底面主动土压力强度为

$$\begin{aligned}\sigma_{a2}&=(\gamma_1 h_1+\gamma_2 h_2)K_{a2}-2c_2\sqrt{K_{a2}}\\&=(18\times 3+17\times 2)\times 0.589-2\times 6\times\sqrt{0.589}=42.62(\text{kPa})\end{aligned}$$

主动土压力分布如图 7.11 所示。

(6) 主动土压力为

$$\begin{aligned}E_a&=\frac{1}{2}\times\sigma_{a1上}\times(h_1-z_0)+\frac{1}{2}\times(\sigma_{a1下}+\sigma_{a2})\times h_2\\&=\frac{1}{2}\times 12.46\times(3-1.587)+\frac{1}{2}\times(22.6+42.62)\times 2\\&=8.8+65.22=74.02(\text{kN/m})\end{aligned}$$

(7) 合力作用点距墙底的距离为

$$\begin{aligned}x&=\frac{1}{74.02}\times\left[8.8\times\left(2+\frac{3-1.587}{3}\right)+22.6\times\frac{2}{3}\times 2+42.62\times\frac{1}{3}\times 2\right]\\&=1.197(\text{m})\end{aligned}$$

7.4　库仑土压力理论

7.4.1　基本假设

库仑(C. A. Coulomb,1773 年)土压力理论是根据墙后土体处于极限平衡状态并形成一滑动楔体时,从楔体的静力平衡条件得出的土压力计算理论。其基本假设如下。

(1) 墙后填土是理想的散粒体(黏聚力 $c=0$)。

(2) 滑动破裂面为通过墙踵的平面。

库仑土压力理论适用于砂土或碎石填料的挡土墙，应考虑墙背倾斜、填土面倾斜以及墙背与填土的摩擦等多种因素的影响。

7.4.2 主动土压力

如图 7.12 所示，设挡土墙高为 h，墙背俯斜，墙背与垂线的夹角为 α，墙后土体为无黏性土($c=0$)，填土表面与水平线夹角为 β，墙背与填土的摩擦角(外摩擦角)为 δ。当挡土墙向远离主体的方向移动或转动而使墙后土体处于主动极限平衡状态时，墙后土体形成一滑动土楔 ABC，其滑裂面为平面 BC，滑裂面与水平面的夹角为 θ。

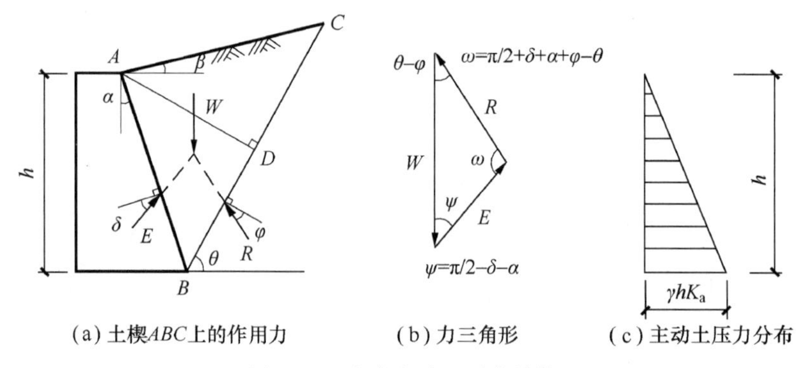

图 7.12 库仑主动土压力计算

取滑动土楔 ABC 为隔离体，作用在滑动土楔上的力有土楔体的自重 W、滑裂面 BC 上的反力 R 和墙背对土楔的反力 E(土体作用在墙背上的土压力与 E 大小相等、方向相反)，R 和 E 均在滑动面法线的下侧，滑动土楔 ABC 在 W、R、E 三力的作用下处于静力平衡状态，因此三力构成一个封闭的力三角形，如图 7.12(b)所示。根据正弦定理得

$$E = W\frac{\sin(\theta-\varphi)}{\sin\omega} \tag{7.14}$$

即 E 是滑裂面倾角 θ 的函数，而主动土压力 E_a 是 E 的最大值 E_{max}，其对应的滑裂面是土楔最危险的滑裂面。由 $\frac{dE}{d\theta}=0$ 可求得与 E_{max} 相对应的破裂角 θ_{cr}，将 θ_{cr} 代回式(7.14)，即可得库仑主动土压力公式，即

$$E_a = \frac{1}{2}\gamma h^2 K_a \tag{7.15}$$

式中

$$K_a = \frac{\cos^2(\varphi-\alpha)}{\cos^2\alpha\cos(\alpha+\delta)\left[1+\sqrt{\dfrac{\sin(\varphi+\delta)\sin(\varphi-\beta)}{\cos(\alpha+\delta)\cos(\alpha-\beta)}}\right]^2} \tag{7.16}$$

其中：K_a——库仑主动土压力系数，按式(7.16)计算或有关书中查表得出；

α——墙背与垂直线的夹角(°)，俯斜时取正号，仰斜时取负号，墙背的俯斜、仰斜见 7.6.1 小节；

β——填土表面与水平面的夹角(°)；

δ——填土与墙背的外摩擦角(°)；

φ——填土的内摩擦角(°)。

当墙背垂直($\alpha=0$)、光滑($\delta=0$)且填土面水平($\beta=0$)时，式(7.16)变为

$$K_a = \tan^2\left(45° - \frac{\varphi}{2}\right)$$

可见，在上述条件下，库仑公式和朗肯公式完全相同，可将朗肯理论看作是库仑理论的特殊情况。库仑主动土压力强度沿墙高呈三角形分布，E_a 的作用方向与墙背法线逆时针夹角为 δ，作用点在距墙底$\frac{h}{3}$处。

7.4.3　被动土压力

当挡土墙在外力作用下挤压土体，楔体沿滑裂面向上隆起而处于极限平衡状态时，同理可得到作用在土楔体 ABC 上的力三角形，如图 7.13(b)所示。由于楔体上隆，E 和 R 均位于法线的上侧，按求主动土压力相同的方法可求得被动土压力的计算公式为

$$E_p = \frac{1}{2}\gamma h^2 K_p \tag{7.17}$$

式中

$$K_p = \frac{\cos^2(\varphi+\alpha)}{\cos^2\alpha\cos(\alpha-\delta)\left[1-\sqrt{\frac{\sin(\varphi+\delta)\sin(\varphi+\beta)}{\cos(\alpha-\delta)\cos(\alpha-\beta)}}\right]^2} \tag{7.18}$$

其中：K_p——库仑被动土压力系数。

其他符号含义同前。

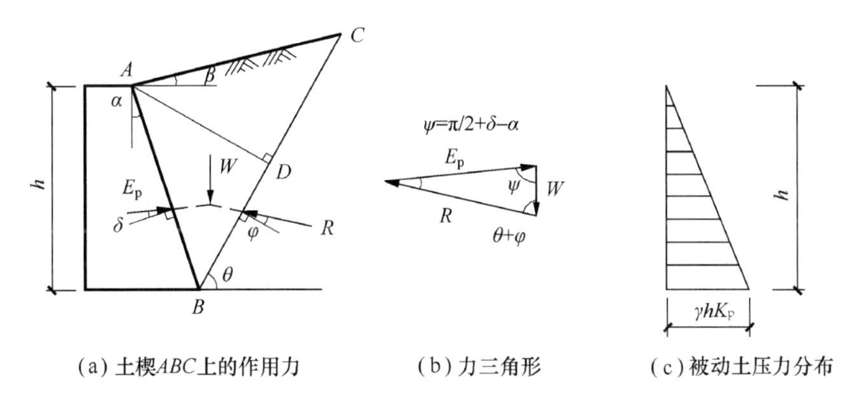

(a) 土楔ABC上的作用力　　(b) 力三角形　　(c) 被动土压力分布

图 7.13　库仑被动土压力计算

当墙背垂直($\varepsilon=0$)、光滑($\delta=0$)且填土面水平($\beta=0$)时，式(7.18)变为

$$K_p = \tan^2\left(45° + \frac{\varphi}{2}\right)$$

即与朗肯公式相同。

库仑被动土压力强度沿墙高也为三角形分布，E_p的作用方向与墙背法线顺时针呈夹角 δ，作用点在距墙底$\frac{h}{3}$处。

7.4.4 朗肯理论与库仑理论的比较

朗肯土压力理论概念比较明确，公式简单，适用于黏性土和无黏性土，在工程中应用广泛。但必须假定墙背垂直光滑，墙后填土面水平，故应用范围受到了限制，又由于该理论忽略了墙背与填土之间摩擦的影响，使计算的主动土压力值偏大、被动土压力值偏小。

库仑压力理论考虑了墙背与填土之间的摩擦力，并可用于墙背倾斜、填土面倾斜的情况。但由于该理论假设填土是无黏性土，因此不能直接应用库仑公式计算黏性土的土压力。此外，库仑理论假设填土滑裂面为通过墙踵的平面，而实际上却是曲面。试验证明，在计算主动土压力时，只有当墙背倾角 α 和墙背与填土之间的外摩擦角 δ 较小时，滑裂面才接近于平面，因此计算结果与实践有出入。通常情况下，在计算主动土压力时偏差值为 2%～10%，可认为已满足实际工程精度要求；但在计算被动土压力时，误差较大，有时可达 2～3 倍，甚至更大。

7.5 《建筑地基基础设计规范》推荐方法

如图 7.14 所示，《建筑地基基础设计规范》(GB 50007—2011)（以下简称《规范》）对重力式挡土墙土压力计算规定如下：对土质边坡，边坡主动土压力应按下式进行计算。当填土为无黏性土时，主动土压力系数可按库仑土压力理论确定；当支挡结构满足郎肯条件时，主动土压力系数可按郎肯土压力理论确定。黏性土或粉土的主动土压力也可采用楔体试算法图解求得。

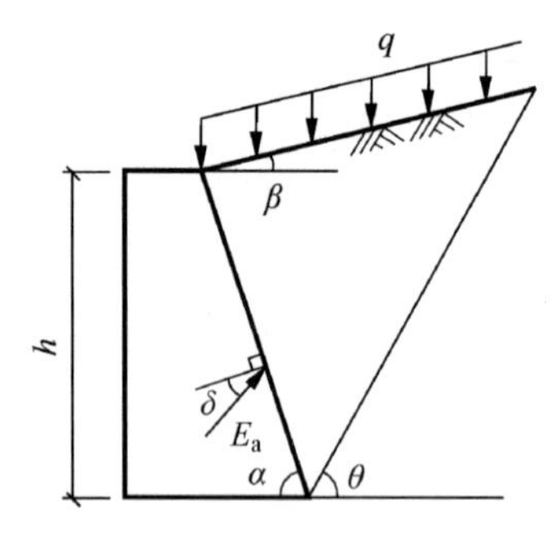

图 7.14 主动土压力计算简图

$$E_a = \frac{1}{2}\psi_a \gamma h^2 K_a \tag{7.19}$$

式中：E_a——主动土压力，kN；

ψ_a——主动土压力增大系数，挡土墙高度小于 5m 时宜取 1.0，高度为 5～8m 时宜取 1.1，高度大于 8m 时宜取 1.2；

γ——填土的重度，kN/m^3；

h——挡土结构的高度，m；

K_a——主动土压力系数，按《规范》附录 L 确定。

注意：α 为墙背与水平面的夹角，这与前述不同。

对于高度 $h \leqslant 5m$ 的挡土墙，当排水条件和填土质量符合《规范》相关规定要求时，《规范》给出了其主动土压力系数的图表，根据土类，α、β 值即可查得，详见《规范》附录 L。当地下水丰富时，应考虑水压力的作用。

7.6　挡土墙的设计

7.6.1　挡土墙的类型

常用的挡土墙有重力式、悬臂式、扶壁式、锚杆式与锚定板式和板桩墙等。

1. 重力式挡土墙

如图 7.15 所示，重力式挡土墙一般由砖、石或混凝土材料砌筑而成，截面尺寸较大，依靠墙身自重产生的抗倾覆力矩抵抗土压力引起的倾覆力矩，墙体抗拉强度较低。土质边坡高度不宜大于 10m，岩质边坡高度不宜大于 12m，对变形有严格要求或开挖土石方可能危及边坡稳定的边坡不宜采用重力式挡土墙，开挖土石方危及相邻建筑物安全的边坡不应采用重力式挡土墙。重力式挡土墙结构简单，施工方便，可就地取材，因此在工程中应用较广。根据墙背的倾斜方向可将其分为仰斜、垂直和俯斜三种形式。

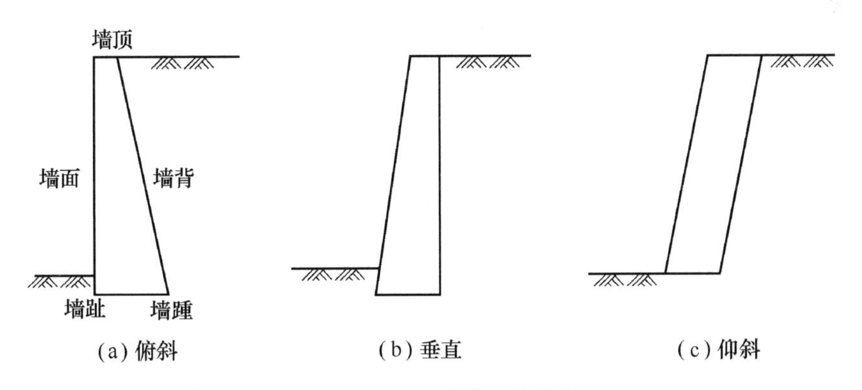

图 7.15　重力式挡土墙形式

2. 悬臂式挡土墙

如图 7.16(a)所示，悬臂式挡土墙一般用钢筋混凝土建造，墙体的稳定性主要依靠墙踵底板上的土重维持，墙体内的拉应力则由钢筋来承担，故其墙身截面较小。悬臂式挡土墙适用高度不宜超过 6m，适用于地基承载力较低的填方边坡工程，多用于市政工程及储料仓库。

3. 扶壁式挡土墙

如图7.16(b)所示,为增强悬臂式挡土墙中立臂的抗弯性能,沿墙的纵向每隔一定距离设置一道扶壁,故称为扶壁式挡土墙。扶壁式挡土墙适用高度不宜超过10m,适用于地基承载力较低的填方边坡工程,一般用于重要的大型土建工程。

4. 锚杆式与锚定板式挡土墙

如图7.16(c)所示,锚杆式挡土墙由预制的钢筋混凝土立柱、墙面、钢拉杆组成,拉杆嵌入坚实岩层中并灌入高强度砂浆锚固;锚定板式挡土墙则是在钢拉杆的端部增加钢筋混凝土预制锚定板,并将其埋置在填土中,依靠填土与结构的相互作用力维持其自身的稳定。与重力式挡土墙相比,它具有结构轻便、柔性大、工程量小、造价低、施工方便的特点,比较适用于地基承载力不大的地区。

5. 板桩墙

如图7.16(d)所示,板桩墙是将通长的钢板桩、预制钢筋混凝土板桩或木板桩边缘相接,打入地基而形成的一种挡土墙,分为悬臂式板桩墙和锚定式板桩墙两种,用于水岸边挡土墙或深基坑临时性支护结构。

此外,还有混合式挡土墙、加筋土挡土墙、土工合成材料挡土墙、土钉支护等多种形式的挡土墙。

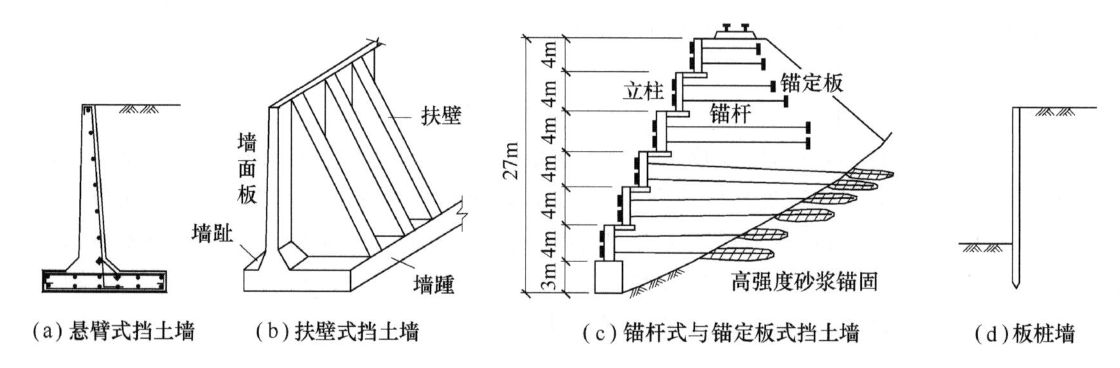

图7.16 挡土墙主要类型

7.6.2 重力式挡土墙的计算

挡土墙的截面一般按试算法确定,即先根据挡土墙的工程地质情况、填土性质以及墙体材料和施工条件等,凭经验初步拟定截面尺寸,然后进行挡土墙的验算,如不满足要求则修改截面尺寸或采取其他措施。

挡土墙的计算通常包括以下内容。

(1) 稳定性验算,包括抗倾覆和抗滑移稳定性验算。当挡土墙地基软弱、有软弱结构面或位于边坡坡顶时,还应进行地基稳定性验算。

(2) 地基承载力验算。

(3) 墙身强度验算。

其中,地基承载力验算与一般偏心受压基础的计算方法相同,见第9章相关内容。另外,《规范》还规定,基底合力的偏心距不应大于0.25倍基础的宽度。而墙身强度则应根据墙身材料按照《混凝土结构设计规范》(GB 50010—2010)或《砌体结构设计规范》(GB 50003—2011)的要求进行验算。

1. 抗倾覆稳定性验算

如图7.17所示，在墙体自重G、土压力E_a的作用下，挡土墙有绕墙趾O点倾覆的可能。

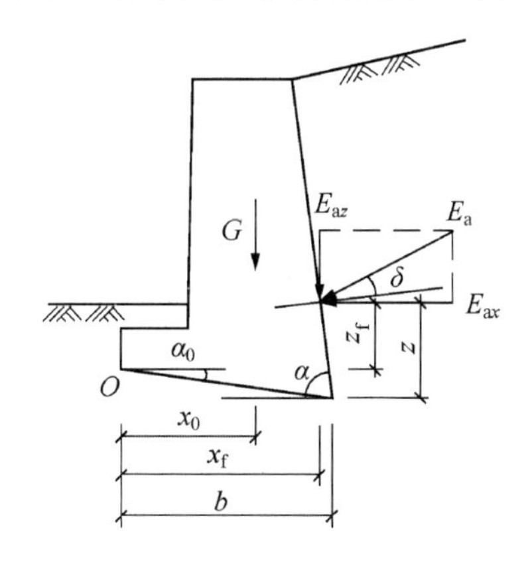

图7.17　挡土墙抗倾覆稳定性验算示意

《规范》规定抗倾覆稳定系数K_t(抗倾覆力矩与倾覆力矩的比值)应满足

$$K_t = \frac{Gx_0 + E_{az}x_f}{E_{ax}z_f} \geqslant 1.6 \tag{7.20}$$

式中

$$E_{ax} = E_a\sin(\alpha - \delta)$$
$$E_{az} = E_a\cos(\alpha - \delta)$$
$$x_f = b - z\cot\alpha$$
$$z_f = z - b\tan\alpha_0$$

其中：z——土压力作用点离墙踵的高度，m；

b——基底的水平投影宽度，m；

E_{ax}、E_{az}——主动土压力的水平和垂直分量，kN/m；

x_f、z_f——E_{az}、E_{ax}对O点的水平距离和垂直距离，m；

x_0——挡土墙重心离墙趾的水平距离，m；

G——挡土墙每延米自重，kN/m；

α——挡土墙墙背与水平面的倾角，(°)；

δ——土对挡土墙墙背的摩擦角，(°)，可按《规范》中表6.7.5-1选用；

α_0——挡土墙的基底面与水平面的倾角，(°)。

若验算结果不满足式(7.20)要求时，可采取以下措施加以解决。

(1) 增大挡土墙截面尺寸使G增大，以增加抗倾覆力矩，但工程量会相应增大。

(2) 伸长墙趾，加大x_0，以增加抗倾覆力矩。

(3) 将墙背做成仰斜式，以减小土压力，但施工不方便。

(4) 在挡土墙后做卸荷台，如图7.18所示。卸荷台上的土压力不能传至平台以下，从而减小了土压力，同时又增加了挡土墙的自重，故抗倾覆稳定安全性提高。

2. 抗滑移稳定性验算

如图7.19所示，在土压力作用下，挡土墙有沿基底发生滑移的可能。《规范》规定，抗滑移稳定系数K_s（抗滑力与滑动力的比值）应满足

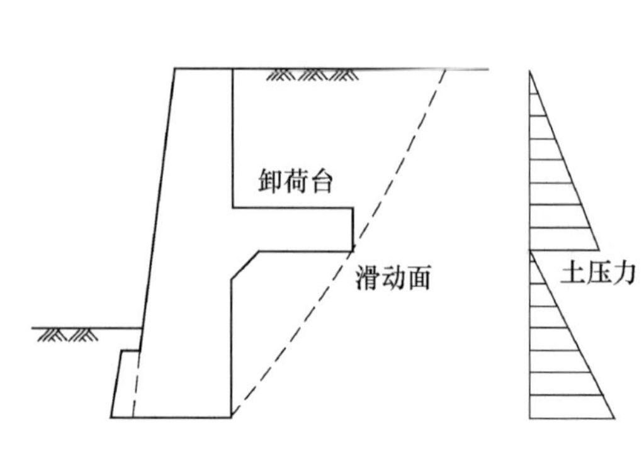

图7.18　有卸荷台的挡土墙

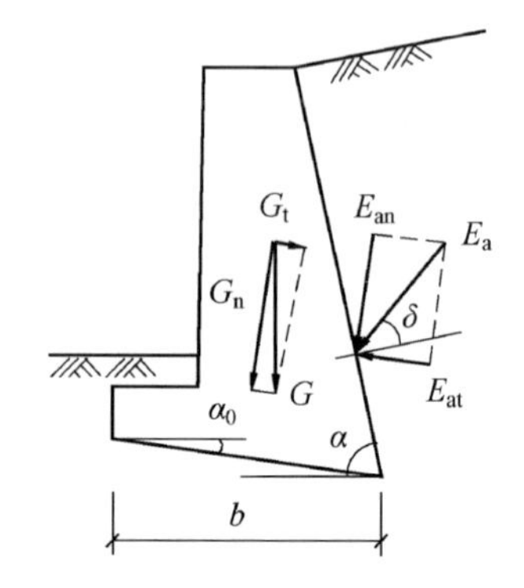

图7.19　挡土墙抗滑移稳定性验算示意

$$K_s=\frac{(G_n+E_{an})\mu}{E_{at}-G_t}\geqslant 1.3 \tag{7.21}$$

式中

$$G_n=G\cos\alpha_0, G_t=G\sin\alpha_0$$
$$E_{at}=E_a\sin(\alpha-\alpha_0-\delta)$$
$$E_{an}=E_a\cos(\alpha-\alpha_0-\delta)$$

式中：G_n、G_t——挡土墙自重在垂直和平行于基底平面方向的分力；

E_{at}、E_{an}——主动土压力E_a在平行和垂直于基底平面方向的分力；

μ——土对挡土墙基底的摩擦系数，由试验确定，也可按《规范》中表6.7.5－2选用。

若验算结果不满足式(7.21)要求，可采取以下措施加以解决。

(1) 增大挡土墙截面尺寸，使G增大。

(2) 在挡土墙底面做砂石垫层，提高摩擦系数μ，增大抗滑力。

(3) 将墙底做成逆坡，利用滑动面上部分反力抗滑。

(4) 在软土地基上，其他方法无效或不经济时，可在墙踵后加钢筋混凝土拖板，利用拖板上的土重增大抗滑力，拖板与挡土墙间用钢筋相连。

另外，地震工况时，重力式挡土墙的抗滑移稳定系数不应小于1.1，抗倾覆稳定系数不应小于1.3。

3. 整体滑动稳定性验算

当地基软弱时，基底滑动可能发生在地基持力层中，对于这种情况，可采用圆弧滑动面法验算地基的稳定性。

7.6.3　重力式挡土墙体形选择与构造措施

挡土墙的设计除进行上述验算外，还必须选择合理的墙型和采取必要的构造措施，以保

证其安全、经济、合理。

1. 墙背的倾斜形式

墙背的倾斜形式应根据使用要求、地形和施工条件等综合确定。从受力情况看,主动土压力分为仰斜最小、垂直居中、俯斜最大三种情况。一般挖坡筑墙,宜采用仰斜式,此时土压力最小且墙背与边坡贴合紧密;若填方筑墙,则墙背宜采用垂直或俯斜式,此时便于填土夯实;而在坡上建墙,则宜用垂直式,因为此时仰斜墙身较高,俯斜则土压力太大。墙背仰斜时其坡度一般不宜缓于 1∶0.25(高宽比),墙面坡应尽量与墙背坡平行。

2. 基底逆坡坡度与墙趾台阶

为了增强墙身的抗滑稳定性,可在基底设置逆坡。对于土质地基,基底逆坡坡度不宜大于 1∶10;对于岩质地基,基底逆坡坡度不宜大于 1∶5,如图 7.20(a)所示。

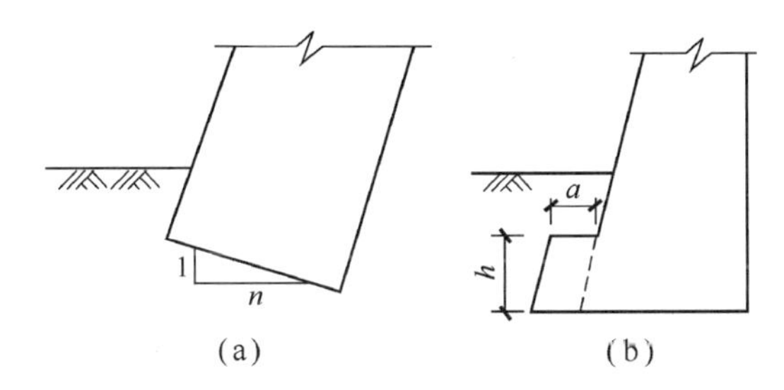

图 7.20 基底逆坡与墙趾台阶

注:土质地基 $1:n\leqslant 1:10$,岩质地基 $1:n\leqslant 1:5$

为了降低基底压力,增大抗倾覆力矩,可加设墙趾台阶,其高宽比可取 $h:a=2:1$,a 不得小于 20cm,如图 7.20(b)所示。

3. 挡土墙截面尺寸

一般重力式挡土墙的墙顶宽度约为墙高的 1/12,墙底宽度为墙高的 1/3～1/2。毛石挡土墙的墙顶宽度不宜小于 400mm,混凝土挡土墙的墙顶宽度不宜小于 200mm。

4. 基础埋置深度

重力式挡土墙的基础埋置深度应根据地基承载力、水流冲刷、岩石裂隙发育及风化程度等因素确定。在特强冻胀、强冻胀地区应考虑冻胀的影响。在土质地基中,基础埋置深度不宜小于 0.5m;在软质岩地基中,基础埋置深度不宜小于 0.3m。基础埋置深度应从坡脚排水沟底算起。受水流冲刷时,埋深应从预计冲刷底面算起。

5. 伸缩缝

重力式挡土墙应每间隔 10～20m 设置一道伸缩缝。当地基有变化时宜加设沉降缝。在挡土结构的拐角处,应采取加强的构造措施。

6. 排水措施

挡土墙常因排水不良而使填土中大量积水,导致土的抗剪强度降低、重度增加、土压力增大、地基软化,有时还会受到水的渗流或静水压力的影响,造成挡土墙的破坏。因此,对于可以向坡外排水的挡土墙,应在挡土墙上设置排水孔。排水孔应沿着横、竖两个方向设置,其间距宜取 2～3m,排水孔外斜坡度宜为 5%,孔眼尺寸不宜小于 100mm。挡土墙后面应做好滤水层,必要时应做排水暗沟。当挡土墙后面有山坡时,应在坡脚处设置截水沟,如图 7.21 所示。

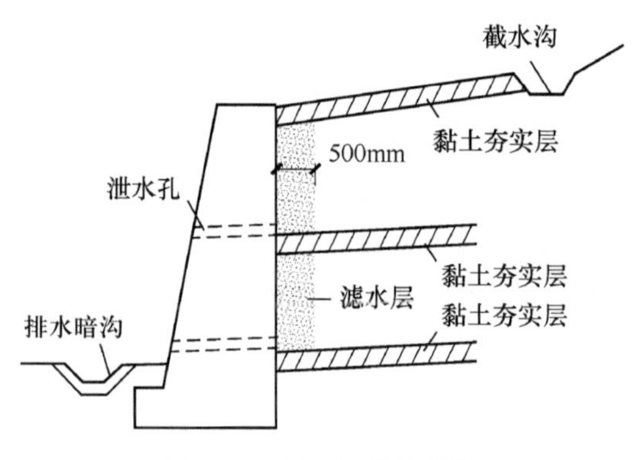

图 7.21 挡土墙排水措施

7. 填土质量要求

挡土墙后的填土应优先选择抗剪强度高和透水性较强的填料，如砂土、砾石、碎石等。当采用黏性土作填料时，宜掺入适量的砂砾或碎石。在季节性冻土地区，应选择炉渣、碎石、粗砂等非冻胀性填料。

淤泥质土、耕植土、膨胀性黏土等软弱有害的岩土体，因性质不稳定，干缩湿胀，会使挡土墙产生额外的土压力，影响挡土墙的稳定性，故不应作为填料。

另外，墙后填土均应分层夯实，以提高填土质量。

7.7 土坡稳定性分析

工程中的土坡包括天然土坡和人工土坡。天然土坡是指天然形成的山坡和江河湖海的岸坡；人工土坡则是指由于开挖基坑、路堑或填筑路堤、堤坝等形成的边坡。

土坡滑动一般是指土坡在一定范围内整体沿某一滑动面向下和向外滑动而丧失其稳定性的情况。砂性与黏性土坡由于其坡面长度比高度尺寸大，可视为平面变形问题，取 1 延米进行分析。

7.7.1 影响土坡稳定的因素

所有的边坡失稳均涉及边坡岩、土体在剪切应力作用下的破坏。因此，影响剪切应力和岩土体抗剪强度的因素，都影响边坡的稳定性。

1）外部因素

外力的作用破坏了土体内原来的应力平衡状态。例如，路堑或基坑的开挖、路堤的填筑、土坡顶面上作用外荷载、施工爆破、削断坡脚、水流对坡脚的冲淘和浪袭作用、土体内水的渗流力和地震力的作用等，均可促使边坡失稳。

2）内部因素

（1）岩土的性质，包括岩土的坚硬（密实）程度、抗风化和抗软化能力，抗剪强度，颗粒大小、形状以及透水性能等。

（2）岩层结构及构造，包括节理、劈理、裂隙的发育程度及分布规律，结构面胶结情况以及软弱面、破碎带的分布与斜坡的相互关系，下伏岩土面的形态和坡向、坡度等。

(3) 土的抗剪强度由于受到外界各种因素的影响而降低，促使土坡失稳破坏。例如，由于气候等自然条件的变化和风化作用，使土时干时湿、收缩膨胀、冻结融化等，从而使土变松，强度降低；土坡内因雨水的浸入使土湿化，强度降低；土坡附近因施工引起的振动（如打桩、爆破等）以及地震力的作用，引起土的液化或触变，使土的强度降低。

边坡失稳往往是上述内、外因素中的某几种因素的综合作用，并由其一两种因素诱发产生。

7.7.2 简单土坡的稳定性分析

所谓简单土坡是指土坡的坡度不变，顶面与底面水平并无限延伸，土质均匀，无地下水，如图 7.22 所示。

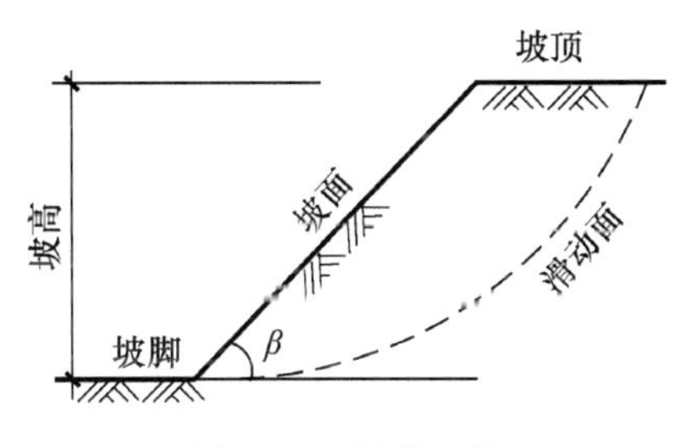

图 7.22　简单土坡

1. 无黏性土土坡稳定性分析

由于无黏性土颗粒之间无黏聚力，只有摩擦力，只要坡面不滑动，土坡就能保持稳定。如图 7.23 所示，斜坡上的某土颗粒 M 所受重力为 G，砂土内摩擦角为 φ，则土颗粒的重力 G 在坡面切向和法向的分量分别为

$$T = G\sin\beta, \quad N = G\cos\beta$$

而法向应力 N 在坡面上引起的摩擦力为

$$T' = N\tan\varphi = G\cos\beta\tan\varphi$$

式中：T——土颗粒 M 的下滑力；

T'——土颗粒 M 的抗滑力。

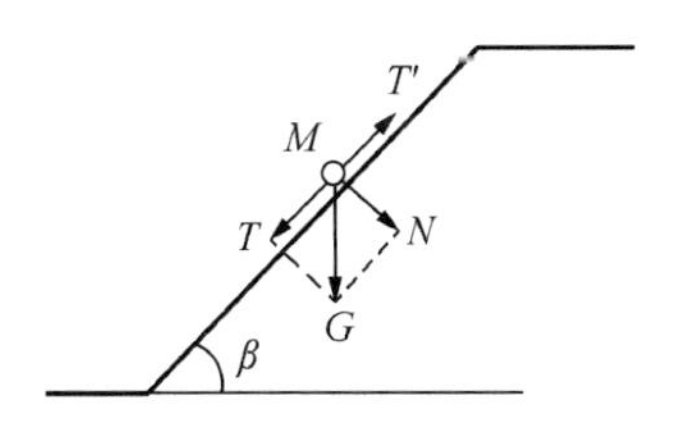

图 7.23　无黏性土土坡稳定性分析

抗滑力和滑动力的比值称为稳定性系数，用 k 表示，即

$$k=\frac{T'}{T}=\frac{G\cos\beta\tan\varphi}{G\sin\beta}=\frac{\tan\varphi}{\tan\beta} \tag{7.22}$$

由式7.22可知，当$\beta=\varphi$时，$k=1$，即抗滑力与滑动力相等，土坡达到极限平衡状态。可见，土坡稳定的极限坡角等于砂土的内摩擦角φ，此坡角被称作自然休止角。由式(7.22)可看出，无黏性土土坡的稳定性只与坡角有关，而与坡高无关，只要$\beta<\varphi$，土坡就是稳定的。

2. 黏性土土坡稳定性分析

常用的边坡稳定性分析的方法为以极限平衡理论为基础的条分法。条分法实际是一种刚体极限平衡分析法。其基本思路是：假定边坡的岩土体破坏是由于边坡内部分坡体沿滑动面滑动造成的。假设滑动面已知，通过考虑滑动面形成的隔离体的静力平衡，确定沿滑动面发生滑动时的破坏荷载，或者说判断滑动面上滑体的稳定状态或稳定程度。该滑动面是人为确定的，其形状可以是平面、圆弧面、对数螺旋面或其他不规则曲面。隔离体的静力平衡可以是滑动面上力的平衡或力矩的平衡。隔离体可以是一个整体，也可由若干人为分隔的竖向土条组成。由于滑动面是人为假定的，所以需要系统地求出一系列滑动面发生滑动时的破坏荷载，并从中找到可能存在的最危险的滑动面。

均质黏性土土坡失稳时，滑动面呈近似圆弧面的曲面，为了简化起见，可假设滑动面为圆柱面，在横断面上则呈现圆弧面，并按平面问题进行分析。

1）瑞典圆弧法

瑞典圆弧法又简称为瑞典法或费伦纽斯法(Fellenius，1927年)，是极限平衡方法中最早也是最简单的方法。

(1) 基本假定。

① 假定土坡稳定性问题属平面应变问题，即可取其一纵剖面为代表进行分析计算。

② 假定滑裂面为圆柱面，即在剖面上滑裂面为圆弧；弧面上的滑动土体视为刚体，即计算中不考虑滑动土体内部的相互作用力。

③ 定义土坡稳定性系数为滑裂面上所能提供的抗滑力矩之和与外荷载及滑动土体在滑裂面上所产生的滑动力矩和之比，所有力矩都以圆心O为矩心。

④ 采用条分法进行计算。

(2) 计算步骤。瑞典圆弧法是一种试算法。如图7.24所示，先将土坡按比例画出，然后任选一圆心，以R为半径作圆弧，形成假定的滑动面AC。

① 当土坡沿某一任选圆弧AC滑动时，可认为滑动体$ABCA$绕圆心O转动，取纵向1m长土坡进行分析，并将滑动土体$ABCA$分成许多竖向土条，土条宽度一般可取$b=0.1R$。假设不考虑土条两侧的条间作用力效应。

② 计算对圆心O点的滑动力矩和抗滑力矩。其中，滑动力矩M_s是由滑动体ABC的自重在滑动方向上的分力产生的；抗滑力矩M_R是由滑动面上的摩擦力和黏聚力产生的。

③ 计算土坡稳定性系数k。

$$k=\frac{抗滑力矩}{滑动力矩}=\frac{M_R}{M_s} \tag{7.23}$$

④ 通过试算法，找出稳定性系数最小值k_{min}对应的滑动面，即最危险滑动面，要求$k_{min}\geqslant 1.2$。

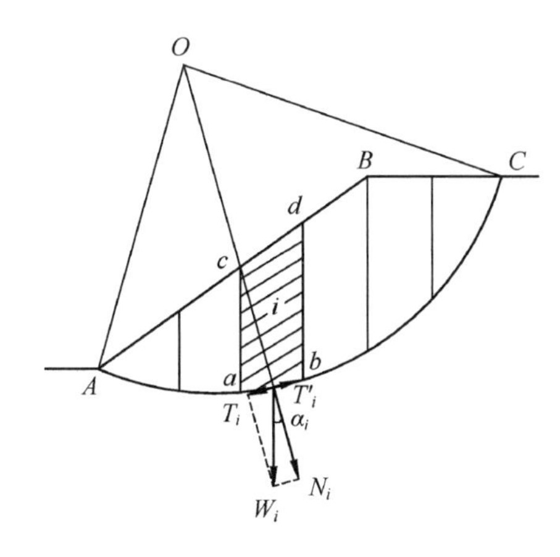

图 7.24　黏性土土坡稳定性分析

(3) 计算公式。

① 计算每一土条的重力 W_i，并将 W_i 分解为滑动面 ab 上的法向分力 N_i 和切向分力 T_i（忽略土条两侧面之间作用力的影响）。

$$N_i = W_i \cos\alpha_i \tag{7.24}$$

$$T_i = W_i \sin\alpha_i \tag{7.25}$$

② 计算土条对圆心 O 的总滑动力矩。

$$M_s = \sum_{i=1}^{n} RW_i \sin\alpha_i = R\sum_{i=1}^{n} W_i \sin\alpha_i \tag{7.26}$$

式中：n——土条的数目。

③ 计算各土条沿滑动面上的切向抗滑力。

$$T'_i = cl_i + N_i \tan\varphi = cl_i + W_i \cos\alpha_i \tan\varphi \tag{7.27}$$

式中：l_i——第 i 个土条的滑动面 ab 的长度，m。

④ 计算各土条抗滑力 T'_i 对圆心的总抗滑力矩。

$$M_R = \sum_{i=1}^{n} T'_i R = R\sum_{i=1}^{n} (cl_i + W_i \cos\alpha_i \tan\varphi) = R\left(cl_{AC} + \tan\varphi \sum_{i=1}^{n} W_i \cos\alpha_i\right) \tag{7.28}$$

式中：l_{AC}——圆弧 AC 的总长度，m。

⑤ 计算土坡稳定性系数

$$K = \frac{M_R}{M_s} = \frac{R\left(cl_{AC} + \tan\varphi \sum_{i=1}^{n} W_i \cos\alpha_i\right)}{R\sum_{i=1}^{n} W_i \sin\alpha_i} = \frac{cl_{AC} + \tan\varphi \sum_{i=1}^{n} W_i \cos\alpha_i}{\sum_{i=1}^{n} W_i \sin\alpha_i} \tag{7.29}$$

⑥ 求最小稳定性系数 $K_{\min}$，即找出最危险滑动面。重复①～⑤，选择不同的滑动面，得到相应的 K 值，取最小值即为 $K_{\min}$。

这种试算方法工作量很大，可用计算机完成。

该方法还可适用于各种复杂的条件，如非均质土坡、土坡形状比较复杂、坡顶作用有荷载、土坡内部作用有渗流力等。瑞典法曾被广泛应用，虽然求解简单，但计算误差较大，过于安全而造成浪费，所以目前瑞典法不再列入规范。

2)《建筑边坡工程技术规范》(GB 50330—2013)圆弧滑动法

计算土质边坡、极软岩边坡、破碎或极破碎岩质边坡的稳定性时，可采用圆弧形滑面。对于圆弧形滑动面，《规范》建议采用简化毕肖普法进行计算，通过多种方法的比较证明该方法有很高的准确性，已得到国内外的公认。

边坡稳定性计算时，对基本烈度为7度及7度以上地区的永久性边坡，应进行地震工况下边坡稳定性校核。当边坡可能存在多个滑动面时，对各个可能的滑动面均应进行稳定性计算。

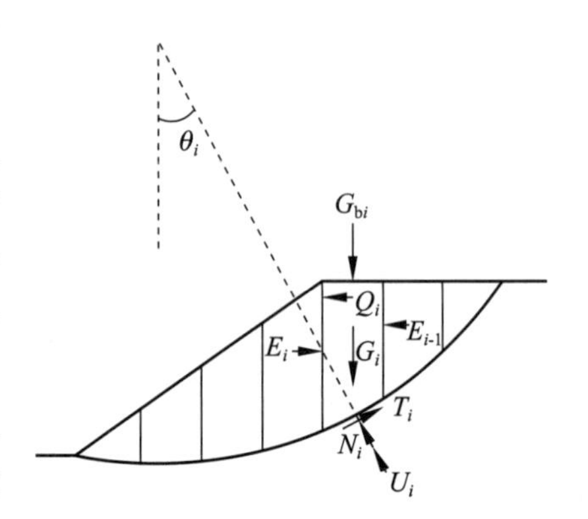

图 7.25 圆弧形滑面边坡计算示意

采用圆弧滑动法时，边坡稳定性系数可按下式计算(图 7.25)：

$$F_s = \frac{\sum_{i=1}^{n} \frac{1}{m_{\theta i}}[c_i l_i \cos\theta_i + (G_i + G_{bi} - U_i\cos\theta_i)\tan\varphi_i]}{\sum_{i=1}^{n}[(G_i + G_{bi})\sin\theta_i + Q_i\cos\theta_i]} \tag{7.30}$$

$$m_{\theta i} = \cos\theta_i + \frac{\tan\varphi_i \sin\theta_i}{F_s} \tag{7.31}$$

$$U_i = \frac{1}{2}\gamma_w (h_{wi} + h_{w,i-1}) l_i \tag{7.32}$$

式中：F_s——边坡稳定性系数；

c_i——第 i 计算条块滑面黏聚力，kPa；

φ_i——第 i 计算条块滑面内摩擦角，(°)；

l_i——第 i 计算条块滑面长度，m；

θ_i——第 i 计算条块滑面倾角，(°)，滑面倾向与滑动方向相同时取正值，滑面倾向与滑动方向相反时取负值；

U_i——第 i 计算条块滑面单位宽度总水压力，kN/m；

G_i——第 i 计算条块单位宽度自重，kN/m；

G_{bi}——第 i 计算条块单位宽度竖向附加荷载，kN/m；方向指向下方时取正值，指向上方时取负值；

Q_i——第 i 计算条块单位宽度水平荷载，kN/m；方向指向坡外时取正值，指向坡内时取负值；

h_{wi}、$h_{w,i-1}$——第 i 及第 $i-1$ 计算条块滑面前端水头高度，m；

γ_w——水重度，取 10kN/m³；

i——计算条块号，从后方起编；

n——条块数量。

边坡稳定性系数应不小于表7.1规定的稳定安全系数的要求，否则应对边坡进行处理。

表7.1 边坡稳定安全系数 F_{st}

稳定安全系数 \ 边坡工程安全等级 / 边坡类型		一级边坡	二级边坡	三级边坡
永久边坡	一般工况	1.35	1.30	1.25
	地震工况	1.15	1.10	1.05
临时边坡		1.25	1.20	1.15

注：1. 地震工况时，安全系数仅适用于塌滑区内无重要建(构)筑物的边坡。
2. 对地质条件很复杂或破坏后果极严重的边坡工程，其稳定安全系数应适当提高。

7.7.3 土质边坡开挖

开挖边坡包括场地开挖形成的边坡，浅基坑、槽和管沟开挖形成的边坡以及深基坑开挖形成的边坡。放坡开挖是最经济的挖土方案，当基坑开挖深度不大(软土地层中采用单级放坡开挖的基坑开挖深度不宜大于4m，采用多级放坡开挖的基坑开挖深度不宜大于7m；地下水位低且土质较好地区挖深也可较大)，周围环境允许，经验算能确保土坡的稳定性时，可采用放坡开挖。

1. 边坡坡度

挖方边坡坡度应根据使用时间(临时或永久性)、土的种类、物理力学性质(内摩擦角、黏聚力、密度、湿度)、水文情况等确定。对于永久性场地，挖方边坡坡度应按设计要求放坡，如设计无规定，可按表7.2确定。对使用时间较长的临时性挖方边坡坡度，应根据工程地质和边坡高度，结合当地实践经验确定。

表7.2 永久性土工构筑物挖方的边坡坡度

项次	挖 土 性 质	边坡坡度
1	在天然湿度、层理均匀、不易膨胀的黏土、粉质黏土和砂土(不包括细砂、粉砂)内的挖方，深度不超过3m	1∶1.00～1∶1.25
2	土质同上，深度为3～12m	1∶1.25～1∶1.50
3	干燥地区内土质结构未经破坏的干燥黄土及类黄土，深度不超过12m	1∶0.10～1∶1.25
4	在碎石土和泥灰岩土的地方，深度不超过12m，根据土的性质、层理特性和挖方深度确定	1∶0.50～1∶1.50
5	在风化岩内的挖方，根据岩石性质、风化程度、层理特性和挖方深度确定	1∶0.20～1∶1.50
6	在微风化岩石内的挖方，岩石无裂缝且无倾向挖方坡脚的岩层	1∶0.10
7	在未风化的完整岩石内的挖方	直立的

《规范》规定，在坡体整体稳定的条件下，土质边坡开挖时，边坡的坡度允许值应根据当

地经验参照同类土层的稳定坡度确定。当坡高在 10m 以内，土质良好且均匀、无不良地质现象、地下水不丰富时，可按表 7.3 确定。

表 7.3 土质边坡坡度允许值

土的类别	密实度或状态	坡度允许值(高宽比)	
		坡高在 5m 以内	坡高为 5～10m
碎石土	密实	1∶0.35～1∶0.50	1∶0.50～1∶0.75
	中密	1∶0.50～1∶0.75	1∶0.75～1∶1.00
	稍密	1∶0.75～1∶1.00	1∶1.00～1∶1.25
黏性土	坚硬	1∶0.75～1∶1.00	1∶1.00～1∶1.25
	硬塑	1∶1.00～1∶1.25	1∶1.25～1∶1.50

注：1. 表中碎石土的充填物为坚硬或硬塑状态的黏性土。

2. 对于砂土或充填物为砂土的碎石土，其边坡坡度允许值均按自然休止角确定。

对于浅基坑、槽和管沟开挖，当土质为天然湿度、构造均匀、水文地质条件良好(即不会发生坍滑、移动、松散或不均匀下沉)且无地下水时，开挖基坑也可不必放坡，采取直立开挖不加支护，但挖方深度应按表 7.4 的规定；如超过表 7.4 规定的深度，应根据土质和施工具体情况进行放坡，以保证不塌方。其临时性挖方的边坡值可按表 7.5 采用。

表 7.4 基坑(槽)和管沟不加支撑时的允许深度

项次	土 的 种 类	允许深度/m
1	密实、中密的砂和碎石类土(充填物为砂土)	1.00
2	硬塑、可塑的粉质黏土及粉土	1.25
3	硬塑、可塑的黏土和碎石类土(充填物为黏性土)	1.50
4	坚硬的黏土	2.00

表 7.5 临时性挖方边坡值

土的类别		边坡值(高宽比)
砂土(不包括细砂、粉砂)		1∶1.25～1∶1.50
一般性黏土	坚硬	1∶0.75～1∶1.00
	硬塑	1∶1.00～1∶1.25
碎石类土	充填坚硬、硬塑黏性土	1∶0.50～1∶1.00
	充填砂土	1∶1.00～1∶1.50

2. 放坡挖土的要求

1) 边坡开挖

(1) 边坡开挖应沿等高线自上而下，分层、分段依次进行。在边坡上采取多台阶同时进行机械开挖时，上台阶应比下台阶开挖进深不少于 30m，以防塌方。放坡开挖时，不得超挖，严禁负坡开挖。

(2) 土质边坡开挖时,应采取排水措施,边坡的顶部应设置截水沟。在任何情况下不允许在坡脚及坡面上积水。边坡台阶开挖,应做成一定坡势,以利于泄水。边坡下部设有护脚及排水沟时,应尽快处理台阶的反向排水坡,进行护脚矮墙和排水沟的砌筑和疏通,以保证坡脚不被冲刷以及在影响边坡稳定的范围内不积水,否则应采取临时性排水措施。

(3) 对软土土坡或易风化的软质岩石边坡,在开挖后应对坡面、坡脚采取喷浆、抹面、嵌补、护砌等保护措施,并做好坡顶、坡脚的排水,避免在影响边坡稳定的范围内积水。

(4) 放坡开挖时,黏性土分段开挖长度宜取 10～15m,分层开挖深度宜取 0.5～1.0m;砂土和碎石类土分段开挖长度宜取 5～10m,分层开挖深度宜取 0.3～0.5m。开挖时坡体土层宜预留 100～200mm 进行人工修坡。

(5) 边坡开挖时弃土应分散处理,不得将弃土堆置在坡顶及坡面上。当必须在坡顶或坡面上设置弃土转运站时,应进行坡体稳定性验算,严格控制堆栈的土方量。

(6) 边坡开挖后,应立即对边坡进行防护处理。

2) 基坑开挖

(1) 当场地条件允许,并经验算能保证边坡稳定性时,可采用放坡开挖,多级放坡时应同时验算各级边坡和多级边坡的整体稳定性,坡脚附近有局部坑内深坑时,应按深坑深度验算边坡稳定性。

(2) 应根据土层性质、开挖深度、荷载等通过计算确定坡体坡度、放坡平台宽度,多级放坡开挖的基坑,坡间放坡平台宽度不宜小于 3.0m。

(3) 无截水帷幕放坡开挖基坑采取降水措施的,降水系统宜设置在单级放坡基坑的坡顶,或多级放坡基坑的放坡平台和坡顶。当设置截水帷幕时,帷幕底部应进入相对不透水层或开挖面以下一定深度。地下水位应降至基底下 0.5～1.0m。

(4) 放坡开挖的基坑应在坡顶和坡脚设置排水沟,排水沟宜设置在距坡脚和坡顶不小于 0.5m 的位置,排水沟需设置内部防水,沟内的明水需及时排出。

(5) 坡体表面可根据基坑开挖深度、基坑暴露时间、土质条件等情况采取护坡措施,护坡宜采用现浇钢筋混凝土,也可采用钢筋网喷射混凝土或钢筋网水泥砂浆等方式。护坡面层宜扩展至坡顶和坡脚一定的距离,坡顶可与施工道路相连,坡脚可与垫层相连。

(6) 现浇钢筋混凝土和钢筋网喷射混凝土护坡面层的厚度不宜小于 50mm,混凝土强度等级不应低于 C20,面层钢筋应双向设置,钢筋直径不宜小于 6mm,间距不宜大于 250mm。钢筋网水泥砂浆护坡面层的厚度不宜小于 30mm,砂浆强度等级不宜低于 M5,垂直于坡面的插筋间距不宜大于 1.0m。

(7) 边坡位于浜填土区域,应采用土体加固等措施后方可进行放坡开挖。

(8) 放坡开挖基坑的坡顶及放坡平台的施工荷载应符合设计要求。坡顶不宜堆土或存在堆载(材料或设备),遇有不可避免的附加荷载时,在进行边坡稳定性验算时应计入附加荷载的影响。基坑边缘堆置土方和建筑材料,或沿挖方边缘移动运输工具和机械时,一般应距基坑上部边缘不少于 2m,堆置高度不应超过 1.5m。在垂直的坑壁边,此安全距离还应适当加大。

(9) 机械挖土时应避免超挖。基坑开挖至坑底标高应在验槽后及时进行垫层施工,垫层宜浇筑至坡脚。

(10) 机械挖土时,坑底以上 200～300mm 范围内的土方应采用人工修底的方式挖除。

放坡开挖的基坑边坡应采用人工修坡的方式。

小　结

本章主要介绍了土压力的形成、朗肯和库仑土压力理论、重力式挡土墙的设计以及土坡稳定性的分析方法。

土压力的性质和大小与支挡结构位移方向和位移量直接相关,并由此形成了三种土压力,即静止土压力、主动土压力和被动土压力。

静止土压力的计算方法由水平向自重应力计算公式演变而来,朗肯土压力计算公式由土的极限平衡条件推导而来,库仑土压力公式则是由滑动土楔的静力平衡条件推导获得。各种土压力公式都有其适用条件,应用中应引起注意。

重力式挡土墙的设计除需进行各种验算外,还必须合理地选择墙型和采取必要的构造措施。

各类边坡的坡度允许值需根据具体情况经过计算或采取经验数值,结合当地实践经验确定。黏性土土坡稳定性分析多采用圆弧滑动条分法,一般可借助计算机完成计算。

开挖边坡包括场地开挖形成的边坡,浅基坑、槽和管沟开挖形成的边坡以及深基坑开挖形成的边坡。对于边坡和基坑挖土,提出了不同要求。

思 考 题

1. 土压力有哪几种类型？影响土压力大小及分布的最主要的因素是什么？

2. 朗肯土压力理论有何假设条件？适用于什么范围？主动土压力系数 K_a 与被动土压力系数 K_p 如何计算？

3. 库仑土压力理论有何假设条件？适用于什么范围？

4. 挡土墙后填土的质量要求是什么？

5. 影响土坡稳定的因素有哪些？

6. 什么是砂土的自然休止角？

7. 土坡稳定性分析圆弧滑动法中的稳定性系数的含义是什么？最危险滑动面如何确定？

第8章 地基勘察与局部地基处理

学习目标

知识目标

1. 知晓岩土工程勘察的四个阶段,了解岩土工程勘察等级的划分。

2. 了解地基勘察的任务和地基勘察方法,了解地基土的野外鉴别和描述。

3. 能叙述地基勘察报告书(详勘报告)包含的内容。

4. 能够描述验槽的目的和基本内容、验槽时需具备的资料和条件。

5. 知晓验槽的方法和注意事项,掌握轻便触探的方法。

6. 能描述常见的基槽局部问题的处理方法。

能力目标

1. 会阅读地基勘察报告,能正确查找土的物理力学指标,对地基状况有正确、全面的了解。

2. 能够进行钎探点的布置,分析钎探结果。

8.1 地基勘察基本概念

8.1.1 岩土工程勘察

岩土工程勘察是根据建设工程的要求,查明、分析、评价建设场地的地质、环境特征和岩土工程条件,编制勘察文件的活动。勘察工作的主要任务是针对岩土的分布和工程特征、地下水的赋存及其变化、不良地质作用和地质灾害等,查明情况、提供数据、分析评价和提出处理建议。各项建设工程在设计和施工之前,必须按基本建设程序进行岩土工程的勘察。

8.1.2 岩土工程勘察阶段的划分

场地是指工程建筑所处的和直接使用的土地,而地基则是指场地范围内直接承托建筑物基础的岩土体。

建筑物的岩土工程勘察宜分阶段进行,一般划分如下。

(1) 可行性研究勘察(或称选择场址勘察)。应符合选择场址方案的要求,对拟建场地的稳定性或适宜性作出评价。

(2) 初步勘察。应符合初步设计的要求，对场地内拟建建筑地段的稳定性作出评价。

(3) 详细勘察。应符合施工图设计的要求，对建筑地基作出岩土工程评价。

(4) 施工勘察。施工勘察不作为一个固定阶段，视工程的实际情况而定，对场地条件复杂或有特殊要求的工程，宜进行施工勘察。所谓有特殊要求的工程是指有特殊意义，一旦损坏将造成生命财产重大损失，或产生重大社会影响的工程。施工勘察包括施工阶段的勘察和竣工后一些必要的勘察工作(如检验地基加固效果等)。如果地基基础经过检验(天然地基的基坑或基槽开挖后验槽，桩基工程试钻或试打)所揭示的岩土条件与勘察资料不符或发现必须查明的异常情况时，应进行施工勘察。《建筑地基基础工程施工质量验收规范》(GB 50202—2018)规定，遇到下列情况之一时，应进行专门的施工勘察。

① 工程地质与水文地质条件复杂，出现详勘阶段难以查清的问题时；

② 开挖基槽发现土质、地层结构与勘察资料不符时；

③ 施工中地基土受严重扰动，天然承载力减弱，需进一步查明其性状及工程性质时；

④ 开挖后发现需要增加地基处理或改变基础形式，已有勘察资料不能满足需求时；

⑤ 施工中出现新的岩土工程或工程地质问题，已有勘察资料不能充分判别新情况时。

大型边坡的专门性勘察中，施工勘察应配合施工开挖进行地质编录，核对、补充前阶段的勘察资料，必要时进行施工安全预报，提出修改设计的建议。

场地较小且无特殊要求的工程可合并勘察阶段。当建筑物平面布置已经确定，且场地或其附近已有岩土工程资料时，可根据实际情况直接进行详细勘察。

讨论

详细勘察和施工勘察分别在什么阶段进行?

各勘察阶段的任务、要求、勘察方法以及具体细则，如勘探线、勘探点的布置，勘探孔的深度及取样数量等，详见《岩土工程勘察规范》(GB 50021—2001)(2009 年版)。

8.1.3 岩土工程勘察等级

工程建设项目的岩土工程勘察任务、工作内容、勘察方法、工作量的大小等取决于工程的技术要求和规模、工程的重要性、建筑场地和地基的复杂程度等因素。

《岩土工程勘察规范》根据工程重要性等级、场地复杂程度等级和地基复杂程度等级，将岩土工程勘察等级划分为甲级、乙级和丙级。

8.1.4 地基勘察

本章所述地基勘察主要是指建筑总平面确定后的施工图设计阶段的勘察，也就是详细勘察，即把勘察工作的主要对象缩小到具体建筑物的地基范围内。由于场地和地基是不可分割开的，因此也涉及场地勘察的内容。

8.2 地基勘察的任务

8.2.1 地基勘察的基本要求

《岩土工程勘察规范》以强制性条文的方式规定如下。详细勘察应按单体建筑物或建筑群给出详细的岩土工程资料和设计、施工所需的岩土参数；对建筑地基作出岩土工程评价，并对地基类型、基础形式、地基处理、基坑支护、工程降水和不良地质作用的防治等提出建议。主要应进行下列工作。

(1) 搜集附有坐标和地形的建筑总平面图，场区的地面整平标高，建筑物的性质、规模、荷载、结构特点、基础形式、埋置深度、地基允许变形等资料。

(2) 查明不良地质作用的类型、成因、分布范围、发展趋势和危害程度，提出整治方案的建议。

(3) 查明建筑范围内岩土层的类型、深度、分布、工程特性，分析和评价地基的稳定性、均匀性和承载力。

(4) 对需进行沉降计算的建筑物，提供地基变形计算参数，预测建筑物的变形特征。

(5) 查明埋藏的河道、沟浜、墓穴、防空洞、孤石等对工程不利的埋藏物。

(6) 查明地下水的埋藏条件，提供地下水位及其变化幅度。

(7) 在季节性冻土地区，提供场地土的标准冻结深度。

(8) 判定水和土对建筑材料的腐蚀性。

除上述强制性条文外，对于抗震设防区、建筑物采用桩基础、基坑工程，《岩土工程勘察规范》对勘察工作另有规定。

详细勘察应论证地下水在施工期间对工程和环境的影响。对于情况复杂的重要工程，需论证施工期间水位变化和需提出抗浮设防水位时，应进行专门研究。

8.2.2 基坑工程勘察的要求

基坑工程的勘察很少单独进行，大多与地基勘察一并完成。本节内容主要适用于土质基坑。对于岩质基坑，应根据场地的地质构造、岩体特征、风化情况、基坑开挖深度等，按当地标准或当地经验进行勘察。

1. 勘察阶段

需进行基坑设计的工程，勘察时应包括基坑工程勘察的内容；可分阶段进行，一般分为初步勘察阶段、详细勘察阶段和施工勘察阶段。

2. 勘察要求

在初步勘察阶段，应根据岩土工程条件，初步判定开挖可能发生的问题和需要采取的支护措施；在详细勘察阶段，应针对基坑工程设计的要求进行勘察；在施工阶段，必要时尚应进行补充勘察。

1）工程地质勘察

在受基坑开挖影响和可能设置支护结构的范围内，应查明岩土分布，分层提供支护设计所需的抗剪强度指标。土的抗剪强度试验方法应与基坑工程设计要求一致，符合设计采用的标准，并应在勘察报告中说明。

土的抗剪强度是基坑支护设计最重要的参数，但不同的试验方法会得出不同的结果。由于三轴试验受力明确，可以控制排水条件，因此《规范》中规定，在基坑工程中确定土的抗剪强度指标时应采用三轴剪切试验方法。《规范》还对土的强度指标的选取做出了规定。

周边环境调查。环境保护是深基坑工程的重要任务之一，在建筑物密集、交通流量较大的城区尤其突出。由于对周边建(构)筑物和地下管线情况不了解，盲目开挖造成损失的事例很多，有的后果十分严重，因此，基坑工程勘察应进行环境状况的调查，查明邻近建筑物和地下设施的现状、结构特点以及开挖变形的承受能力(对地面建筑物可通过观察、访问和查阅档案资料进行了解，对地下管线可通过地面标志、档案资料进行了解)。在城市地下管网密集分布区，可通过地理信息系统或其他档案资料了解管线的类别、平面位置、埋深和规模。如确实搜集不到资料，必要时应采取开挖、物探、专用仪器或其他有效方法进行地下管线探测。

基坑周边环境调查的范围应符合下列要求：应调查基坑周边 2 倍开挖深度范围内建(构)筑物及设施的状况，当附近有轨道交通设施、隧道、防汛墙等重要建(构)筑物及设施，或降水深度较大时，应扩大调查范围。

《建筑基坑支护技术规程》(JGJ 120—2012)对基坑周边环境调查内容如下。

(1) 既有建筑物的结构类型、层数、位置、基础形式和尺寸、埋深、使用年限、用途等。

(2) 各种既有地下管线、地下构筑物的类型、位置、尺寸、埋深等；对既有供水、污水、雨水等地下输水管线，尚应包括其使用状况及渗漏状况。

(3) 道路的类型、位置、宽度、道路行驶情况、最大车辆荷载等。

(4) 基坑开挖与支护结构使用期内施工材料、施工设备等临时荷载的要求。

(5) 雨期时的场地周围地表水汇流和排泄条件。

2）水文地质勘察

《岩土工程勘察规范》以强制性条文的方式规定：当场地水文地质条件复杂，在基坑开挖过程中需要对地下水进行控制(降水或隔渗)，且已有材料不能满足要求时，应进行专门的水文地质勘察。

深基坑工程的水文地质勘察工作不同于供水水文地质勘察，其目的包括两个方面：一是满足降水设计(包括降水井的布置和井管设计)需要；二是满足对环境影响评估的需要。前者按通常的供水水文地质勘察的方法即可满足要求；后者因涉及的问题较多，所以要求更高。当基坑开挖可能产生流砂、流土、管涌等渗透性破坏时，应有针对性地进行勘察，分析评价其产生的可能性及对工程的影响。当基坑开挖过程中有渗流时，地下水的渗流作用宜通过渗流计算确定。

应查明场区水文地质资料以及与降水有关的参数，主要包括下列内容。

(1) 地下水的类型、地下水位高程及变化幅度。

(2) 各含水层的水力联系、补给、径流条件及土层的渗透系数。

(3) 分析流砂、管涌产生的可能性。

(4) 提出施工降水或隔水措施以及评估地下水位变化对场区环境造成的影响。

8.3　地基勘察方法

岩土工程勘察中,可采用的勘察方法有工程地质测绘与调查、勘探、原位测试与室内试验等。《规范》对不同地基基础设计等级建筑物的地基勘察方法、测试内容提出了不同要求:设计等级为甲级的建筑物应提供荷载试验指标、抗剪强度指标、变形参数指标和触探资料;设计等级为乙级的建筑物应提供抗剪强度指标、变形参数指标和触探资料;设计等级为丙级的建筑物应提供触探及必要的钻探和土工试验资料。

8.3.1　工程地质测绘与调查

工程地质测绘与调查的目的是通过对场地的地形地貌、地层岩性、地质构造、地下水与地表水、不良地质现象等进行调查研究与必要的测绘工作,为评价场地工程条件及合理确定勘探工作提供依据。对建筑场地的稳定性和适宜性进行研究是工程地质调查和测绘的重点问题。

工程地质测绘与调查宜在可行性研究或初步勘察阶段进行。在可行性研究阶段搜集资料时,宜包括航空照片、卫星相片的解译结果。在详细勘察阶段可对某些专门地质问题(如滑坡、断裂等)作必要的补充调查。

8.3.2　勘探

勘探是查明岩土的性质和分布的必要手段。采取岩土试样或进行原位测试时,常用的勘探方法有钻探、井探、槽探、洞探和地球物理勘探等。

1. 钻探

钻探是用钻机在地层中钻孔,以鉴别和划分地层,观测地下水位,并可沿孔深取样,用以测定岩石和土层的物理力学性质。此外,土的某些性质也可直接在孔内进行原位测试。

钻探方法一般分为回转式、冲击式、振动式和冲洗式四种。回转式是利用钻机的回转器带动钻具旋转,磨削孔底地层而钻进(图 8.1)。通常使用管状钻具,能取柱状岩芯标本。冲击式是利用钻具的重力和向下冲击力使钻头击碎孔底地层形成钻孔,以抽筒提取岩石碎块或扰动土样。振动式是将振动器高速振动所产生的振动力,通过连接杆及钻具传到圆筒形钻头周围的土中,使钻头依靠钻具和振动器的重力进入土层。冲洗式则是在回转钻进和冲击钻进的过程中使用了冲洗液。

图 8.1　回转式钻机

《岩土工程勘察规范》根据岩土类别和勘察要求,给出了各种钻探方法的适用范围。

另外,对浅部土层的勘探可采用人力钻,如小口径麻花钻(或提土钻)、小口径勺形钻、洛阳铲等。

钻探成果可用钻孔野外柱状图或分层记录表示;岩

土芯样可根据工程要求保存一定期限或长期保存，也可拍摄岩芯、土芯彩色照片纳入勘察成果资料。

2. 井探、槽探和洞探

当钻探方法难以准确查明地下情况时，可采用探井、探槽进行勘探。在坝址、地下工程、大型边坡等勘察中，当需要详细查明深部岩层性质、构造特征时，可采用竖井或平洞。这些方法的特点是可以取得直观资料和原状土样。探井的平面形状为矩形或圆形，探井的深度不宜超过地下水位。较深的探井应支护井壁以保证安全。探槽示意图如图 8.2 所示。

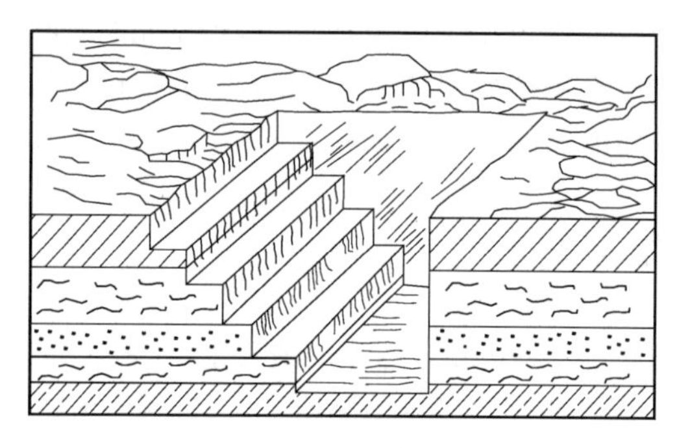

图 8.2 探槽示意图

对探井、探槽和探洞除文字描述记录外，尚应以剖面图、展示图等反映井、槽、洞壁和底部的岩性、地层分界、构造特征、取样和原位试验位置，并辅以代表性部位的彩色照片。

3. 地球物理勘探

地球物理勘探(简称物探)也是一种兼有勘探和测试双重功能的技术。物探之所以能够被用来研究和解决各种地质问题，主要是因为不同的岩石、土层和地质构造往往具有不同的物理性质，利用诸如其导电性、磁性、弹性、湿度、密度、天然放射性等的差别，通过专门的物探仪器的量测，就可区别和推断有关地质问题。

常用的物探方法主要有电法、电磁法、地震波法和声波法、地球物理测井(放射性测井、电测井、电视测井)等。

8.3.3 室内试验与原位测试

在土工实验室或现场原位进行测试工作，可以取得土和岩石的物理力学性质与地下水的水质等定量指标。

室内试验项目应根据岩土类别、工程类型、工程分析计算要求确定。例如，对黏性土、粉土一般应进行天然密度、天然含水量、土粒相对密度、液限、塑限、压缩系数及抗剪强度(采用三轴仪或直剪仪)试验。

原位测试包括静荷载试验、旁压试验、十字板剪切试验、土的现场直接剪切试验、地基土的动参数测定、触探试验等，有时，还要进行地下水位变化和抽水试验等测试工作。一般来说，原位测试能在现场条件下直接测定土的性质，避免试样在取样、运输以及室内试验操作过程中被扰动后导致测定结果失真，因此其结果较为可靠。

触探是通过探杆用静力或动力将金属探头贯入土层，并量测能表征土对触探头贯入的阻抗能力的指标，从而间接判断土层及其性质的一类勘探方法和原位测试技术。作为勘探手段，触探可用于划分土层，了解地层的均匀性，但应与钻探等其他勘探方法配合使用，以取得良好的效果；作为测试技术，触探可估计地基承载力和土的变形指标。

触探分为静力触探和动力触探。

1）静力触探

静力触探试验是用静力匀速地将标准规格的探头压入土中，利用电测技术同时量测探头阻力，测定土的力学特性，具有勘探和测试双重功能。它适用于软土、一般黏性土、粉土、砂土和含少量碎石的土。

静力触探设备的核心部分是探头。探头按结构分为单桥探头、双桥探头和带孔隙水压力量测的单、双桥探头。触探杆将探头匀速贯入土层时，探头通过安装在其上的电阻应变片可以测定土层作用于探头的锥尖阻力和侧壁阻力。

单桥探头所测到的是包括锥尖阻力和侧壁阻力在内的总贯入阻力 Q(kN)。通常用比贯入阻力 p_s(kPa)表示，即

$$p_s = \frac{Q}{A} \tag{8.1}$$

式中：A——探头截面面积，m^2。

双桥探头则可同时分别测出锥尖总阻力 Q_c(kN)和侧壁总摩阻力 Q_s(kN)。通常以锥尖阻力 q_c(kPa)和侧壁摩阻力 f_s(kPa)表示，即

$$q_c = \frac{Q_c}{A} \tag{8.2}$$

$$f_s = \frac{Q_s}{S} \tag{8.3}$$

式中：S——锥头侧壁摩擦筒的表面积，m^2。

根据锥尖阻力 q_c和侧壁摩阻力 f_s可计算同一深度处的摩阻比 R_f为

$$R_f = \frac{f_s}{q_c} \times 100\% \tag{8.4}$$

根据静力触探试验资料，可绘制深度(z)与各种阻力的关系曲线(贯入曲线)，包括 p_s-z 曲线、q_c-z 曲线、f_s-z 曲线、R_f-z 曲线。根据贯入曲线的线形特征，结合相邻钻孔资料和地区经验，可划分土层和判定土类，计算各土层静力触探有关试验数据的平均值，或对数据进行统计分析，提供静力触探数据的空间变化规律。另外，根据静力触探资料，利用地区经验，还可进行力学分层，估算土的塑性状态或密实度、强度、压缩性、地基承载力、单桩承载力、沉桩阻力，进行液化判别等。

2）动力触探

动力触探是将一定质量的穿心锤，以一定高度使其自由下落，将探头贯入土中，然后记录贯入一定深度的锤击次数，以此判别土的性质。动力触探设备主要由触探头、触探杆和穿心锤三部分组成。根据探头的形式不同，分为标准贯入试验和圆锥动力触探试验两种类型。

(1) 标准贯入试验

标准贯入试验应与钻探工作相配合，其设备是在钻机的钻杆下端连接标准贯入器，将质

量为 63.5kg 的穿心锤套在钻杆上端组成的，如图 8.3 和图 8.4 所示。试验时，穿心锤以 76cm 的落距自由下落，将贯入器垂直打入土层中 15cm(此时不计锤击数)，随后打入土层 30cm 的锤击数即为标准贯入试验锤击数 N。

图 8.3　标准贯入试验

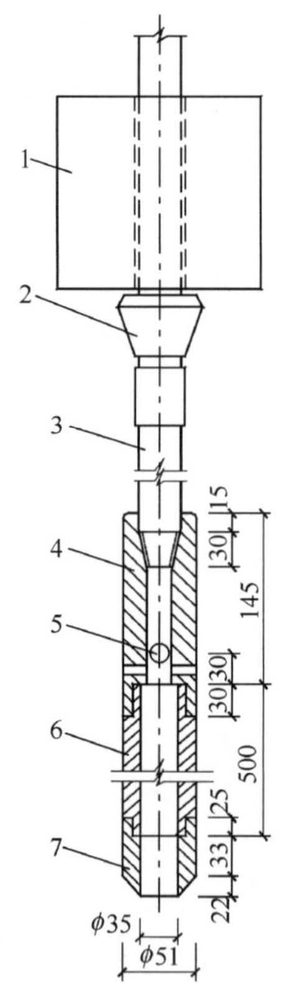

图 8.4　标准贯入试验设备(单位：mm)

1—穿心锤；2—锤垫；3—触探杆；4—贯入器头；5—出水孔；

6—由两半圆形管合成的贯入器身；7—贯入器靴

试验后拔出贯入器，取出其中的土样进行鉴别描述。根据标准贯入试验锤击数 N，可对砂土、粉土和一般黏性土的物理状态、土的强度、变形参数、地基承载力、单桩承载力，以及成桩的可能性等作出评价，还可以它作为判定砂土和粉土是否可液化的主要依据。

标准贯入试验不适用于软塑～流塑软土。

(2) 圆锥动力触探试验

圆锥动力触探根据锤击能量的不同分为为轻型、重型和超重型三种，其规格和适用土类如表 8.1 所示。其中，轻型圆锥动力触探也称为轻便触探，其设备如图 8.5 所示。

表 8.1　圆锥动力触探类型

类　型		轻　型	重　型	超重型
落锤	锤的质量/kg	10	63.5	120
	落距/cm	50	76	100
探头	直径/mm	40	74	74
	锥角/(°)	60	60	60
探杆直径/mm		25	42	50～60
指标		贯入 30cm 的读数 N_{10}	贯入 10cm 的读数 $N_{63.5}$	贯入 10cm 的读数 N_{120}
主要适用岩土		浅部的填土、砂土、粉土、黏性土	砂土、中密以下的碎石土、极软岩	密实和很密的碎石土、软岩、极软岩

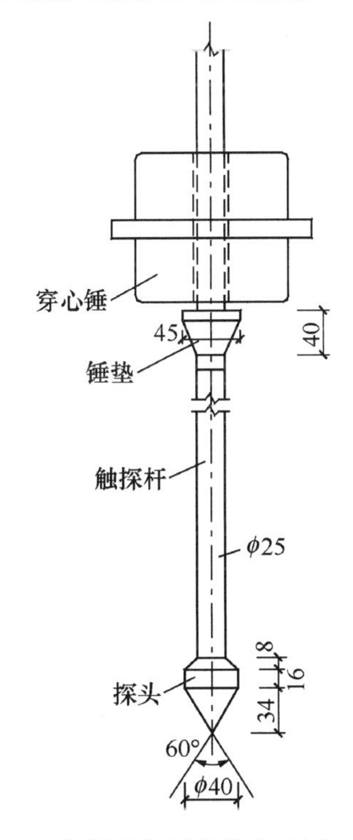

图 8.5　轻便触探试验设备(单位:mm)

轻型圆锥动力触探的优点是轻便，对于施工验槽、填土勘察及查明局部软弱土层、洞穴等分布均有实用价值。重型圆锥动力触探是应用最广泛的一种，其规格标准与国际通用标准一致。

根据圆锥动力触探试验指标和地区经验，可进行力学分层，评定土的均匀性和物理性质(状态、密实度)、土的强度、变形参数、地基承载力、单桩承载力，查明土洞、滑动面、软硬土层界面,检测地基处理效果等。

讨论

比较一下标准贯入试验和轻型圆锥动力触探试验的异同。

8.4 地基土的野外鉴别

野外鉴别地基土没有专门的仪器设备,主要凭感觉和经验。对于碎石土和砂土的鉴别方法,利用日常熟悉的食品如绿豆、小米、砂糖、玉米面的颗粒作为标准进行对比鉴别,如表8.2所示。对黏性土与粉土的鉴别方法,根据手搓滑腻感或砂粒感等感觉加以区分和鉴别,如表8.3所示。新近沉积黏性土的野外鉴别方法如表8.4所示。

表8.2 碎石土与砂土的野外鉴别

类别	土的名称	观察颗粒粗细	干土状态	湿土状态	湿润时用手拍击
碎石土	卵石(碎石)	一半以上(指质量,下同)颗粒接近或超过干枣大小(约20mm)	完全分散	无黏着感	表面无变化
	圆砾(角砾)	一半以上颗粒接近或超过绿豆大小(约2mm)			
砂土	砾砂	1/4以上颗粒接近或超过绿豆大小			
	粗砂	一半以上颗粒接近或超过小米粒大小			
	中砂	一半以上颗粒接近或超过砂糖	基本分散		表面偶有水印
	细砂	颗粒粗细类似于粗玉米面		偶有轻微黏着感	接近饱和时表面有水印
	粉砂	颗粒粗细类似于细白糖	颗粒部分分散,部分轻微胶结		接近饱和时表面翻浆

表8.3 黏性土与粉土的野外鉴别

土的名称	湿润时用刀切	湿土用手捻摸时的感觉	土的状态		湿土搓条情况
			干土	湿土	
黏土	切面光滑,有黏刀阻力	有滑腻感,感觉不到有砂粒,水分较大,很黏手	土块坚硬,用锤才能打碎	易黏着物体,干燥后不易剥去	塑性大,能搓成直径小于0.5mm的长条(长度不短于手掌),手持一端不易断裂

续表

土的名称	湿润时用刀切	湿土用手捻摸时的感觉	土的状态		湿土搓条情况
			干土	湿土	
粉质黏土	稍有光滑面，切面平整	稍有滑腻感，有黏滞感，感觉到有少量砂粒	土块用力可压碎	能黏着物体，干燥后较易剥去	有塑性，能搓成直径为2～3mm的土条
粉土	无光滑面，切面稍粗糙	有轻微黏滞感或无黏滞感，感觉到砂粒较多、粗糙	土块用手捏或抛扔时易碎	不易黏着物体，干燥后一碰就掉	塑性小，难搓成直径为2～3mm的短条
砂土	无光滑面，切面粗糙	无黏滞感，感觉到全是砂粒、粗糙	松散	不能黏着物体	无塑性，不能搓成土条

表8.4 新近沉积黏性土的野外鉴别

沉积环境	颜色	结构性	含有物
河滩及部分山前洪冲积扇的表层，古河道及已填塞的湖塘沟谷及河道泛滥区	深且暗，呈褐栗、暗黄或灰色，含有机质较多时呈黑色	结构性差，用手扰动原状土样显著变软，粉性土有振动液化现象	无自身形成的粒状结核体，但可含有一定磨圆度的外来钙质结核体(如礓结石)及贝壳等；在城镇附近可能含有少量碎砖、瓦片、陶瓷及钱币、朽木等人类活动的遗物

8.5 地基勘察成果报告

8.5.1 勘察报告的基本内容

地基勘察的最终成果是以报告书的形式提出的。勘察进行工作结束后，把取得的野外勘察资料、室内试验记录与数据、收集的各种直接与间接资料进行分析整理、检查校对、归纳总结后作出建筑场地的工程地质评价。最后以简要明确的文字和图表编成报告书。

岩土工程勘察报告应根据任务要求、勘察阶段、工程特点和地质条件等具体情况编写。岩土工程勘察报告应资料完整、真实准确、数据无误、图表清晰、结论有据、建议合理、便于使用和适宜长期保存，并应因地制宜，重点突出，有明确的工程针对性。一般应包括下列内容(强制性条文)。

(1) 勘察目的、任务要求和依据的技术标准。

(2) 拟建工程概况。

(3) 勘察方法和勘察工作布置。

(4) 场地地形、地貌、地层、地质构造、岩土性质及其均匀性。

(5) 各项岩土性质指标，岩土的强度参数、变形参数、地基承载力的建议值。

(6) 地下水埋藏情况、类型、水位及其变化。

(7) 土和水对建筑材料的腐蚀性。

(8) 可能影响工程稳定性的不良地质作用的描述和对工程危害程度的评价。

(9) 场地稳定性和适宜性的评价。

岩土工程勘察报告应对岩土利用、整治和改造的方案进行分析论证并提出建议;宜进行不同方案的技术经济论证,提出对设计、施工和现场监测要求的建议;对工程施工和使用期间可能发生的岩土工程问题进行预测,提出监控和预防措施的建议。

成果报告应附下列图表。

(1) 勘探点平面布置图。

(2) 工程地质柱状图。

(3) 工程地质剖面图。

(4) 原位测试成果图表。

(5) 室内试验成果图表。

当需要时,尚可附综合工程地质图、综合地质柱状图、地下水等水位线图、素描、照片、综合分析图表,以及岩土利用、整治和改造方案的有关图表和岩土工程计算简图及计算成果图表等。

对于甲级岩土工程勘察的成果报告除应符合上述规范规定外,尚可对专门性的岩土工程问题提交专门的试验报告、研究报告或监测报告;对于丙级岩土工程勘察的成果报告内容可适当简化,采用以图表为主,辅以必要的文字说明。

8.5.2 勘察报告中与基坑工程有关的内容

基坑工程勘察,应根据开挖深度、岩土和地下水条件以及环境要求,对基坑边坡的处理方式提出建议。

基坑工程勘察应针对以下内容进行分析,提供有关计算参数和建议。

(1) 边坡的局部稳定性、整体稳定性和坑底抗隆起稳定性。

(2) 坑底和侧壁的渗透稳定性。

(3) 挡土结构和边坡可能发生的变形。

(4) 降水效果和降水对环境的影响。

(5) 开挖和降水对邻近建筑物与地下设施的影响。

岩土工程勘察报告中与基坑工程有关的部分应包括下列内容。

(1) 与基坑开挖有关的场地条件、土质条件和工程条件。

(2) 提出处理方式、计算参数和支护结构选型的建议。

(3) 提出地下水控制方法、计算参数和施工控制的建议。

(4) 提出施工方法和施工中可能遇到的问题,并提出防治措施与建议。

(5) 提出施工阶段的环境保护和监测工作的建议。

讨论

基坑工程勘察与一般地基勘察的区别是什么?

8.5.3 勘察报告的阅读和使用

施工一线技术人员在阅读勘察报告时，首先应熟悉勘察报告的主要内容，对勘察报告有一个全面的了解，复核勘察资料提供的土的物理力学指标是否与土性相符，然后在此基础上查看场地的地形地貌、地层分布情况，用于基槽开挖时土层比对。查看地下水埋藏情况、类型、水位及其变化，用于施工降水方案的制订；查看相关土的类别和物理力学指标，用于边坡放坡或基坑支护设计；查看地基均匀性评价和持力层地基承载力，用于验槽时比对；同时还应特别注意勘察报告就岩土整治和改造以及施工措施方面的结论和建议。在阅读时，勘察报告中的文字和图件应相互配合一起阅读。

8.5.4 勘察报告实例

某工程勘察报告摘要如下。

1. 工程概况

某岩土工程有限责任公司受某房地产开发有限公司委托，对其拟建某厂住宅楼工程7号楼及地下车库场地进行岩土工程勘察工作。工程重要性等级为三级，场地等级为二级，地基等级为三级，岩土工程勘察等级为乙级。勘察阶段为详细勘察。拟建建筑物特征如表8.5所示。

表8.5　拟建建筑物特征

建筑物	结构类型	基础形式	基底压力（标准组合）/kPa	基础埋深（室外地坪下）/m	层数	建筑高度/m	地基基础设计等级
7号楼	砖混	筏形基础	115	2.25	地上5层 地下1层	18.5	乙级
车库	砖混	筏形基础	80	2.25	地下1层		丙级

2. 勘察的目的和要求

(1) 查明场地地层结构和岩土性质。

(2) 查明地下水情况及对工程的影响。

(3) 提供地基承载力及变形参数。

(4) 查明有无不良地质现象。

(5) 判定场地土类型、场地类别、地震液化情况。

(6) 对场地的稳定性和适宜性作出评价。

(7) 对地基均匀性作出评价。

(8) 对地基基础设计方案提出建议。

3. 勘察工作

1) 勘察方法

勘察采用钻探(DPP－1004E型钻机，螺旋回转钻进，静压法取土)、静力触探、标准贯入试验及室内土工试验，综合确定土层的有关参数。

报告中钻孔标高测量采用DS3普通水准仪。以拟建场地南部已建5层住宅楼±0.000进行标高引测，采用绝对标高，以向阳街与前进路交叉点作为勘探点相对坐标的(0,0)点。

2）勘察工作量

根据勘察的任务和要求，沿建筑物周边线及角点共布置勘探点9个，完成的勘察工作量见勘探点一览表(表8.6)。勘察中共取土样74个，进行了室内常规试验，持力层及主要受力层做了三轴(不固结不排水)剪切试验，根据土工试验结果及静力触探试验数据，对地基土进行了分层统计。

表8.6 勘探点一览表

勘探点编号	勘探点类型	坐标		地面标高/m	钻探深度/m	取样个数		静探	标贯/次	地下稳定水位	备注
		x/m	y/m			个	水样	单桥静探深度/m		埋深/m	
1	取土标贯钻孔	45509.325	53073.992	55.400	20.00	22			8	2.20	
2	静力触探试验孔	45538.177	53071.491	55.060				13.00			
3	取土试样钻孔	45548.482	53070.756	55.420	18.00	9				2.30	
4	静力触探试验孔	45571.446	53069.138	55.010				13.70			
5	取土试样钻孔	45591.628	53067.834	55.630	25.20	13				2.60	
6	静力触探试验孔	45509.928	53058.547	55.160				13.00			
7	取土标贯钻孔	45537.750	53056.047	55.020	20.00	21			8	2.00	
8	取土试样钻孔	45548.272	53055.829	55.140	25.20	15				2.10	
9	标准贯入试验孔	45570.430	53055.017	55.210	20.00	7			7	2.40	
10	取土试样钻孔	45590.009	53053.252	55.740	18.00	8				2.80	
总计					146.40	95	2	39.70	23		

4. 场地条件

1）地形地貌

拟建场地位于某市向阳街与前进路交叉口的东北角，某厂家属院内，所处地貌部位属于华北平原的西部边缘，山前冲洪积扇的尾部，拟建场地自然地面标高为55.000～55.280m，高差不大，地形较平坦。

2）地层

据钻探揭露，场地地层为第四纪全新世冲洪积层，由新近沉积土及一般黏性土组成。按岩土工程特征自上而下可分为九层，分述如下。

第①层杂填土：杂色，稍密，稍湿，主要由碎砖块、碎石块、水泥块等建筑垃圾夹少量粉土组成，厚度约0.5m。

第②层粉土：褐黄色，中密，湿，属中压缩性，含炭屑、云母碎片，局部夹黏土薄层，厚度为1.9～2.5m，顶板埋深0.5～0.6m。

第③层粉质黏土：黄褐色，可塑状态，属中压缩性，含炭屑等，局部夹粉土及黏土薄层，厚度为1.0～2.2m，顶板埋深2.5～3.0m。

第④层粉土：褐黄、黄褐、灰褐色，中密～密实，湿，属中压缩性，含云母碎片等，局部夹粉质黏土薄层，厚度为1.1～2.8m，顶板埋深4.0～5.0m。

第⑤层粉土：灰褐～灰色，中密，湿～很湿，属中压缩性，含云母碎片、炭屑、粉细砂颗粒及小砾石，局部夹粉质黏土薄层，厚度为2.0～3.2m，顶板埋深5.8～6.8m。

第⑥层粉土：黄褐～褐黄色，密实，湿，属中压缩性，含云母、碎瓦片、零星钙质结核，厚度为1.5～2.4m，顶板埋深8.5～9.2m。

第⑦层粉质黏土：灰褐～灰色，可塑状态，局部硬塑，属中压缩性，含有机质、小贝壳、碎瓦片、小砾石及粉细砂颗粒，含零星钙质结核，局部夹粉土及黏土薄层，厚度为0.6～1.3m，顶板埋深10.5～11.0m。

第⑧层粉质黏土：灰黄～黄褐色，局部夹灰绿色条纹，可塑～硬塑状态，属中压缩性，含钙质结核、铁锰质，局部夹粉土薄层，厚度为2.5～3.3m，顶板埋深11.3～12.0m。

第⑨层粉质黏土：黄褐色，硬塑～坚硬状态，局部可塑，属中低压缩性，含钙质结核及铁锰质，局部夹粉土薄层，顶板埋深14.0～14.8m，本次勘察未穿透此层。

3）地下水

勘察时场地初见水位埋深约5.0m，稳定水位埋深约3.5m，属于上层滞水，为大气降水所补给，受气象因素影响，水位具有一定的升降变化。

本场地环境类型属Ⅲ类，地下水对混凝土结构无腐蚀性；场地水位有一定的升降变化，属干湿交替，地下水对钢筋混凝土结构中的钢筋具有弱腐蚀性。

4）不良地质现象

场地内未发现不良地质现象。

5. 岩土工程分析评价

1）场地稳定性及适宜性评价

根据调查及勘察结果，场地较稳定，不存在浅埋的全新活动断裂及对工程有影响的不良地质现象，适宜进行本工程的建设。

2）地基的均匀性评价

勘察资料表明，场地地层分布尚属稳定，各层土埋深及厚度变化不大，但静力触探曲线显示，第②层粉土及第⑤层粉土力学性质在水平方向有一定差异，强度不甚均匀。

3）地基土的物理力学性质指标统计

室内土工试验成果及各层土的物理力学性质指标的统计资料如表8.7所示。

4）地基承载力特征值及压缩模量

根据场地地基土岩性、成因类型、沉积年代、物理力学性质及原位测试结果，参照有关规范及地区经验，综合给出各层土承载力特征值f_{ak}及压缩模量E_{s1-2}如表8.8所示。

表 8.7　土的物理力学性质指标统计表（部分土层）

层号	岩土名称	统计项目	天然含水量 ω/%	质量密度 ρ/(g/cm^3)	重力密度 γ/(kN/m^3)	土粒相对密度 d_s	天然孔隙比 e	饱和度 S_r/%	液限 ω_L/%	塑限 ω_P/%	塑性指数 I_p	液性指数 I_L	三轴剪切（不固结不排水剪）		压缩系数	压缩模量	黏粒含量 /%	单桥静探 p_s/MPa
													内摩擦角 φ_{uu}/(°)	黏聚力 c_{uu}/kPa	a_{1-2}/(MPa^{-1})	E_{s1-2}/MPa		
②	粉土	统计个数	6	6	6	6	6	6	6	6	6	6	6	6	6	6	7	2
		最大值	27.2	1.96	19.6	2.70	0.808	94.7	28.2	23.0	8.8	0.93	16.6	8.8	0.260	9.47	13.4	1.40
		最小值	25.0	1.89	18.9	2.69	0.716	87.8	26.2	17.5	4.2	0.77	12.0	6.6	0.190	6.66	10.9	1.21
		平均值	25.9	1.93	19.3	2.70	0.763	91.8	27.0	19.6	7.5	0.85	14.2	8.0	0.218	8.17	11.7	1.31
③	粉质黏土	统计个数	6	6	6	6	6	6	6	6	6	6	6	6	6	6		3
		最大值	29.3	1.99	19.9	2.72	0.804	99.2	39.8	22.8	17.0	0.66	12.9	15.8	0.320	7.65		1.14
		最小值	23.0	1.95	19.5	2.71	0.683	90.0	27.0	16.7	10.3	0.34	6.5	7.1	0.220	5.64		0.93
		平均值	25.1	1.97	19.7	2.71	0.723	94.2	33.6	18.7	14.9	0.44	10.2	13.6	0.260	6.70		1.03
④	粉土	统计个数	6	6	6	6	6	6	6	6	6	6	6	6	6	6	6	3
		最大值	28.9	1.97	19.7	2.70	0.822	100.0	31.7	23.3	9.9	0.92	27.4	12.0	0.230	12.77	16.3	2.91
		最小值	25.2	1.91	19.1	2.70	0.742	91.6	28.9	19.1	7.8	0.53	20.0	5.9	0.140	7.58	10.9	2.20
		平均值	27.2	1.93	19.3	2.70	0.779	94.3	29.5	20.8	8.7	0.73	22.7	8.0	0.197	9.31	12.9	2.57
⑤	粉土	统计个数	6	6	6	6	6	6	6	6	6	6	6	6	6	6	6	3
		最大值	30.5	1.97	19.7	2.70	0.859	100.0	32.5	23.5	9.3	1.02	15.8	9.7	0.270	8.75	13.4	1.23
		最小值	28.3	1.87	18.7	2.69	0.776	91.5	29.5	20.8	7.4	0.71	12.2	3.8	0.190	6.31	10.9	0.67
		平均值	29.5	1.92	19.2	2.70	0.819	96.9	30.8	22.3	8.5	0.85	14.0	7.6	0.240	7.29	12.0	0.98
⑥	粉土	统计个数	7	7	7	7	7	7	7	7	7	7	7	7	7	7	6	3
		最大值	27.5	2.01	20.1	2.70	0.747	100.0	27.8	20.2	9.5	0.96	24.9	10.0	0.210	12.89	16.1	5.89
		最小值	23.5	1.95	19.5	2.70	0.667	94.7	25.1	16.3	6.9	0.74	13.5	5.6	0.130	8.32	12.5	4.94
		平均值	25.2	1.99	19.9	2.70	0.701	96.6	26.5	18.4	8.0	0.84	20.4	7.9	0.160	10.83	14.4	5.50

表 8.8 各层土承载力特征值 f_{ak} 及压缩模量 E_{s1-2}

层序	岩土名称	承载力特征值 f_{ak}/kPa	压缩模量 E_{s1-2}/MPa
第②层	粉土	100	8.1
第③层	粉质黏土	100	6.7
第④层	粉土	115	9.3
第⑤层	粉土	90	7.3
第⑥层	粉土	120	10.8
第⑦层	粉质黏土	110	6.9
第⑧层	粉质黏土	180	8.1
第⑨层	粉质黏土	200	9.2

5）地基基础方案

根据拟建建筑物的基础埋深，第②层粉土已基本挖除，第③层粉质黏土为地基持力层，持力层承载力特征值 $f_{ak}=100\text{kPa}$，对地基承载力特征值进行深度修正（深度修正系数取1.0），修正后承载力特征值为133kPa，满足车库及7号楼设计要求；第⑤层粉土为软弱下卧层，经验算，强度也满足设计要求。

利用第②层粉土及第③层粉质黏土的三轴剪切试验指标标准值计算的地基承载力为147kPa，满足设计要求。

场地地层可作为拟建建筑物的天然地基，基础类型可采用筏形基础。

6）场地地震效应

根据《建筑抗震设计规范》（GB 50011—2010）（2016年版），本场地的抗震设防烈度为7度，设计基本地震加速度值为0.15g，所属的设计地震分组为第一组，属于可进行建设的一般地段。

根据波速测试资料，场地20m以上土层的等效剪切波速 $V_{se}=202.8\text{m/s}$，场地覆盖层厚度大于50m。根据国家标准《建筑抗震设计规范》，判定建筑场地类别为Ⅲ类。拟建场地粉土黏粒含量均大于10%，根据国家标准《建筑抗震设计规范》第4.3.3条，依据黏粒含量判定，该场地地基土为不液化土层。

6. 结论及建议

（1）拟建建筑物可采用天然地基，基础类型可采用筏形基础。

（2）场地地基土为不液化土。

（3）场地地下水对混凝土结构无腐蚀性，对钢筋混凝土结构中的钢筋具有弱腐蚀性。

（4）场地地基土含水量较大，施工时应采取保护措施以免受扰动而形成橡皮土，致使地基土的强度降低。

（5）施工开槽后，须组织有关单位共同验槽。

7. 图件

（1）勘探点平面位置图（图8.6）。

（2）工程地质剖面图（图8.7）。

（3）钻孔柱状图（图8.8）。

（4）土的物理力学指标统计表（表8.7）。

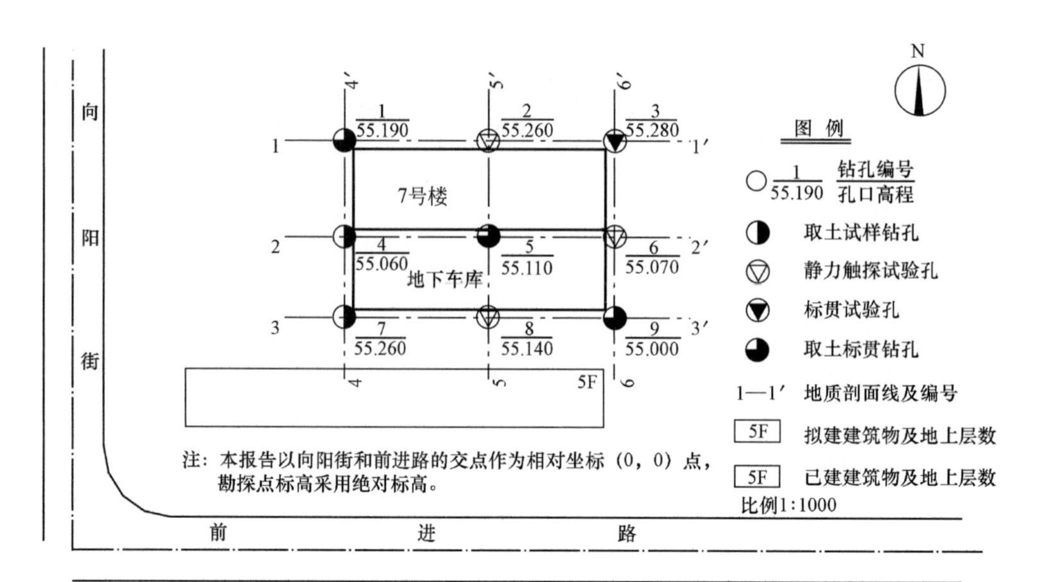

图 8.6 某厂住宅楼工程 7 号楼及地下车库勘探点平面位置图

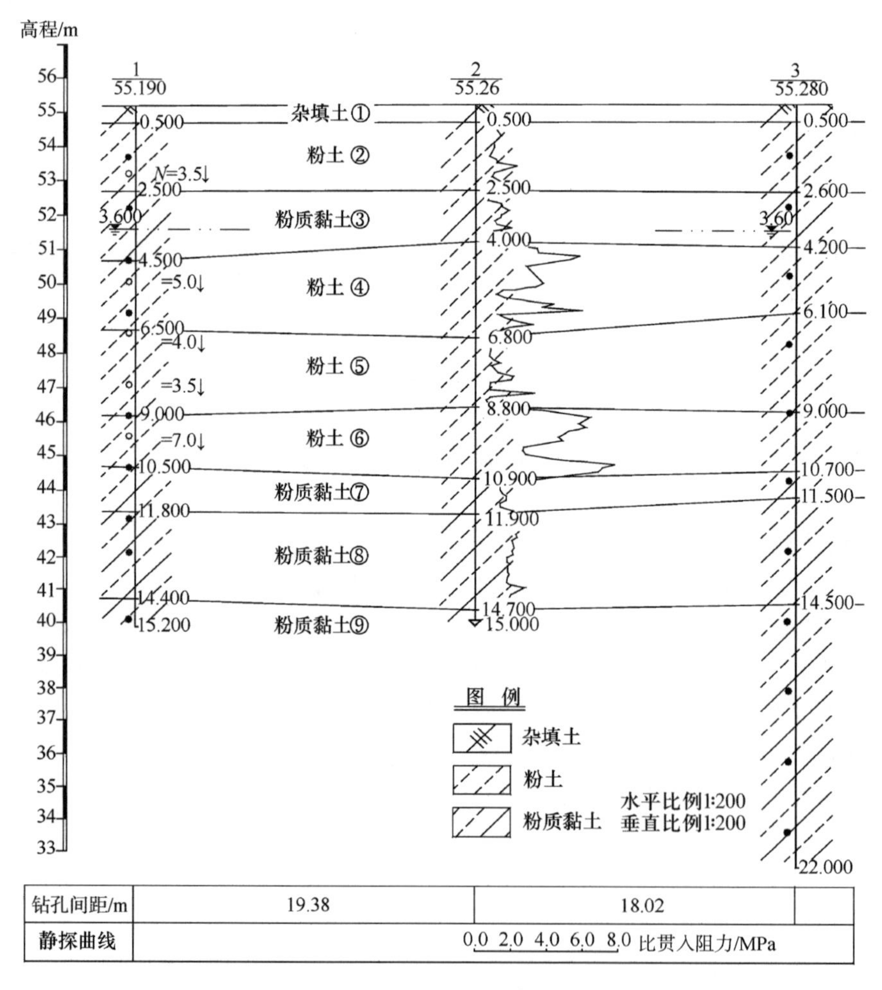

钻孔间距/m	19.38	18.02	
静探曲线	0.0 2.0 4.0 6.0 8.0 比贯入阻力/MPa		

图 8.7 某厂 7 号楼及车库 1—1′工程地质剖面图

工程编号	05-11-1							
工程名称	某厂7号楼及地下车库				钻孔编号	3		
孔口高程	55.280m	坐标	x=102.360m		开工日期		稳定水位深度	3.60m
孔口直径	127.000mm		y=116.050m		竣工日期		测量水位日期	
地层编号	地质代号	层底高程/m	层底深度/m	分层厚度/m	柱状图 1:100	岩土名称及其特征	岩土样 编号 深度/m	标贯实测击数 深度/m
①	Q_4^{2ml}	54.780	0.50	0.50		杂填土：杂色，稍密，稍湿，主要由碎砖块、水泥块等建筑垃圾夹少量粉土组成		
②	$Q_4^{2(al+pl)}$	52.680	2.60	2.10		粉土：黄褐色，中密，湿，含云母碎片、炭屑等	1 1.50～1.95	
③		51.080	4.20	1.60		粉质黏土：褐黄色，可塑状态，含炭屑、碎砖屑	2 3.00～3.45	
④		49.180	6.10	1.90		粉土：褐黄～黄褐色，中密，湿，含云母碎片等，局部夹粉质黏土薄层	3 5.00～5.45	
⑤		46.280	9.00	2.90		粉土：灰褐～灰色，稍密～中密，湿～很湿，含云母碎片，局部夹粉质黏土薄层及粉细砂颗粒	4 7.00～7.45	
⑥		44.580	10.70	1.70		粉土：褐黄～黄褐色，密实，湿，含云母碎片，零星钙质结核	5 9.00～9.45	
⑦		43.780	11.50	0.80		粉质黏土：灰～灰褐色，可塑状态，局部硬塑，含有机质、碎瓦片、小砾石，局部含零星钙质结核	6 11.00～11.45	
⑧	$Q_4^{1(al+pl)}$	40.780	14.50	3.00		粉质黏土：灰黄～黄褐色，局部夹灰绿色条纹，可塑～硬塑状态，含钙质结核	7 13.00～13.45	
⑨		33.280	22.00	7.50		粉质黏土：黄褐～黄色，局部夹灰绿色条纹，硬塑状态，局部可塑，含钙质结核、铁锰质，局部夹黏土薄层及中粗砂颗粒	8 15.00～15.45 9 17.00～17.20 10 19.00～19.20 11 21.00～21.20	

图 8.8　钻孔柱状图

8.6 验　　槽

8.6.1 验槽的目的和内容

验槽是建筑物基坑(槽)开挖后的重要工序,是一般岩土工程勘察工作的最后一个环节。所有建(构)筑物基坑均应进行施工验槽。基坑挖至基底设计标高并清理后,由建设单位会同质监、勘察、设计、监理、施工单位技术负责人,共同到施工现场检验基础下部土质是否符合设计条件,有无地下障碍物及不良土层需处理,合格后方可进行基础施工。

1. 验槽的目的

(1) 检验通过有限钻孔资料得到的勘察成果是否与实际吻合,勘察报告的结论与建议是否正确和切实可行。

(2) 根据基坑(槽)开挖实际情况,研究解决新发现的问题和勘察报告遗留的问题。

2. 验槽的基本内容

(1) 核对基坑开挖的平面位置、平面尺寸与坑底标高是否与勘察、设计要求相符。

(2) 检验基坑底持力层土质、坑边岩土体和地下水情况与勘察报告是否相符。参加验槽的各方负责人需下到槽底,依次逐段检验,发现可疑之处,用铁铲铲出新鲜土面,用土的野外鉴别方法进行鉴定。

(3) 对天然地基上的浅基础,审阅施工单位的轻型动力触探记录并做现场对比触探,检验轻型动力触探记录的正确性,判别地基土质是否均匀。对异常点需找出分布范围,总结分布规律并查明原因。如基坑底土质受到冰冻、干裂、水冲刷或浸泡等扰动情况,应查明影响范围和深度;如局部存在空穴、古墓、古井、暗沟、防空掩体及地下埋设物等不良地基,需用轻型动力触探等方法查明其位置、深度和性状。

(4) 研究决定地基基础方案是否需要修改以及局部异常地基处理方案。

3. 各类基槽(坑)验槽的侧重点

1) 天然地基浅基础

对于基础埋深小于 5m 的浅基坑,一般情况下,除进行质量控制的填土外,填土不宜做持力层使用,也不允许新近沉积土和一般黏性土共同做持力层使用。浅基础的验槽应着重注意以下几种情况。

(1) 基槽内是否有填土和新近沉积土;

(2) 槽壁、槽底岩土的颜色变化;

(3) 局部含水量的异常变化;

(4) 基槽内岩土软硬状态的异常变化;

(5) 基槽内是否有被扰动的岩土。

2) 桩基础

(1) 设计计算中考虑桩筏基础、低桩承台等桩间土共同作用时,应在开挖清理至设计标高后对桩间土进行检验。

(2) 对人工挖孔桩,应在桩孔清理完毕后,对桩端持力层进行检验。对大直径挖孔桩,应逐孔检验孔底的岩土情况。

(3) 在试桩或桩基施工过程中,应根据岩土工程勘察报告对出现的异常情况、桩端岩土层的起伏变化及桩周岩土层的分布进行判别。

(4) 在基桩成桩后,需检验桩位、桩头标高、桩头质量、桩身质量是否达标。

3) 地基处理

(1) 对于换填地基、强夯地基,应现场检查处理后的地基均匀性、密实度等检测报告和承载力检测资料。

(2) 对于增强体复合地基,用振密、挤密、置换拌入等方法成桩,应现场检查桩位、桩头、桩间土情况和复合地基施工质量检测报告。

(3) 对于特殊土地基,应现场检查处理后地基的湿陷性、地震液化、冻土保温、膨胀土隔水、盐渍土改良等方面的处理效果检测资料。

8.6.2 验槽时需具备的资料和条件

验槽时必须具备以下资料和条件。

(1) 基础施工图和结构总说明等地基基础设计文件。

(2) 详勘阶段的岩土工程勘察报告。

(3) 需要进行轻型动力触探的工程,施工单位需提供探点布置图和轻型动力触探记录;需要进行桩身完整性检测和单桩承载力检测等的桩基础和复合地基,试验检测单位需提供相关质量检测报告;进行地基处理的工程,需提供地基施工质量检测报告和处理效果检测资料。

(4) 基槽开挖并清槽后,槽底无浮土、松土,基槽条件良好。

(5) 勘察、设计、质监、监理、施工及建设方有关负责人及技术人员到场。

8.6.3 验槽的方法和注意事项

1. 验槽的方法

验槽的方法以肉眼观察为主,并辅以轻型动力触探等方法。观察时应重点关注柱基、墙角、承重墙下或其他受力较大的部位,观察槽底土的颜色是否均匀一致,土的坚硬程度是否一样,有无局部含水量异常等现象。

对于验槽前的槽底普遍轻型动力触探,许多地区已明文规定必须采用轻型圆锥动力触探(轻便触探),即《岩土工程勘察规范》中规定的设备及方法。这是因为该方法不仅可以探明地基土质的均匀性,而且可依据地方建筑地基承载力技术规程中 N_{10} 与地基承载力的对应关系检验持力层土的承载力,而后者是其他非标准轻型动力触探方法做不到的。轻型动力触探宜采用机械自动化实施。

轻型动力触探探点排列方式如表 8.9 所示。工程中,探孔的间距视地基土质的复杂程度而定。触探前应绘制基槽平面图,布置探点并编号,形成触探平面图;触探时应固定人员和设备;触探后应对探孔进行遮盖保护和编号标记,验槽完毕后触探孔应灌砂填实。

表 8.9 轻型动力触探探点排列及检验深度、间距

基坑或基槽宽度/m	排列方式及图形	检验间距/m	检验深度/m
<0.8	中心一排	一般为 1.0～1.5m，出现明显异常时，需加密至足够掌握异常边界	1.2
0.8～2.0	两排错开		1.5
>2.0	梅花型		2.1
柱基	梅花型		2.1

注：对于设置有抗拔桩或抗拔锚杆的天然地基，轻型动力触探布点间距可根据抗拔桩或抗拔锚杆的布置进行适当调整，在土层分布均匀部位可只在抗拔桩或抗拔锚杆间距中心布点，对土层不太均匀部位以掌握土层不均匀情况为目的，参照上表间距布点。

2. 验槽时应注意的事项

（1）验槽要抓紧时间，避免下雨泡槽、冬季冰冻等不良影响。

（2）槽底设计标高若位于地下水位以下较深时，必须做好基槽排水，保证槽底不泡水；如槽底标高在地下水位以下不深时，可先挖至地下水面验槽，验完槽后再挖至基底设计标高。

（3）验槽时应验看新鲜土面，清除超挖回填的虚土。冬季冻结的表土和夏季日晒后干土看似坚硬，但都是虚假状态，应用铁铲铲去表层再检验。

（4）遇下列情况之一时，可不进行轻型动力触探：

① 承压水头可能高于基坑底面标高，触探可造成冒水涌砂时；

② 基础持力层为砾石层或卵石层，且基底以下砾石层或卵石层厚度大于 1m 时；

③ 基础持力层为均匀、密实砂层，且基底以下厚度大于 1.5m 时。

8.7 局部地基的处理

本节介绍常见的基槽局部问题的处理方法。对建筑范围内局部存在松填土、暗沟、暗塘、古井、古墓或拆除旧基础后的坑穴，可采用换填垫层的方法进行地基处理。在这种局部的换填处理中，保持建筑地基整体变形均匀是换填应遵循的最基本的原则。

8.7.1 松土坑

1. 松土坑在基槽范围内

如图 8.9 所示，将坑中松软土挖除，使坑底及四壁均见天然土为止，回填与天然土压缩性相近的材料。当天然土为砂土时，用砂或级配砂石回填；当天然土为较密实的黏性土时，用 3∶7 灰土分层回填夯实；天然土为中密可塑的黏性土或新近沉积黏性土，可用 1∶9 或 2∶8 灰土分层回填夯实，每层厚度不大于 20cm。

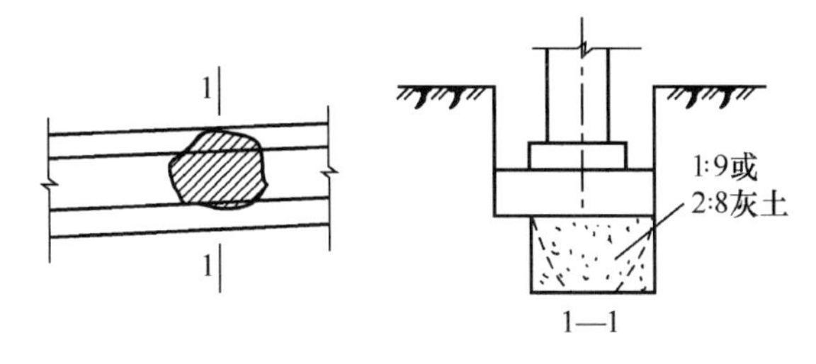

图 8.9　处理简图(一)

2. 松土坑在基槽中范围较大且超过基槽边缘

因条件限制，槽壁挖不到天然土层时，则应将该范围内的基槽适当加宽，加宽部分的宽度可按下述条件确定：当用砂土或砂石回填时，基槽壁边均应按 l_1∶h_1＝1∶1 坡度放宽；用 1∶9 或 2∶8 灰土回填时，基槽壁边应按 b∶h＝0.5∶1 坡度放宽；用 3∶7 灰土回填时，如坑的长度≤2m，基槽可不放宽，但灰土与槽壁接触处应夯实，如图 8.10 所示。

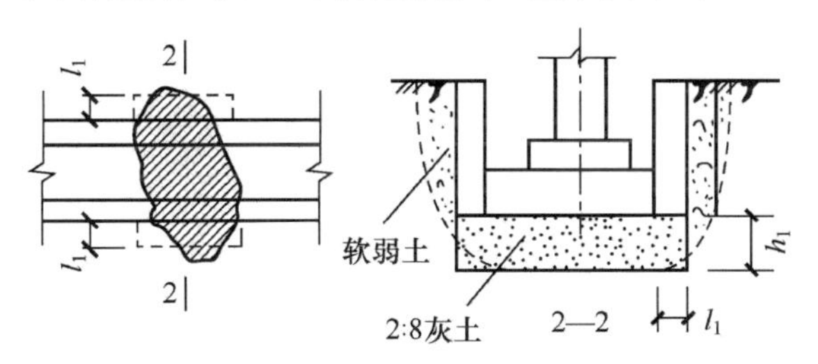

图 8.10　处理简图(二)

3. 松土坑范围较大且长度超过 5m

如坑底土质与一般槽底土质相同，可将此部分基础加深，做 1∶2 踏步与两端相接，每步高不大于 50cm、长度不小于 100cm，如深度较大，用灰土分层回填夯实至坑(槽)底标高，如图 8.11 所示。

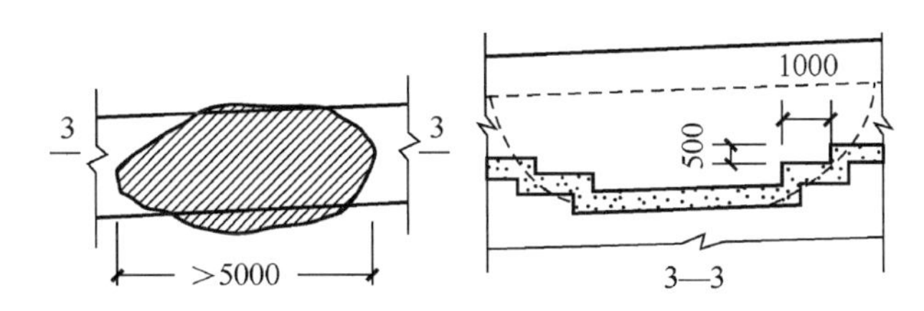

图 8.11　处理简图(三)

4. 松土坑较深且大于槽宽或 1.5m

按以上要求处理挖到老土，槽底处理完毕后，还应适当考虑加强上部结构的强度，方法是在灰土基础上 1～2 皮砖处(或混凝土基础内)、防潮层下 1～2 皮砖处及首层顶板处，加配 4ϕ8～12mm 钢筋跨过该松土坑两端各 1m，以防产生过大的局部不均匀沉降，如图 8.12 所示。

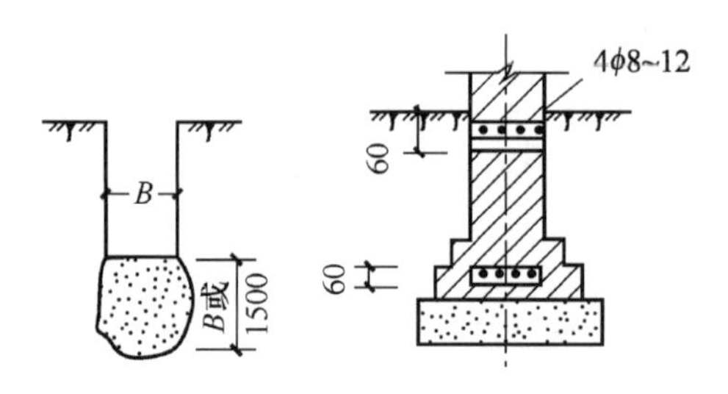

图 8.12　处理简图(四)

5. 松土坑地下水位较高

当地下水位较高，坑内无法夯实时，可将坑(槽)中软弱的松土挖去后，再用砂土、砂石或混凝土代替灰土回填。如坑底在地下水位以下时，回填前先用粗砂与碎石(比例为 1∶3)分层回填夯实；在地下水位以上时，用 3∶7 灰土回填夯实至要求高度，如图 8.13 所示。

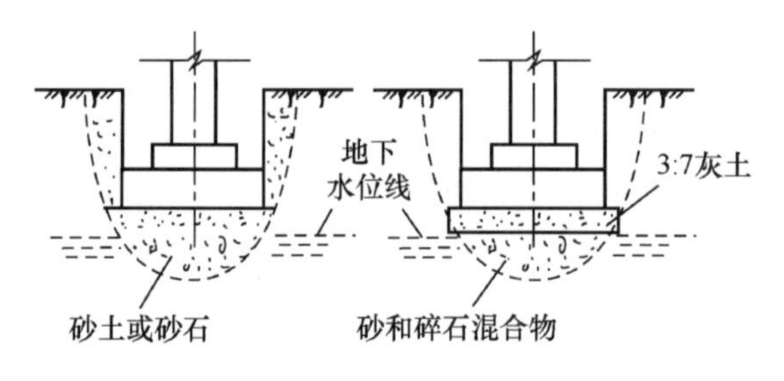

图 8.13　处理简图(五)

8.7.2　土井、砖井

1. 土井、砖井在室外，距基础边缘 5m 以内

先用素土分层夯实，回填到室外地坪以下 1.5m 处，将井壁四周砖井圈拆除或松软部分挖去，然后用素土分层回填并夯实。

2. 土井、砖井在室内基础附近

将地下水位降低到最低可能的限度，用中、粗砂及块石、卵石或碎砖等回填到地下水位以上 50cm。砖井应将四周砖井圈拆至坑(槽)底以下 1m 或更深些，然后再用素土分层回填并夯实，如井已回填，但不密实或有软土，可用大块石将下面软土挤紧，再分层回填素土夯实。

3. 土井、砖井在基础下或 3 倍条形基础宽度或 2 倍柱基宽度范围内

先用素土分层回填夯实至基础底下 2m 处，将井壁四周松软部分挖去，有砖井圈时，将砖井圈拆至槽底以下 1～1.5m。当井内有水时，应用中、粗砂及块石、卵石或碎砖回填至地下水位以上 50cm，然后再按上述方法处理；当井内已填有土，但不密实，且挖除困难时，可在部分拆除后的砖石井圈上加钢筋混凝土盖板封口，上面用素土或 2∶8 灰土分层回填、夯实至槽底，如图 8.14 所示。

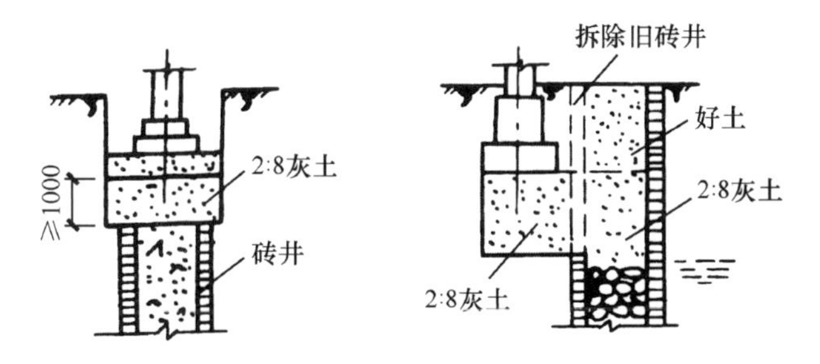

图 8.14　处理简图(一)

4. 土井、砖井在房屋转角处，且基础部分或全部压在井上

除用以上办法回填处理外，还应对基础进行加固处理。当基础压在井上部分较少时，可采用从基础中挑钢筋混凝土梁的办法处理；当基础压在井上部分较多，用挑梁的方法较困难或不经济时，则可将基础沿墙长方向向外延长出去，使延长部分落在天然土上，落在天然土上的基础总面积应等于或稍大于井圈范围内原有基础的面积，并在墙内配筋或用钢筋混凝土梁进行加强，如图 8.15 所示。

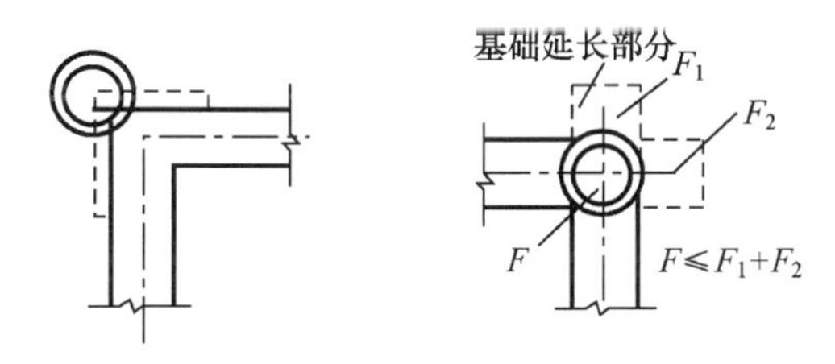

图 8.15　处理简图(二)

5. 土井、砖井已淤填，但不密实

可用大块石将下面的软土挤密，再用上述办法回填处理。如井内不能夯填密实，而上部荷载又较大，可在井内设灰土挤密桩或石灰桩进行处理；如土井在大体积混凝土基础下，可在井圈上加钢筋混凝土盖板封口，上部再用素土或 2∶8 灰土回填密实的办法处理，使基土内附加应力分布范围比较均匀，但要求盖板到基底的高差 $h>d$，如图 8.16 所示。

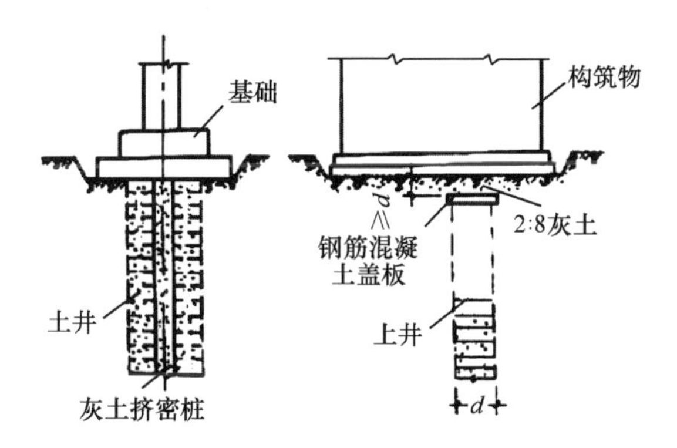

图 8.16　处理简图(三)

8.7.3 局部软硬地基

1. 基础附近下部有人防通道

如图 8.17 所示，当基础下有人防通道横跨时，除人防通道的上部非夯实土层应分层夯实外，还应对基础采取相应的跨越措施，如钢筋混凝土地梁、托底加固等。当人防通道与基础方向平行，$h/l \leqslant 1$ 时，一般可不作处理；当 $h/l>1$ 时，则应将基础落深至满足 $h/l \leqslant 1$ 的要求。

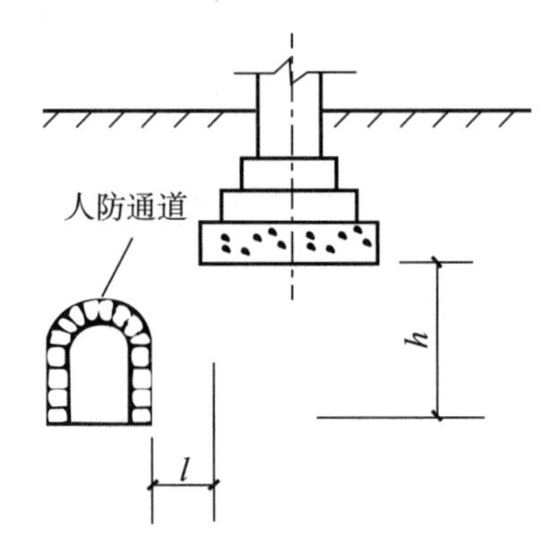

图 8.17 处理简图(一)

2. 基础下有古墓、地下坑穴

墓穴中填充物如已恢复原状结构的可不处理；墓穴中填充物如为松土，应将松土杂物挖除，分层回填素土或 3∶7 灰土夯实至土的密度达到规定要求；如古墓中有文物，应及时报主管部门或当地政府处理。

3. 基础下局部遇基岩、旧墙基、大孤石、老灰土或圬工构筑物

基础下局部如遇基岩、旧墙基、大孤石、老灰土或圬工构筑物应尽可能挖去，以防建筑物由于局部落于坚硬地基上造成不均匀沉降而使建筑物开裂；或将坚硬地基部分凿去 30～50cm 深，再回填土砂混合物或砂做软性褥垫，使软硬部分起到调整地基变形的作用，避免裂缝，如图 8.18 所示。

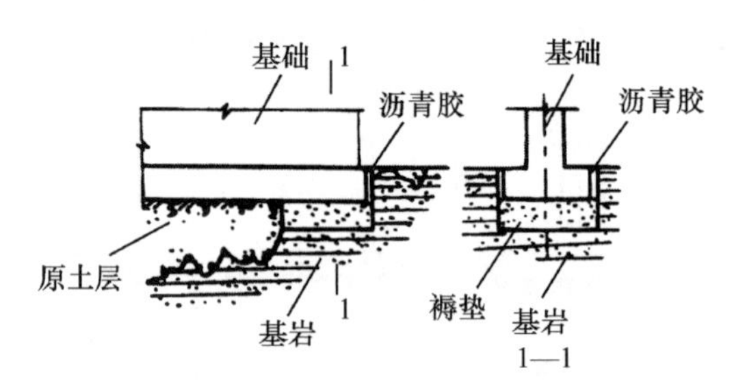

图 8.18 处理简图(二)

4. 基础一部分落于基岩或硬土层上，一部分落于软弱土层上，基岩表面坡度较大

如图 8.19 所示，在软土层上采用现场钻孔灌注桩至基岩；或在软土部位做混凝土或砌块石支承墙(或支墩)至基岩；或将基础以下基岩凿去 30～50cm 深，填入中粗砂或土砂混合物做软性褥垫,使之能调整岩土交界部位地基的相对变形,避免应力集中而出现裂缝;或采取加强基础和上部结构刚度的措施,以克服软硬地基的不均匀变形。

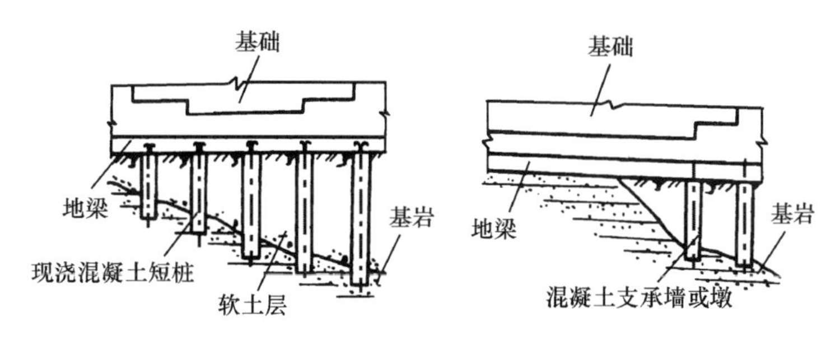

图 8.19 处理简图(三)

5. 基础一部分落于原土层上,一部分落于回填土地基上

如图 8.20 所示,在填土部位采用现场钻孔灌注桩或钻孔爆扩桩直至原土层,使该部位上部荷载直接传至原土层,以避免地基的不均匀沉降。

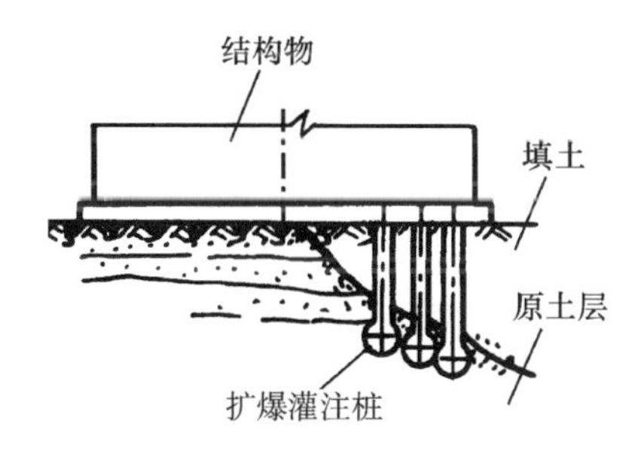

图 8.20 处理简图(四)

8.7.4 橡皮土

1. 橡皮土现象

当地基为黏性土且含水量很大,趋于饱和时,夯(拍)打后,地基土变成踩上去有一种颤动感觉的土,称为橡皮土。橡皮土的含水量一般大于其最优含水量,小于其液限,饱和度小于 60%,内摩擦角在 15°以上,这时土的天然结构遭到破坏,水分不易渗透和散发,在夯打或碾压受力处出现下陷,四周则鼓起,地基土变形较大,长期不能稳定,承载能力较低,对建筑物的危害很大。

2. 橡皮土现象的预防措施

主要可从土的类别和含水量两个方面预防橡皮土现象。

(1) 应清除腐殖土或淤泥,并尽量避免在腐殖土、淤泥等原状土上填土。

(2) 在碾压前,应了解土层性质和最优含水量,应测定现场含水量,并作出合理的预测,切勿盲目施工。

(3) 控制基土或回填土的含水量。对趋于饱和的黏性土应避免直接夯打,而应暂停一段时间施工,通过晾槽降低土的含水量,或将土层翻起并粉碎均匀,掺加石灰粉以吸收水分水化,同时改变原土结构,使之成为灰土,具有一定强度和稳定性。另外,回填土的一次回填厚度不宜过大。

(4) 对于含水量较大的黏性土,基槽开挖后,应防止和减少对基土的扰动,碾压时严格控制碾压遍数和碾压能量,不能随便夯击。

(5) 应避免在雨天开挖基槽,做好基槽或填土周围的排水设施,避免地表水和施工用水流入基槽或填土范围,防止基槽或填土被水浸泡。

(6) 当基槽底位于地下水位以下时,在开挖基槽前,应在基槽四周设置排水沟(井),降低地下水位后才可进行基槽的开挖工作。

3. 橡皮土的处理方法

(1) 换填土。对于工期比较紧,橡皮土面积及厚度不大时,可将橡皮土全部挖掉,换填好土或级配砂石夯实。

(2) 暂停回填土一段时间,使土内含水量逐步降低,必要时将上层土翻起进行晾槽。

(3) 可在上面铺垫一层碎石或碎砖进行夯击,将表土层挤紧、挤密实。这种方法一般适用于橡皮土情况不太严重或天气比较好的季节,但应注意此时地下水位应低于基槽底。

(4) 掺干石灰粉末。将土层翻起并粉碎,均匀掺入磨碎不久的干石灰粉末。干石灰粉末吸收土中的大量水分而熟化,与土形成灰土垫层。这种方法大多在橡皮土情况比较严重以及气候不利于晾槽的情况下采用。应注意的是石灰不能消解太早,否则石灰中的活性氧化钙会因消失较多而降低与土的胶结作用,降低强度。

(5) 用洛阳铲按梅花形铲出一些小孔,里面用生石灰和砂混合后再夯实,也就是俗称的灰砂桩。

(6) 打石笋(也称石桩)。将200~300mm的毛石依次打入土中,一直打到打不下去为止,最后在上面满铺厚50mm左右的碎石层后再夯实。这种方法适用于气候情况不利于晾槽以及房屋荷重比较大的地基。

小　　结

本章主要针对详细勘察介绍了地基勘察的任务和方法、地基勘察报告书的内容及阅读,同时介绍了验槽和局部地基问题处理的方法。

1. 地基勘察任务

详细勘察应按单体建筑物或建筑群给出详细的岩土工程资料和设计、施工所需的岩土参数;对建筑地基作出岩土工程评价,并对地基类型、基础形式、地基处理、基坑支护、工程降水和不良地质作用的防治等提出建议。

2. 地基勘察方法

岩土工程勘察中,可采取的勘察方法有工程地质测绘与调查、勘探、原位测试与室内试验等。《规范》对不同地基基础设计等级建筑物的地基勘察方法、测试内容提出了不同要求。

常用的勘探方法有钻探、井探、槽探、洞探和地球物理勘探等。原位测试包括静荷载试验、旁压试验、十字板剪切试验、土的现场直接剪切试验、地基土的动参数测定、触探试验等。

3. 地基土的野外鉴别

野外鉴别地基土没有专门的仪器设备,主要凭感觉和经验。

4. 地基勘察报告书

岩土工程勘察报告应根据任务要求、勘察阶段、工程特点和地质条件等具体情况编写。它以简要、明确的文字和图表对建筑场地的工程地质作出评价。岩土工程勘察报告应对岩土利用、整治和改造的方案进行分析论证并提出建议；对工程施工和使用期间可能发生的岩土工程问题进行预测，提出监控和预防措施的建议。

应根据基坑工程的实际情况，进行有针对性的勘察，为基坑工程的设计和施工提供相关工程地质资料与数据，以保证基坑及周边环境的安全。

5. 验槽

所有建(构)筑物基坑均应进行施工验槽。验槽由建设单位会同质监、勘察、设计、监理、施工单位技术负责人共同实施。

验槽的方法以肉眼观察为主，并辅以轻型动力触探等方法。

6. 局部问题处理

对基槽中的松土坑、墓坑、土井、局部硬土或硬物、橡皮土等异常地基，应根据实际情况采取相应措施加以处理。

思 考 题

1. 为什么要进行岩土工程勘察？
2. 勘察为什么要分阶段进行？详细勘察阶段应包括哪些内容？
3. 岩土工程勘察等级如何划分？
4. 地基勘察中，最常用的勘察方法有哪几种？
5. 动力触探与静力触探有何不同？
6. 野外鉴别黏性土用什么方法？
7. 岩土工程勘探报告分哪两部分？分别包括哪些内容？
8. 基坑工程勘察应提供哪些有针对性的计算参数和建议？
9. 验槽的目的是什么？验槽的内容是什么？
10. 验槽的方法是什么？为什么普遍轻型动力触探建议采用轻便触探？
11. 对地基局部硬层或硬物应如何处理？
12. 橡皮土有哪些工程特性？如何预防橡皮土现象？

第 9 章　天然地基上的浅基础

学习目标

知识目标

1. 能理解浅基础和深基础的概念,能描述各种浅基础的特点和适用范围。
2. 能描述基础埋深选择的原则,理解影响基础埋置深度选择的因素。
3. 知晓并能解释确定基础底面积、计算地基变形以及基础剖面设计时所用上部结构传来的作用效应代表值的种类。
4. 理解并掌握刚性角概念;熟悉各类无筋扩展基础和扩展基础的构造要求。
5. 能叙述并理解减轻不均匀沉降的措施。

能力目标

1. 能初步根据工程实际选择适宜的浅基础类型。
2. 能够计算设计简单浅基础底面尺寸。
3. 能进行简单刚性基础、扩展基础的剖面设计。

9.1　基本概念

基础设计需要根据建筑物的用途、平面布置、上部结构类型以及地基基础设计等级,充分考虑建筑场地和地基岩土条件,结合施工条件以及工期、造价等各方面要求,合理选择基础方案,并保证建筑物的安全和正常使用。

1. 天然地基上的浅基础

不需处理而直接利用的地基称为天然地基。建在天然地基上,埋置深度小于 5m 的一般基础(柱基或墙基)以及埋置深度虽超过 5m,但小于基础宽度的大尺寸基础(如箱形基础),在计算基础时不必考虑基础的侧壁摩擦力的影响,统称为天然地基上的浅基础。

2. 人工地基

经过人工加固上部土层而达到设计要求的地基,称为人工地基,如人工换土。

3. 桩基础

在地基中打桩,把建筑物建在桩台上,建筑物的荷载由桩传到地基深处较为坚实的土层,这种基础称为桩基础。

4. 深基础

把基础建在地基深处承载力较高的土层上,埋置深度大于 5m 或大于基础宽度,在计算基础时应该考虑基础侧壁摩擦力的影响,这类基础叫作深基础。

上述地基基础类型中,由于天然地基上的浅基础施工方便、技术简单、造价低,一般应尽可能采用。仅当其不能满足工程的要求,或经比较论证后认为不经济,才考虑采用其他类型的地基基础方案。本章主要讨论天然地基上的浅基础。

讨论

讨论人工地基和天然地基的区别,浅基础和深基础的区别。

5. 天然地基上浅基础的设计内容及一般步骤

(1) 在充分掌握拟建场地工程地质条件的基础上,结合建筑特点,综合考虑选择基础类型、平面布置及埋深。

(2) 按地基承载力确定基础底面尺寸。

(3) 进行必要的地基变形和稳定性验算。

(4) 进行基础结构的内力分析和截面设计,绘制基础施工图。

需要指出,常用浅基础体形不大、结构简单,在计算单个基础时,一般既不遵循上部结构与基础的变形协调条件,也不考虑地基与基础的相互作用。这种简化法也经常用于其他复杂基础的初步设计,称为常规设计。

9.2 浅基础的类型

9.2.1 无筋扩展基础

无筋扩展基础又称为刚性基础,是指由砖、毛石、混凝土或毛石混凝土、灰土和三合土等材料组成的不配置钢筋的墙下条形基础或柱下独立基础,适用于多层民用建筑和轻型厂房,如图 9.1 所示。

1. 砖基础

砖基础一般建在 100mm 厚 C10 素混凝土垫层上,其剖面为阶梯形,通常称为大放脚,大放脚一般为二一间隔收(两皮一收与一皮一收相间)或两皮一收,但保证底层必须两皮砖厚,一皮指一层砖,每收一次两边各收 1/4 砖长,如图 9.1(a)所示。

为保证耐久性,根据地基土潮湿程度及地区寒冷程度的不同,《砌体结构设计规范》(GB 50003—2011)规定:地面以下或防潮层以下的砌体,所用材料的最低强度等级应符合表 9.1 中的要求。

砖基础具有取材容易、价格低、施工简便的特点,因此广泛应用于 6 层及 6 层以下的民用建筑和砖墙承重厂房。

2. 毛石基础

毛石是指未经加工整平的石料。毛石基础就是选用强度较高而未经风化的毛石砌筑而成的。毛石和砂浆的强度等级应符合表 9.1 中的要求。为了保证砌筑质量,每层台阶宜用三排或三排以上的毛石,每一台阶伸出宽度不宜大于 200mm,高度不宜小于 400mm,石块应错缝搭砌,缝内砂浆应饱满,如图 9.1(b)所示。

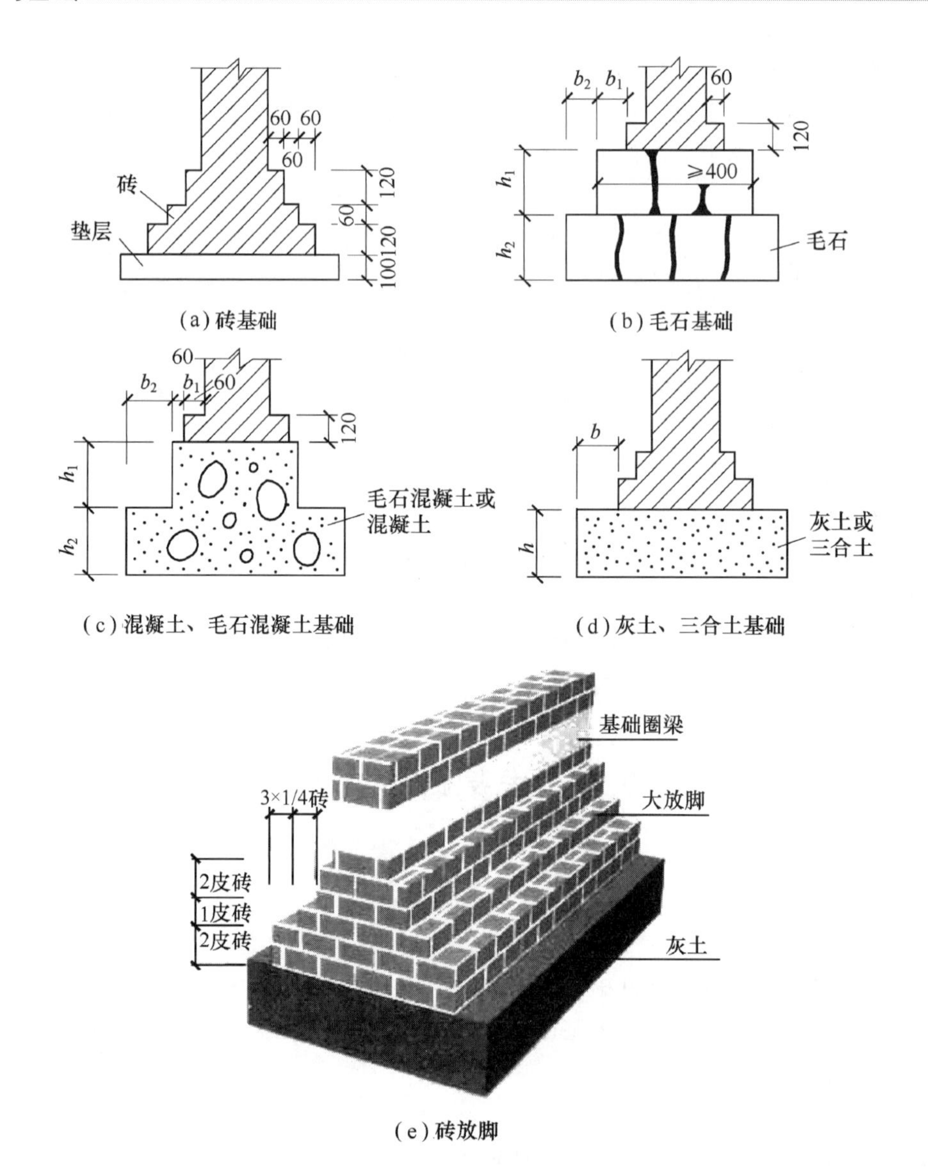

图 9.1　无筋扩展基础

表 9.1　地面以下或防潮层以下的砌体所用材料的最低强度等级

潮湿程度	烧结普通砖	混凝土普通砖 蒸压普通砖	混凝土砌块	石　材	水泥砂浆
稍潮湿的	MU15	MU20	MU7.5	MU30	M5
很潮湿的	MU15	MU20	MU10	MU30	M7.5
含水饱和的	MU20	MU25	MU15	MU40	M10

注：1. 在冻胀地区，地面以下或防潮层以下的砌体，不宜采用多孔砖，如采用时，其孔洞应用不低于 M10 的水泥砂浆预先灌实。当采用混凝土空心砌块时，其孔洞应采用强度等级不低于 Cb20 的混凝土预先灌实。

2. 对安全等级为一级或设计使用年限大于 50 年的房屋，表中材料强度等级至少应提高一级。

3. 混凝土和毛石混凝土基础

混凝土基础的强度、耐久性、抗冻性均较好，其强度等级一般可采用 C15 以上，常用于荷载大或基础位于地下水位以下的情况。当基础体积较大时，为节省水泥用量，可在混凝土内掺入 20%～30%体积的毛石做成毛石混凝土基础，如图 9.1(c)所示。掺入毛石的尺寸不宜大于 300mm。

4. 灰土基础

为了节约砖石材料，常在砖石大放脚下面做一层灰土垫层，如图 9.1(d)所示。灰土是用熟化的石灰粉和土按一定比例加适量水拌匀后分层夯实而成，体积配合比为 3∶7 或 2∶8，一般多采用 3∶7，即 3 份石灰粉、7 份土(体积比)，通常称为三七灰土。土料宜就地取材，可用粉土、黏性土等，但以塑性指数较低的黏性土即粉质黏土为好。灰土含水量需接近最优含水量，拌和好的灰土以“捏紧成团，落地开花”为合格。灰土的强度与夯实密度有关，施工后对应粉土、粉质黏土和黏土拌制的灰土，要求其最小干密度分别为 $1.55 g/cm^3$、$1.50 g/cm^3$、$1.45 g/cm^3$。

灰土施工时，每层虚铺 220～250mm，夯实至 150mm，称为一步灰土。一般可用 2 步或 3 步，即 300mm 或 450mm 厚。

灰土基础造价低，多用于 5 层及 5 层以下的混合结构房屋及砖墙承重轻型厂房等，但由于灰土早期强度低、抗水性差、抗冻性也较差，尤其在水中硬化很慢，故常用于地下水位以上、冰冻线以下。

5. 三合土基础

三合土是由石灰、砂和骨料(碎石、碎砖或矿渣等)按体积比 1∶2∶4 或 1∶3∶6 加适量水拌和均匀，铺在基槽内分层夯实而成。每层虚铺 220mm 厚，夯实至 150mm，然后在它上面砌大放脚。三合土基础施工简单、造价低廉，但强度较低，故一般用于地下水位较低的 4 层及 4 层以下的民用建筑，在我国南方地区应用较为广泛，如图 9.1(d)所示。

上述基础构成材料具有抗压性能良好，而抗拉、抗剪性能较差的共同特点。为防止基础发生弯曲破坏，要求无筋扩展基础具有非常大的抗弯刚度，受荷后基础不允许挠曲变形和开裂，因此，基础必须具有一定的高度，使弯曲所产生的拉应力不会超过材料的抗拉强度。通常采用控制基础台阶宽高比不超过规定限值的方法来解决，详见 9.5 节内容。

9.2.2 扩展基础

当基础高度不能满足规定的台阶宽高比限值时，可以做成扩展基础，即柱下钢筋混凝土独立基础(图 9.2)和墙下钢筋混凝土条形基础(图 9.3)。其中，杯口基础是在基础中预留安放柱的孔洞，孔洞尺寸要比柱横断面尺寸大一些，柱放入孔洞后，在柱子周围用细石混凝土浇筑。墙下钢筋混凝土条形基础可分为无肋式和有肋式两种，当地基土分布不均匀时，常常用有肋式调整基础的不均匀沉降，增加基础的整体性。

上述基础的抗弯和抗剪性能好，不受台阶宽高比的限制，因此适宜于需要“宽基浅埋”的情况。

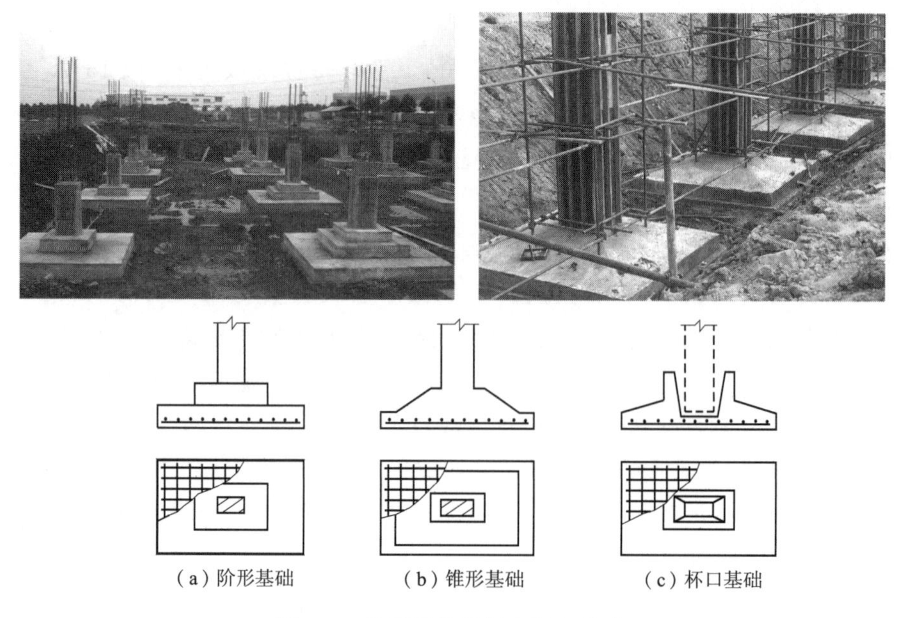

图 9.2 柱下钢筋混凝土独立基础

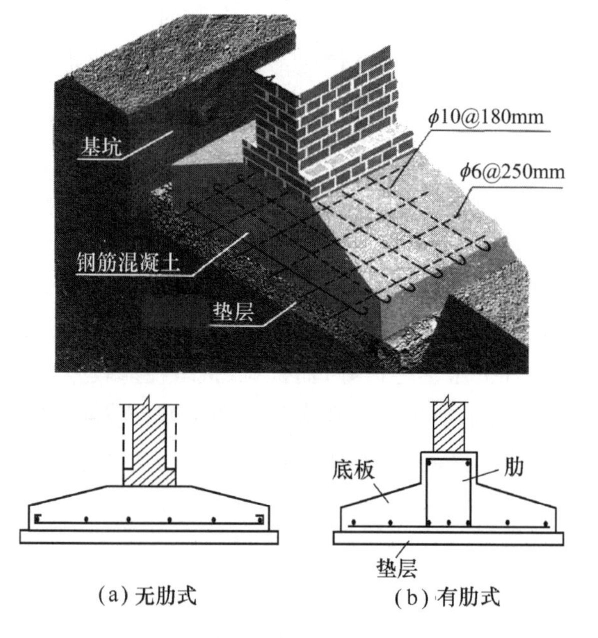

图 9.3 墙下钢筋混凝土条形基础

9.2.3 柱下条形基础

在框架结构中,当地基软弱而荷载较大时,如采用柱下独立基础,基础底面积很大而互相靠近或重叠时,为增加基础的整体性和便于施工,可将同一柱列的柱下基础连通,做成钢筋混凝土条形基础,如图 9.4(a)所示。当荷载很大或地基软弱且两个方向的荷载和土质都不均匀,单向条形基础不能满足地基基础设计要求时,可采用柱下十字交叉条形基础,如

图 9.4(b)所示。由于在纵、横两向均具有一定的刚度，所以柱下十字交叉条形基础具有良好的调整不均匀沉降的能力。

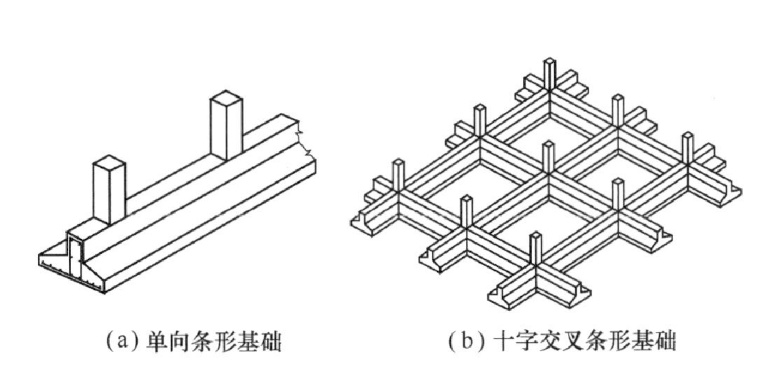

(a) 单向条形基础　　(b) 十字交叉条形基础　　(c) 十字交叉条形基础实例

图 9.4　柱下条形基础

9.2.4　筏形基础

当地基软弱而上部结构的荷载又很大，采用十字交叉条形基础仍不能满足要求或相邻基础距离很小时，可将整个基础底板连成一个整体而成为钢筋混凝土筏形基础，俗称满堂基础。筏形基础可扩大基底面积，增强基础的整体刚度，较好地调整基础各部分之间的不均匀沉降。对于设有地下室的结构物，筏形基础还可兼做地下室的底板。筏形基础在构造上可视为一个倒置的钢筋混凝土楼盖，可做成平板式[图 9.5(a)]和梁板式[图 9.5(b)、(c)]。

筏形基础可用于框架结构、框架—剪力墙结构和剪力墙结构，还广泛应用于砌体结构。

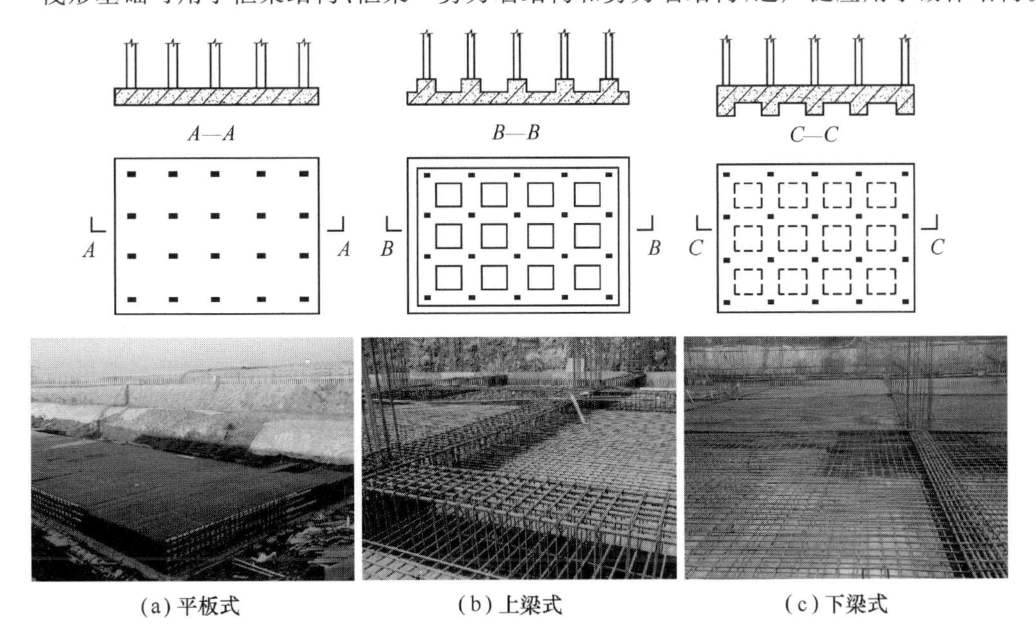

(a) 平板式　　(b) 上梁式　　(c) 下梁式

图 9.5　筏形基础

讨论

讨论上梁式和下梁式筏形基础的优缺点。

9.2.5 箱形基础

箱形基础是由钢筋混凝土顶板、底板和纵横交错的内、外墙组成的空间结构，如图 9.6 所示，多用于高层建筑。它是筏形基础的进一步发展，可做成多层，基础的内部空间可用作地下室。箱形基础整体抗弯刚度很大，使上部结构不易开裂，调整不均匀沉降能力强；由于空腹，可减少基底的附加压力；埋深大，稳定性较好。但箱形基础耗用的钢筋及混凝土较多，需考虑基坑支护和降水、止水问题，施工技术复杂。

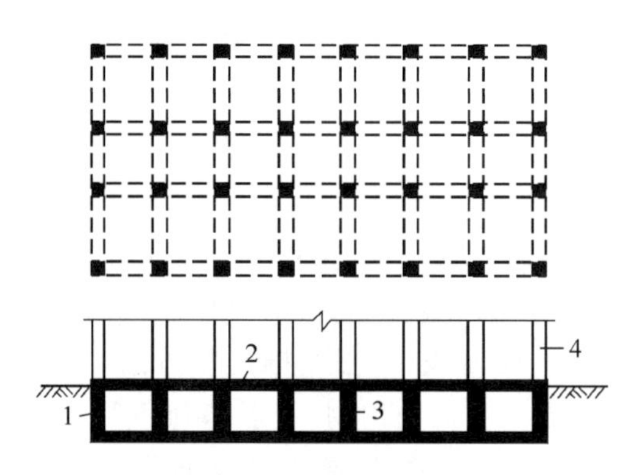

图 9.6 箱形基础

1—外墙；2—顶板；3—内墙；4—上部结构

9.2.6 壳体基础

壳体基础有正圆锥壳、M 形组合壳和内球外锥组合壳等形式，如图 9.7 所示，适用于一般工业与民用建筑柱基和筒形的构筑物（如烟囱、水塔、料仓、中小型高炉等）基础。这种基础使径向内力转变为以压应力为主，可比一般梁、板式的钢筋混凝土基础减少混凝土用量 50%左右，节约钢筋 30%以上，具有良好的经济效果。但壳体基础修筑土胎、布置钢筋及浇捣混凝土等施工工艺复杂，技术要求较高。

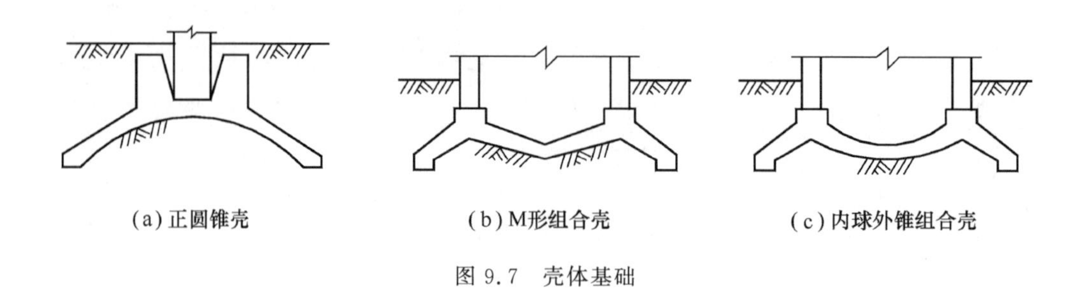

图 9.7 壳体基础

9.3 基础埋置深度

基础埋置深度是指从室外设计地面至基础底面的距离。

基础埋置深度的大小,对建筑物的安全和正常使用、基础施工技术措施、施工工期和工程造价等影响很大。设计时必须综合考虑建筑物自身条件(如使用条件、结构形式、荷载的大小和性质等)以及所处的环境(如地质条件、气候条件、邻近建筑的影响等),选择技术可靠、经济合理的基础埋置深度。

《规范》以强制性条文的方式规定:高层建筑基础的埋置深度应满足地基承载力、变形和稳定性要求。位于岩石地基上的高层建筑,其基础埋深应满足抗滑稳定性要求。

确定基础埋置深度的原则:在满足地基稳定和变形要求的前提下,当上层地基土的承载力大于下层土时,宜利用上层土做持力层。考虑地面动植物活动、耕土层等因素对基础的影响,除岩石基础外,基础埋深不宜小于 0.5m。

基础埋置深度应综合考虑以下因素后加以确定。

9.3.1 建筑物的用途以及基础的形式和构造

某些建筑物要求具有一定的使用功能或宜采用某种基础形式,这些要求常成为其基础埋深选择的先决条件。例如,设置地下室或设备层的建筑物、使用箱形基础的高层或重型建筑、具有地下部分的设备基础等,其基础埋置深度应根据建筑物地下部分的设计标高、设备基础底面标高来确定。

不同基础的构造高度也不相同,其基础埋深自然不同。为了保护基础不露出地面,构造要求基础顶面至少应低于室外设计地面 0.1m。

9.3.2 作用在地基上的荷载大小和性质

荷载大小不同,对地基承载力的要求也就不同,因此直接影响持力层的选择。例如,浅层某一深度的土层,对于荷载小的基础可能是很好的持力层,而对于荷载大的基础可能不宜作为持力层。荷载的性质对基础埋置深度的影响也很明显。承受水平荷载的基础,必须有足够的埋置深度来获得土的侧向抗力,以保证基础的稳定性,减少建筑物的整体倾斜,防止倾覆及滑移。例如抗震设防区,除岩石地基外,天然地基上的箱形和筏形基础其埋置深度不宜小于建筑物高度的 1/15;桩箱或桩筏基础的埋置深度(不计桩长)不宜小于建筑物高度的 1/18;承受上拔力的基础,如输电塔基础,也要求有较大的埋深,以提供足够的抗拔阻力;承受动荷载的基础,则不宜选择饱和疏松的粉细砂作为持力层,以免这些土层由于振动液化而丧失承载力,造成基础失稳。

9.3.3 工程地质和水文地质条件

为了保证建筑物的安全,必须根据荷载的大小和性质为基础选择可靠的持力层。一般当上层土的承载力能满足要求时，应选择该层作为持力层；若其下有软弱土层，则应验算其承载力是否满足要求。当上层土软弱而下层土承载力较高时，则应根据软弱土的厚度决定基础做在下层土还是采用人工地基或桩基础与深基础。总之，应根据结构安全、施工难易和材料用量等进行比较、确定。

对于墙基础，如地基持力层顶面倾斜，可沿墙长将基础底面分段做成高低不同的台阶状。分段长度不宜小于相邻两段面高差的1～2倍，且不宜小于1m。

对修建于坡高$h\leqslant 8$m、坡角$\beta\leqslant 45°$的稳定土坡坡顶上的建筑（图9.8），当垂直于坡顶边缘线的基础底面边长$b\leqslant 3$m时，需满足由基础底面外边缘至坡顶边缘的水平距离$a\geqslant 2.5$m。此时，如基础埋深d符合下式要求：

$$d\geqslant(\lambda b-a)\tan\beta \tag{9.1}$$

则土坡坡面附近由修建基础所引起的附加应力不影响土坡的稳定性。其中，系数λ取3.5（条形基础）或2.5（矩形基础）。

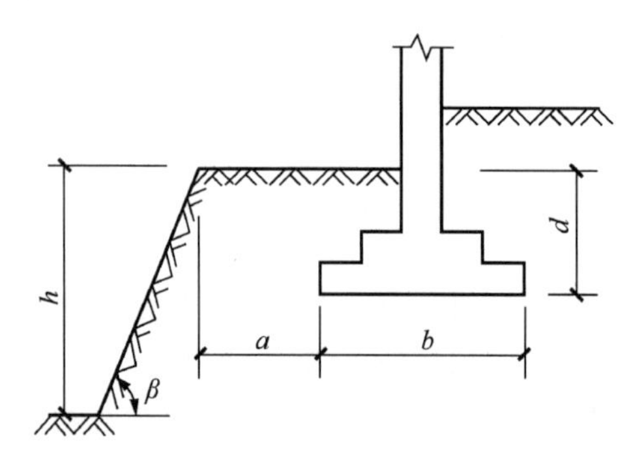

图9.8 土坡坡顶处基础的最小埋深

如遇到地下水，基础宜尽量埋置于地下水位以上，以避免地下水对基坑开挖、基础施工和使用产生影响。如必须将基础埋在地下水位以下时，则应采取施工排水措施，保护地基土不受扰动。对于承压水，则应考虑承压水上部隔水层最小厚度问题，以避免承压水冲破隔水层，浸泡基槽。对于河岸边的基础，其埋深应在流水冲刷作用深度以下。

9.3.4 相邻建筑物的基础埋深

当存在相邻建筑物时，新建建筑物的基础埋深不宜大于原有建筑物的基础埋深；当埋深大于原有建筑物的基础埋深时，两基础间应保持一定净距，其数值应根据建筑荷载大小、基础形式和土质情况确定，一般应不小于两基础底面高差的1～2倍，如图9.9所示。当上述要求不能满足时，应采取分段施工，设临时加固支撑、打板桩、地下连续墙等有效支护措施，或加固原有建筑物地基，以免开挖新基槽时危及原有基础的安全稳定性。

9.3.5 地基土冻胀和融陷的影响

冻土分为季节性冻土和多年冻土。季节性冻土是冬季冻结、天暖解冻的土层，在我

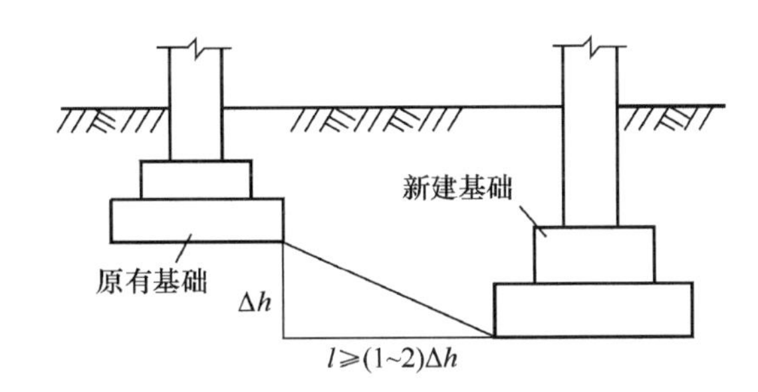

图 9.9　相邻基础的埋深

国北方地区分布广泛。土体冻结发生体积膨胀和地面隆起的现象称为冻胀，若冻胀产生的上抬力大于基础荷重，基础就有可能被上抬；土层解冻时，土体软化、强度降低、地面沉陷的现象称为融陷。地基土的冻胀与融陷通常是不均匀的，因此容易引起建筑物开裂损坏。

季节性冻土的冻胀性与融陷性是相互关联的，常以冻胀性加以概括。《规范》根据土的类别、冻前天然含水量、冻结期间地下水位距冻结面的最小距离以及平均冻胀率，将地基土的冻胀性划分为不冻胀、弱冻胀、冻胀、强冻胀和特强冻胀五类。

季节性冻土地区基础埋置深度宜大于场地冻结深度。对于深厚季节冻土地区（冻深大于 2m），当建筑基础底面土层为不冻胀土、弱冻胀土、冻胀土时，基础埋置深度可以小于场地冻结深度，基础底面下允许冻土层最大厚度应根据当地经验确定。没有地区经验时可按《规范》附录 G 查取。此时，基础最小埋置深度可按下式计算，即

$$d_{\min} = z_d - h_{\max} \tag{9.2}$$

式中：z_d——场地冻结深度，按下式计算，即

$h_{\max}$——基础底面下允许冻土层最大厚度，应根据当地经验确定，没有地区经验时可按《规范》附录 G.0.2 查取。

$$z_d = z_0 \psi_{zs} \psi_{zw} \psi_{ze} \tag{9.3}$$

式中：z_0——标准冻结深度，是指地下水位与冻结锋面（冻土与非冻土之间可移动的接触界面）之间的距离大于 2m，不冻胀黏性土，地表平坦、裸露，城市之外的空旷场地中不少于 10 年实测最大冻结深度的平均值，当无实测资料时，按《规范》附录 F（中国季节性冻土标准冻深线图）采用；

ψ_{zs}——土的类别对冻结深度的影响系数，按表 9.2 选用；

ψ_{zw}——土的冻胀性对冻结深度的影响系数，按表 9.3 选用；

ψ_{ze}——环境对冻结深度的影响系数，按表 9.4 选用；

若当地有多年实测资料时，按 $z_d = h' - \Delta z$ 计算，h' 和 Δz 分别为最大冻结深度出现时场地最大冻土层厚度和场地地表冻胀量。

表 9.2　土的类别对冻结深度的影响系数

土的类别	黏性土	细砂、粉砂、粉土	中、粗、砾砂	大块碎石土
影响系数 ψ_{zs}	1.00	1.20	1.30	1.40

表 9.3 土的冻胀性对冻结深度的影响系数

冻胀性	不冻胀	弱冻胀	冻胀	强冻胀	特强冻胀
影响系数 ψ_{zw}	1.00	0.95	0.90	0.85	0.80

表 9.4 环境对冻结深度的影响系数

周围环境	村、镇、旷野	城市近郊	城市市区
影响系数 ψ_{ze}	1.00	0.95	0.90

注：环境影响系数一项，当城市市区人口为 20 万～50 万时，按城市近郊取值；当城市市区人口大于 50 万而小于或等于 100 万时，只计入市区影响；当城市市区人口超过 100 万时，除计入市区影响外，尚应考虑 5km 以内的郊区近郊影响系数。

在冻胀、强冻胀、特强冻胀地基上，还应按《规范》的要求采取相应的防冻害措施。

9.4 基础底面尺寸的确定

确定基础底面尺寸时，首先应满足地基承载力要求，包括持力层土的承载力计算和软弱下卧层的验算；其次，对部分建(构)筑物，仍需考虑地基变形的影响，验算建(构)筑物的变形特征值，并对基础底面尺寸作必要的调整。

9.4.1 按持力层承载力计算基础底面尺寸

确定基础埋深后，便可按持力层修正后的地基承载力特征值计算所需的基础底面尺寸。

1. 轴心荷载作用下的基础

如图 9.10 所示，轴心荷载作用下，要求符合式(9.4)要求。

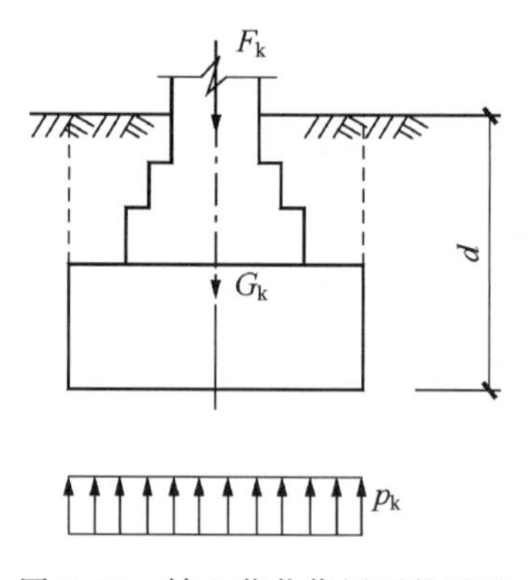

图 9.10 轴心荷载作用下的基础

$$p_k \leqslant f_a \tag{9.4}$$

式中：p_k——相应于作用的标准组合时，基础底面处的平均压力值，kPa；

f_a——修正后的地基承载力特征值，kPa。

$$p_k = \frac{F_k + G_k}{A} \tag{9.5}$$

式中：F_k——相应于作用的标准组合时，上部结构传至基础顶面的竖向力值，kN；

G_k——基础自重和基础上的土重(kN)，按 $G_k=\gamma_G \bar{d} A$ 计算，其中 γ_G 为基础及其台阶上回填土的平均重度，一般取 $20kN/m^3$，但在地下水位以下部分应取有效重度，$\bar{d}$ 为基础平均埋深，m；

A——基础底面面积，m^2。

将式(9.5)代入式(9.4)得

$$A \geqslant \frac{F_k}{f_a - \gamma_G \bar{d}} \tag{9.6}$$

(1) 对于矩形基础

$$bl \geqslant \frac{F_k}{f_a - \gamma_G \bar{d}} \tag{9.7}$$

式中 b、l——基础底面宽度和长度。

(2) 对于条形基础，沿长度方向取 1m 作为计算单元，即 $l=1m$，代入式(9.6)得

$$b \geqslant \frac{F_k}{f_a - \gamma_G \bar{d}} \tag{9.8}$$

式中 F_k——单位长度基础上相应于作用的标准组合时上部结构传至基础顶面的竖向力值，kN/m。

重要提示

在按上述公式计算基础底面尺寸时，需要先确定修正后的地基承载力特征值 f_a，但 f_a 又与基础底面宽度 b 有关，即公式中的 f_a 与 A 都是未知数，因此需要通过试算确定。计算时，可先假定基底宽度 $b \leqslant 3m$，对地基承载力特征值只进行深度修正，计算 f_a 值，按上述公式计算出 b 和 l。若 $b \leqslant 3m$，表示假定成立，计算结束；若 $b \geqslant 3m$，表示假定错误，需按上一轮计算所得 b 值进行地基承载力特征值宽度修正，用深宽修正后新的 f_a 值重新计算 b 和 l。试算的次数越多，结果就越接近精确值。

【例 9.1】 某砖混结构外墙基础如图 9.11 所示，采用混凝土条形基础，墙厚 240mm，上部结构传至地表的作用的标准组合竖向力值 $F_k=120kN/m$，地基为黏性土，重度 $\gamma=19.5kN/m^3$，孔隙比 $e=0.684$，液性指数 $I_L=0.456$，地基承载力特征值 $f_{ak}=110kPa$。试计算基础宽度。

解 (1) 求修正后的地基承载力特征值。

假定基底宽度 $b<3m$，由于基础埋深 $d=1.0m>0.5m$，故仅需进行深度修正。查表 6.1 得 $\eta_b=0.3$，$\eta_d=1.6$，则

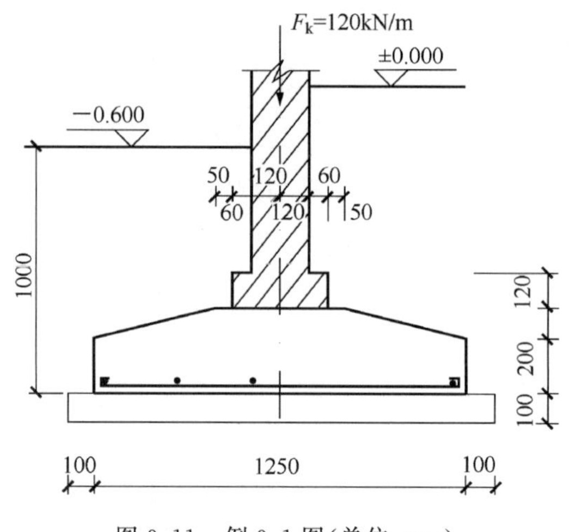

图 9.11　例 9.1 图(单位:mm)

$$f_a = f_{ak} + \eta_d \gamma_m (d - 0.5)$$
$$= 110 + 1.6 \times 19.5 \times (1.0 - 0.5) = 125.6(\text{kPa})$$

(2) 求基础底面宽度 b。

$$b \geqslant \frac{F_k}{f_a - \gamma_G \bar{d}} = \frac{120}{125.6 - 20 \times 1.3} = 1.205(\text{m})$$

取 b=1.25m。由于 b=1.25m<3m,符合假定,故基础宽度设计为 1.25m。

2. 偏心荷载作用下的基础

如图 9.12 所示,偏心荷载作用下,基础除应符合式(9.4)要求外,尚应符合式(9.9)要求。

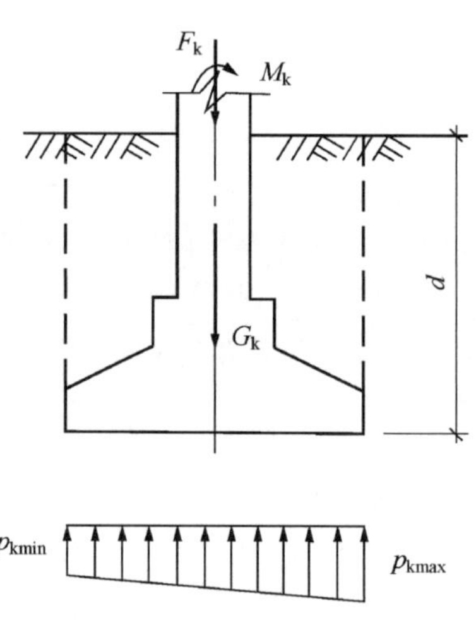

图 9.12　单向偏心荷载作用下的基础

$$p_{kmax} \leqslant 1.2 f_a \tag{9.9}$$

式中:p_{kmax}——相应于作用的标准组合时基础底面边缘的最大压力值,kPa,计算方法详见4.3节。

重要提示

在计算偏心荷载作用下的基础底面尺寸时，通常可按下述试算法进行：

(1) 先按轴心荷载作用下的公式(9.6)计算基础底面积 A_0，即满足公式(9.4)。

(2) 根据荷载偏心距的大小将 A_0 增大10%～40%，使 $A=(1.1\sim1.4)A_0$。

(3) 计算偏心荷载作用下的 p_{kmax}，验算是否满足式(9.9)。如不合适，可调整基底尺寸再验算，如此反复，直至满足要求。

【例9.2】 某柱下独立基础，土层与基础所受荷载情况如图9.13所示，基础埋深1.5m，$F_k=300\text{kN}$，$M_k'=50\text{kN}\cdot\text{m}$，$V_k=30\text{kN}$。试根据持力层地基承载力确定基础底面尺寸。

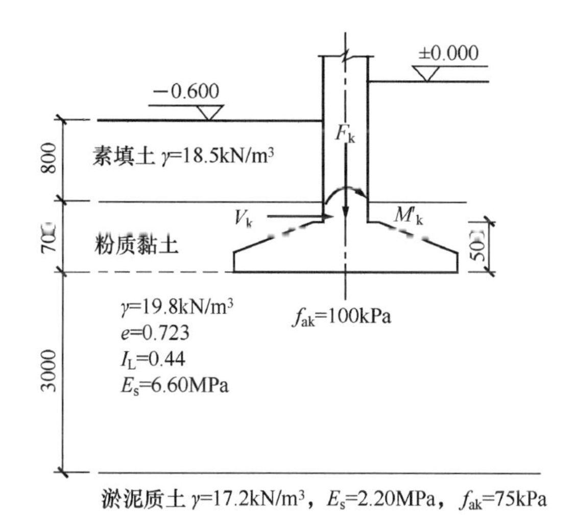

图9.13 例9.2图

解 (1) 求持力层修正后的地基承载力特征值。

假定 $b<3\text{m}$，仅进行深度修正。由粉质黏土 $e=0.723$，$I_L=0.44$，查表6.1得 $\eta_d=1.6$。

$$\gamma_m=\frac{1}{1.5}\times(18.5\times0.8+19.8\times0.7)=19.1(\text{kN/m}^3)$$

$$\begin{aligned}f_a&=f_{ak}+\eta_d\gamma_m(d-0.5)\\&=100+1.6\times19.1\times(1.5-0.5)\\&=130.56(\text{kPa})\end{aligned}$$

(2) 按轴心荷载作用估算基底面积。

$$A_0\geqslant\frac{F_k}{f_a-\gamma_G\bar{d}}=\frac{300}{130.56-20\times(1.5+0.5\times0.6)}=3.173(\text{m}^2)$$

(3) 根据荷载偏心距大小增大基础底面积30%，即 $A=1.3\times3.173=4.125(\text{m}^2)$。

取 $b=1.5\text{m}$，$l=2.8\text{m}$，则 $A=4.2\text{m}^2$。由于 $b<3\text{m}$，故不用再对 f_a 进行宽度修正。

(4) 持力层地基承载力验算。

基础及回填土重为

$$G_k = \gamma_G \bar{d} A = 20 \times 1.8 \times 4.2 = 151.2(\mathrm{kN})$$

基础底面的总力矩为

$$M_k = M'_k + 0.5V_k = 50 + 0.5 \times 30 = 65(\mathrm{kN \cdot m})$$

偏心距为

$$e = \frac{M_k}{F_k + G_k} = \frac{65}{300 + 151.2} = 0.144(\mathrm{m}) < \frac{l}{6} = \frac{2.8}{6} = 0.467(\mathrm{m})$$

基底边缘最大压力为

$$\begin{aligned} p_{kmax} &= \frac{F_k + G_k}{A}\left(1 + \frac{6e}{l}\right) = \frac{300 + 151.2}{4.2} \times \left(1 + \frac{6 \times 0.144}{2.8}\right) \\ &= 140.6(\mathrm{kPa}) < 1.2f_a \\ &= 156.7(\mathrm{kPa}) \end{aligned}$$

满足要求,故基础底面尺寸为 $b=1.5\mathrm{m}$,$l=2.8\mathrm{m}$。

9.4.2 地基软弱下卧层承载力验算

当地基受力层范围内存在软弱下卧层时(承载力显著低于持力层的高压缩性土层),按持力层土的承载力计算得出基础底面尺寸后,还必须对软弱下卧层进行验算,要求作用在软弱下卧层顶面处的附加压力与自重压力之和不超过它的修正后的承载力特征值,即

$$p_z + p_{cz} \leqslant f_{az} \tag{9.10}$$

式中:p_z——相应于作用的标准组合时,软弱下卧层顶面处的附加压力值,kPa;

p_{cz}——软弱下卧层顶面处土的自重压力值,kPa;

f_{az}——软弱下卧层顶面处经深度修正后地基承载力特征值,kPa。

当持力层与软弱下卧土层的压缩模量比值$\frac{E_{s1}}{E_{s2}} \geqslant 3$时,对于条形和矩形基础,可采用压力扩散角方法计算 p_z值。如图 9.14 所示,假设基底处的附加压力 p_0向下传递时按某一角度 θ 向外扩散,根据基底与软弱下卧层顶面处扩散面积上的附加压力总值相等的条件,可得:

条形基础

$$p_z = \frac{b(p_k - p_c)}{b + 2z\tan\theta} \tag{9.11}$$

矩形基础

$$p_z = \frac{lb(p_k - p_c)}{(b + 2z\tan\theta)(l + 2z\tan\theta)} \tag{9.12}$$

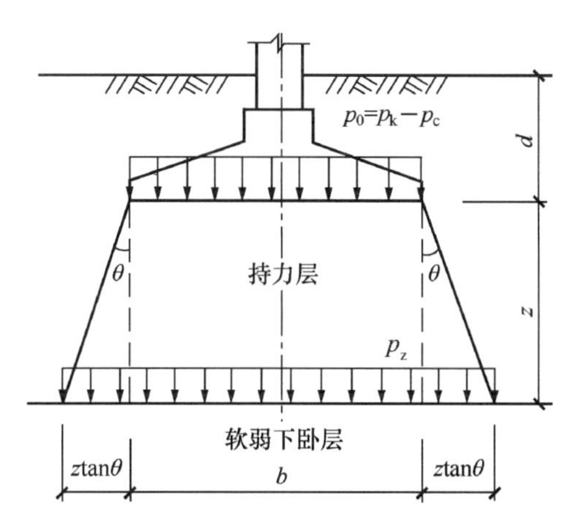

图 9.14 软弱下卧层承载力验算

式中：b——矩形基础或条形基础底边的宽度，m；

l——矩形基础底边的长度，m；

z——基础底面至软弱下卧层顶面的距离，m；

p_c——基础底面处土的自重压力值，kPa；

θ——地基压力扩散线与垂直线的夹角，可按表 9.5 采用。

表 9.5 地基压力扩散角 θ

$\frac{E_{s1}}{E_{s2}}$	$\frac{z}{b}$	
	0.25	0.50
3	6°	23°
5	10°	25°
10	20°	30°

注：1. E_{s1}为上层土压缩模量，E_{s2}为下层土压缩模量。

2. $\frac{z}{b}<0.25$ 时取 $\theta=0°$，必要时宜由试验确定；$\frac{z}{b}>0.50$ 时 θ 值不变。

3. $\frac{z}{b}$在 0.25～0.50 可插值使用。

【例 9.3】 验算例 9.2 中软弱下卧层强度是否满足要求。

解 基底处土的自重压力为

$$p_c = 18.5 \times 0.8 + 19.8 \times 0.7 = 28.66(\text{kPa})$$

软弱下卧层顶面处土的自重压力为

$$p_{cz} = 28.66 + 19.8 \times 3.0 = 88.06(\text{kPa})$$

基础底面平均压力为

$$p_k = \frac{F_k + G_k}{A} = \frac{300 + 151.2}{1.5 \times 2.8} = 107.4(\text{kPa})$$

软弱下卧层顶面以上土的加权平均重度为

$$\gamma_m = \frac{p_{cz}}{4.5} = \frac{88.06}{4.5} = 19.57(\text{kN/m}^3)$$

由淤泥质土查表 6.1 得 $\eta_d=1.0$,故

$$f_{az} = f_{ak} + \eta_d\gamma_m(d-0.5) = 75 + 1.0\times 19.57\times(4.5-0.5) = 153.28(\text{kPa})$$

由$\frac{E_{s1}}{E_{s2}}=\frac{6.6}{2.2}=3$,$\frac{z}{b}=\frac{3.0}{1.5}=2>0.5$,查表 9.5 得 $\theta=23°$。

软弱下卧层顶面处的附加压力为

$$\begin{aligned}p_z &= \frac{lb(p_k-p_c)}{(b+2z\tan\theta)(l+2z\tan\theta)}\\ &= \frac{2.8\times1.5\times(107.4-28.66)}{(1.5+2\times3.0\times\tan23°)(2.8+2\times3.0\times\tan23°)}\\ &= 15.28(\text{kPa})\end{aligned}$$

则

$$p_z + p_{cz} = 15.28 + 88.06 = 103.34(\text{kPa}) < 153.28(\text{kPa})$$

软弱下卧层强度满足要求。

9.5 无筋扩展基础剖面设计

无筋扩展基础是指由砖、毛石、混凝土或毛石混凝土、灰土和三合土等材料组成的不配置钢筋的墙下条形基础或柱下独立基础。这种基础受力后,在靠柱边、墙边或断面高度突然发生变化的台阶边缘处容易产生弯曲破坏。为此,要求基础具有一定的高度,使弯曲产生的拉应力不会超过材料的抗拉强度。通常做法是控制基础的外伸长度 b_2 和基础高度 H_0 的比值不超过规定的允许比值。《规范》给出了各种材料的台阶宽高比允许值(表 9.6)。如图 9.15 所示,$\frac{b_2}{H_0}=\tan\alpha$,与允许的$\frac{b_2}{H_0}$值相对应的角度 α 称为基础的刚性角。满足台阶宽高比限值后,基础已具有足够的刚度,一般无须再作抗弯、抗剪验算。

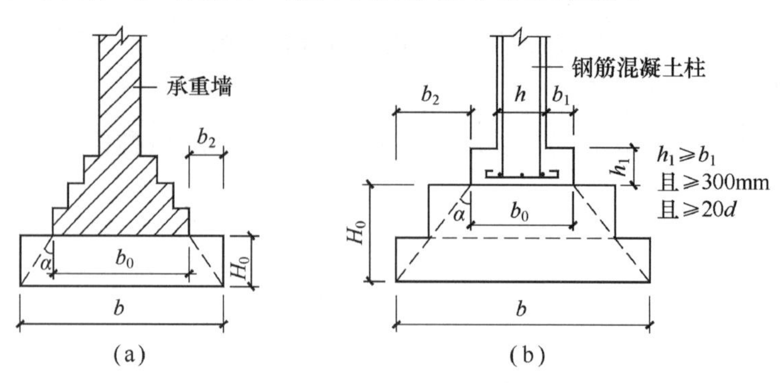

图 9.15 无筋扩展基础构造示意

注:d 为柱中纵向钢筋直径。

基础高度应符合下式要求，即

$$H_0 \geqslant \frac{b-b_0}{2\tan\alpha} \tag{9.13}$$

式中：b——基础底面宽度，mm；

b_0——基础顶面的墙体宽度或柱脚宽度，mm；

H_0——基础高度，mm；

b_2——基础台阶宽度，mm；

$\tan\alpha$——基础台阶宽高比 $b_2 : H_0$，其允许值可按表 9.6 选用。

表 9.6 无筋扩展基础台阶宽高比的允许值

基础材料	质量要求	台阶宽高比的允许值		
		$p_k \leqslant 100$	$100 < p_k \leqslant 200$	$200 < p_k \leqslant 300$
混凝土基础	C15 混凝土	1∶1.00	1∶1.00	1∶1.25
毛石混凝土基础	C15 混凝土	1∶1.00	1∶1.25	1∶1.50
砖基础	砖不低于 MU10、砂浆不低于 M5	1∶1.50	1∶1.50	1∶1.50
毛石基础	砂浆不低于 M5	1∶1.25	1∶1.50	—
灰土基础	体积比为 3∶7 或 2∶8 的灰土，其最小干密度：粉土 1550kg/m³；粉质黏土 1500kg/m³；黏土 1450kg/m³	1∶1.25	1∶1.50	—
三合土基础	体积比 1∶2∶4～1∶3∶6(石灰∶砂∶骨料)，每层约虚铺 220mm，夯至 150mm	1∶1.50	1∶2.00	—

注：1. p_k为作用的标准组合时基础底面处的平均压力值(kPa)。
2. 阶梯形毛石基础的每阶伸出宽度不宜大于 200mm。
3. 当基础由不同材料叠合组成时，应对接触部分作抗压验算。
4. 混凝土基础单侧扩展范围内基础底面处的平均压力值超过 300kPa 时，应进行抗剪验算；对基底反力集中于立柱附近的岩石地基，应进行局部受压承载力验算。

另外，进行无筋扩展基础剖面设计时，还需考虑基础材料强度和质量以及其他构造要求。采用无筋扩展基础的钢筋混凝土柱，其柱脚高度 h_1 不得小于 b_1(图 9.15)，并不应小于 300mm 且不小于 $20d$(d 为柱中的纵向受力钢筋的最大直径)。当柱的纵向钢筋在柱脚内的竖向锚固长度不满足锚固要求时，可沿水平方向弯折，弯折后的水平锚固长度不应小于 $10d$ 且不应大于 $20d$。

【例 9.4】 某砖混结构外墙基础采用 3∶7 灰土基础，墙厚 240mm，基底处平均压力 p_k=110kPa，室内外高差 450mm，设计基础埋深 0.8m，设计基础宽度为 0.9m。试设计基础的剖面尺寸。

解 基础大放脚采用 MU10 砖和 M5 砂浆按“二一间隔收”砌筑，两步灰土垫层。

由表 9.6 查得，灰土基础台阶宽高比允许值为 1∶1.50，故灰土垫层挑出宽度应满足

$$\frac{b_2}{H_0} \leqslant \frac{1}{1.5}, \quad b_2 \leqslant \frac{300}{1.5} = 200(\text{mm})$$

则大放脚所需台阶数为

$$n \geqslant \frac{1}{2} \times \frac{900 - 240 - 2 \times 200}{60} = 2.17$$

取 $n=3$。

基础顶面距室外设计地坪距离为

$$800 - 300 - (2 \times 120 + 60) = 200(\text{mm}) > 100\text{mm}$$

满足构造要求。

基础剖面如图 9.16 所示。

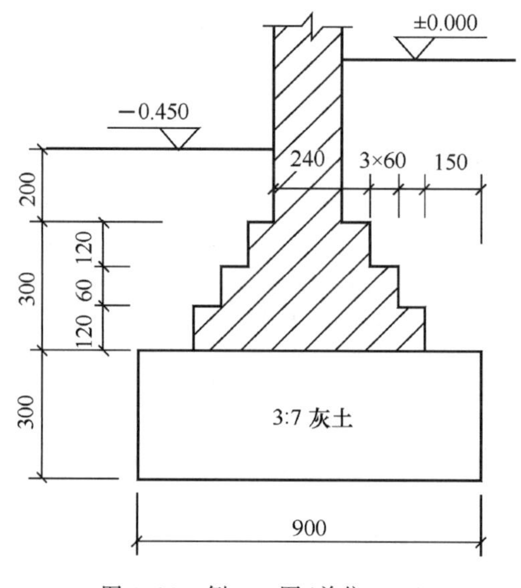

图 9.16 例 9.4 图(单位:mm)

9.6 扩展基础剖面设计

扩展基础是指柱下钢筋混凝土独立基础和墙下钢筋混凝土条形基础。

9.6.1 扩展基础的构造要求

1. 一般构造要求

(1) 锥形基础的边缘高度不宜小于 200mm,其顶部四周应水平放宽至少 50mm;阶梯形基础的每阶高度宜为 300～500mm,如图 9.17 所示。

(2) 钢筋混凝土基础下通常设素混凝土垫层,垫层厚度不宜小于 70mm,垫层混凝土强度等级不宜低于 C10。垫层两边各伸出基础底板不小于 50mm,一般为 100mm。

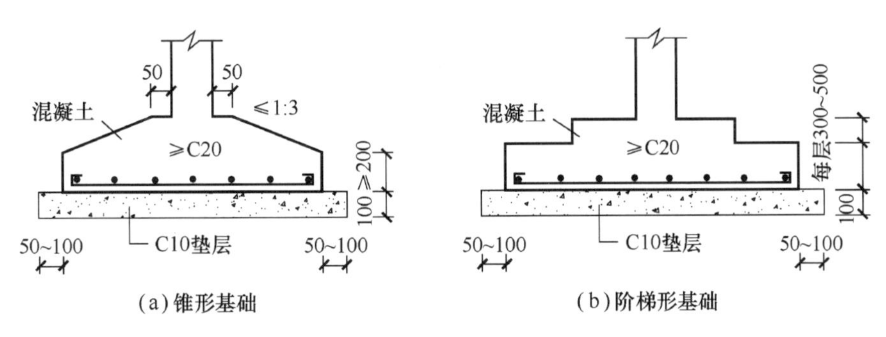

(a)锥形基础　(b)阶梯形基础

图 9.17　扩展基础一般构造要求(单位:mm)

(3) 扩展基础受力钢筋最小配筋率不应小于 0.15%,底板受力钢筋的最小直径不应小于 10mm;间距不应大于 200mm,也不应小于 100mm。墙下钢筋混凝土条形基础纵向分布钢筋的直径不应小于 8mm,间距不应大于 300mm。每延米分布钢筋的面积不应小于受力钢筋面积的 15%。当有垫层时钢筋保护层的厚度不应小于 40mm,无垫层时不应小于 70mm。

(4) 混凝土强度等级不应低于 C20。

(5) 当柱下钢筋混凝土独立基础的边长和墙下钢筋混凝土条形基础的宽度大于或等于 2.5m 时,底板受力钢筋的长度可取边长或宽度的 0.9 倍,并宜交错布置,如图 9.18(a)所示。

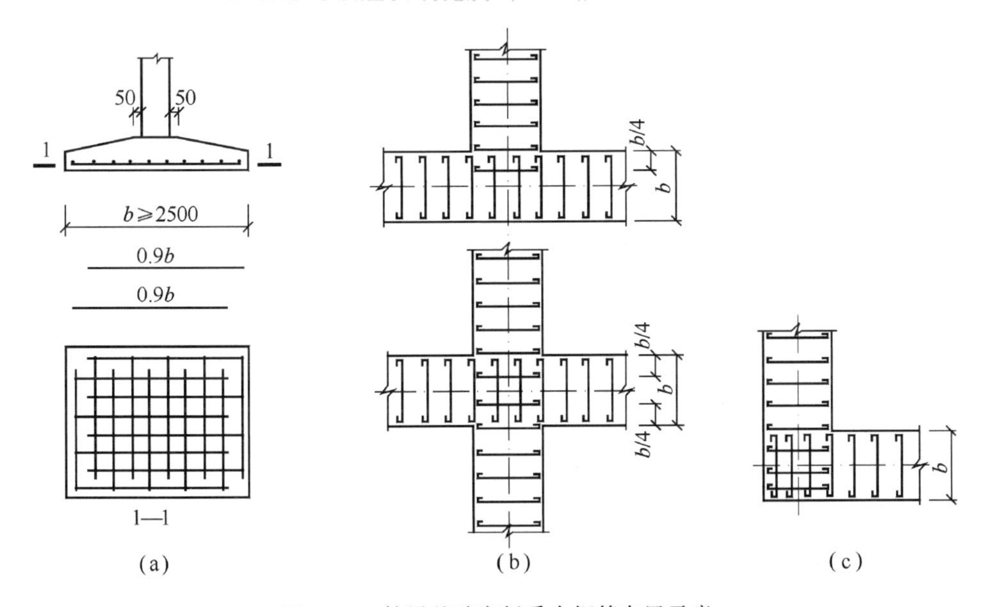

(a)　(b)　(c)

图 9.18　扩展基础底板受力钢筋布置示意

(6) 钢筋混凝土条形基础底板在 T 形及十字形交接处,底板横向受力钢筋仅沿一个主要受力方向通长布置,另一方向的横向受力钢筋可布置到主要受力方向底板宽度 1/4 处[图 9.18(b)]。在拐角处底板横向受力钢筋应沿两个方向布置[图 9.18(c)]。

2. 现浇柱基础

钢筋混凝土柱纵向受力钢筋在基础内的锚固长度应符合下列规定。

(1) 钢筋混凝土柱纵向受力钢筋在基础内的锚固长度 l_a 应根据《混凝土结构设计规范》

(GB 50010—2010)(2015 年版)有关规定确定。

(2) 抗震设防烈度为 6 度、7 度、8 度和 9 度地区的建筑工程，纵向受力钢筋的抗震锚固长度 l_{aE}应符合《混凝土结构设计规范》的有关规定并按以下公式计算。

① 一、二级抗震等级纵向受力钢筋的抗震锚固长度 l_{aE}为

$$l_{aE} = 1.15 l_a \tag{9.14}$$

② 三级抗震等级纵向受力钢筋的抗震锚固长度 l_{aE}为

$$l_{aE} = 1.05 l_a \tag{9.15}$$

③ 四级抗震等级纵向受力钢筋的抗震锚固长度 l_{aE}为

$$l_{aE} = l_a \tag{9.16}$$

式中：l_a——纵向受拉钢筋的锚固长度。

(3) 当基础高度小于 l_a(l_{aE})时，纵向受力钢筋的锚固总长度除符合上述要求外，其最小直锚段的长度不应小于 $20d$，弯折段的长度不应小于 150mm。

现浇柱的基础，其插筋的数量、直径以及钢筋种类应与柱内纵向受力钢筋相同。插筋的锚固长度应满足(1)、(2)中的要求，插筋与柱的纵向受力钢筋的连接方法应符合现行国家标准《混凝土结构设计规范》的有关规定。插筋的下端宜做成直钩放在基础底板钢筋网上。当符合下列条件之一时，可仅将四角的插筋伸至底板钢筋网上，其余插筋锚固在基础顶面下 l_a 或 l_{aE}(有抗震设防要求时)处，如图 9.19 所示。

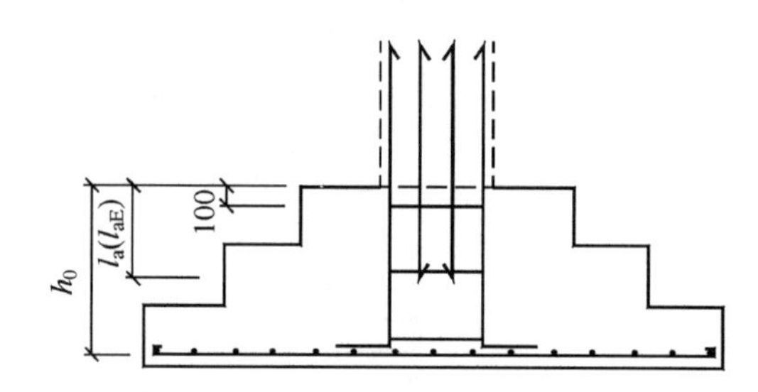

图 9.19　现浇柱基础中插筋构造示意(单位：mm)

① 柱为轴心受压或小偏心受压，基础高度大于或等于 1200mm。

② 柱为大偏心受压，基础高度大于或等于 1400mm。

3. 预制柱基础

预制钢筋混凝土柱与杯口基础和高杯口基础的连接要求参见《规范》。

9.6.2 墙下钢筋混凝土条形基础的计算

墙下钢筋混凝土条形基础通常为无肋板式，当地基不均匀需加强基础的整体性和抗弯能力时，可设计成有肋式基础，如图 9.20 所示。

墙下钢筋混凝土条形基础设计计算内容主要包括确定基础底面宽度、基础底板厚度和基础底板配筋。其中，基础底面宽度按 9.4 节介绍的方法计算确定，而基础底板厚度和配筋则通过基础斜截面剪切破坏验算和弯曲破坏验算来确定。

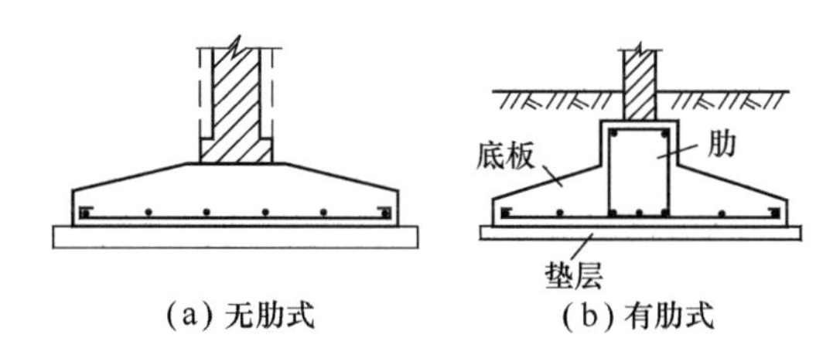

图 9.20 墙下钢筋混凝土条形基础

1. 中心荷载作用下基础底板厚度和配筋计算

1) 基础内力

墙下钢筋混凝土条形基础在均布线荷载 F(kN/m)作用下的受力分析如图 9.21 所示。它的受力情况如同一个倒置的悬臂板。p_n是相应于承载能力极限状态,上部结构传来的作用的基本组合 F(kN/m)作用下,在基底产生的净反力(不包括基础自重和基础台阶上回填土重所引起的反力)。若取沿墙长度方向 $l=1$m 的基础板分析,则

$$p_n=\frac{F}{bl}=\frac{F}{b} \tag{9.17}$$

式中:p_n——地基净反力设计值,kPa;

F——相应于作用的基本组合,上部结构传至基础底面的竖向力设计值(不包括基础自重和基础台阶上回填土重),kN/m;

b——墙下钢筋混凝土条形基础宽度,m。

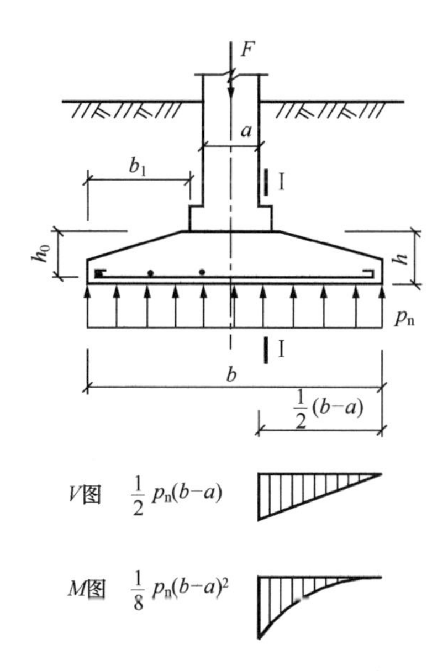

图 9.21 砖墙下钢筋混凝土基础受力分析

在 p_n作用下,当墙体材料为混凝土时,验算截面取至墙体放脚外边缘处,即底板悬挑长度 b_1处;如为砖墙,且放脚不大于 1/4 砖长时,验算截面(Ⅰ—Ⅰ截面)取至底板悬挑长度 $b_1+1/4$ 砖长处。以下为放脚 1/4 砖长时砖墙基础底板内产生的最大弯矩 M 和最大剪力 V。

$$V=\frac{1}{2}p_{n}(b-a) \tag{9.18}$$

$$M=\frac{1}{8}p_{n}(b-a)^{2} \tag{9.19}$$

式中：V——基础底板根部的剪力设计值，kN/m；

M——基础底板根部的弯矩设计值，kN·m/m；

a——砖墙厚度，m。

2）基础底板厚度

基础内不配箍筋和弯起钢筋，故基础底板厚度应满足混凝土的抗剪切条件，即

$$V\leqslant 0.7\beta_{hs}f_{t}lh_{0} \tag{9.20}$$

或

$$h_{0}\geqslant\frac{V}{0.7\beta_{hs}f_{t}l} \tag{9.21}$$

式中：f_t——混凝土轴心抗拉强度设计值，kPa；

h_0——基础底板有效高度，即基础底板厚度减去钢筋保护层厚度（有垫层 40mm，无垫层 70mm）和 1/2 倍的钢筋直径，m。

β_{hs}——受剪切承载力截面高度影响系数，$\beta_{hs}=\left(\frac{800}{h_0}\right)^{1/4}$，当 $h_0<800$mm 时取 $h_0=800$mm，当 $h_0>2000$mm 时取 $h_0=2000$mm；

l——长度计算单元，取 $l=1$m。

3）基础底板配筋

基础底板中受力钢筋的面积计算公式为

$$A_{s}=\frac{M}{0.9h_{0}f_{y}} \tag{9.22}$$

式中：A_s——每延米长基础底板受力钢筋截面积，mm²；

f_y——钢筋抗拉强度设计值，N/mm²。

2. 偏心荷载作用下基础底板厚度和配筋计算

如图 9.22 所示，首先计算基底净反力的偏心距 e_{n0}：

$$e_{n0}=\frac{M}{F}\left(\leqslant\frac{b}{6}\right) \tag{9.23}$$

然后计算基础边缘处的最大和最小净反力

$$p_{\substack{nmax\\nmin}}=\frac{F}{b}\left(1\pm\frac{6e_{n0}}{b}\right) \tag{9.24}$$

悬臂根部截面 I—I 处的净反力为

$$p_{n1}=p_{nmin}+\frac{b+a}{2b}(p_{nmax}-p_{nmin}) \tag{9.25}$$

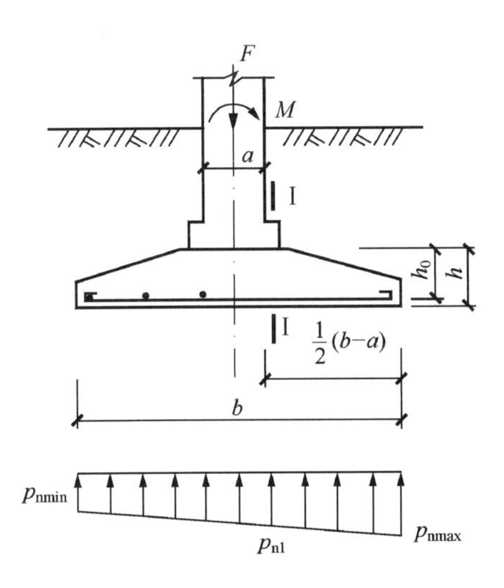

图 9.22　砖墙下钢筋混凝土基础受偏心荷载作用

基础的高度和配筋仍按式(9.21)和式(9.22)计算，但在计算剪力V和弯矩M时应将式(9.18)和式(9.19)中的p_n改为$\frac{p_{nmax}+p_{n1}}{2}$。这样计算，当$\frac{p_{nmax}}{p_{nmin}}$值很大时，计算的$M$值略偏小。

【例 9.5】 设计例 9.1 墙下钢筋混凝土条形基础。已知相应于作用的基本组合，上部结构传至地表的竖向力设计值$F=162\text{kN/m}$。

解　(1) 确定基础底板厚度。

按式(9.17)计算地基净反力设计值为

$$p_n=\frac{F}{b}=\frac{162}{1.25}=129.6(\text{kPa})$$

按式(9.18)计算基础底板内最大剪力设计值V为

$$V=\frac{1}{2}p_n(b-a)=\frac{1}{2}\times129.6\times(1.25-0.24)=65.448(\text{kN/m})$$

基础选用 C20 混凝土，$f_t=1.10\text{N/mm}^2$；垫层选用 100mm 厚 C10 素混凝土。

估算基础底板厚度$h=\frac{b}{8}=\frac{1250}{8}\approx156\text{mm}$，$h_0<800\text{mm}$，故取$\beta_{hs}=1$

按式(9.21)计算基础所需最小有效高度为

$$h_0=\frac{V}{0.7\beta_{hs}f_tl}=\frac{65.448\times10^3}{0.7\times1.1\times1\times10^3}=84.99(\text{mm})$$

则基础最小高度为

$$h=h_0+40=85+40=125(\text{mm})<200(\text{mm})$$

由于基础计算高度小于边缘最小高度 200mm，故取$h=200\text{mm}$。

(2) 确定基础底板配筋。

按式(9.19)计算基础底板内最大弯矩设计值M为

$$M=\frac{1}{8}p_n(b-a)^2=\frac{1}{8}\times 129.6\times(1.25-0.24)^2$$
$$=16.53(\text{kN}\cdot\text{m/m})$$

按式(9.22)计算基础受力钢筋面积(选用 HRB400 钢筋,$f_y=360\text{N/mm}^2$)

$$A_s=\frac{M}{0.9h_0f_y}=\frac{16.53\times 10^6}{0.9\times 160\times 360}=319\ (\text{mm}^2)$$

选用ф 10@200(实配 $A_s=392.5\text{mm}^2>319\text{mm}^2$),分布筋选ф 8@240。

基础剖面如图 9.23 所示。

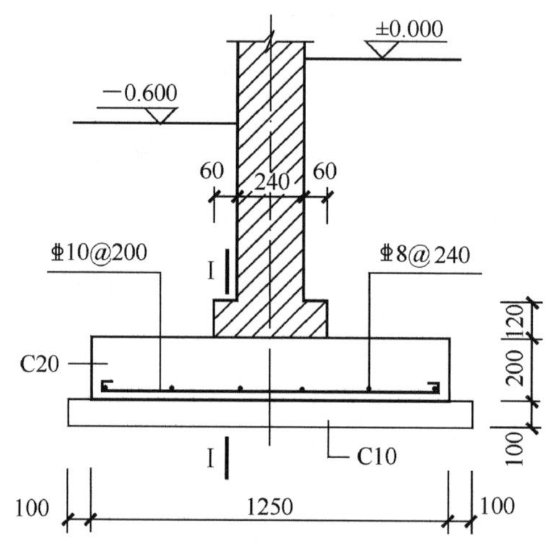

图 9.23 例 9.5 图(单位:mm)

9.6.3 柱下钢筋混凝土独立基础计算

柱下钢筋混凝土独立基础计算内容主要包括确定基础底面尺寸、柱与基础交接处以及基础变阶处基础高度和基础底板配筋。其中,基础底面尺寸按 9.4 节介绍的方法计算确定。柱与基础交接处以及基础变阶处基础高度通过以下验算确定:①当冲切破坏锥体落在基础底面以内时,应验算柱与基础交接处以及基础变阶处的受冲切承载力;②对基础底面短边尺寸小于或等于柱宽加两倍基础有效高度的柱下独立基础,应验算柱与基础交接处的基础受剪切承载力。基础底板的配筋应按弯曲计算确定。当基础的混凝土强度等级小于柱的混凝土强度等级时,尚应验算柱下基础顶面的局部受压承载力。

1. 基础高度计算

在柱荷载作用下,如果柱与基础交接处以及基础变阶处基础高度不够,就会沿柱周边或变阶处产生冲切破坏,形成 45°斜裂面的角锥体,如图 9.24 所示。因此,由冲切破坏锥体以外的地基净反力产生的冲切力应小于基础冲切面处混凝土的抗冲切能力。根据《混凝土结构设计规范》,对于

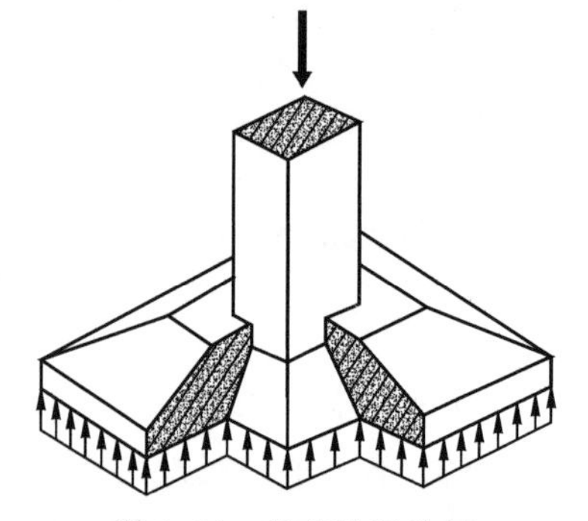

图 9.24 基础冲切破坏

矩形截面柱的矩形基础，在柱与基础交接处以及基础变阶处，受冲切承载力应按以下公式验算，即

$$F_l \leqslant 0.7\beta_{hp} f_t a_m h_0 \tag{9.26}$$

$$a_m = \frac{a_t + a_b}{2} \tag{9.27}$$

$$F_l = p_j A_l \tag{9.28}$$

式中：β_{hp}——受冲切承载力截面高度影响系数，当 h 不大于 800mm 时取 1.0，当 h 大于或等于 2000mm 时取 0.9，其间按线性内插法取用；

f_t——混凝土轴心抗拉强度设计值，kPa；

h_0——基础冲切破坏锥体的有效高度，m；

a_m——冲切破坏锥体最不利一侧计算长度，m；

a_t——冲切破坏锥体最不利一侧斜截面的上边长，m。当计算柱与基础，交接处的受冲切承载力时取柱宽，当计算基础变阶处的受冲切承载力时取上阶宽；

a_b——冲切破坏锥体最不利一侧斜截面在基础底面积范围内的下边长，m。当冲切破坏锥体的底面落在基础底面以内[图 9.25(a)、(b)]。计算柱与基础交接处的受冲切承载力时，取柱宽加两倍基础有效高度；当计算基础变阶处的受冲切承载力时，取上阶宽加两倍处的基础有效高度。

p_j——扣除基础自重及其上土重后相应于作用的基本组合时的地基土单位面积净反力，kPa，对偏心受压基础可取基础边缘处最大地基土单位面积净反力；

A_l——冲切验算时取用的部分基底面积[图 9.25(a)、(b)中的阴影 $ABCDEF$ 面积]；

F_l——相应于作用的基本组合时作用在 A_l 上的地基土净反力设计值，kN。

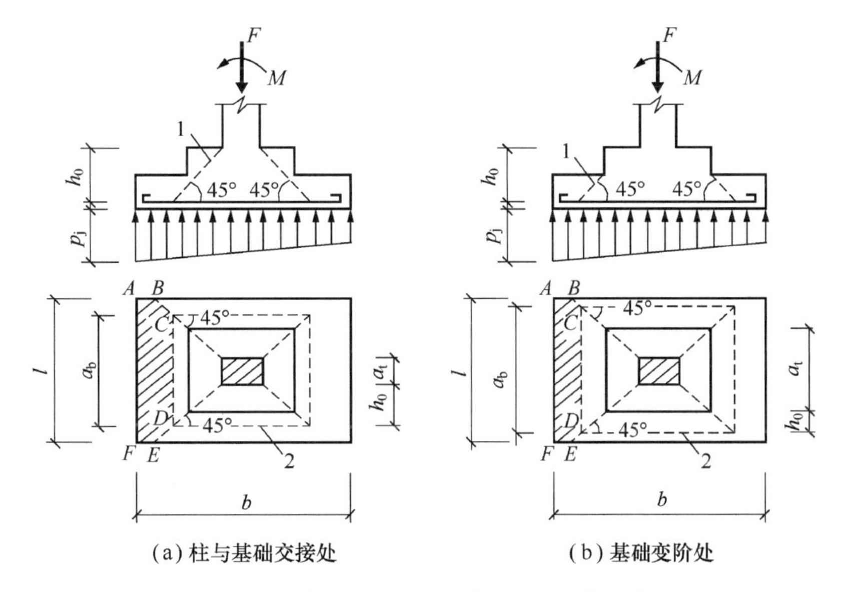

图 9.25 计算阶形基础的受冲切承载力截面位置

1—冲切破坏锥体最不利一侧的斜截面；2—冲切破坏锥体的底面线

当基础底面短边尺寸小于或等于柱宽加两倍基础有效高度时，应按以下公式验算柱与

基础交接处截面受剪承载力，即

$$V_s \leqslant 0.7\beta_{hs} f_t A_0 \tag{9.29}$$

$$\beta_{hs} = \left(\frac{800}{h_0}\right)^{1/4} \tag{9.30}$$

式中：V_s——相应于作用的基本组合时，柱与基础交接处的剪力设计值，kN，即图 9.26 所示阴影面积乘以基底平均净反力；

β_{hs}——受剪切承载力截面高度影响系数，当 $h_0<800$mm 时，取 $h_0=800$mm，当 $h_0>2000$mm 时，取 $h_0=2000$mm；

A_0——验算截面处基础的有效截面面积(m^2)，当验算截面为阶形或锥形时，可将其截面折算成矩形截面，截面的折算宽度和截面的有效高度按《规范》附录 U 计算。

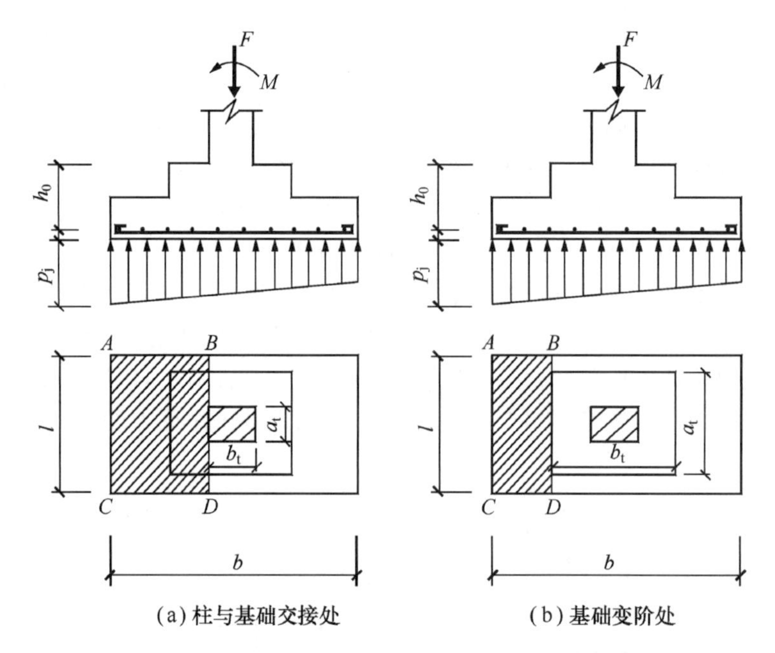

图 9.26　验算阶形基础受剪承载力示意

2. 基础底板配筋计算

柱下钢筋混凝土单独基础在地基净反力作用下，底板在两个方向均发生弯曲，故两个方向均需配置受力钢筋。分析时将基底面积分别沿柱与基础交接处以及基础变阶处划分成四个梯形面积，分别计算柱与基础交接处以及基础变阶处沿基础长、宽两个方向的弯矩，并进行截面抗弯验算。

当矩形基础在轴心荷载或单向偏心荷载作用下，台阶的宽高比小于或等于 2.5 且偏心距小于或等于 1/6 基础宽度时，任意截面的底板弯矩可按以下简化方法进行计算(图 9.27)：

$$M_{\mathrm{I}} = \frac{1}{12}a_1^2\left[(2l+a')\left(p_{max}+p-\frac{2G}{A}\right)+(p_{max}-p)l\right] \tag{9.31}$$

$$M_{\mathrm{II}} = \frac{1}{48}(l-a')^2(2b+b')\left(p_{max}+p_{min}-\frac{2G}{A}\right) \tag{9.32}$$

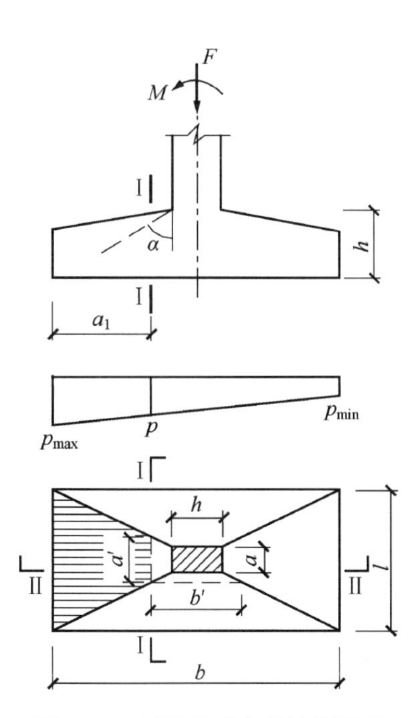

图 9.27　矩形基础底板计算示意

式中：$M_{Ⅰ}$、$M_{Ⅱ}$——任意截面Ⅰ—Ⅱ、Ⅱ—Ⅱ处相应于作用的基本组合时的弯矩设计值，kN·m；

a_1——任意截面Ⅰ—Ⅰ至基底边缘最大反力处的距离，m；

l、b——基础底面的边长，m；

p_{max}、p_{min}——相应于作用的基本组合时的基础底面边缘最大和最小地基反力设计值，kPa；

p——相应于作用的基本组合时在任意截面Ⅰ—Ⅰ处基础底面地基反力设计值，kPa；

G——考虑作用分项系数的基础自重及其上的土自重。

基础底板各计算截面所需的钢筋面积 A_s 为

$$A_s=\frac{M}{0.9h_0 f_y} \tag{9.33}$$

式中：f_y——钢筋抗拉强度设计值，N/mm^2。

基础底板配筋除满足计算和最小配筋率要求外，尚应符合前述规范的构造要求。计算最小配筋率时，对于阶形或锥形基础截面，可将其截面折算成矩形截面，截面的折算宽度和截面的有效高度按《规范》附录U计算。

3. 基础底板配筋布置

当柱下独立柱基底面长短边之比 ω 在大于或等于2、小于或等于3的范围时，基础底板短向钢筋应按下述方法布置：将短向全部钢筋面积乘以 λ 后求得的钢筋，均匀分布在与柱中心线重合的宽度等于基础短边的中间带宽范围内（图9.28），其余短向钢筋则均匀分布在中间带宽的两侧。长向钢筋应均匀分布在基础全宽范围内。λ 按下式计算

$$\lambda = 1 - \frac{\omega}{6} \tag{9.34}$$

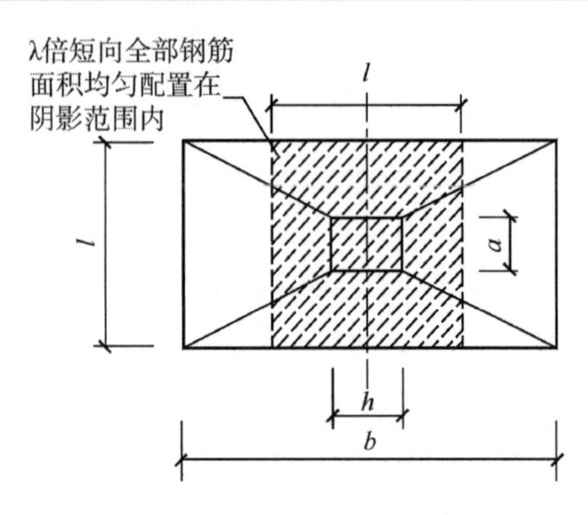

图 9.28 基础底板短向钢筋布置示意

9.7 柱下条形基础的构造要求

柱下条形基础由单根梁或十字交叉梁及其伸出的底板组成。其构造除满足扩展基础的构造要求外，尚应符合下列规定。

(1) 柱下条形基础梁的高度宜为柱距的 1/8～1/4。翼板厚度不应小于 200mm。当翼板厚度大于 250mm 时，宜采用变厚度翼板，其顶面坡度宜小于或等于 1∶3，如图 9.29(a)所示。

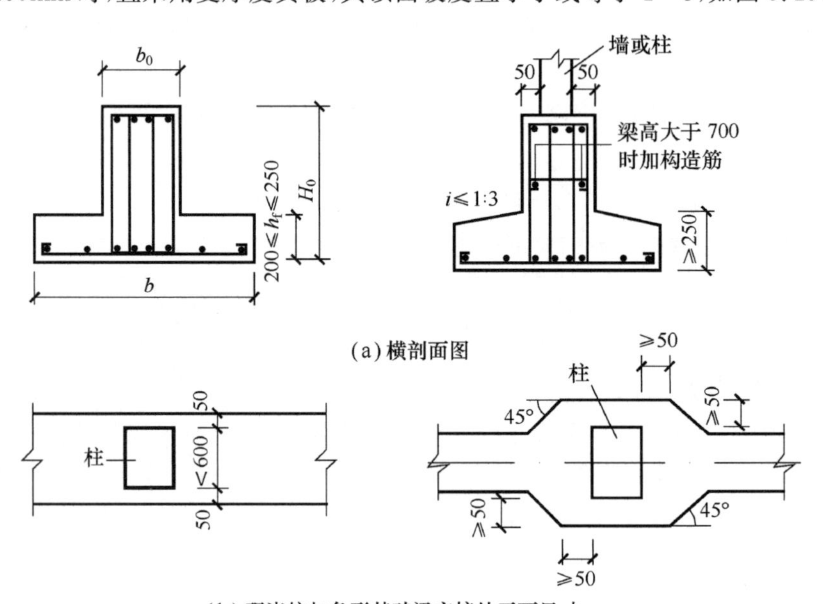

图 9.29 柱下条形基础的构造(单位：mm)

(2) 在基础平面布置允许的情况下，条形基础的端部宜向外伸出一定长度，以增大底部面积，改善端部地基的承载条件，同时调整底面形心位置，使基底反力分布更为合理，改善基础梁挠曲条件。但伸出也不宜过长，其长度宜为第一跨距的 0.25 倍。

(3) 现浇柱与条形基础梁的交接处，基础梁的平面尺寸应大于柱的平面尺寸，且柱的边缘至基础梁边缘的距离不得小于 50mm，如图 9.29(b)所示。当与基础梁轴线垂直的柱边长大于或等于 600mm 时，可仅在柱位处将基础梁局部加宽。

(4) 基础梁受力复杂，既受纵向整体弯曲作用，柱间还有局部弯曲作用，二者叠加后，支座及跨中弯曲方向实际难以按计算结果可靠确定，故通常梁的上、下均要配筋。条形基础梁顶部和底部的纵向受力钢筋除满足计算要求外，顶部钢筋按计算配筋全部贯通，底部通长钢筋不应少于底部受力钢筋截面总面积的 1/3。

(5) 柱下条形基础的混凝土强度等级不应低于 C20。

9.8　筏形基础的构造要求

筏形基础有平板式、梁板式两种，其构造要求如下。

(1) 确定筏形基础底面形状和尺寸时首先应考虑使上部结构荷载的合力点接近基础底面的形心。如果荷载不对称，宜调整筏板的外伸长度。当满足地基承载力要求时，筏形基础的周边不宜向外有较大的伸挑、扩大。当需要外挑时，有肋梁的筏基宜将梁一同挑出。如上述调整措施不能完全达到目的，对上肋式、地面架空的布置形式，尚可采取调整筏上填土等措施以改变合力点位置。

(2) 平板式筏形基础的板厚按受冲切承载力验算确定，但不应小于 400mm。梁板式筏形基础底板的厚度按受冲切和受剪切承载力验算确定，对 12 层以上建筑的梁板式筏形基础，其底板厚度与最大双向板格的短边净跨之比不应小于 1/14，且板厚不应小于 400mm；其他情况的梁板式筏形基础，其底板厚度与最大双向板格的短边净跨之比不应小于 1/20，且不应小于 300mm。梁板式筏形基础的基础梁梁高取值应该包含底板厚度在内，梁高不宜小于平均柱距的 1/6，并经计算满足承载力的要求。

(3) 筏形基础的混凝土强度等级不应低于 C30。当有地下室时应采用防水混凝土，防水混凝土的抗渗等级应按表 9.7 选用。对于重要建筑，宜采用自防水并设置架空排水层。

表 9.7　防水混凝土抗渗等级

埋置深度 d/m	设计抗渗等级	埋置深度 d/m	设计抗渗等级
$d<10$	P6	$20\leqslant d<30$	P10
$10\leqslant d<20$	P8	$30\leqslant d$	P12

(4) 地下室底层柱、剪力墙与梁板式筏形基础的基础梁连接的构造应符合下列要求。

① 柱、墙的边缘至基础梁边缘的距离不应小于 50mm(图 9.30)。

② 当交叉基础梁宽度小于柱截面边长时，交叉基础梁连接处应设置八字角，柱角与八字角之间的净距离不宜小于 50mm，如图 9.30(a)所示。

③ 单向基础梁与柱的连接可按图 9.30(b)、(c)采用。

④ 基础梁与剪力墙的连接可按图 9.30(d)采用。

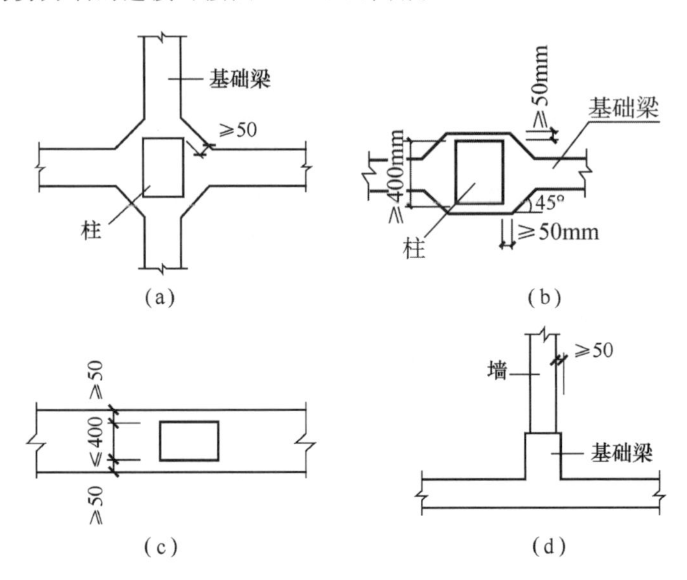

图 9.30 地下室底层柱或剪力墙与梁板式筏形基础的基础梁连接的构造要求

(5) 筏板与地下室外墙的接缝、地下室外墙沿高度处的水平接缝应严格按施工缝要求施工,必要时可设通长止水带。

(6) 平板式筏板的厚度大于 2000mm 时,宜在板厚中间部位设置直径不小于 12mm、间距不大于 300mm 的双向钢筋网。

(7) 梁板式筏形基础的底板和基础梁的配筋除满足计算要求外,纵、横方向的底部钢筋尚应有不少于 1/3 贯通全跨,顶部钢筋按计算配筋全部贯通,底板上、下贯通钢筋的配筋率不应小于 0.15%。

平板式筏形基础的柱下板带和跨中板带的底部支座钢筋应有不少于 1/3 贯通全跨,顶部钢筋应按计算配筋全部贯通,且上、下贯通钢筋的配筋率不应小于 0.15%。

(8) 高层建筑筏形基础与裙房基础之间的构造应符合下列要求。

① 当高层建筑与相连的裙房之间设置沉降缝时,高层建筑的基础埋深应大于裙房基础埋深至少 2m。地面以下沉降缝的缝隙应用粗砂填实,如图 9.31(a)所示。

② 当高层建筑与相连的裙房之间不设置沉降缝时,宜在裙房一侧才设置用于控制沉降差的后浇带,当沉降实测值和计算确定的后期沉降差满足设计要求后,才可进行后浇带混凝土浇筑。当高层建筑基础面积满足地基承载力和变形要求时,后浇带宜设在与高层建筑相邻裙房的第一跨内。当需要满足高层建筑地基承载力、降低高层建筑沉降量、减少高层建筑与裙房间的沉降差而增大高层建筑基础面积时,后浇带可设在距主楼边柱的第二跨内,此时应满足以下条件。

- 地基土质较均匀。
- 裙房结构刚度较好且基础以上的地下室和裙房结构层不少于两层。
- 后浇带一侧与主楼连接的裙房基础底板厚度与高层建筑的基础底板厚度相同,如图 9.31(b)所示。

③ 当高层建筑与相连的裙房之间不设沉降缝和后浇带时,高层建筑及与其紧邻一跨

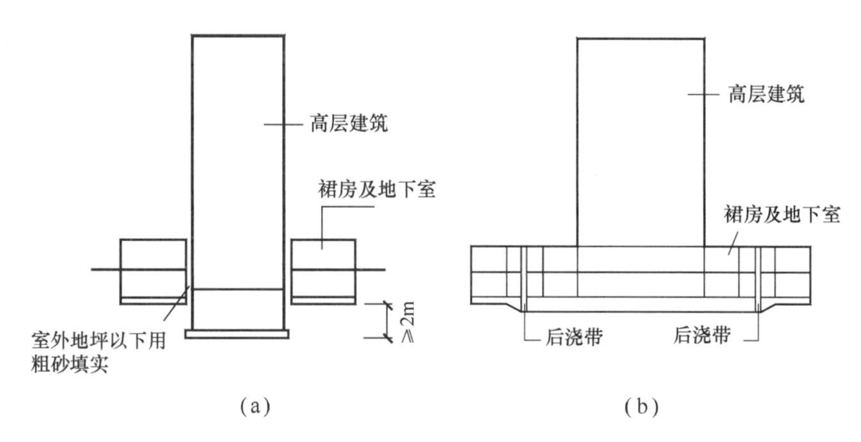

图 9.31 高层建筑与裙房间的沉降缝、后浇带处理示意

裙房的筏板应采用相同厚度，裙房筏板的厚度宜从第二跨裙房开始逐渐变化，应同时满足主楼、裙楼基础整体性和基础板的变形要求；应进行地基变形和基础内力的验算，验算时应分析地基与结构间变形的相互影响，并采取有效措施防止产生有不利影响的差异沉降。

(9) 筏形基础地下室施工完毕后，应及时进行基坑回填工作。填土应按设计要求选料，回填时应先清除基坑中的杂物，在相对的两侧或四周同时回填并分层夯实，回填土的压实系数不应小于 0.94。

9.9 地下室后浇带、施工缝及防水底板的构造要求

9.9.1 后浇带

地下室各层顶板后浇带、地下室外墙后浇带、地下室基础底板后浇带做法如图 9.32～图 9.34 所示。图中做法说明如下。

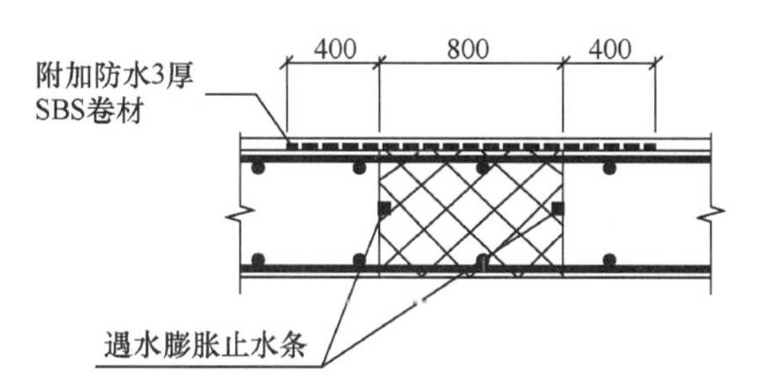

图 9.32 地下室各层顶板后浇带做法(单位：mm)

(1) 后浇带应设在受力和变形较小的部位，宜设置在距离柱 1/3 处附近，其间距和位置应按结构设计要求确定。伸缩后浇带间距宜为 30～40m，贯通基础、顶板及墙板；沉降后浇带则设置在柱、裙楼交接跨的裙房一侧。后浇带最小宽度为 800mm。

(2) 后浇带可做成平直缝或阶梯缝，后浇带钢筋一般贯通不断开，且要配置适量的加强钢

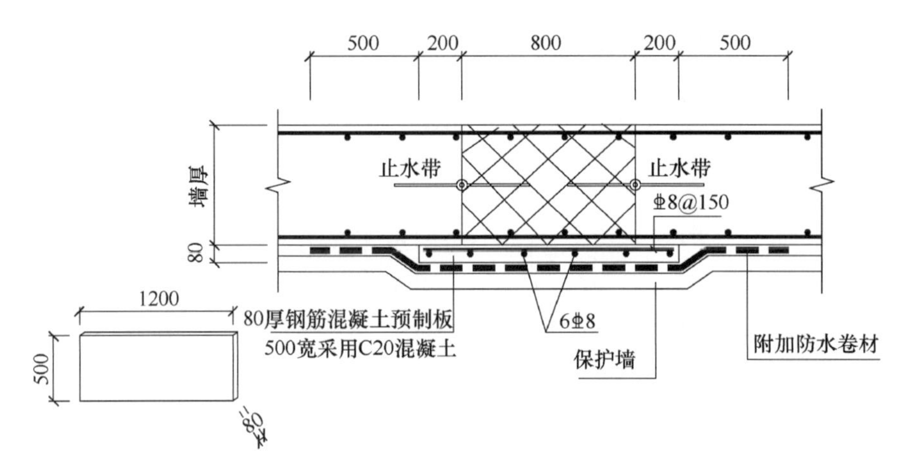

图 9.33 地下室外墙后浇带做法(单位:mm)

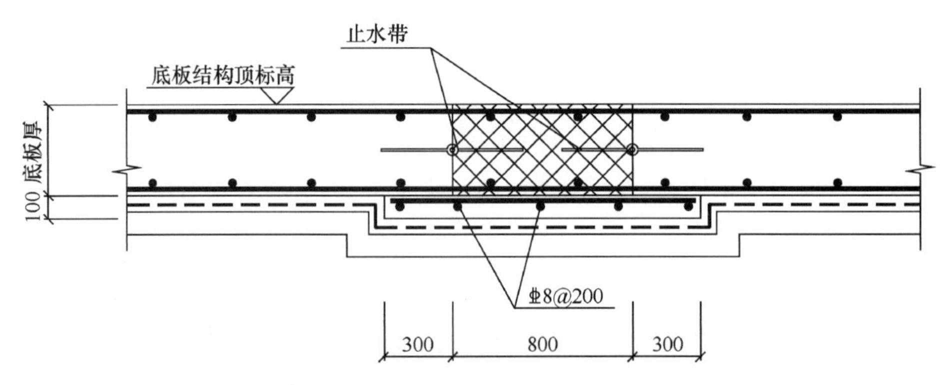

图 9.34 地下室基础底板后浇带做法(单位:mm)

筋。当钢筋必须断开时,其搭接长度应满足考虑纵向搭接刚接接头面积百分率的搭接长度 l_l。

(3) 伸缩后浇带混凝土浇筑应在两侧混凝土龄期达 42 天后再施工,伸缩后浇带从设置到浇筑混凝土的时间不宜少于 2 个月;沉降后浇带应在其两侧的差异沉降趋于稳定后再浇筑混凝土,宜根据实测沉降值并计算后期沉降差能满足设计要求后方可进行浇筑。施工前应将缝内的表面浮浆和杂物清除,做好钢筋的除锈工作,并将两侧混凝土凿毛,涂刷混凝土界面处理剂,并及时浇筑混凝土。后浇带混凝土应一次浇筑,不得留设施工缝;混凝土浇筑后应及时养护,养护时间不得少于 28 天。

(4) 后浇带宜采用早强、补偿收缩混凝土浇筑,其混凝土强度应比两侧混凝土提高一级。

(5) 后浇带宜选择在气温低于主体施工时的温度或气温较低季节施工。

9.9.2 施工缝

地下室外墙施工缝做法如图 9.35 所示。图中做法说明如下。

(1) 水平施工缝浇筑混凝土前,应清除其表面浮浆和杂物,然后铺设净浆或涂刷混凝土界面处理剂、水泥基渗透结晶型防水涂料等材料,再铺 30～50mm 厚的 1∶1 水泥砂浆,并应及时浇筑混凝土;垂直施工缝浇筑混凝土前,应将其表面清理干净,再涂刷混凝土界面处理剂或水泥基渗透结晶型防水涂料,并应及时浇筑混凝土。

(2) 图中 B 为混凝土墙厚,尺寸按工程设计,但不小于 250mm。混凝土抗渗等级不小于 P6。

(3) 施工缝处模板后拆。

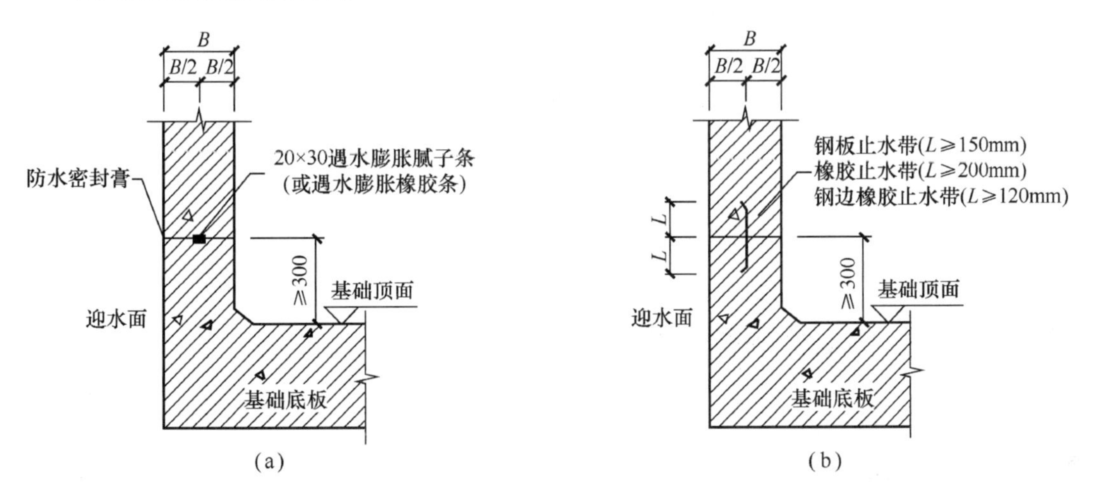

图 9.35 地下室外墙施工缝做法

9.9.3 防水底板

柱下独立基础(柱下条形基础)加防水底板做法多用于高层建筑的裙房基础和单独的地下建筑基础。防水板下应采取设置软垫层的相应结构构造措施,以确保防水板不承担地基反力或承担最少的地基反力。条形基础(独立基础)承担全部的结构荷载并考虑水浮力的影响。

柱下独立基础加防水底板做法如图 9.36～图 9.38 所示。

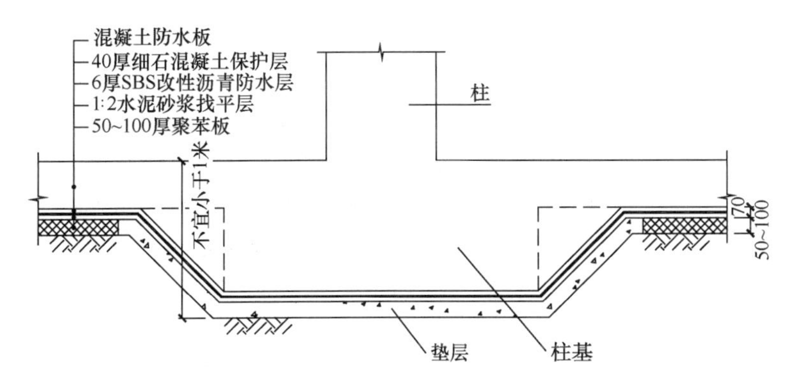

图 9.36 独立基础加防水底板做法

(1) 防水板做法:用柱间基梁或在结构的柱基之间设梁支撑防水板或采用无梁平板,在防水板下铺设一定厚度的易压缩材料(可采用聚苯板、焦渣等材料)作为软垫层。

(2) 软垫层应具有一定的承载能力,至少应能承担防水板混凝土浇筑时的重量及施工荷载,并确保混凝土达到设计强度前不致产生过大的压缩变形;软垫层应具有一定的变形能力,避免防水板承担过大的地基反力。

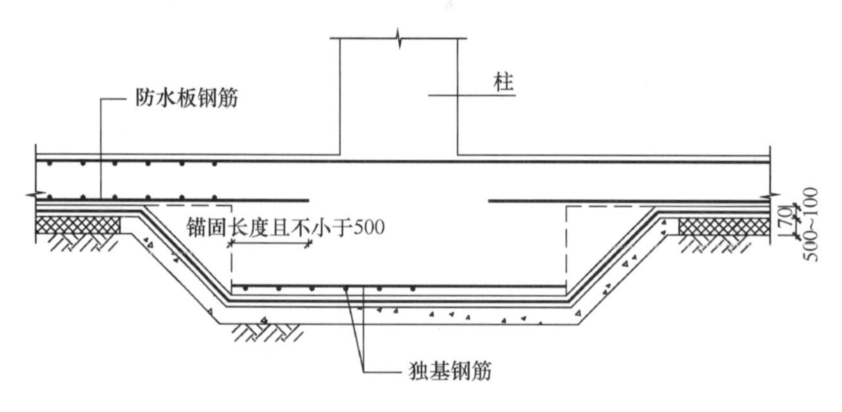

图 9.37 独立基础与防水板钢筋构造做法(一)

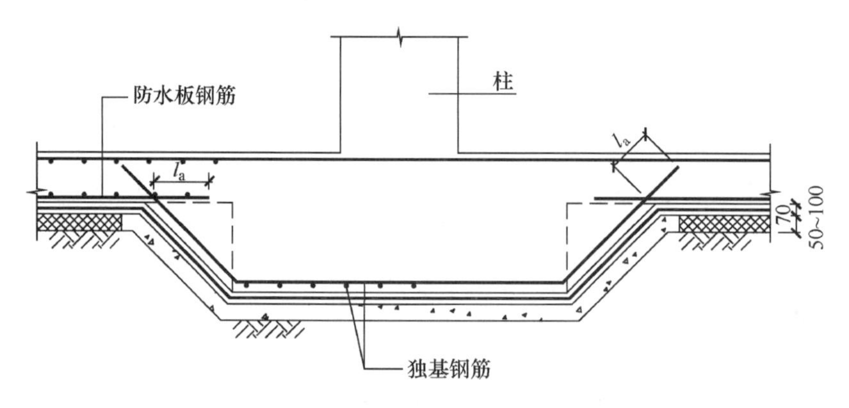

图 9.38 独立基础与防水板钢筋构造做法(二)

9.10 减轻建筑物不均匀沉降的措施

地基不均匀沉降可导致墙体开裂、梁板拉裂、构配件损坏、影响正常使用等危害。通常的解决方法有:①采用柱下条形基础、筏形基础或箱形基础;②采用桩基础或其他深基础;③地基处理;④在建筑、结构和施工方面采取相应措施。前三种方法往往造价较高,深基础和许多地基处理方法还需要具备一定的施工条件,有时还不能完全解决问题。如能在建筑、结构和施工方面采取一些措施,则可降低对地基基础处理的要求和难度,取得较好的效果。

9.10.1 建筑措施

1. 建筑物体是形力求简单

建筑物体形是指其平面形状与立面轮廓。平面形状复杂(如“L”“T”“E”“Π”形等)的建筑物,在其纵、横交叉处基础密集,地基中附加应力互相重叠,使该处产生较大沉降,引起墙体开裂;同时,此类建筑物整体刚度差,刚度不对称,当地基出现不均匀沉降时容易产生扭曲应力,因此更容易使建筑物开裂。建筑物高低(或轻重)变化悬殊,地基各部分所受的荷载差异大,也容易出现过量的不均匀沉降。因此,建筑物的体形设计应力求简单,平面尽量少转折(如采用“一”字形),立面体形变化不宜过大。

2. 设置沉降缝

用沉降缝将建筑物从屋面到基础断开,划分成若干个长高比较小、体形简单、整体刚度较好、结构类型相同、自成沉降体系的独立单元,可以有效减少不均匀沉降的危害。建筑物的下列部位宜设置沉降缝:

(1) 建筑平面的转折部位;

(2) 高度差异或荷载差异处;

(3) 长高比过大的砌体承重结构或钢筋混凝土框架结构的适当部位;

(4) 地基土的压缩性有显著差异处;

(5) 建筑结构或基础类型不同处;

(6) 分期建造房屋的交界处。

沉降缝可结合伸缩缝设置,在抗震区最好与防震缝共用。

沉降缝的构造如图 9.39 所示。缝内一般不能填塞材料,寒冷地区为防寒可填充松软材料。沉降缝要求有一定的宽度,以防止缝两侧单元发生互倾沉降时造成单元结构间的挤压

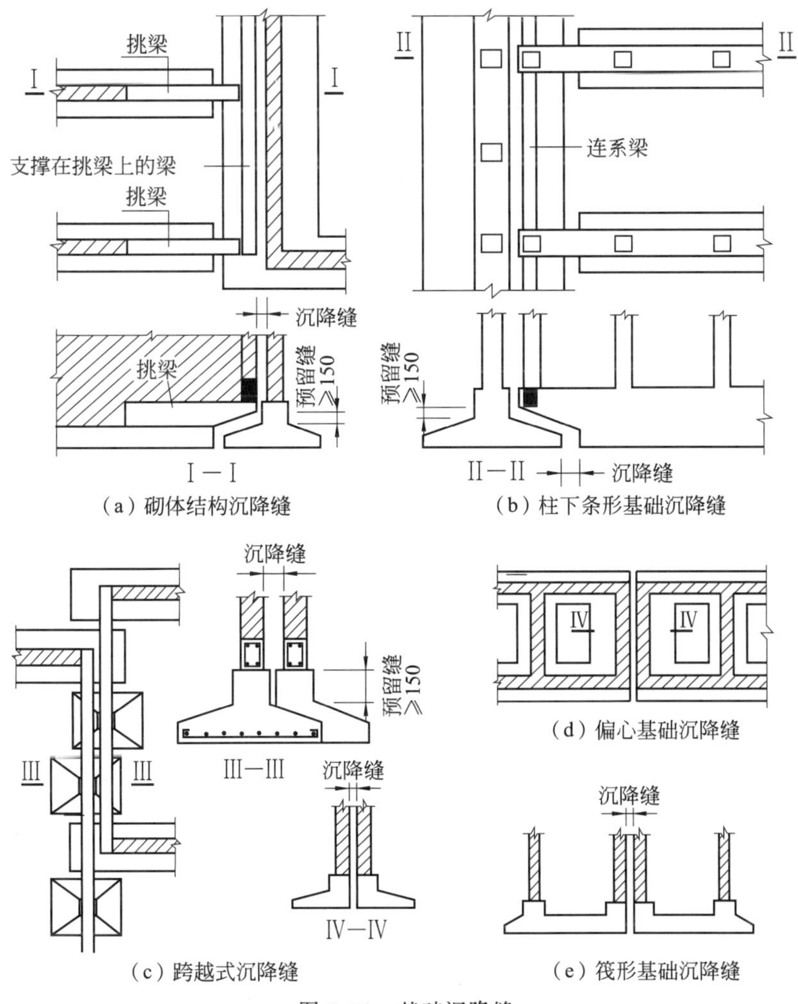

(a) 砌体结构沉降缝　(b) 柱下条形基础沉降缝

(c) 跨越式沉降缝　(d) 偏心基础沉降缝　(e) 筏形基础沉降缝

图 9.39　基础沉降缝

破坏。沉降缝的宽度参数如表 9.8 所示。

表 9.8 建筑物沉降缝的宽度参数

建筑物层数	沉降缝宽度/mm	建筑物层数	沉降缝宽度/mm
2～3	50～80	>5	≥120
4～5	80～120		

3. 控制相邻建筑物基础间的净距离

地基附加应力的扩散作用使相邻建筑物产生附加不均匀沉降，可能导致建筑物的开裂或互倾。高层建筑在施工阶段深基坑开挖，也易对邻近原有建筑物产生影响。

为了减少或避免对相邻建筑物的影响和损害，建造在软弱地基上的建筑物基础之间要有一定的净距离，其值视地基的压缩性、产生影响建筑物的规模和重力以及被影响建筑物的刚度等因素而定，具体参数如表 9.9 所示。

表 9.9 相邻建筑物基础间的净距离(m)

影响建筑的预估平均沉降量 s/mm	被影响建筑的长高比	
	$2.0 \leqslant \frac{L}{H_f} < 3.0$	$3.0 \leqslant \frac{L}{H_f} < 5.0$
70～150	2～3	3～6
160～250	3～6	6～9
260～400	6～9	9～12
>400	9～12	≥12

注：1. 表中 L 为建筑物长度或沉降缝分隔的单元长度(m)，H_f为自基础底面标高算起的建筑物高度(m)。

2. 当被影响建筑的长高比为 $1.5 < \frac{L}{H_f} < 2.0$ 时，其间净距离可适当缩小。

相邻高耸结构或对倾斜要求严格的构筑物的外墙间隔距离，应根据倾斜允许值计算确定。

4. 调整建筑物各部分标高

沉降会改变建筑物原有标高，严重时将影响建筑物的正常使用，甚至使管道等设备遭到破坏，因此建筑物各组成部分的标高应根据可能产生的不均匀沉降采取下列相应措施。

(1) 室内地坪和地下设施的标高，应根据预估沉降量予以提高。建筑物各部分(或设备之间)有联系时，可将沉降较大者的标高提高。

(2) 建筑物与设备之间应留有足够的净空。当建筑物有管道穿过时，应预留足够尺寸的孔洞，或采用柔性的管道接头等。

9.10.2 结构措施

1. 减轻建筑物自重

建筑物自重在基底压力中占有较大比例，一般工业建筑中占 40%～50%，民用建筑中可高达 60%～80%。因此,可以通过减轻建筑物自重来减小沉降量。

(1) 选用轻型高强墙体材料,如轻质高强混凝土墙板、各种空心砌块、多孔砖及其他轻质墙板等。

(2) 选用轻型结构,如预应力钢筋混凝土结构、轻钢结构及各种轻型空间结构。

(3) 减小基础和回填土自重。采用架空地板代替室内填土;设置地下室或半地下室,采用覆土少、自重小的基础形式。

2. 减少或调整基底的附加压力

通过调整各部分的荷载分布、基础宽度或埋置深度,控制与调整基底压力,改变不均匀沉降量。对不均匀沉降要求严格的建筑物,可选用较小的基底压力。

3. 增强砌体承重结构房屋的整体刚度和承载力

(1) 控制建筑物的长高比。砌体承重房屋的长高比越大,则整体刚度越小。纵墙很容易因挠曲变形过大而开裂,《规范》规定:对于 3 层和 3 层以上的房屋,其长高比$\frac{L}{H_f}$宜小于或等于 2.5;当房屋的长高比为 $2.5<\frac{L}{H_f}\leqslant 3.0$ 时,宜做到纵墙不转折或少转折,并应控制其内横墙间距或增强基础刚度和承载力。当房屋的预估最大沉降量小于或等于 120mm 时,其长高比可不受限制。不符合上述条件时,可考虑设置沉降缝。

(2) 合理布置纵、横墙。合理布置纵、横墙,是增强砌体承重结构房屋整体刚度的重要措施之一。一般来说,房屋的纵向刚度较弱,故地基不均匀沉降的损害主要表现为纵墙的挠曲破坏。内、外纵墙的中断、转折都会削弱建筑物的纵向刚度。当遇到地基不良时,应尽量使内、外纵墙都贯通;另外,缩小横墙的间距也可有效改善房屋的整体性,从而增强调整不均匀沉降的能力。

(3) 设置圈梁。墙体内宜设置钢筋混凝土圈梁或钢筋砖圈梁,以增强房屋的整体性,提高砌体结构的抗拉、抗剪能力,防止出现裂缝和阻止裂缝的开展。实践中常在基础顶面附近、门窗顶部、楼(屋)面处设置圈梁,圈梁应设置在外墙、内纵墙及主要内横墙上,并宜在平面内连成封闭系统。圈梁不能在门窗洞口处连通时,应增设加强圈梁进行搭接处理。

(4) 在墙体上开洞时,宜在开洞部位配筋或采用构造柱及圈梁加强。

4. 加强基础整体刚度

对于建筑体形复杂、荷载差异较大的框架结构,可采用箱形基础、桩基础、筏形基础等加强基础整体刚度,减少不均匀沉降。

9.10.3 施工措施

对于淤泥及淤泥质土,施工时应注意不要扰动其原状土,开挖基坑时,通常在坑底保留 200mm 厚原状土,待基础施工时才挖除。如坑底已被扰动,应清除扰动土层,并用砂、碎石回填夯实。

当建筑物各部分存在高低、轻重差异时,宜按照先高后低、先自重大后自重小、先主体后附属的原则安排施工顺序,必要时还要在高或重的建筑物竣工之后间歇一段时间再建低层或自重小的建筑物,这样可减少一部分沉降差。

此外，在施工时还需特别注意基坑开挖时，由于井点降水、施工堆载等可能对邻近建筑造成的附加沉降。

小　结

1. 浅基础的类型与特点

1）无筋扩展基础

无筋扩展基础又称为刚性基础，是指由砖、毛石、混凝土或毛石混凝土、灰土和三合土等材料组成的不配置钢筋的墙下条形基础或柱下独立基础，适用于多层民用建筑和轻型厂房。无筋扩展基础构成材料具有抗压性能良好，而抗拉、抗剪性能较差的共同特点，通常采用控制基础台阶宽高比不超过规定限值的方法使基础获得较大的抗弯刚度，防止基础发生弯曲破坏。

2）扩展基础

扩展基础即柱下钢筋混凝土独立基础和墙下钢筋混凝土条形基础。这些基础的抗弯和抗剪性能较好，不受台阶宽高比的限制，适用于需要"宽基浅埋"的情况。

3）柱下条形基础

柱下条形基础主要用于框架结构，也可用于排架结构；可将同一柱列的柱下基础连通成条形，也可采用柱下十字交叉条形基础，这样可以增强基础整体刚度，使基础具有良好的调整不均匀沉降的能力。

4）筏形基础

筏形基础是将整个基础底板连成一个整体的基础；可扩大基底面积，增强基础的整体刚度，较好地调整基础各部分之间的不均匀沉降；可做成平板式和梁板式。

筏形基础可用于框架结构、框架—剪力墙结构和剪力墙结构，还广泛应用于砌体结构。

5）箱形基础

箱形基础是由钢筋混凝土顶板、底板和纵横交错的内、外墙组成的空间结构，可做成多层，整体抗弯刚度很大，调整不均匀沉降能力较强，多用于高层建筑。

6）壳体基础

壳体基础有正圆锥壳、M形组合壳和内球外锥组合壳等形式，适用于一般工业与民用建筑柱基和筒形的构筑物（如烟囱、水塔、料仓、中小型高炉等）基础。这种基础结构合理、节省材料，但施工工艺复杂、技术要求较高。

2. 基础埋置深度

基础埋置深度是指从室外设计地面至基础底面的距离。

高层建筑基础的埋置深度应满足地基承载力、变形和稳定性要求。位于岩石地基上的高层建筑，其基础埋深应满足抗滑稳定性要求。

在满足地基稳定性和变形要求的前提下，当上层地基的承载力大于下层土时，宜利用上层土做持力层。基础埋置深度，应综合考虑各种因素后加以确定。

3. 基础底面尺寸的确定

首先应满足地基承载力要求，包括持力层土的承载力计算和软弱下卧层的验算，其次，对部分建(构)筑物,仍需考虑地基变形的影响,验算建(构)筑物的变形特征值,并对基础底面尺寸作必要的调整。

在计算过程中,应注意上部结构传至基础的作用力为相应于作用的标准组合时的作用力,而计算方法采用"试算法"。

4. 基础剖面设计

无筋扩展基础主要是满足材料刚性角的要求。扩展基础除进行基础厚度和配筋计算外,重点是注意满足其构造要求。重点注意柱下条形基础、筏形基础、地下室后浇带、施工缝及防水底板等构造要求。

5. 减小建筑物不均匀沉降的措施

地基不均匀沉降可导致建筑物损坏,影响正常使用。在建筑、结构和施工方面采取一些措施,可降低对地基基础处理的要求和难度,取得较好的效果。

思 考 题

1. 浅基础的类型有哪些?各适用于什么条件?
2. 浅基础与深基础有哪些不同之处?
3. 什么是刚性基础?什么是刚性基础台阶的宽高比?
4. 什么是灰土?
5. 确定基础埋深应考虑哪些因素?
6. 相邻建筑物基础埋深的影响应如何处理?
7. 试述基础底面积的确定方法。
8. 在基础底面积设计和剖面设计中,上部结构荷载应如何取值?
9. 为什么要验算软弱下卧层的强度?其具体要求是什么?
10. 什么是地基净反力?
11. 扩展基础构造要求涉及哪些方面?
12. 柱下条形基础和筏板基础构造要求涉及哪些方面?
13. 减小不均匀沉降的主要措施有哪些?

习 题

1. 某砖混结构住宅楼,为灰土基础。从天然地面起算的基础埋深 $d=1.0\text{m}$,室内外高差 0.75m,上部结构传至基础顶面的中心荷载 $F_k=130\text{kN/m}$。地基表层为杂填土,$\gamma_1=18\text{kN/m}^3$,厚度 $h_1=0.5\text{m}$;第二层为粉质黏土,$\gamma_2=18.5\text{kN/m}^3$,$e=0.80$,液性指数 $I_L=0.75$,承载力特征值 $f_{ak}=140\text{kPa}$。墙厚 370mm,MU10 砖,M7.5 水泥砂浆。试确定基础的宽度并进行基础剖面设计。

2. 某柱下独立基础,土层与基础所受荷载情况如图 9.40 所示,基础埋深 1.2m,$F_k=400\text{kN}$,$M_k'=80\text{kN}\cdot\text{m}$,$V_k=200\text{kN}$。试根据持力层地基承载力确定基础底面尺寸。

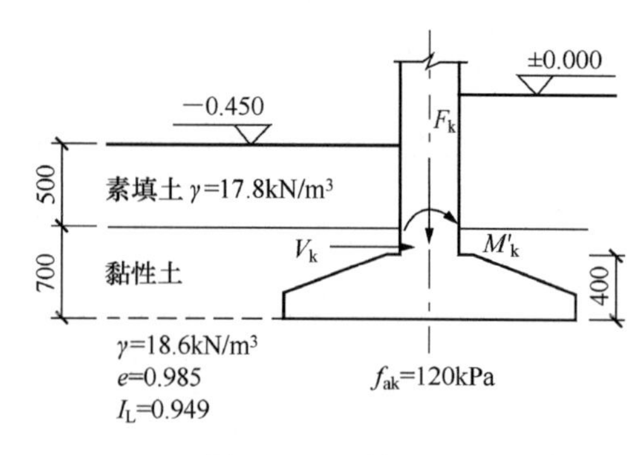

图 9.40 习题 2 图

3. 某楼房承重外墙厚 370mm，承受上部结构传来的竖向力 $F_k=200\text{kN/m}$，上部结构传来的竖向力设计值 $F=250\text{kN/m}$，从天然地面起算的基础埋深 $d=1.0\text{m}$，室内外高差 0.30m。地层情况：第一层为杂填土，厚 0.5m，$\gamma=16\text{kN/m}^3$；第二层为黏土，厚 4m，$\gamma=18.5\text{kN/m}^3$，$f_{ak}=180\text{kPa}$，$E_s=6\text{MPa}$，$e=0.65$，$I_L=0.42$；第三层为淤泥质土，厚度较大，$\gamma=18.5\text{kN/m}^3$，$f_{ak}=80\text{kPa}$，$E_s=2.0\text{MPa}$，基础混凝土采用 C20。试设计墙下钢筋混凝土条形基础。

第10章 桩基础

学习目标

知识目标

1. 能描述桩基础的构成、叙述桩的分类，了解各类桩基础的特点和适用范围。
2. 了解各类桩的施工工艺。
3. 知晓单桩、群桩承载力的基本概念和含义。
4. 熟悉桩基础的构造要求。

能力目标

根据工程实际情况，初步具有判断所选桩型及成桩工艺适应性的能力。

10.1 概　　述

深基础以深层坚实土层或岩层作为地基持力层。常见的深基础主要有桩基、沉井基础、墩基础和地下连续墙等，其中以桩基应用最为广泛。

桩基础是由设置于岩土中的桩和与桩顶连接的承台共同组成的基础或由柱与桩直接连接的单桩基础。承台将桩群连接成一个整体，并把建筑物的荷载传至桩上，再将荷载传给深层土和桩侧土体。按照承台位置的高低，可将桩基础分为低承台桩基础和高承台桩基础。若桩身全部埋于土中，承台底面与土体接触，则称为低承台桩基础，如图10.1(a)所示；若桩身上部露出地面而承台底位于地面以上，则称为高承台桩基础，如图10.1(b)所示。建筑桩基通常为低承台桩基础，这种桩基础受力性能好，具有较强的抵抗水平荷载的能力，而高承台桩基础多用于桥梁和港口工程。

桩基础可用于抗压、抗拔(如水下抗浮力的锚桩、输电塔和微波发射塔的桩基等)、抗水平荷载作用(如港口工程的板桩、深基坑的护坡桩以及坡体抗滑桩等)，具有承载力高、沉降量小、稳定性好、便于机械化施工、适应性强等特点。因此，其适用范围较广，通常在下列情况下考虑采用桩基础。

(1) 地基的上层土质太差而下层土质较好；或地基软硬不均或荷载不均，不能满足上部结构对不均匀变形的要求。

(2) 地基软弱，采取地基加固措施不合适；或地基土性特殊，如存在可液化土层、自重湿陷性黄土、膨胀土及季节性冻土等。

(3) 除承受较大垂直荷载外，尚有较大偏心荷载、水平荷载、动力或周期性荷载作用。

(4) 上部结构对基础的不均匀沉降相当敏感，或建筑物受到大面积地面超载的影响。

(5) 地下水位很高，采用其他基础形式施工困难；或位于水中的构筑物基础，如桥梁、码

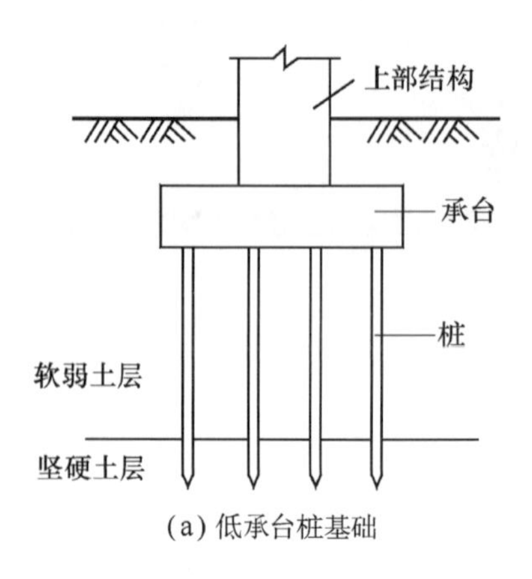

(a) 低承台桩基础

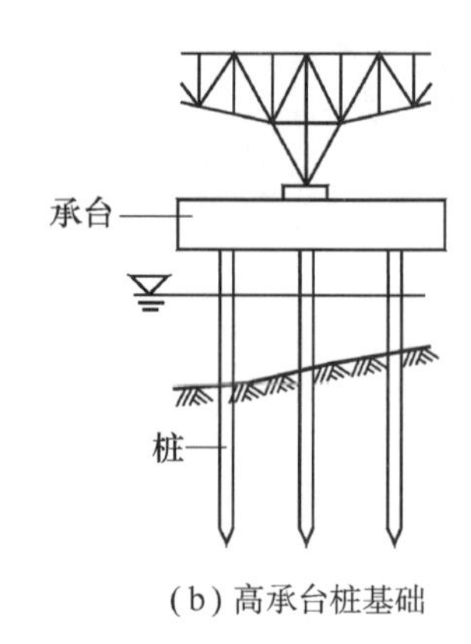

(b) 高承台桩基础

图 10.1 桩基础

头、钻井平台等。

(6) 需要减少基础振幅或应控制基础沉降和沉降速率的精密或大型设备基础。

10.2 桩的分类和选型

桩基础中的桩可根据其承载性状、成桩方法、桩径大小等进行分类。

10.2.1 按承载性状分类

《建筑桩基技术规范》(JGJ 94—2008)根据竖向荷载作用下桩、土相互作用特点,达到极限承载力状态时桩侧与桩端阻力的发挥程度和分担荷载比例,将桩分为摩擦型桩和端承型桩两大类和四个亚类。

1. 摩擦型桩

摩擦型桩是指在竖向极限荷载作用下,桩顶荷载全部或主要由桩侧阻力承受。根据桩侧阻力分担荷载的大小,摩擦型桩又分为摩擦桩和端承摩擦桩两类。

(1) 摩擦桩。在承载能力极限状态下,桩顶竖向荷载由桩侧阻力承担,桩端阻力小到可忽略不计,如桩端下无较坚实的持力层时的桩。

(2) 端承摩擦桩。在承载能力极限状态下,桩顶竖向荷载由桩侧阻力和桩端阻力共同承担,但桩侧阻力分担荷载较大,如当桩的长径比较小,桩端持力层为较坚硬的黏性土、粉土和砂类土时。

2. 端承型桩

端承型桩是指在竖向极限荷载作用下,桩顶荷载全部或主要由桩端阻力承受,桩侧阻力相对于桩端阻力而言较小,或可忽略不计的桩。根据桩端阻力发挥的程度和分担荷载的比例,端承型桩又可分为摩擦端承桩和端承桩两类。

(1) 摩擦端承桩。在承载能力极限状态下,桩顶竖向荷载由桩侧阻力和桩端阻力共同承担,但桩端阻力分担荷载较大。通常桩端进入中密以上的砂土、碎石类土或中、微风化岩层。

(2) 端承桩。在承载能力极限状态下,桩顶竖向荷载由桩端阻力承担,桩侧阻力小到可忽略不计,如桩的长径比较小(一般小于10),桩身穿越软弱土层,桩端设置在密实砂层,碎石类土层中或位于微风化岩层中。

此外,当桩端嵌入岩层一定深度时,称为嵌岩桩。对于嵌岩桩,桩侧与桩端荷载分担比例与孔底沉渣及进入基岩深度有关,桩的长径比不是制约荷载分担比例的唯一因素。

10.2.2 按成桩方法分类

大量工程实践表明,成桩挤土效应对桩的承载力、环境等有很大影响,涉及设计选型、布桩和成桩过程质量控制。

成桩过程的挤土效应在饱和黏性土中是负面的,会引发灌注桩断桩、缩颈等质量事故,对于挤土预制混凝土桩和钢桩会导致桩体上浮,降低承载力,增大沉降;挤土效应还会造成周边房屋、市政设施受损;在松散土和非饱和填土中会起到加密、提高承载力的作用。

因此,根据成桩方法和成桩过程的挤土效应,将桩分为非挤土桩、部分挤土桩和挤土桩三类。

1. 非挤土桩

非挤土桩是指在成桩时,采用干作业法、泥浆护壁法、套管护壁法等,先将孔中土体取出,对桩周土不产生挤土作用的桩,包括干作业法钻(挖)孔灌注桩、泥浆护壁法钻(挖)孔灌注桩、套管护壁法钻(挖)孔灌注桩。

对于非挤土桩,由于其既不存在挤土负面效应,又具有穿越各种硬夹层、嵌岩和进入各类硬持力层的能力,桩的几何尺寸和单桩的承载力可调空间大。因此,钻、挖孔灌注桩使用范围大,尤以高重建筑物更为合适。

2. 部分挤土桩

部分挤土桩是指在成桩时孔中部分或小部分土体先取出,对桩周土有部分挤土作用的桩,包括冲孔灌注桩、钻孔挤扩灌注桩、搅拌劲芯桩、预钻孔打入(静压)预制桩、打入(静压)式敞口钢管桩、敞口预应力混凝土空心桩和H型钢桩。

3. 挤土桩

挤土桩是指在成桩时孔中土未取出,完全是挤入土中的桩,包括沉管灌注桩、沉管夯(挤)扩灌注桩、打入(静压)预制桩、闭口预应力混凝土空心桩和闭口钢管桩。

10.2.3 按桩径(设计直径 d)大小分类

(1) 小直径桩:$d \leqslant 250$mm。

(2) 中等直径桩:250mm$<d<$800mm。

(3) 大直径桩:$d \geqslant 800$mm。

10.2.4 桩型的选择

桩型与成桩工艺应根据建筑结构类型、荷载性质、桩的使用功能、穿越土层、桩端持力层、地下水位、施工设备、施工环境、施工经验、制桩材料供应条件等，按安全适用、经济合理的原则选择。选择时可按《建筑桩基技术规范》(JGJ 94—2008)附录A进行。

(1) 对于框架—核心筒等荷载分布很不均匀的桩筏基础，宜选择基桩尺寸和承载力可调性较大的桩型与工艺。

(2) 挤土沉管灌注桩用于淤泥和淤泥质土层时，应局限于多层住宅桩基。

(3) 对于框架结构，特别是对于跨度较大的框架结构，宜采用柱下单桩或柱下承台多桩方案，可采用挤扩、夯扩桩或后注浆桩。

(4) 对于主、裙楼连体建筑，当高层主体采用桩基时，应考虑采用沉降小的桩型，裙房的地基或桩基刚度宜相对弱化，可采用疏桩或短桩基础。

(5) 抗震设防烈度为8度及以上地区，不宜采用预应力混凝土管桩(PC)和预应力混凝土空心方桩(PS)。

10.3 预制桩的种类与打(沉)桩要点

预制桩是在施工现场或工厂预先制作，然后以锤击、振动、静压等方式将桩设置就位。工程中应用最广泛的是钢筋混凝土桩。

预制桩通常分段制作，沉桩时再拼接成所需长度。预制桩的分节长度应根据施工条件及运输条件确定，每根桩的接头数量不宜超过3个。钢桩的分段长度宜为12～15m。

混凝土预制桩接头质量应保证满足传递轴力、弯矩和剪力的需要，通常用钢板、角钢焊接，也可采用法兰连接或机械快速连接(螺纹式、啮合式)。钢桩则采用焊接接头，应采用等强度连接。

10.3.1 常用预制桩种类

1. 钢筋混凝土实心桩

钢筋混凝土实心桩有预应力和非预应力之分，桩身截面一般呈方形，截面边长一般为200～600mm，一般沿桩长不变。《规范》规定：混凝土预制桩的截面边长不应小于200mm，预应力混凝土预制实心桩的截面边长不宜小于350mm；预制桩的混凝土强度等级不宜低于C30，预应力混凝土实心桩的混凝土强度等级不应低于C40。钢筋混凝土实心桩的长度和截面可在一定范围内根据需要选择，由于在地面上预制，制作质量容易保证，承载能力高，耐久性好，因此工程上应用较广。钢筋混凝土实心桩由桩尖、桩身和桩头组成，如图10.2所示。

图10.2 实心桩

2. 预应力混凝土空心桩

预应力混凝土空心桩是采用预应力工艺，经离心成型、蒸汽养护而成的一种预制构件。预应力混凝土空心桩按截面形式可分为管桩、空心方桩，按混凝土强度等级可分为预应力高强混凝土管桩(PHC)和空心方桩(PHS)、预应力混凝土管桩(PC)和空心方桩

(PS)。其中,PHC、PHS 的混凝土强度等级不低于 C80,PC、PS 的混凝土强度等级不低于 C60。

1) PHC 和 PC

目前用量较大的是 PHC。PHC 的外直径为 300～1000mm,PC 的外直径为 300～600mm。单节最大长度为 11～15m。预应力混凝土管桩由桩身、端板、桩套箍等组成,如图 10.3 所示。

图 10.3 管桩

(1) 管桩具有如下优点。

① 质量稳定可靠。采用离心技术工厂化生产,效率高。

② 强度高,耐久性好。采用离心法成型,混凝土致密、强度高,其抗裂性、抗腐蚀性、耐碳化性均较高,抵抗地下水和其他腐蚀的性能好。

③ 施工便利,工期短,对环境无污染,施工管理简单,现场较文明。如采用静力压桩施工,无振动,可避免噪声对环境的影响。

(2) 管桩具有如下缺点。

① 在以石灰岩作为持力层,或"上软下硬、软硬突变"等地质条件下施工困难。管桩不适用于密实较厚的砂土层及风化岩层。

② 接桩采用焊接连接,有锈蚀隐患。

(3) 管桩的适用范围如下。

① 管桩适用于主要承受竖向荷载且水平荷载较小的低承台桩基,当承受水平荷载较大或表层土有较厚液化土层或用作抗拔桩时,应结合工程有关因素经分析验算后选用或另行设计。

② 管桩不应用于地下强腐蚀环境。对中、弱腐蚀的地下环境应采用特种抗腐蚀材料,并采用封闭桩尖且管腔内不得进入腐蚀性介质。宜选用 PHC,桩身混凝土抗渗等级应不小于 P10。

③ 管桩适用于素填土、杂填土、淤泥、淤泥质土、粉土、黏性土、碎石土等地基。

2) PHS 和 PS

预应力空心方桩采用中空挤压抽芯、离心等多种工艺制作成型,是一种外方内圆截面预制混凝土构件,如图 10.4 所示。其边长为 300～600mm,单节最大长度为 12～15m。空心方桩要求具有 3.0MPa 以上的有效预压应力,

图 10.4 预应力空心方桩

以保证打桩时桩身混凝土一般不会出现横向裂缝。

空心方桩比管桩具有以下优越性。

(1) 外截面为方形，比圆形更适宜堆放。

(2) 方形截面比圆形截面更有利于接桩施工。

(3) 对于以桩侧摩阻力为主的摩擦型桩，空心方桩占有优势。相同的承载力时，空心方桩比管桩更经济。相同截面面积时，空心方桩横截面的外周长一般比管桩的外周长长，空心方桩一般比管桩横截面抵抗矩增加7%～16%。

3. 钢桩

钢桩主要有钢管桩、型钢桩和钢板桩三大类。钢桩基础通常是指钢管桩或H型钢桩，较其他桩型，钢桩自重小，便于装卸运输，穿透能力强，承载力高，桩长易于调整，接桩连接简单，工程质量可靠，施工速度快。钢桩截面小，打桩挤土量小，对土层的扰动小，对邻近建筑物影响也较小。钢桩的缺点是在干湿经常变化的环境，钢桩需采取防腐处理，成本较高。

钢桩一般适用于码头、水中结构的高桩承台、桥梁基础、超高层公共与住宅建筑桩基、特重型工业厂房等基础工程。

1) 钢管桩

钢管桩的直径为406.4～2032.0mm，壁厚为6～25mm，钢管桩的规格应根据工程地质、荷载、基础平面、上部荷载以及施工条件综合考虑后加以选择。国内常用的有φ406.4mm、φ609.6mm和φ914.4mm等几种，壁厚有10mm、11mm、12.7mm、13mm等几种。

钢管桩打桩机具设备较复杂，振动和噪声较大，在选用时应有充分的技术经济分析比较。钢管桩打入土层时，其端部可敞开或封闭，端部开口时易于打入，但端部承载力较封闭式为小。必要时钢管桩内可充填混凝土。

2) 型钢桩

常用型钢桩(图10.5)的截面形式有H型和工字型。型钢桩可用于承受垂直荷载或水平荷载，贯入各类地层的能力强且对地层的扰动较小。型钢桩的截面面积较小，不能提供较高的端承承载力。H型钢桩施工挤土量小，切割、接长较方便，取材较易，价格较低(20%～30%)。但其承载能力、抗锤击性能比较差，运输和堆放中易造成弯折，需特别采取一定的防弯折技术措施。H型钢桩最好不用在永久性基础工程上，桩长不宜超过20m。

(a) H型钢桩

(b) 工字型钢桩

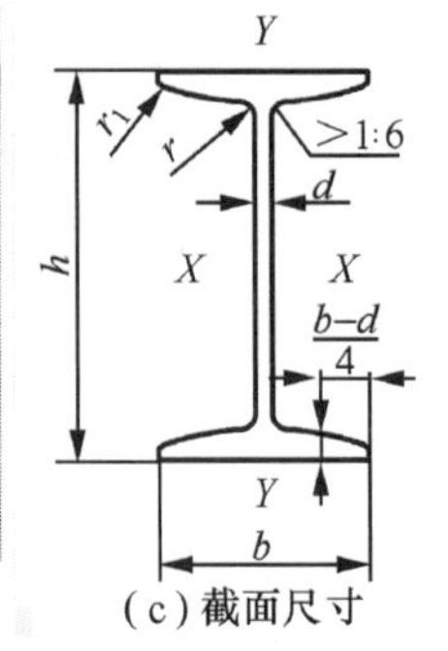

(c) 截面尺寸

图10.5 型钢桩

3）钢板桩

钢板桩根据其加工制作工艺的不同分为热轧/拉森钢板桩、冷弯薄壁钢板桩等，如图 10.6 所示。钢板桩通过接口槽组成一个整体的板桩墙，形成围堰或作为基坑开挖的临时支挡措施，用来挡土和挡水。钢板桩适用于柔软地基及地下水位较高的深基坑支护，施工简便，可以重复使用。但钢板桩成本较高，仅用于水平荷载桩。冷弯钢板桩以冷弯成型机组加工而成，由于锁口部位形状难以控制，连接处卡扣不严，其锁口咬合严密性不如热轧钢板桩，故热轧钢板桩的止水性能优于冷弯钢板桩。

图 10.6　钢板桩

10.3.2　打(沉)桩要点

1. 锤击沉桩

锤击沉桩是利用锤体下落冲击桩顶，将桩打入土中。打桩设备主要有桩锤、桩架和动力装置三部分。桩锤目前普遍使用的是柴油锤，如图 10.7 所示。

图 10.7　筒式柴油锤

通常情况下，桩终止锤击的控制应符合下列规定。

（1）当桩端位于一般土层时，应以控制桩端设计标高为主、贯入度为辅。

（2）桩端达到坚硬、硬塑的黏性土、中密以上粉土、砂土、碎石类土及风化岩时，应以贯入度控制为主、桩端标高为辅。

（3）贯入度已达到设计要求而桩端标高未达到时，应继续锤击

3 阵，并按每阵 10 击的贯入度不应大于设计规定的数值确认，必要时，施工控制贯入度应通过试验确定。

2. 振动沉桩

振动沉桩是利用固定在桩顶部的振动器所产生的激振力，通过桩身使土颗粒受迫振动，使其改变排列组织，产生收缩和位移，这样使桩表面与土层间的摩擦力减小，桩在自重和振动力共同作用下沉入土中，如图 10.8 所示。

图 10.8 钢板桩振动沉桩

振动沉桩设备简单，费用低，工效高，适用于在黏土、松散砂土、黄土和软土中沉桩，更适合于打钢板桩，同时借助起重设备可以拔桩。但当遇有中密以上细砂、粉砂或其他硬夹层时，若厚度在 1m 以上，可能发生沉入时间过长或穿不过现象，应会同设计部门共同研究解决。

振动沉桩施工应控制最后三次振动，每次 5min 或 10min，以每分钟平均贯入度满足设计要求为准。

3. 静力压桩

静力压桩是通过静力压桩机以压桩机自重及桩架上的配重做反力将预制桩逐节压入土中的一种沉桩法。静力压桩机有抱压式和顶压式两种，通常以抱压式为主。抱压式静力桩机最大吨位可达 800t，通常在 400～600t，如图 10.9 所示。

图 10.9 抱压式静力压桩机

(1) 静力压桩有如下优点。

① 节约钢筋和约混凝土，降低工程造价。采用的混凝土强度等级可降低 1～2 级，配筋比锤击法可节省钢筋约 40%。

② 施工时无噪声、无振动、无污染，对周围环境的干扰小。

③ 施工中由于压桩引起的应力较小，且桩身在施工过程中不会出现拉应力，桩头一般都完好无损，复压较为容易。

④ 根据压桩力、土质特征及施工经验，可初步估算单桩极限承载力。

(2) 静力压桩有如下缺点。

① 施工场地的地耐力要求较高，在新填土、淤泥土及积水浸泡过的场地施工易陷机。

② 过大的压桩力(夹持力)易将桩身(特别是管桩)夹破、夹碎，或使桩出现纵向裂缝。

③ 不易穿透较厚的坚硬地层。当坚硬地层下仍存在需穿过的软弱层时，则需辅以其他施工措施，如采用预钻孔引孔等。

静力压桩通常适用于中高压缩性黏性土层，在基岩地区或卵砾石分布地区适用性较差，不宜在有地下障碍物或孤石较多的场地施工。

(3) 静力压桩终压标准如下。

① 一般情况(摩擦桩)下以设计桩长和标高为准，最终以压桩力作为参考。可先施工 2 根或 3 根桩，待 24h 后采用与桩的极限承载力相等的压桩力进行复压，如果桩身不下沉，即可按设计桩长和标高进行全面施工，否则应进行调整。

② 对于端承桩，桩端达到坚硬的硬塑性黏土、中密以上粉土、砂土，以及极软岩、软岩时，以最终压桩力为准，设计桩长和桩顶标高作为参考。

③ 摩擦端承桩及端承摩擦桩必须保证设计桩长及相应的压桩力，即对桩长及压桩力同时进行双控。

④ 根据试桩确定桩进入持力层的最大终压桩力。

10.4 灌注桩的种类及施工工艺要点

灌注桩是指在设计桩位成孔，然后在孔内放置钢筋笼(也有直接插筋或省去钢筋的)，再浇灌混凝土成桩的桩型。灌注桩的优点是不存在运输、吊装和打入过程，钢筋按使用期间的内力大小配置或不配置，节约钢筋；缺点是桩身易出现露筋、缩颈、断桩等现象。保证灌注桩承载力的关键在于桩身的成型及混凝土质量。目前较为常见的灌注桩桩型主要有：正、反循环钻孔灌注桩，旋挖成孔灌注桩，冲孔灌注桩，长螺旋钻孔压灌桩，干作业钻、挖孔桩以及沉管灌注桩。

10.4.1 泥浆护壁成孔灌注桩

目前国内钻(冲)孔灌注桩多用泥浆护壁。泥浆护壁成孔是利用泥浆保护孔壁，通过循环泥浆裹挟悬浮于孔内钻挖出的土渣并排出孔外，从而形成桩孔的一种成孔方法。一般情况下，泥浆护壁类的灌注桩(如正、反循环钻孔灌注桩，旋挖成孔灌注桩，冲击成孔灌注桩)，

动画：正反循环钻孔灌注桩施工工艺

地层适应性强，可用于黏性土、粉土、砂土、填土、碎石土及风化岩层，地下水位高低对其成孔影响不大，成孔直径一般大于800mm，为大直径桩的主流桩型。

护壁泥浆在孔壁土的孔隙中凝胶化，在壁面上形成不透水膜——泥皮层。施工期间泥浆面高出地下水位对孔壁面产生静液压力，通过不透水膜对壁面产生支护作用，保护孔壁不坍塌。泥浆还有裹挟土渣和冷却、润滑钻头的作用。

钻(冲)孔达到设计深度，在灌注混凝土之前，应控制孔底沉渣厚度，以减少桩端和桩侧阻力的降低。

泥浆护壁法的施工过程：平整场地→泥浆制备→埋设护筒→铺设工作平台→安装钻机并定位→钻进或冲击成孔→清孔并检查成孔质量→下放钢筋笼→灌注水下混凝土→拔出护筒→检查质量。桩孔可通过正循环回转法、反循环回转法、潜水钻机法、冲抓钻法、冲击钻法、旋挖钻法等形成。

1. 正、反循环钻孔

回转钻成孔又称正、反循环钻孔，是用一般地质钻机在泥浆护壁条件下慢速钻进，通过泥浆排渣成孔。其优点为护壁效果好，成孔质量可靠；施工无噪声、无振动、无挤压；机具设备简单，操作方便，费用较低。其缺点为成孔速度慢，效率低，用水量大，泥浆排放量大，污染环境，扩孔率较难控制。宜用于地下水位以下黏性土、粉土、砂土、填土、碎石土及风化岩层。可根据桩型、钻孔深度、土层情况、泥浆排放条件、允许沉渣厚度等选择正或反循环钻孔。

(1) 正循环回转钻孔：泥浆由泥浆泵以高压从泥浆池输进钻杆内腔，经钻头的出浆口射出。底部的钻头在旋转时将土层搅松成为钻渣，被泥浆悬浮，随泥浆上升而溢出，经过沉浆池沉淀净化，泥浆再循环使用。孔壁靠水头和泥浆保护，如图10.10所示。

(a)

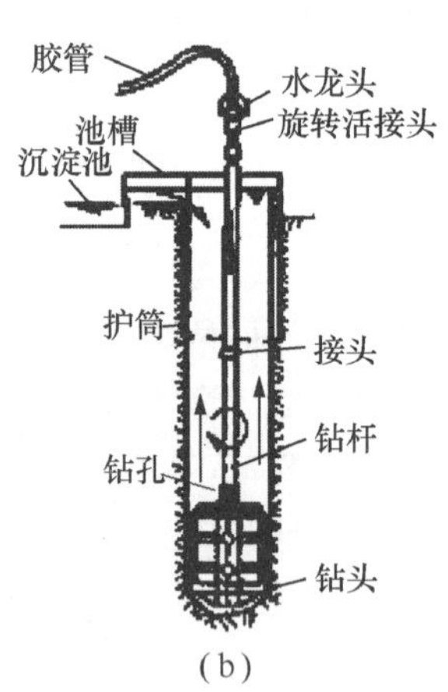

(b)

图10.10 正循环回转钻孔

正循环回转孔泥浆的上返速度低，携带土粒直径小，排渣能力差，岩土重复破碎现象严重。

(2) 反循环回转钻孔：泥浆由泥浆池流入钻孔内，同钻渣混合。在真空泵或其他方法(如空气吸泥机、喷射等)抽吸力的作用下，混合物进入钻头的进渣口，经过钻杆内腔排泄到沉淀池中净化后再供使用。由于钻杆内径较井孔直径小得多，故钻杆内泥水上升比正循环快很多,如图10.11所示。对于孔深大于30m的端承型桩,宜采用反循环钻孔。

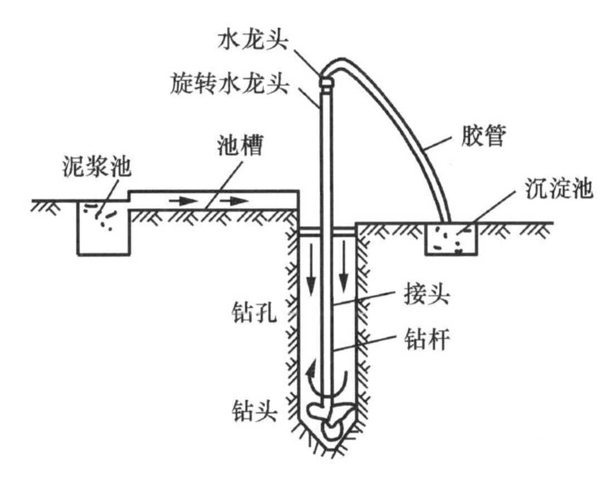

图10.11 反循环回转钻孔

反循环回转法的钻进与排渣效率较高,但钻渣容易堵塞管路;另外,孔壁坍塌的可能性较正循环回转法的大,因此需用较高质量的泥浆。

2. 旋挖钻成孔

旋挖钻成孔是借助旋挖钻机在土层钻孔的一种先进有效的成孔方法。在旋挖钻机的伸缩钻杆下端连接一个底部带耙齿的桶状钻具(钻斗),通过钻头旋转、削土、提升、卸土,反复循环直至成孔,如图10.12所示。钻孔达到设计深度时,应采用清渣钻头进行清孔。

图10.12 旋挖钻成孔

旋挖钻成孔具有低噪声、低振动,自动化程度高,成孔质量好、效率高的特点。采用泥浆不循环静态护壁成孔技术(也可干孔旋挖),减少泥浆污染。

旋挖钻成孔宜用于黏性土、粉土、砂土、填土、碎石土及风化岩层,多用于各种建(构)筑物基础桩、抗浮桩及基坑支护的护坡桩等。其成孔直径大,最大钻孔深度超过80m。

3. 冲击钻成孔

冲击钻成孔是用冲击式钻机或卷扬机悬吊冲击钻头上、下往复冲击,将硬质土或岩层破碎成孔,部分碎渣和泥浆挤入孔壁中,大部分成为泥渣,然后用掏渣筒掏出成孔,如图10.13所示。其优点为设备构造简单,适用范围广,操作方便,所成孔壁较坚实、稳定,塌孔少,不受施工场地的限制等。其缺点为存在掏泥渣较费工、费时,不能连接作业,成孔速度较慢,泥渣污染环境，孔底泥渣难以掏尽，使桩承载力不够稳定等问题。宜用于黏性土、粉土、砂土、填土、碎石土及风化岩层，还能穿透旧基础、建筑垃圾填土或大孤石等障碍物；在岩溶发育地区应慎重使用，采用时应适当加密勘察钻孔。

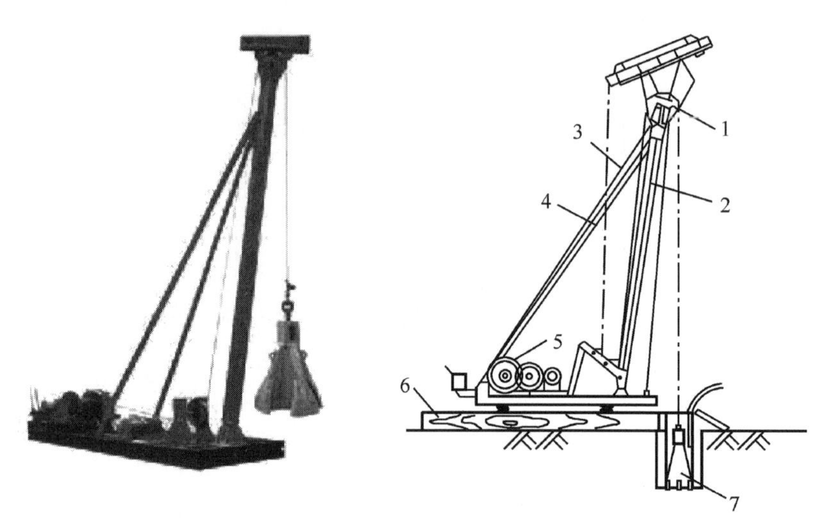

图 10.13 冲击钻成孔

1—滑轮；2—主杆；3—拉索；4—斜撑；5—卷扬机；6—垫木；7—钻头

泥浆护壁类灌注桩的优点为入土深，能进入岩层，刚度大，承载力高，桩身变形小，并可方便地进行水下施工。其缺点为现场作业环境差、泥浆污染大，尤其是正、反循环钻孔灌注桩这种动态泥浆护壁成孔方式。但是旋挖成孔效率较高，尤其在城市，它正逐步取代以前较为常用的正、反循环钻孔灌注桩，结合灌注桩后注浆处理技术的应用，成为泥浆护壁类成孔工艺的主流。但对于一些特大桩径($\phi \geqslant 2000$mm)或超长桩($l \geqslant 60$m)，泵吸反循环钻孔灌注桩仍有一定的优势。

10.4.2 长螺旋钻孔压灌桩

长螺旋钻孔压灌桩成桩工艺采用长螺旋钻机钻孔，至设计深度后在提钻的同时通过钻杆的中心导管灌注混凝土，混凝土灌注完成后，借助钢筋笼导入管和振动锤将钢筋笼插入混凝土桩中，边振动边拔出导入管后形成钢筋混凝土灌注桩，如图 10.14 所示。长螺旋钻孔压灌桩的特点如下。

(1) 施工简洁，不需要泥浆护壁，无泥浆污染，噪声小，效率高，造价较低。

(2) 与泥浆护壁钻孔灌注桩相比，该工艺无桩身泥皮和桩底沉渣，其承载力较高，成桩质量稳定，不易产生断桩、缩颈、塌孔等质量问题。

(3) 钢筋笼导入管的振动使桩身混凝土密实，桩身混凝土质量更有保证。

长螺旋钻孔压灌桩后插钢筋笼宜用于黏性土、粉土、砂土、填土、非密实的碎石类土、强风化岩，属非挤土成桩工艺。当需要穿越老黏土、厚层砂土、碎石土以及塑性指数大于 25 的黏土时，应进行试钻。由于受钻孔设备限制，桩径宜为 400～1000mm，桩长不宜大于 30m。

(a) 长螺旋钻机钻孔

(b) 提钻灌注混凝土后插入钢筋笼

(c) 振动锤与钢筋笼导入管

图 10.14 长螺旋钻孔压灌桩

10.4.3 沉管灌注桩和内夯沉管灌注桩

1. 沉管灌注桩

沉管灌注桩是利用锤击、振动或振动冲击等方法沉管成孔，然后浇灌混凝土，拔出套管，其施工程序如图 10.15 所示。一般应根据土质情况和荷载要求，分别选用单打、复打（浇灌混凝土并拔管后，立即在原位再次沉管及浇灌混凝土）和反插法（灌满混凝土后，先振动再拔管，一般拔 0.5～1.0m，再反插 0.3～0.5m）三种。复打后的桩横截面面积增大，承载力提高，但其造价也相应提高。反插法可扩大某一段桩身断面，以防止缩颈和有利于提高承载力。总体来说，单打法适用于含水量较小的土层，复打法和反插法适用于饱和土层。

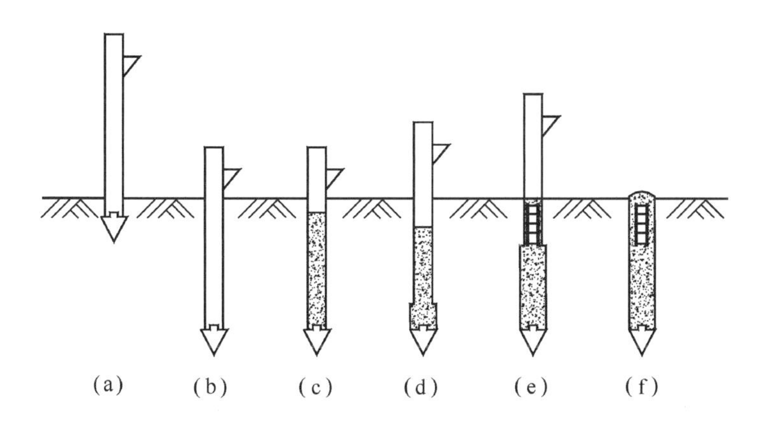

图 10.15 沉管灌注桩的施工程序示意

(a)打桩机就位；(b)沉管；(c)第一次灌注混凝土；(d)边拔管边振动、继续灌注混凝土；(e)如桩身配局部长度钢筋笼时，第一次灌注混凝土至笼底标高，然后安放钢筋笼，继续灌注混凝土至桩顶，之后振动拔管并灌注混凝土；(f)成型

沉管灌注桩的常用桩径（预制桩尖的直径）为 300～500mm，桩长常在 20m 以内，宜用于黏性土、粉土和砂土。其优点是设备简单、施工进度快、造价低；缺点是振动大、噪声大，如

施工方法和工艺不当则将会造成缩颈、断桩、夹泥和吊脚(桩底部的混凝土隔空,或混进泥砂在桩底部形成松软层)等质量问题,遇淤泥层时处理比较难。当地基中存在承压水层时,应慎重使用。

2. 内夯沉管灌注桩

内夯沉管灌注桩(夯扩桩)是一种外管与内夯管结合锤击沉管进行夯压、扩底和扩径的成孔成桩工艺,如图 10.16 所示。

图 10.16 内夯沉管灌注桩

无桩尖夯扩桩施工程序如下(图 10.17)。

(1) 在桩位处按要求放置干硬性混凝土或无水混凝土配料。

(2) 将内、外管套叠对准桩位。

(3) 通过柴油锤将双管打入地基中至设计深度。

(4) 拔出内夯管,检查外管内是否有泥水,当有水时,投入干硬性混凝土,插入内夯管再锤击。

(5) 向外管内灌入高度为 H 的混凝土。

(6) 将内夯管放入外管内压在混凝土面上,并将外管拔起一定高度 h。

(7) 通过柴油锤与内夯管夯打外管内混凝土。

(8) 继续夯打管下混凝土直至外管底端深度略小于设计桩底深度处(其差值为 c),此过程为一次夯扩,如需第 2 次或第 3 次夯扩,则重复步骤(4)～(8)。

(9) 拔出内夯管。

(10) 在外管内灌入桩身所需的混凝土,并在上部放入钢筋笼。

(11) 将内夯管压在外管内混凝土面上,边压边缓缓起拔外管。

(12) 将双管同步拔出地表,则成桩过程完毕。

夯扩桩兼备打入桩、扩底桩与持力层加固三方面的技术优势,桩身混凝土借助于桩锤和内夯管的下压作用成型,可避免或减少缩颈、裂缝、混凝土不密实、回淤和断桩等弊病的产生,能够保证设计桩径、桩身质量高。锤击力直接贯入桩端持力层,强制将现浇混凝土挤压成夯扩头的同时,也将桩端持力层压实挤密,使桩端持力层得以改善和桩端截面积增大,促使桩端阻力和桩承载力大幅度提高。

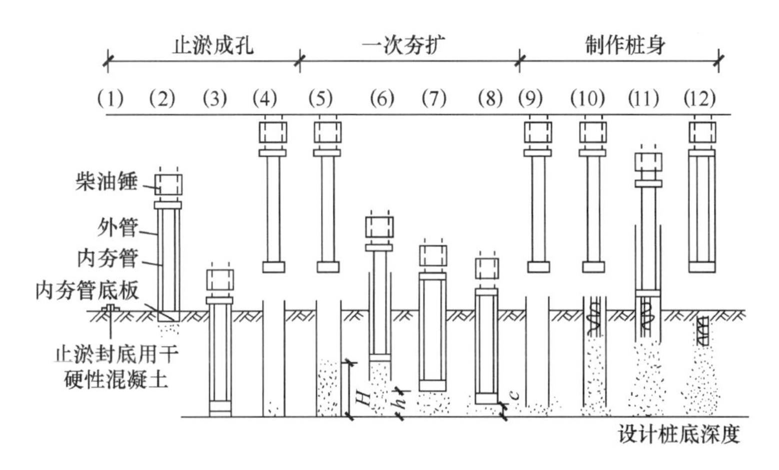

图 10.17 无桩尖夯扩桩施工程序示意

夯扩桩施工机械轻便，机动灵活、适应性强；无泥浆排放，施工速度快、工期短、造价低。

研究表明，桩端土性质（软硬与粒径）、夯击能的大小以及填充料的数量是影响桩端扩大头形成的主要因素。目前对在实际工程中如何有效地控制桩端扩大头的形状和大小、合理确定桩间距等还需进一步深入研究。

夯扩桩适用于桩端持力层为硬黏土层、密实砂土层，且持力层的埋深较浅并有一定的厚度，适用于穿越的土层为软土、黏性土、粉土。

10.4.4 干作业成孔灌注桩

干作业成孔灌注桩是指在地下水位以上地层不采用泥浆或套管护壁措施，采用人工或机械成孔，下入钢筋笼并灌注混凝土的基桩。目前干作业成孔灌注桩常用的有螺旋钻孔灌注桩、螺旋钻孔扩孔灌注桩、机动洛阳铲挖孔灌注桩及人工挖孔灌注桩四种。干作业钻、挖孔灌注桩宜用于地下水位以上的黏性土、粉土、填土、中等密度以上的砂土、风化岩层。

1. 钻孔（扩底）灌注桩

螺旋钻孔灌注桩的施工机械形式有长螺旋钻孔机和短螺旋钻孔机两种。长螺旋钻孔施工法是用全长带有螺旋叶片的钻杆钻进，钻头螺旋叶片旋转切削土层，被切土块钻屑随钻头旋转，沿带有长螺旋叶片的钻杆上升并排出孔口，其施工过程如图 10.18 所示。短螺旋钻机的钻具在邻近钻头 2～3m 内装置带螺旋叶片的钻杆，正转钻进，反转甩土，更适合大直径或深桩孔情况的施工。

钻孔（扩底）灌注桩法是把按等直径钻孔方法形成的桩孔钻至预定深度，换上扩孔钻头后撑开钻头的扩孔刀刃使之旋转切削土层扩大孔底，成孔后放入钢筋笼，灌注混凝土形成扩底桩，如图 10.19 所示。其扩底部宜设置在较硬实的黏土层、粉土层、砂土层和砾砂层。

干作业螺旋钻孔灌注桩的优点为设备简单、施工方便；施工振动小、噪声小、钻进速度快；无泥浆污染，环境污染小；混凝土灌注质量较好；造价低；扩底后可获得较大的垂直承载力。其缺点为桩端留有虚土，适用范围限制较大。

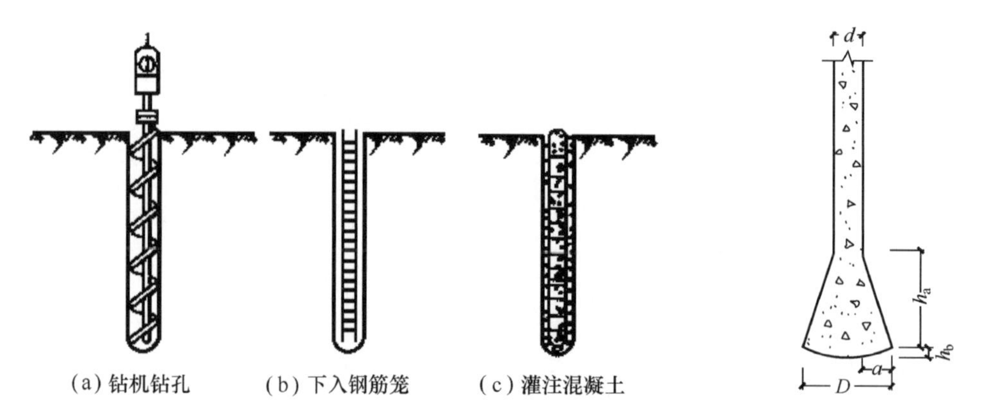

图 10.18　干作业长螺旋钻孔灌注桩施工程序示意　　　　图 10.19　钻孔(扩底)灌注桩

2. 人工挖(扩)孔灌注桩

人工挖(扩)孔灌注桩采用人工挖掘成孔，逐段边开挖边支护，达到所需深度后再进行扩孔、安装钢筋笼及灌注混凝土而成，如图 10.20 所示。

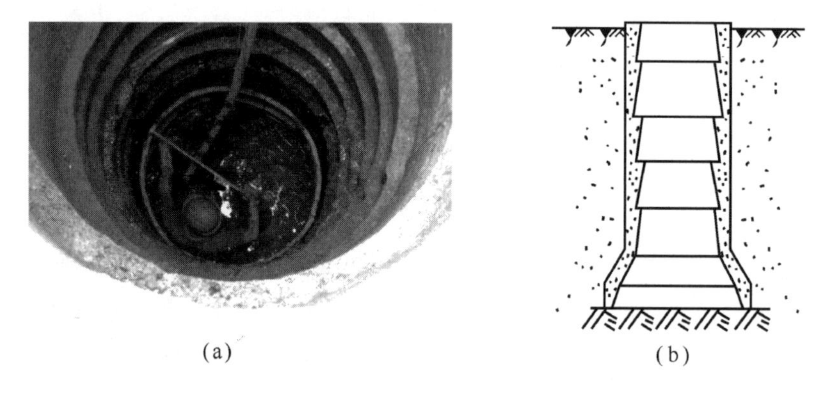

图 10.20　人工挖(扩)孔灌注桩施工现场及示意

人工挖(扩)孔桩灌注的孔径(不含护壁)不得小于 0.8m，且不宜大于 2.5 m；孔深不宜大于 30m。混凝土护壁的厚度不应小于 100mm，分节支护，每节高 500～1000mm，混凝土强度等级不应低于桩身混凝土强度等级，并应振捣密实；护壁应配置直径不小于 8mm 的构造钢筋，竖向筋应上、下搭接或拉接。

人工挖(扩)孔桩灌注的优点为可直接观察地层情况，孔底易清除干净，设备简单，场区内各桩可同时施工，且桩径大、单桩承载力大、适应性强。但施工中应注意防止塌方、缺氧、有害气体等危险，并注意流砂现象。

人工挖(扩)孔灌注桩也可在黄土、膨胀土和冻土中使用。在地下水位较高，有承压水的砂土层、滞水层、厚度较大的流塑状淤泥、淤泥质土层中不得选用。

10.4.5　灌注桩后注浆技术

灌注桩后注浆是规范推荐的灌注桩辅助工法，是指灌注桩成桩后一定时间(桩体混凝土初凝后)，通过预设在桩身内的注浆导管及与之相连的桩端、桩侧注浆阀注入水泥浆(注浆作业宜于成桩 2d 后开始，不宜迟于成桩 30d 后)，使桩端、桩侧土体(包括沉渣和泥皮)得到加固，从而大幅提高单桩的承载力，增强桩承载性状的稳定性，减小桩基沉降。实践证明，对于泥浆护壁和干作业的钻、挖孔灌注桩，灌注桩后注浆均取得良好效果，承载力可提高 40%～100%，沉降减小 20%～30%，适用于除沉管灌注桩外的各种钻、挖、冲孔灌注桩及地下连续墙。

灌注桩后注浆分为以下三种。

(1) 桩底后注浆：一般用于桩较短或桩侧土性质差的桩。

(2) 桩侧后注浆：只在桩侧较好土层进行后注浆，一般用于抗拔桩。

(3) 桩底桩侧后注浆：用于桩较长、桩侧土性质较好的桩。

典型的后注浆施工工艺如图 10.21 所示。注浆装置包括注浆导管、注浆阀及相应的连接和保护配件。注浆导管一般采用国标低压流体输送用焊接钢管，注浆导管的连接一般采用管箍连接或套管焊接种方式。注浆阀需待钢筋笼起吊至预钻孔垂直竖起后方可安装，不得提前安装。

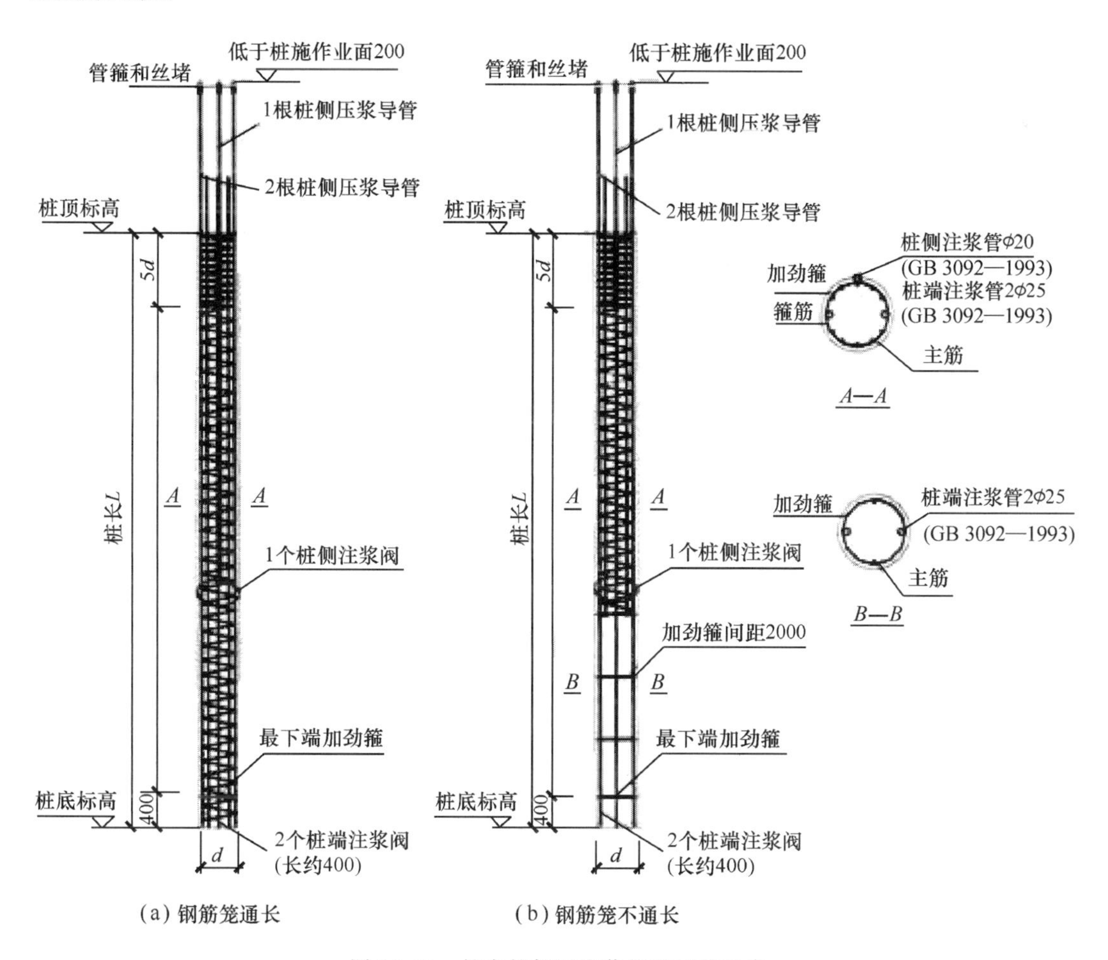

图 10.21 桩底桩侧后注浆施工工艺示意

后注浆质量控制采用注浆量和注浆压力双控方法，以注浆量控制为主、注浆压力控制为辅。

10.5 单桩、群桩承载力

10.5.1 单桩竖向承载力

1. 桩、土体系的荷载传递

桩侧阻力与桩端阻力的发挥过程就是桩、土体系的荷载传递过程。在桩顶施加竖向荷载后，桩身压缩而向下位移，桩侧表面受到土的向上摩阻力，桩身荷载通过发挥出来的侧阻力传递到桩周土层中，从而使桩身荷载与桩身压缩变形随深度递减。随着荷载的增加，桩端出现竖向位移和桩端反力。桩端位移加大了桩身各截面的位移，并促使桩侧阻力进一步发挥。一般来说，靠近桩身上部土层的侧阻力先于下部土层发挥，而侧阻力先于端阻力发挥出来。

2. 影响单桩竖向承载力的因素

单桩竖向承载力随桩的几何尺寸与外形、桩周与桩端土的性质、成桩工艺等而变化。

(1) 桩端持力层的类别与性质直接影响桩端阻力的大小和沉降量，桩端土与桩周土的刚度比越小，桩身轴力沿深度衰减越快，传递到桩端的荷载越小。

(2) 桩的总侧阻力与其表面积成正比，因此采用较大比表面积(表面积与桩身体积之比)的桩身几何外形可提高桩的总侧阻力，扩底桩则可提高总桩端阻力。随着桩的长径比增大，传递到桩端的荷载减小，桩身下部侧阻发挥值相应降低。

(3) 桩侧、桩端阻力的挤土效应与土的类别、性质，特别是土的灵敏度、密实度、饱和度密切相关。成桩效应影响桩的承载力及其随时间的变化。一般来说，饱和土中的成桩效应大于非饱和土的成桩效应，群桩的成桩效应大于独立单桩的成桩效应。

另外，成桩质量对承载力也有影响。各类成桩工艺的质量稳定性有所不同，如预制桩的质量稳定性高于灌注桩，灌注桩中干作业的质量稳定性高于泥浆护壁作业，干作业中人工挖孔的质量稳定性高于机械作业等。

3. 单桩抗压承载力

单桩在竖向荷载作用下有两种破坏类型，即地基土强度破坏和桩身材料强度破坏。一般情况下，单桩承载力由地基土对桩的支承能力控制，材料强度得不到充分发挥，只有对端承桩、超长桩以及桩身质量有缺陷的桩，桩身材料强度才起控制作用。另外，高层建筑或对沉降有特殊要求时，单桩的竖向承载力由上部结构对沉降的要求所控制。

1) 按桩身材料强度确定

此时，将桩视为轴心受压杆件，对钢筋混凝土桩，正截面受压承载力应符合下列规定。

当桩顶以下5倍桩身直径范围内桩身螺旋式箍筋间距不大于100mm，且符合《建筑桩基技术规范》(JGJ 94—2008)第4.1.1条对配筋的规定时，可适当计入桩身纵向钢筋的抗压作用。

$$R = \varphi(\psi_c f_c A_p + 0.9 f'_y A'_s) \tag{10.1}$$

否则

$$R = \varphi \psi_c f_c A_p \tag{10.2}$$

式中：R——轴心受压桩正截面受压承载力，N；

φ——混凝土构件稳定系数，对于低承台桩基，考虑土的侧向约束，一般取1.0；

f_c——混凝土轴心抗压强度设计值，N/mm^2；

A_p——桩身横截面面积，mm^2；

f'_y——纵向主筋抗压强度设计值，N/mm^2；

A'_s——纵向主筋截面面积，mm^2。

考虑到桩身混凝土实际承载力随成桩条件而异，《建筑桩基技术规范》(JGJ 94—2008)规定，在计算桩身承载力时，需将混凝土轴心抗压强度设计值按桩类别不同乘以不同的成桩工艺系数 ψ_c。对于混凝土预制桩、预应力混凝土空心桩，取 $\psi_c=0.85$；对于干作业非挤土灌注桩，取 $\psi_c=0.90$；对于泥浆护壁和套管护壁非挤土灌注桩、部分挤土灌注桩、挤土灌注桩，取 $\psi_c=0.7\sim0.8$；对于软土地区挤土灌注桩，取 $\psi_c=0.6$。需要注意的是，《建筑地基基础设计规范》(GB 50007—2011)中将成桩工艺系数 ψ_c 称作工作条件系数 φ_c，其取值与《建筑桩基技术规范》(JGJ 94—2008)有所不同。

2) 按地基土的支承能力确定

主要有静荷载试验、经验公式法、静力触探法等。《规范》规定：

(1) 单桩竖向承载力特征值应通过单桩竖向静荷载试验确定。在同一条件下的试桩数量不宜少于总桩数的1%，且不应少于3根。单桩的静荷载试验，应按《规范》附录Q进行。

(2) 当桩端持力层为密实砂卵石或其他承载力类似的土层时，对单桩竖向承载力很高的大直径端承型桩，可采用深层平板荷载试验确定桩端土的承载力特征值，试验方法应符合《规范》附录D的规定。

(3) 地基基础设计等级为丙级的建筑物，可采用静力触探及标贯试验参数结合工程经验确定单桩竖向承载力特征值。

(4) 初步设计时单桩竖向承载力特征值可按下式进行估算。

$$R_a = q_{pa} A_p + u_p \sum q_{sia} l_i \tag{10.3}$$

式中：R_a——单桩竖向承载力特征值，N；

q_{pa}、q_{sia}——桩端阻力特征值、桩侧阻力特征值，kPa，由当地静荷载试验结果统计分析算得出；

A_p——桩底端横截面面积，m^2；

u_p——桩身周边长度，m；

l_i——第 i 层岩土的厚度，m。

(5) 桩端嵌入完整及较完整的硬质岩中，当桩长较短且入岩较浅时，可按下式估算单桩竖向承载力特征值：

$$R_a = q_{pa} A_p \tag{10.4}$$

式中：q_{pa}——桩端岩石承载力特征值，kPa。

4. 单桩抗拔承载力

对于高耸结构物、高压输电塔、电视塔、承受较大地下水浮力的地下结构物(如地下室、地下油罐、取水泵房等)以及承受较大水平荷载的结构物(如挡土墙、桥台等),其桩基础中桩侧部分或全部承受上拔力,此时,尚需考虑桩的抗拔承载力。

桩的抗拔承载力主要取决于桩侧摩阻力、桩体自重以及桩身材料强度。单桩抗拔承载力特征值应通过单桩竖向抗拔荷载试验确定,并应加载至破坏。试验数量方面,同条件下的桩不应少于3根且不应少于总抗拔桩数的1%。

5. 桩的负摩阻力

桩周土层由于某种原因产生了相对于桩的向下位移,从而在桩侧产生向下的摩阻力,称为负摩阻力。负摩阻力实际上是对桩施加的下拉力,它增加了桩身轴向力、降低了桩的承载能力。其产生的原因很多。符合下列条件之一的桩基,当桩周土层产生的沉降超过基桩的沉降时,在计算基桩承载力时应计入桩侧负摩阻力。

(1) 桩穿越较厚松散填土、自重湿陷性黄土、欠固结土、液化土层进入相对较硬土层时。

(2) 桩周存在软弱土层,邻近桩侧地面承受局部较大的长期荷载,或地面大面积堆载(包括填土)时。

(3) 由于降低地下水位,使桩周土有效应力增大,并产生显著压缩沉降时。

10.5.2 单桩水平承载力

桩基多以承受竖向荷载为主,但在风荷载、地震作用、机械制动作用或土压力、水压力等作用下也承受一定的水平荷载。有时也可能出现以承受水平荷载为主的情况,因此需要考虑桩基的水平承载力验算。

单桩的水平承载力取决于桩身截面尺寸和抗弯刚度、桩的材料强度、桩侧土质条件、桩的入土深度、桩顶约束条件(桩顶水平位移允许值和桩顶嵌固情况)等因素。桩的截面尺寸和地基强度越大,其水平承载力越高;桩的入土深度越大,其水平承载力越高。但当入土达到一定深度后,桩身内力与位移近乎为零,继续增加入土深度已起不到提高水平承载力的作用,即存在提供水平承载力的有效长度。桩顶嵌固于承台中的桩较桩顶自由的桩具有更大的抗弯刚度,其水平承载力也较高。

对于低配筋率的灌注桩,通常是桩身先出现裂缝,随后断裂破坏,此时,单桩水平承载力由桩身强度控制。而对于抗弯性能强的桩,如高配筋率的混凝土预制桩和钢桩,桩身虽未断裂,但由于桩侧土体塑性隆起,或桩顶水平位移大大超过使用允许值,也认为桩的水平承载力达到极限状态。此时,单桩水平承载力由位移控制。

单桩的水平承载力应通过现场水平荷载试验确定,必要时可进行带承台桩的荷载试验。

10.5.3 群桩承载力

在实际工程中,除了大直径桩基础外,一般均为群桩基础,即由若干根桩和承台共同组成桩基。群桩基础受竖向荷载后,由于承台、桩、土的相互作用使其桩侧阻力、桩端阻力、沉降等性状发生变化而与单桩明显不同,承载力往往不等于各单桩承载力之和,因此称其为群桩效应。群桩效应受土性、桩距、桩数、桩的长径比、桩长与承台宽度比、成桩方法等多种因素的影响而变化。

1. 群桩竖向承载力

1）端承型群桩

如图 10.22 所示，由于该类桩基沉降较小，桩侧摩阻力不易发挥，桩顶荷载基本上通过桩身直接传至桩端处土层上。而桩端处承压面积很小，各桩端的压力彼此互不影响，因此可近似认为端承型群桩基础的竖向承载力等于各单桩的承载力之和。

2）摩擦型群桩

摩擦型群桩主要通过桩侧土的摩阻力来承担上部荷载，桩侧摩阻力所产生的附加应力以一定的扩散角沿桩长向下扩散，传递至桩周及桩端土层中。当桩数较少，桩中心距大于桩径的 6 倍，即 $s>6d$ 时，桩端平面处各桩传来的压力互不重叠或重叠不多，如图 10.23(a)所示，此时群桩竖向承载力等于各单桩承载力之和。当桩数较多、桩距较小时，桩端处各桩传来的压力相互重叠，如图 10.23(b)所示，此时群桩中各桩的工作状态与单桩的差别很大，其竖向承载力不等于各单桩承载力之和，即产生群桩效应。

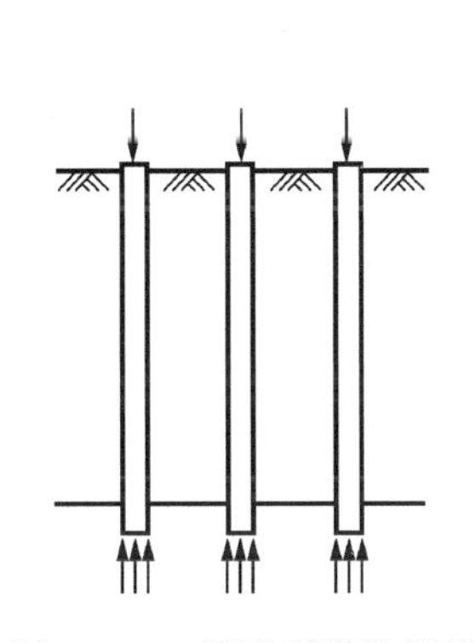

图 10.22 端承型群桩基础

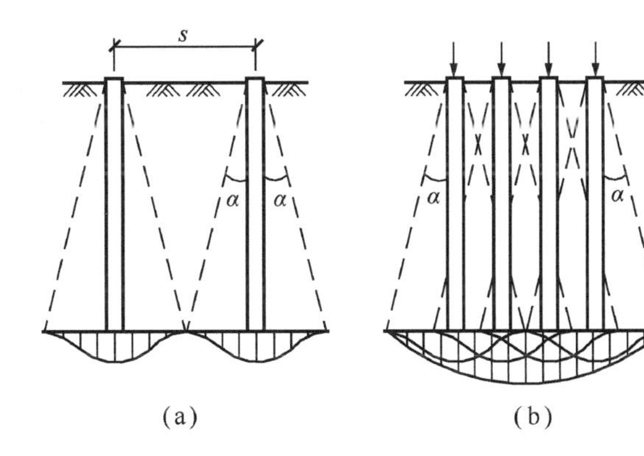

图 10.23 摩擦型群桩桩端平面上的压力分布

工程中考虑群桩效应的方法有两种：一种是以概率极限设计为指导，通过实测资料的统计分析，对群桩内每根桩的侧阻力和端阻力分别乘以群桩效应系数；另一种是把承台、桩和桩间土视为一个假想的实体基础，进行基础下地基承载力和变形验算。

2. 群桩水平承载力

当外力作用面的桩距较大时，桩基的水平承载力可视为各单桩的水平承载力的总和；当承台侧面的土未经扰动或回填密实时，应计算土抗力的作用；当水平推力较大时，宜设置斜桩。

10.6 桩基础的构造要求

10.6.1 桩和桩基的构造要求

桩和桩基的构造应符合下列要求。

(1) 摩擦型桩的中心距不宜小于桩身直径的3倍;扩底灌注桩的中心距不宜小于扩底直径的1.5倍,当扩底直径大于2m时则桩端净距不宜小于1m。在确定桩距时尚应考虑施工工艺中挤土等效应对邻近桩的影响。

(2) 扩底灌注桩的扩底直径不应大于桩身直径的3倍。

(3) 桩底进入持力层的深度宜为桩身直径的1~3倍。在确定桩底进入持力层深度时,尚应考虑特殊土、岩溶以及震陷液化等影响。嵌岩灌注桩周边嵌入完整和较完整的未风化、微风化、中风化硬质岩体的最小深度不宜小于0.5m。

(4) 布置桩位时宜使桩基承载力合力点与竖向永久荷载合力作用点重合。

(5) 设计使用年限不少于50年时,非腐蚀环境中预制桩的混凝土强度等级不应低于C30,预应力桩不应低于C40,灌注桩的混凝土强度等级不应低于C25;二b类环境、三类及四类、五类微腐蚀环境中不应低于C30;在腐蚀环境中的桩,桩身混凝土的强度等级应符合现行国家标准《混凝土结构设计规范》的有关规定。设计使用年限不少于100年的桩,桩身混凝土的强度等级宜适当提高。水下灌注混凝土的桩身混凝土强度等级不宜高于C40。

(6) 桩身混凝土的材料、最小水泥用量、水灰比、抗渗等级等应符合现行国家标准《混凝土结构设计规范》《工业建筑防腐蚀设计规范》及《混凝土结构耐久性设计规范》的有关规定。

(7) 桩的主筋配置应经计算确定。预制桩的最小配筋率不宜小于0.8%(锤击沉桩)、0.6%(静压沉桩),预应力桩不宜小于0.5%,灌注桩最小配筋率不宜小于0.2%~0.65%(小直径桩取大值)。桩顶以下3~5倍桩身直径范围内,箍筋宜适当加强、加密。

(8) 桩身纵向钢筋配筋长度应符合下列规定。

① 受水平荷载和弯矩较大的桩,配筋长度应通过计算确定。

② 桩基承台下存在淤泥、淤泥质土或液化土层时,配筋长度应穿过淤泥、淤泥质土层或液化土层。

③ 坡地岸边的桩、8度及8度以上地震区的桩、抗拔桩、嵌岩端承桩应通长配筋。

④ 钻孔灌注桩构造钢筋的长度不宜小于桩长的2/3;桩施工在基坑开挖前完成的,其钢筋长度不宜小于基坑深度的1.5倍。

(9) 桩身配筋可根据计算结果及施工工艺要求,沿桩身纵向不均匀配筋。腐蚀环境中的灌注桩主筋直径不宜小于16mm,非腐蚀环境中的灌注桩主筋直径不应小于12mm。

(10) 桩顶嵌入承台内的长度不应小于50mm。主筋伸入承台内的锚固长度不应小于钢筋直径(HPB235级钢)的30倍和钢筋直径(HRB335级和HRB400级钢)的35倍。对于大直径灌注桩,当采用一柱一桩时,可设置承台或将桩和柱直接连接。桩和柱的连接可按《建筑地基基础设计规范》(GB 50007—2011)中第8.2.5条高杯口基础的要求选择截面尺寸和配筋,柱纵筋插入桩身的长度应满足锚固长度的要求。

(11) 灌注桩主筋混凝土保护层厚度不应小于50mm,预制桩不应小于45mm,预应力管桩不应小于35mm,腐蚀环境中的灌注桩不应小于55mm。

10.6.2 承台的构造要求

桩基承台的构造,除应满足抗冲切、抗剪切、抗弯承载力和上部结构的要求外,尚应符合下列要求。

(1) 柱下独立桩基承台的宽度不应小于 500mm。边桩中心至承台边缘的距离不宜小于桩的直径或边长，且桩的外边缘至承台边缘的距离不小于 150mm。对于墙下条形承台梁，桩的外边缘至承台梁边缘的距离不小于 75mm，承台的最小厚度不应小于 300mm。

(2) 高层建筑平板式和梁板式筏形承台的最小厚度不应小于 400mm，多层建筑墙下布桩的筏形承台的最小厚度不应小于 200mm。

(3) 对于柱下独立桩基矩形承台，其钢筋应按双向均匀通长布置，如图 10.24(a)所示；对于三桩承台，其钢筋应按三向板带均匀布置，且最里面的三根钢筋围成的三角形应在柱截面范围内，如图 10.24(b)所示。钢筋锚固长度自边桩内侧（当为圆桩时，应将其直径乘以 0.886 等效为方桩）算起，锚固长度不应小于 35 倍钢筋直径，当不满足时应将钢筋向上弯折，此时钢筋水平段的长度不应小于 25 倍钢筋直径，弯折段的长度不应小于 10 倍钢筋直径。承台纵向受力钢筋的直径不应小于 12mm，间距不应大于 200mm。柱下独立桩基承台的最小配筋率不应小于 0.15%。

(4) 条形承台梁的纵向主筋除满足计算要求外，尚应符合现行国家标准《混凝土结构设计规范》关于最小配筋率的规定，主筋直径不应小于 12mm，架立筋直径不应小于 10mm，箍筋直径不应小于 6mm，如图 10.24(c)所示。承台梁端部纵向受力钢筋的锚固长度及构造应与柱下多桩承台的规定相同。

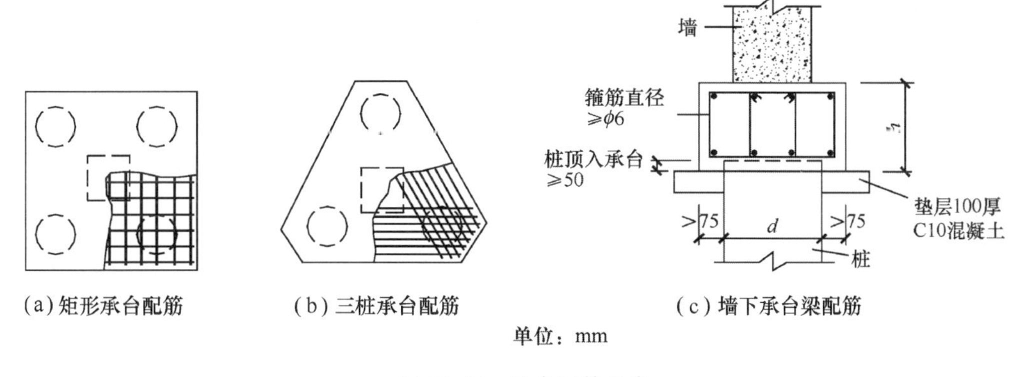

图 10.24 承台配筋示意

(5) 筏形承台板或箱形承台板在计算中当仅考虑局部弯矩作用时，考虑到整体弯曲的影响，在纵、横两个方向的下层钢筋配筋率不宜小于 0.15%；上层钢筋应按计算配筋率全部连通。当筏板的厚度大于 2000mm 时，宜在板厚中间部位设置直径不小于 12mm、间距不大于 300mm 的双向钢筋网。

(6) 承台混凝土材料及其强度等级应符合结构混凝土耐久性的要求和抗渗要求。纵向钢筋的混凝土保护层厚度，当有混凝土垫层时不应小于 50mm，无垫层时不应小于 70mm；此外，不应小于桩头嵌入承台内的长度。

(7) 高层建筑箱形承台的构造应符合《高层建筑筏形与箱形基础技术规范》(JGJ 6—2011)的规定。

(8) 承台和地下室外墙与基坑侧壁间隙应灌注素混凝土或搅拌流动性水泥土，或采用灰土、级配砂石、压实性较好的素土分层夯实,其压实系数不宜小于0.94。

小　结

1. 桩基础的组成

桩基础由桩和承台组成,有高承台和低承台之分。通常采用低承台桩基础,其适用性较广。

2. 桩的分类及施工工艺

桩基础中的桩可根据其承载性状、成桩方法、桩径大小等进行分类。按照承载性状可分为两个大类和四个亚类,即摩擦桩、端承摩擦桩、摩擦端承桩、端承桩。

《建筑桩基技术规范》推荐了预应力混凝土空心桩,同时推荐了静压预制桩施工技术、长螺旋钻孔压灌桩施工技术、旋挖钻机成孔施工技术以及灌注桩后注浆施工技术。

3. 单桩承载力

(1) 单桩竖向承载力由桩身材料强度和地基土对桩的支承能力决定。按照地基土支承能力确定单桩竖向承载力的方法有静荷载试验、经验公式法、静力触探法等方法,《建筑地基基础设计规范》对此做出了具体的规定。

(2) 在工程中要注意桩侧负摩阻力对桩基承载力的影响。

(3) 单桩水平承载力应通过现场水平荷载试验确定。

4. 群桩承载力

群桩中各桩的受力情况与单桩的受力情况往往有显著的差别。对于摩擦型桩,当桩数较多、桩距较小时,会产生群桩效应。

5. 桩基础的构造要求

桩基除需进行计算设计外,还需满足一定的构造要求。

思　考　题

1. 桩基础的优点是什么?在什么情况下考虑采用桩基础?
2. 桩基础按承载性状分为哪些类型?
3. 预应力混凝土空心桩可分为哪些种类?试述管桩的优缺点和适用范围。
4. 反循环回转钻孔和旋挖钻成孔分别有什么优点?
5. 长螺旋钻孔压灌桩施工技术和灌注桩后注浆施工技术分别有什么优点?
6. 影响单桩竖向承载力和水平承载力的因素是什么?
7. 什么是群桩效应?影响群桩效应的因素有哪些?
8. 桩基础的构造要求主要包括哪些方面?

第11章　软弱土地基处理

学习目标

知识目标

1. 能叙述软弱土的种类和性质。
2. 能描述常见地基处理方法的基本原理和适用范围。
3. 了解各种方法的设计要点。

能力目标

能依据地基条件、地基处理方法的适用范围及选用原则，初步选择地基处理方法。

11.1　概　　述

11.1.1　软弱土的种类和性质

软弱土是指淤泥、淤泥质土和部分冲填土、杂填土及其他高压缩性土。

1. 淤泥与淤泥质土

淤泥为在静水或缓慢的流水环境中沉积，并经生物化学作用形成，其天然含水量大于液限($w>w_L$)，天然孔隙比$e\geqslant 1.5$的黏性土。而淤泥质土是天然含水量大于液限($w>w_L$)，天然孔隙比$1.0\leqslant e<1.5$的黏性土或粉土。工程中统称淤泥与淤泥质土为软土。

淤泥和淤泥质土工程特征。

(1) 含水量较高，孔隙比较大。

(2) 压缩性较高。一般压缩系数为$0.5\sim 2.0\text{MPa}^{-1}$，个别达到$4.5\text{MPa}^{-1}$，且其压缩性随液限的增大而增加。

(3) 强度低。地基承载力一般为50～80kPa。

(4) 渗透性差。软土渗透系数小，在自重作用下完全固结所需时间很长。

(5) 具有显著的结构性。软土一旦受到扰动，其絮状结构就会受到破坏，强度显著降低，属于高灵敏度土。

2. 冲填土

冲填土是在整治和疏通江河时，用水力冲填泥砂而在江河两岸形成的沉积土，其成分和分布规律与冲填的固体颗粒和水力条件密切相关，若冲填物以粉土、黏土为主，则属于欠固结的软弱土；若冲填物以中砂粒以上的粗颗粒为主，则不属于软弱土。

由于水力的分选，在冲填入口处土颗粒较粗，而在出口处土颗粒逐渐变细，从而造成地基不均匀。

3. 杂填土

杂填土是由人类活动产生的建筑垃圾、工业废料和生活垃圾堆填而形成的。其成分复杂,均匀性差,结构松散,强度低,压缩性高。杂填土性质随堆填的龄期而变化,其承载力一般随堆填的时间增长而增大;同时,某些杂填土内含有腐殖质和亲水、水溶性物质,会使地基产生更大的沉降及浸水湿陷性。

11.1.2 软弱土地基处理方法分类

软弱土地基处理的目的就是要改善地基土的性质,达到满足建筑物对地基强度、变形和稳定性的要求,主要包括:改善地基土的渗透性;提高地基强度或增加其稳定性;降低地基的压缩性,以减少其变形;改善地基的动力特性,以提高其抗液化性能。

根据地基处理方法的原理,常用软弱土地基处理方法如表11.1所示。

表11.1 软弱土地基处理方法

编号	分 类	处 理 方 法	原理及作用	适 用 范 围
1	碾压及夯实	重锤夯实,机械碾压,振动压实,强夯(动力固结)	利用压实原理,通过机械碾压夯击,把表层地基土压实;强夯则利用强大的夯击能,在地基中产生强烈的冲击波和动应力,迫使土动力固结密实	适用于碎石土、砂土、粉土、低饱和度的黏性土、杂填土等,对饱和黏性土应慎重采用
2	换填垫层	砂石垫层,素土垫层,灰土垫层,矿渣垫层	以砂石、素土、灰土和矿渣等强度较高的材料,置换地基表层软弱土,提高持力层的承载力,扩散应力,减小沉降量	适用于处理暗沟、暗塘等软弱土地基
3	排水固结	天然地基预压,砂井预压,塑料排水带预压,真空预压,降水预压	在地基中增设竖向排水体,加速地基的固结和强度增长,提高地基的稳定性;加速沉降发展,使基础沉降提前完成	适用于处理饱和软弱土层;对于渗透性极低的泥炭土,必须慎重对待
4	振密挤密	振冲挤密,灰土挤密桩,砂桩,石灰桩,爆破挤密	采取一定的技术措施,通过振动或挤密使土体的孔隙减少,强度提高;必要时,在振动挤密的过程中,回填砂、砾石、灰土、素土等,与地基土组成复合地基,从而提高地基的承载力,减少沉降量	适用于处理松砂、粉土、杂填土及湿陷性黄土
5	置换及拌入	振冲置换,深层搅拌,高压喷射注浆,石灰桩等	采取专门的技术措施,以砂、碎石等置换软弱土地基中部分软弱土,或在部分软弱土地基中掺入水泥、石灰或砂浆等形成加固体,与未处理部分土组成复合地基,从而提高地基承载力,减少沉降量	黏性土、冲填土、粉砂、细砂等,振冲置换法对于不排水抗剪强度 $\tau_f<20$kPa 时慎用

续表

编号	分 类	处 理 方 法	原理及作用	适 用 范 围
6	加筋	土工合成材料加筋，锚固，树根桩，加筋土	在地基或土体中埋设强度较大的土工合成材料、钢片等加筋材料，使地基或土体能承受抗拉力，防止断裂，保持整体性，提高刚度，改变地基土体的应力场和应变场，从而提高地基的承载力，改善变形特性	软弱土地基、填土及陡坡填土、砂土
7	其他	灌浆，冻结，托换技术，纠偏技术	通过独特的技术措施处理软弱土地基	根据实际情况确定

11.2 碾压法与夯实法

碾压与夯实是修路、筑堤、加固地基表层最常用的简易处理方法。通过夯锤或机械的夯击或碾压，使填土或地基表层疏松土孔隙体积减小、密实度提高，从而降低土的压缩性，提高其抗剪强度和承载力。目前常用的方法有机械碾压法、振动压实法、重锤夯实法以及 20 世纪 70 年代发展起来的强夯法等。

11.2.1 机械碾压法

机械碾压法是利用羊足碾、平碾、振动碾等碾压机械将地基土压实的方法。该法需按计划与次序往复碾压，分层铺土和压实；要求土料处于最优含水量，压实质量则由压实系数 λ_c 控制，具体要求详见第 3.4 节。

该法适用于地下水位以上大面积填土，含水量较低的素填土或杂填土。

11.2.2 振动压实法

振动压实法是用振动压实机在地基表层施加振动，将浅层松散土振实的方法。

振动压实的效果取决于振动力的大小、填土的成分和振动时间。一般来说，振动时间越长，效果越好。但振动超过一定时间后振实效果将趋于稳定。因此，在施工前应进行试振，找出振实稳定所需要的时间。振实时应从基础边缘外放 0.6m 左右，先振基槽两边，后振中间。振实的有效深度可达 1.5m，如果地下水位过高，会影响振实质量。为避免振动对周围建筑物的影响，要求振源与建筑物的距离应大于 3m。

振动压实法适用于处理砂土和由炉灰、炉渣、碎砖等组成的杂填土地基。

11.2.3 重锤夯实法

重锤夯实法是利用起重机械将夯锤提到一定高度后,使锤自由落下,重复夯击以加固地基的方法。对于湿陷性黄土,重锤夯实可减少表层土的湿陷性;对于杂填土,则可减少其不均匀性。

通常重锤由钢筋混凝土制成,为截头圆锥体,锤重一般不小于15kN,锤底直径为0.7～1.5m,落距为2.5～4.5m。重锤的有效夯实深度约为锤底直径。

重锤夯实法的效果与锤重、锤底直径、夯击遍数、落距、土的种类、含水量等有密切的关系,应当根据设计的夯实密度及影响深度,通过现场试夯确定有关参数。对于地下水位离地表很近或软弱土层埋置很浅时,重锤夯实可能产生"橡皮土"的不良效果。

重锤的法适用于处理距离地下水位0.8m以上稍湿的杂填土、砂土、黏性土、湿陷性黄土和分层填土等地基,但在有效夯实深度内存在软黏土层时不宜采用。

11.2.4 强夯法

强夯法是用起重机械反复将夯锤(质量一般为10～60t)提到一定高度使其自由落下(落距一般为10～40m),给地基以冲击和振动能量,强制压实加固地基深层的密实方法,如图11.1所示。强夯法可提高地基承载力,降低其压缩性,减轻甚至消除砂土振动的液化危害、消除湿陷性黄土的湿陷性等。一般地基土强度可提高2～5倍,压缩性可降低2～10倍,加固影响深度可达6～10m。

图11.1 强夯法

1. 强夯法的加固机理

强夯法的加固机理与重锤夯实法有本质的区别。强夯法主要是将势能转化为夯击能,在地基中产生强大的动应力和冲击波,进而对土体产生以下作用。①压密作用,土中孔隙体积被压缩;②液化作用,导致土体内孔隙水压力骤然上升,当与上覆压力相等时土体即产生液化,土体丧失强度,土粒重新自由排列(土体只是局部液化);③固结作用;④时效作用。

对多孔隙、粗颗粒、非饱和土而言为动力密实机理,即强大的冲击能强制超压密地基,使土中气相体积大幅度减小。

对细粒饱和土而言为动力固结机理,即强大的冲击能与冲击波破坏土的结构,使土体局部液化并产生许多裂隙，作为孔隙水的排水通道，使土体固结；土体触变恢复，压密土体。

2. 强夯法的适用范围

强夯法适用于碎石土、砂土、低饱和度的粉土与黏性土、湿陷性黄土、素填土和杂填土等地基，也可用于防止粉土及粉砂的液化。对于高饱和度的粉土与软塑、流塑的黏性土等地基土对变形控制要求不严的工程，可采取强夯置换法进行处理，即在夯坑内回填块石、碎石等粗颗粒材料，用夯锤连续夯击形成强夯置换墩。但强夯不得用于不允许对工程周围建筑物和设备有一定振动影响的地基加固，必须时应采取防振、隔振措施。

3. 强夯法的优缺点

(1) 优点。适用土质广；加固深度大，效果显著；施工机具较简单，施工较方便；无须任何地基处理材料或化学处理剂；施工工期较短，加固费用较低。

(2) 缺点。强夯法缺乏成熟的理论和完善的设计计算方法，深层加固对设备性能要求较高，振动和噪声影响较大。

4. 强夯法的施工技术参数

应用强夯法加固软弱地基，一定要通过现场试验确定技术参数，验证其适用性和处理效果。其施工技术参数包括单位夯击能、夯击点布置及间距、夯点夯击次数与夯击遍数、两遍间隔时间、处理范围、加固影响深度等。

单位夯击能是指单位面积上所施加的总夯击能，应根据地基土类别、结构类型、荷载大小和需处理深度等综合考虑，并通过现场试夯确定。

夯击点位置可根据基底平面形状进行布置。对于基础面积较大的建筑，为了便于施工，可按等边三角形或正方形布置夯点；对于办公楼、住宅建筑等，可根据承重墙位置布置夯点，一般可采用等腰三角形布点，保证横向承重墙及纵墙和横墙交接处墙基下均有夯击点；对独立柱基础可按柱网设置采取单点或成组布置，在基础下面必须布置夯点。

夯击点间距一般根据地基土的性质和要求处理的深度而定。一般第一遍夯击点间距可取夯锤直径的 2.5～3.5 倍，第二遍夯击点应位于第一遍夯击点之间。以后各遍夯击点间距可适当减小。对处理深度或单击夯击能较大的工程，第一遍夯击点间距宜适当增大。

夯点夯击次数是指单个夯点一次连续夯击的次数，对整个场地完成全部夯击的点称为一遍。夯点夯击次数应通过现场试夯确定，常以夯坑的压缩量最大、夯坑周围隆起量最小为确定原则。

夯击遍数应根据地基土的性质确定，可采用点夯 2～4 遍，对于渗透性较差的细颗粒土，应适当增加夯击遍数；最后以低能量(如前几遍能量的 1/5～1/4，击数为 2 或 3 击)满夯 2 遍，满夯可采用轻锤或低落距锤多次夯击，锤印搭接，以加固前几遍之间的松土和被振松的表层土。

两遍夯击之间的时间间隔，取决于土中超静孔隙水压力的消散时间。当缺少实测资料时，可根据地基土的渗透性确定。一般两遍之间间隔 1～4 周。对渗透性较差的黏性土地基，间隔时间不应少于 2 周；若无地下水或地下水在 −5m 以下，或含水量较低的碎石类土，或透水性强的砂性土，可取 1～2 天间隔时间，甚至不需要间隔时间，夯完一遍后将土推平，连续夯击。

强夯处理范围应大于建筑物基础范围，每边超出基础外缘的宽度宜为基底下设计处理深度的 1/2～2/3，且不应小于 3m；对于可液化地基，基础边缘的处理宽度不应小于 5m。

影响有效加固深度的因素很多，除了夯锤重和落距以外，夯击次数、锤底单位压力、地基土性质、不同土层的厚度和埋藏顺序以及地下水位等都与加固深度有着密切关系。《建筑地基处理技术规范》(JGJ 79—2012)规定，有效加固深度应根据现场试夯或地区经验确定；在缺少试验资料或经验时，可按规范中表 6.3.3－1 进行预估。

11.3 换填垫层法

11.3.1 加固机理及适用范围

换填垫层法是将处于浅层的软弱土挖去或部分挖去，分层回填其他性能稳定、无侵蚀性、强度较高的材料，如砂、碎石或灰土等，并夯实或压实后作为地基持力层。常用的垫层有砂垫层、砂卵石垫层、碎石垫层、灰土或素土垫层、煤渣垫层、矿渣垫层等。

换填垫层法的作用主要体现在以下几个方面。

1. 提高浅层地基承载力

以抗剪强度较高的砂或其他填筑材料置换基础下较弱的土层，可提高浅层地基承载力，避免地基破坏。

2. 减少地基沉降量

一般浅层地基的沉降量占总沉降量的比例较大。如以密实砂或其他填筑材料代替上层软弱土层，就可以减少这部分沉降量。由于砂层或其他垫层对应力的扩散作用，使作用在下卧层土上的压力较小，这样也会相应减小下卧层土的沉降量。

3. 加速软弱土层的排水固结

砂垫层和砂石垫层等垫层材料透水性强，软弱土层受压后垫层可作为良好的排水面，使基础下面的孔隙水压力迅速消散，加速垫层下软弱土层的固结和提高其强度。

4. 防止冻胀

粗颗粒的垫层材料孔隙大，不易产生毛细现象，因此可以防止寒冷地区土中结冰所造成的冻胀。

在各类工程中，垫层所起的主要作用有时也是不同的，如房屋建筑物基础下的砂垫层主要起换土的作用，而在路堤及土坝等工程中往往以排水固结为主要作用。

换填垫层法适用于浅层软弱土层或不均匀土层的地基处理，如淤泥、淤泥质土、湿陷性黄土、膨胀土、素填土、杂填土、季节性冻土地基以及暗沟、暗塘等；常用于处理多层或低层建筑的条形基础、独立基础下的地基以及基槽开挖后局部具有软弱土层的地基。此时换土的宽度和深度有限，既经济又安全。但砂垫层不易用于处理湿陷性黄土地基，因为砂垫层较大的透水性反而易引起土的湿陷。另外，对于体形复杂、整体刚度差或对差异变形敏感的建筑，均不应采用浅层局部换填的处理方法。

11.3.2 垫层的设计要点

垫层的设计不但要满足建筑物对地基变形及稳定性的要求，而且应符合经济合理的原则。

其设计内容主要是确定断面的合理厚度和宽度。对于垫层，既要求有足够的厚度来置换可能被剪切破坏的软弱土层，又要有足够的宽度以防止垫层向两侧挤出。对于有排水要求的垫层来说，还需形成一个排水面，促进软弱土层的固结，提高其强度，以满足上部荷载的要求。

1. 垫层厚度的确定

垫层厚度应根据置换软弱土的深度以及下卧土层的承载力确定，如图 11.2 所示。垫层底面处的附加压力与土自重压力之和不超过下卧层修正后的承载力特征值，可按式(9.10)计算。垫层底面附加压力按式(9.11)或式(9.12)计算。垫层的压力扩散角 θ 宜通过试验确定，无试验资料时，可按表 11.2 取值。

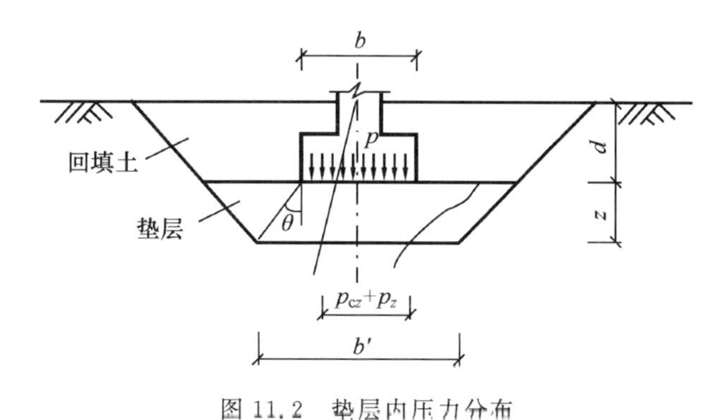

图 11.2　垫层内压力分布

表 11.2　土和砂石材料压力扩散角 θ　　单位：(°)

<table>
<tr><th rowspan="2">$\frac{z}{b}$</th><th colspan="3">换填材料</th></tr>
<tr><th>中砂、粗砂、砾砂、圆砾、角砾、石屑、卵石、碎石、矿渣</th><th>粉质黏土、粉煤灰</th><th>灰土</th></tr>
<tr><td>0.25</td><td>20</td><td>6</td><td rowspan="2">28</td></tr>
<tr><td>≥0.50</td><td>30</td><td>23</td></tr>
</table>

注：1. $\frac{z}{b}<0.25$ 时，除灰土取 $\theta=28°$ 外，其他材料均取 $\theta=0°$，必要时宜由试验确定。

2. 当 $0.25<\frac{z}{b}<0.50$ 时，θ 值可以内插。

3. 土工合成材料加筋垫层，其压力扩散角宜由现场静荷载试验确定。

垫层的厚度宜为 0.5～3.0m，一般不宜大于 3.0m，否则不经济且施工困难；太薄(<0.5m)则换填垫层作用不明显。

2. 垫层宽度的确定

如图 11.2 所示，垫层宽度 b' 需满足两方面要求，一是满足应力扩散的要求；二是考虑侧面土的强度条件，保证垫层应有足够的宽度，防止垫层材料向侧边挤出而增大垫层的竖向变形量。当基础荷载较大，或对沉降要求较高，或垫层侧边土的承载力较差时，垫层宽度应适当加大。通常可按下式计算：

$$b' \geqslant b + 2z\tan\theta \tag{11.1}$$

式中：b'——垫层底面宽度，m；

z——基础底面下垫层的厚度，m；

θ——垫层的压力扩散角(°),可选用表 11.2 中内容;当 $\frac{z}{b}<0.25$ 时,按表 11.2 中 $\frac{z}{b}=0.25$ 取值。

垫层顶面每边超出基础底边缘不应小于 300mm,且从垫层底面两侧向上,按当地基坑开挖的经验及要求放坡。整片垫层的宽度可根据施工要求适当加宽。

3. 垫层的压实标准

垫层的压实标准可按表 11.3 选用。矿渣垫层的压实系数可根据满足承载力设计要求的试验结果,按最后两遍压实的压陷差确定。由于矿渣垫层的干密度试验难以操作且误差较大,按目前的经验,在采用 8t 以上的平碾或振动碾施工时,可按最后两遍压实的压陷差小于 2mm 控制。

表 11.3 各种垫层的压实标准

施工方法	换填材料类别	压实系数 λ_c
碾压、振密或夯实	碎石、卵石	≥0.97
	砂夹石(其中碎石、卵石占全重的 30%～50%)	
	土夹石(其中碎石、卵石占全重的 30%～50%)	
	中砂、粗砂、砾砂、角砾、圆砾、石屑	
	粉质黏土	
	灰土	≥0.95
	粉煤灰	

注:1. 土的最大干密度宜采用击实试验确定,碎石或卵石的最大干密度可取 2.1～2.2t/m^3。

2. 压实系数 λ_c 是使用轻型击实试验测定土的最大干密度 ρ_{dmax} 时给出的压实控制标准,采用重型击实试验时,对于粉质黏土、灰土、粉煤灰及其他材料压实标准应为压实系数 $\lambda_c \geqslant 0.94$。

11.3.3 垫层的施工要点

(1) 垫层施工应根据不同的换填材料选择施工机械。粉质黏土、灰土垫层宜采用平碾、振动碾或羊足碾,以及蛙式夯、柴油夯。砂石垫层等宜采用振动碾。粉煤灰垫层宜采用平碾、振动碾、平板振动器、蛙式夯。矿渣垫层宜采用平板振动器或平碾,也可采用振动碾。

(2) 垫层的施工方法、分层铺填厚度、每层压实遍数宜通过现场试验确定。除接触下卧软土层的垫层底部应根据施工机械设备及下卧层土质条件确定厚度外,其他垫层的分层铺填厚度宜为 200～300mm。为保证分层压实质量,应控制机械碾压速度。

(3) 粉质黏土和灰土垫层土料的施工含水量宜控制在 $w_{op}(1\pm2\%)$ 的范围内,粉煤灰垫层的施工含水量宜控制在 $w_{op}(1\pm4\%)$ 的范围内。最优含水量 w_{op} 可通过击实试验确定,也可按当地经验选取。

(4) 基坑开挖时应避免坑底土层受扰动,可保留 180～220mm 厚的土层暂不挖去,待铺填垫层前再由人工挖至设计标高。严禁扰动垫层下的软弱土层,应防止软弱垫层被践踏、受冻或受水浸泡。在碎石或卵石垫层底部宜设置厚度为 150～300mm 的砂垫层或铺一层土工织物,并应防止基坑边坡塌土混入垫层中。

(5) 换填垫层施工时,应采取基坑排水措施。除砂垫层宜采用水撼法施工外,其余垫层施工均不得在浸水条件下进行。工程需要时应采取降低地下水位的措施。

11.3.4　垫层的质量检验

(1) 对粉质黏土、灰土、砂石、粉煤灰垫层的施工质量可选用环刀取样、静力触探、轻型动力触探或标准贯入试验等方法进行检验;对碎石、矿渣垫层的施工质量可采用重型动力触探试验等进行检验。压实系数可采用灌砂法、灌水法或其他方法进行检验。

(2)《建筑地基处理技术规范》以强制性条款的形式规定:换填垫层的施工质量检验应分层进行,并应在每层的压实系数符合设计要求后铺填上层。

(3) 采用环刀法检验垫层的施工质量时,取样点应选择位于每层垫层厚度的 2/3 深度处。检验点数量,条形基础下垫层每 10～20m 不应少于 1 个点,独立柱基、单个基础下垫层不应少于 1 个点,其他基础下垫层每 50～100m^2 不应少于 1 个点。采用标准贯入试验或动力触探法检验垫层的施工质量时,每分层平面上检验点的间距不应大于 4m。

(4) 竣工验收应采用静荷载试验检验垫层承载力,且每个单体工程不宜少于 3 个点;对于大型工程应按单体工程的数量或工程划分的面积确定检验点数。

11.4　排水固结法

11.4.1　加固机理及适用范围

排水固结法又称为预压法,是在建筑物建造之前,先在天然地基中设置砂井等竖向排水体,然后加载预压,使土体中的孔隙水排出,逐渐固结,地基发生沉降,同时强度得以逐步提高。排水固结法通常由排水系统和加压系统两部分组成,如图 11.3 所示。加压系统主要有堆载预压、真空预压、真空和堆载联合预压三种。排水系统有普通砂井、袋装砂井和塑料排水带等。

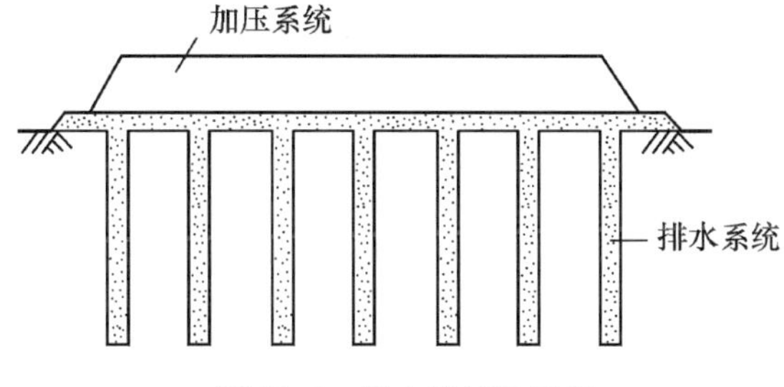

图 11.3　排水固结法示意

预压地基加固应考虑预压施工对相邻建筑物、地下管线等产生附加沉降的影响。真空预压地基加固区边线与相邻建筑物、地下管线等的距离不宜小于 20m,当距离较近时,应对相邻建筑物、地下管线等采取保护措施。

预压地基适用于淤泥、淤泥质土和冲填土等饱和黏性土的地基处理。

真空预压适用于处理以黏性土为主的软弱地基。当存在粉土、砂土等透水、透气层时，加固区周边应采取确保膜下真空压力满足设计要求的密封措施。对于塑性指数大于25且含水量大于85%的淤泥，应通过现场试验确定其适用性。加固土层上覆盖有厚度大于5m以上的回填土或承载力较高的黏性土层时，不宜采用真空预压处理。

11.4.2 加压系统设计

1. 堆载预压法

堆载预压是在建筑施工前通过临时堆填土、砂、石、砖等散料对地基加载预压，使地基土的沉降大部分或基本完成，并因固结而提高地基承载力，然后除去堆载，再进行建筑施工的一种地基处理方法。

天然软黏土地基抗剪强度低，一次加载或加载速率过快的分级加载都存在地基中剪应力增长超过土层因固结引起的强度增长的危险。因此，堆载预压设计的关键是确定合理的分级加载速率和每级荷载大小，以确保每级荷载下地基的稳定性。此外，还要确定总荷载水平、预压时间和预压加载范围等。

堆载预压加载过程中应进行竖向变形、水平位移及孔隙水压力的监测，堆载预压加载速率应满足下列要求。

(1) 竖井地基最大竖向变形量不应超过15mm/d。

(2) 天然地基最大竖向变形量不应超过10mm/d。

(3) 堆载预压边缘处水平位移不应超过5mm/d。

(4) 根据上述观测资料综合分析、判断地基的承载力和稳定性。

2. 真空预压法

真空预压法是先在需加固的软土地基表面铺设一层透水砂垫层或砂砾层，再在其上覆盖一层不透气的塑料薄膜或橡胶布，四周密封，与大气隔绝，在砂垫层内埋设渗水管道，然后与真空泵连通进行抽气，使透水材料保持较高的真空度，在土的孔隙水中产生负的孔隙水压力，将土中孔隙水和空气逐渐吸出，从而使土体固结。真空预压加固地基示意图如图11.4所示。

1) 真空预压加固原理

膜内真空度使膜内外形成的大气压力差即是作用于地基的预压荷载。若膜内真空度为650mmHg，则可折合预压荷载86.7kPa，相当于堆载土厚度4～5m，可见其效果显著。另外，抽真空在孔隙中产生负压，孔隙水被逐渐吸出，地下水位随之下降，土的有效应力增加，也会导致土层压密固结。

2) 真空预压的特点

(1) 不需要大量堆载，节省运输和造价。

(2) 无须分期加荷，工期短，效果好。

(3) 无噪声、无振动、无污染。

3. 真空和堆载联合预压法

当建筑物的荷载超过真空预压的压力，或建筑物对地基变形有严格要求时，可采用真空和堆载联合预压，其总压力宜超过建筑物的竖向荷载。

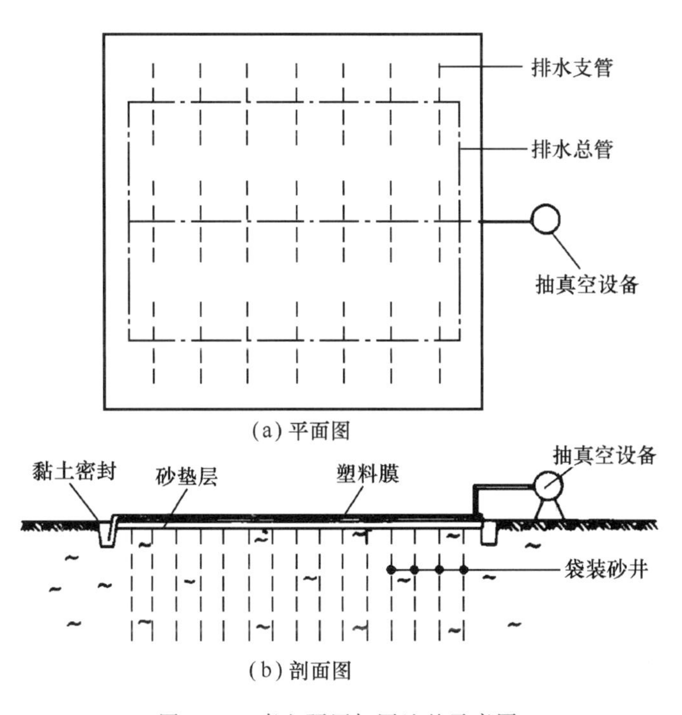

图 11.4　真空预压加固地基示意图

11.4.3　排水系统设计

排水系统包括水平排水体(砂垫层)和竖向排水体(普通砂井、袋装砂井和塑料排水带)两部分。

1. 水平排水体

水平排水体即砂垫层,其作用是保证地基固结过程中排出的水能够顺利地通过砂垫层迅速排出,使受压土层的固结能够正常进行,以利于提高地基处理效果,缩短土层的固结时间。

1) 垫层材料

砂垫层砂料宜选用中粗砂,黏粒含量不应大于 3%,砂料中可含有少量粒径不大于 50mm 的砾石。砂垫层的干密度应大于 $1.5t/m^3$,渗透系数应大于 $1\times10^{-2}cm/s$。

2) 垫层厚度

排水砂垫层的厚度首先应满足地基对其排水能力的要求;其次,当地基表面承载力很低时,砂垫层还应具备持力层的功能,以承担施工机械荷载。满足排水要求的砂垫层厚度不应小于 500mm。

2. 竖向排水体

排水竖井分为普通砂井、袋装砂井和塑料排水带。其设计内容包括竖井深度、直径、间距、排列方式等。

1) 排水竖井的深度

排水竖井的深度应根据建筑物对地基的稳定性、变形要求和工期确定。对于以地基抗滑稳定性控制的工程，竖井深度应大于最危险滑动面以下2.0m；对于以变形控制的建筑工程，竖井的深度应根据在限定的预压时间内需完成的变形量确定，竖井宜穿透受压土层。

2）排水竖井的直径和间距

减小竖井间距比增大井径对加速固结的效果更加显著。因此，应以“细而密”的原则选择井径和间距。排水竖井的间距应根据地基土的固结特性、预定时间内所要求达到的固结度以及施工影响等通过计算、分析确定。普通砂井直径宜为300～500mm，袋装砂井直径宜为70～120mm。设计时，竖井的间距可按井径比n选用，塑料排水带或袋装砂井的间距可按$n=15\sim22$选用，普通砂井的间距可按$n=6\sim8$选用。

$$n=\frac{d_e}{d_w} \tag{11.2}$$

式中：d_e——竖井的有效排水直径，等边三角形排列时$d_e=1.05l$，正方形排列时$d_e=1.13l$，其中l为竖井的间距，mm；

d_w——竖井的直径，对于塑料排水带可取塑料排水带当量换算直径d_p，mm。

$$d_p=\frac{2(b+\delta)}{\pi} \tag{11.3}$$

其中：d_p——塑料排水带当量换算直径，mm；

b——塑料排水带宽度，mm；

δ——塑料排水带厚度，mm。

3）竖井排列

排水竖井可采用等边三角形或正方形排列的平面布置。为了防止地基产生过大的侧向变形和防止基础周边附近地基的剪切破坏，竖井布置范围应适当扩大。扩大的范围可由基础轮廓线向外增大2～4m。

4）砂井材料与灌砂量

砂井用的砂料应选用中粗砂，其黏粒含量不应大于3%。其中，密状态的干密度不小于1.55t/m^3，砂井灌砂量应按井孔容积和砂在中密状态时的干密度计算，其实际灌砂量不得小于计算值的95%。

11.5 复合地基理论概述

11.5.1 复合地基的概念及分类

复合地基(composite foundation)是指天然地基在地基处理过程中部分土体得到增强或被置换，或在天然地基中设置加筋材料，加固区是由基体(天然地基土体或被改良的天然地基土体)和增强体两部分组成的人工地基。在荷载作用下，基体和增强体共同承担荷载的作用。

竖向增强体习惯上称为桩。根据竖向增强体的性质，复合地基又可分为散体材料桩复合地基、柔性桩复合地基和刚性桩复合地基三类。散体材料桩复合地基有碎石桩复合地基、砂桩复合地基等。散体材料桩只有依靠周围土体的围箍作用才能形成桩体,桩体材料本身不能单独形成桩体。柔性桩和刚性桩也称为黏结材料桩。柔性桩复合地基有水泥土桩复合地基、灰土桩复合地基等。刚性桩复合地基有钢筋混凝土桩复合地基、低强度混凝土桩复合地基等。

水平向增强体复合地基主要是指加筋土地基。随着土工合成材料的发展,加筋土地基的应用越来越多。加筋材料主要是土工织物和土工格栅等。

复合地基的分类如图 11.5 所示。

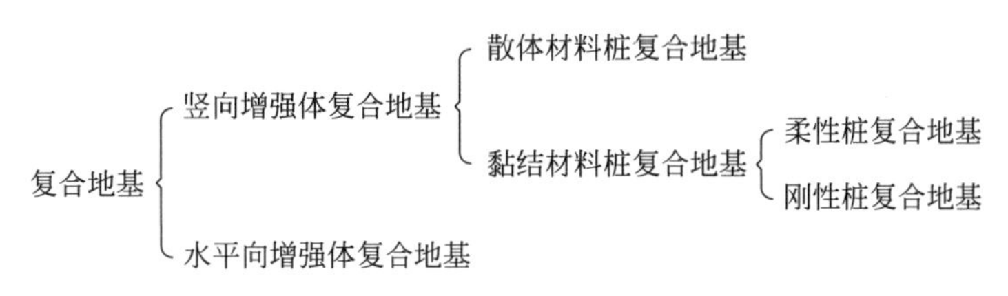

图 11.5　复合地基的分类

复合地基理论正处于发展之中,许多问题还有待进一步认识和研究。

在工程实践中,增强体还可以斜向设置或设置成长短桩形式,如图 11.6 所示。斜向设置如树根桩复合地基。长短桩形式则为多桩型复合地基的一种,长桩和短桩可采用同一材料制桩,也可采用不同材料制桩。如短桩采用散体材料桩或柔性桩,长桩采用钢筋混凝土桩或低强度混凝土桩。在深厚软土地基中采用长短桩复合地基既可有效地提高地基承载力,又可有效地减少沉降,且具有较地好的经济效益。

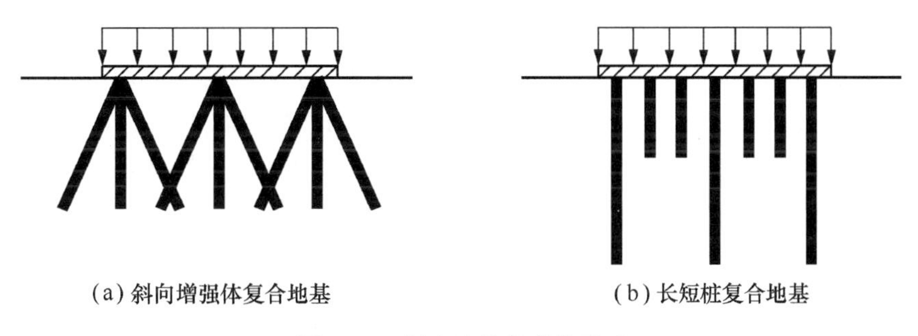

图 11.6　复合地基的其他形式

11.5.2　复合地基的作用机理

竖向增强体复合地基通常是由桩、桩间土、褥垫层结合形成,褥垫层通常是由碎石、粒状材料组成,厚度一般取 200～500mm。复合地基在受到荷载作用时,桩与桩间土都会发生沉降变形,由于桩的压缩性比桩身周围土体明显要低,桩会向上刺入褥垫层。伴随这一变化过程,一部分荷载通过褥垫层传递到桩间土上,使桩和桩间土共同承担荷载。同时,土由于桩的挤密作用而提高了承载力,而桩又因其周围土侧应力的增大而改善了承载性能,二者共同作用形成了复合地基的整体受力、共同承担上部基础传来的荷载。复合地基中增强体的材料不同、施工方法不同,复合地基的作用也不相同。综合分析,复合地基的作用主要有以下五个方面。

1. 桩体作用(置换作用)

在复合地基中,桩体的刚度和模量与周围土体相比较大,在荷载作用下,桩体的压缩性比周围土体小。地基中应力是按材料模量进行分布的,因此桩体上产生应力集中现象,大部分荷载将由桩体承担,而桩间土应力则相应减小,这样使得复合地基承载力较原地基有所提高、沉降量有所减小。在刚性桩复合地基中桩体刚度较大,桩体作用发挥得更加明显。

2. 垫层作用

复合地基中褥垫层是关键部分之一,它与基础相连。在荷载作用下,桩向上刺入褥垫层,将一部分荷载传递给桩间土,充分发挥了桩间土的承载力,保证桩、土共同承担荷载,从而增大了压力的扩散角度、减小了下卧层土体的应力作用、改善了地基的变形状态。桩与桩间土复合地基有类似于垫层的换土作用,其性能优于原天然地基,能起到均匀地基应力和增大应力扩散角度的作用。

3. 加速固结作用

碎石桩、砂桩等散体材料桩具有良好的透水性,可加速地基的固结,是地基中的排水通道。另外,水泥土类和混凝土类等刚性桩也可加速地基固结。

4. 挤密作用

砂桩、土桩、石灰桩、碎石桩等在施工过程中由于振动、挤压、排土等原因,可对桩间土体起到一定的挤密作用。例如,振冲挤密碎石桩和振动挤密砂石桩等采用振动成桩施工工艺。另外,石灰桩、粉体喷射探层搅拌桩中的生石灰、水泥粉具有吸水、发热、膨胀作用,对桩周土也有一定的挤密效果。

5. 桩对土的侧向约束作用(加筋作用)

在群桩复合地基中,桩阻止了桩间土体的侧向变形,减少了侧向变形,提高了地基抵抗竖向变形的能力,同时也提高了土体的抗剪强加度,在刚性桩复合地基中效果更加明显。

复合地基通常都具有上述中的几种作用。复合地基的设置可提高地基承载力,改善地基的变形特性,减小在荷载作用下可能发生的沉降和变形,有时还可以改善地基的抗震性能。

11.6 挤密法和振冲法

11.6.1 挤密法

挤密法是指在软弱土层中以振动或冲击的方式成孔,从侧向将土挤密,再将碎石、砂、灰土、石灰或炉渣等填料充填密实成柔性的桩体(竖向增强体),并与原地基形成一种复合地基,共同承担荷载,从而改善地基的工程性能。

1. 挤密法的加固机理

对于松散砂土地基,采用冲击法或振动法下沉桩管和一次拔管成桩时,由于桩管下沉对周围砂土产生很大的横向挤压力,桩管便将地基中同体积的砂挤向周围的砂层,使其孔隙比减小、密度增大,这就是挤密作用。其有效挤密范围可达 3~4 倍桩直径。当采用振动法往砂土中下沉桩管和逐步拔出桩管成桩时，下沉桩管对周围砂层产生挤密作用，拔起桩管对周围砂层产生振密作用，有效振密范围可达6倍桩直径左右。振密作用比挤密作用更显著。

对于软弱黏性土地基，由于桩体本身具有较大的强度和变形模量，桩的断面也较大，桩体置换掉同体积的软弱黏性土，与土组成复合地基，共同承担上部荷载。

需要指出的是，挤密砂桩与用于堆载预压法中的排水砂井都是以砂为填料的桩体，但两者的作用不同。砂桩的作用主要是挤密，故桩径与填料密度大，桩距较小；而砂井的作用主要是排水固结，故井径和填料密度小、间距大。

2. 挤密法的适用范围

挤密桩按其填入材料的不同分别称为挤密砂桩、挤密土桩和挤密灰土桩等，挤密砂桩常用来加固松砂易液化的地基以及结构疏松的杂填土地基。挤密土桩及挤密灰土桩适用于处理地下水位以上的粉土、黏性土、素填土、杂填土和湿陷性黄土等地基，可处理地基的厚度宜为3～15m。当以消除地基土的湿陷性为主要目的时，可选用挤密土桩；当以提高地基土的承载力或增强其水稳性为主要目的时，宜选用挤密灰土桩。

对于挤密土桩及挤密灰土桩，当地基土的含水量大于24%、饱和度大于65%时，应通过试验确定其适用性；对于重要工程或在缺乏经验的地区，施工前应按设计要求，在有代表性的地段进行现场试验。

图11.7　振冲器

11.6.2　振冲法

振冲法是利用一个振冲器，借助于高压水流边振边冲，使松砂地基变密；或在黏性土地基中成孔，在孔中填入碎石制成一根根的桩体，这样的桩体与原来的土构成比原来抗剪强度高与压缩性小的复合地基。振冲器如图11.7所示，振冲过程如图11.8所示。

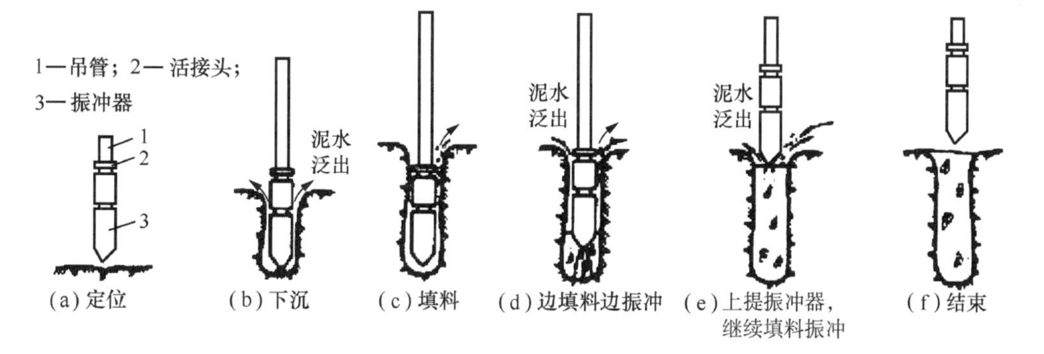

图11.8　振冲过程

1. 振冲法的加固机理

振冲法按加固机理和效果的不同，分为振冲置换法和振冲密实法两类。振冲置换法是在地基土中借振冲器成孔，振密填料置换，制造一群以碎石、砂砾等散粒材料组成的桩体，与原地基土一起构成复合地基，使其排水性能得到很大的改善，有利于加速土层固结，使承载力提高，沉降量减小，因此又称为振冲置换碎石桩法。振冲密实法主要是利用振动和压力水使砂层液化,砂颗粒相互挤密,重新排列,孔隙减少,从而提高砂层的承载力和抗液化能力,因此又称为振冲密实砂桩法,哪种桩根据砂土性质的不同,又有加填料和不加填料两种。

振冲法加固地基的特点如下。①技术可靠,机具设备简单,操作技术易于掌握,施工简便。②可节省“三材”,因地制宜,就地取材,采用碎石、卵石、砂、矿渣等作为填料。③加固速度快,节约投资,碎石桩具有良好的透水性,加速地基固结,地基承载力可提高 1.2～1.35 倍。④振冲过程中的预震效应,可使砂土地基增加抗液化能力。

2. 振冲法的适用范围

振冲法适用于挤密处理松散砂土,粉土、粉质黏土、素填土、杂填土等地基,以及用于处理可液化地基。饱和黏土地基,如对变形控制不严格,可采用砂石桩置换处理。不加填料的振冲挤密法适用于处理黏粒含量不大于 10%的中砂、粗砂地基。

但对大型、重要或场地地层复杂的工程,以及对于处理不排水抗剪强度不小于 20kPa 的饱和黏性土和饱和黄土地基,应在施工前通过现场试验确定其适用性。

振冲法不适用于在地下水位较高、土质松散易塌方和含有大块石等障碍物的土层中使用。

11.7 高压喷射注浆法和深层搅拌法

高压喷射注浆法和深层搅拌法均是利用特制的机具向土层中喷射浆液或拌入粉剂,与破坏的土混合或拌和,从而使地基土固化,形成由地基土和竖向增强体共同承担荷载的复合地基,以达到加固的目的。

11.7.1 高压喷射注浆法

1. 高压喷射注浆法的加固机理

高压喷射注浆法是利用钻机把带有特殊喷嘴的注浆管钻进至土层的预定位置后,用高压脉冲泵(工作压力在 20MPa 以上)将水泥浆液通过钻杆下端的喷射装置,向四周以高速水平喷入土体,借助液体的冲击力切削土层,使喷流射程内土体遭受破坏,土体与水泥浆充分搅拌混合,胶结硬化后形成加固体,从而使地基得到加固。

动画:高压旋喷桩施工工艺

加固体的形状与注浆管的提升速度和喷射流方向有关,一般分为旋转喷射(简称旋喷)、定向喷射(简称定喷)和摆动喷射(简称摆喷)三种注入浆形式。旋喷时,喷嘴边喷射边旋转和提升,可形成圆柱状加固体(称为旋喷桩)。定喷时,喷射方向固定不变,喷嘴边喷射边提升,可形成墙板状加固体,用于基坑防渗和稳定边坡等工程。摆喷时,喷嘴边喷射边摆动一定角度和提升,可形成扇形状加固体,通常用于托换工程。

高压喷射法的施工机具主要由钻机和高压发生设备两部分组成。高压发生设备是高压泥浆泵和高压水泵,另外还有空气压缩机、泥浆搅拌机等。旋喷桩施工工艺如图 11.9 所示。

高压喷射注浆法的旋喷管分为单管、二重管、三重管三种。单管法只喷射水泥浆,可形成直径为 0.6～1.2m 的圆柱形加固体;二重管法则为同轴复合喷射高压水泥浆和压缩空气两种

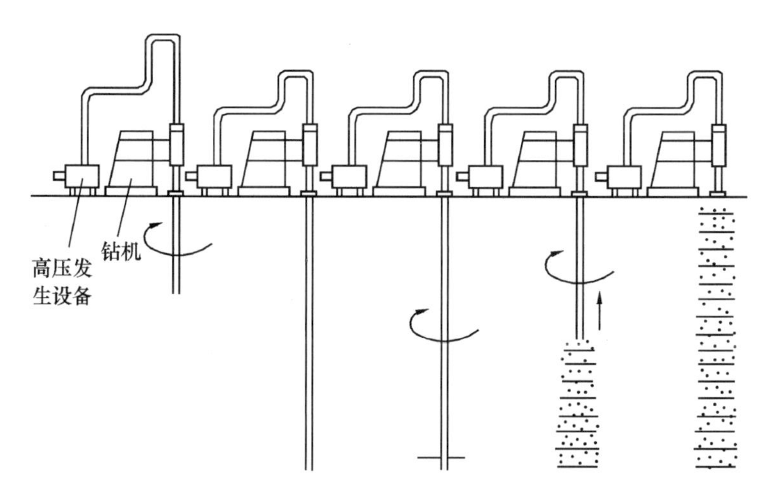

(a) 开始钻进 (b) 钻进结束 (c) 高压旋喷开始 (d) 边旋转边提升 (e) 旋喷结束

图 11.9 旋喷法桩施工工艺

介质,可形成直径为 0.8～1.6m 的桩体;三重管法则为同轴复合喷射高压水、压缩空气和水泥浆液三种介质,可形成桩径为 1.2～2.2m 的桩体。三重管法施工机具如图 11.10 所示。

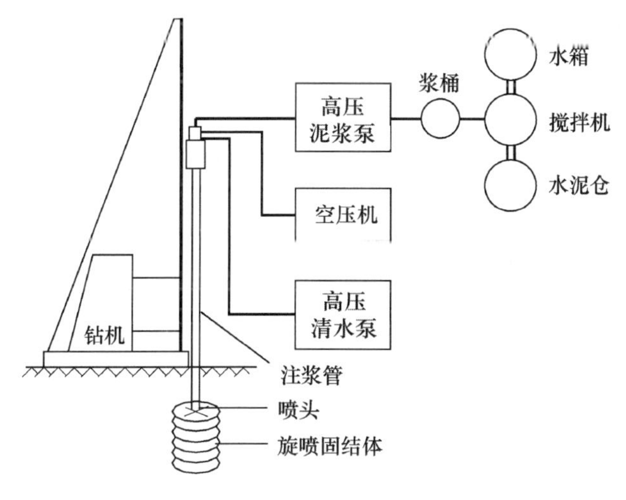

图 11.10 三重管法施工机具

高压喷射注浆法的特点如下。

(1) 能够比较均匀地加固透水性很小的细粒土,作为复合地基可提高其承载力,降低压缩性。

(2) 施工设备简单、灵活,能在室内或洞内净高很小的条件下对土层深部进行加固。

(3) 能控制加固体形状,制成连续墙可防止渗透和流砂。

(4) 不污染环境,无公害。

2. 高压喷射注浆法的适用范围

高压喷射注浆法适用于处理淤泥、淤泥质土、黏性土(流塑、软塑和可塑)、粉土、砂土、黄土、素填土和碎石土等地基。但对于土中含有较多的大直径块石、大量植物根茎和高含量的有机质,以及地下水流速较大的工程,应根据现场试验结果确定其适应性。我国建筑地基旋喷注浆处理深度目前已达 30m 以上。

高压喷射注浆法可用于既有建筑和新建筑的地基处理、深基坑侧壁挡土或挡水、基坑底部加固防止管涌与隆起、坝的加固与防水帷幕等工程。

3. 高压喷射注浆法的设计要求

旋喷桩加固体的强度和直径应通过现场试验确定。高压喷射注浆法加固后的地基承载力一般可按复合地基或桩基考虑，由于加固后的桩柱直径上、下不一致，且强度不均匀，若单纯按桩基考虑则不安全。旋喷桩复合地基承载力特征值和单桩竖向承载力特征值应通过现场静荷载试验确定。

旋喷桩复合地基宜在基础和桩顶之间设置褥垫层。褥垫层的厚度宜为 150～300mm，褥垫层的材料可选用中砂、粗砂和级配砂石等，褥垫层最大粒径不宜大于 20mm，其夯填度（夯实后的厚度与虚铺厚度的比值）不应大于 0.9。

11.7.2 深层搅拌法

1. 深层搅拌法的加固机理

深层搅拌法是利用水泥、石灰等材料作为固化剂（浆液或粉体）的主剂，通过特制的深层搅拌机械，在地基深处就地将软土和固化剂强制拌和，使软土硬结成具有整体性、水稳定性和较高强度的水泥加固体，与天然地基形成复合地基。浆液搅拌法简称湿法，粉体搅拌法简称干法。

深层搅拌法采用水泥或石灰作为固化剂时，各自的加固原理、设计方法、施工技术均不相同。以水泥系深层搅拌法为例，其加固的基本原理是基于水泥加固土的物理化学反应过程，它与混凝土的硬化机理有所不同。混凝土的硬化主要是水泥在粗骨料中进行水解和水化作用，所以硬结速度较快。而在水泥加固土中，由于水泥掺量很小（仅占被加固土重的 7%～15%），水泥的水解和水化反应完全是在具有一定活性的黏性土介质中进行的，所以硬化速度缓慢且作用复杂。

深层搅拌法的特点如下。

（1）深层搅拌法将固化剂直接与原有土体搅拌混合，没有成孔过程，对孔壁无横向挤压，故对邻近建筑物不产生有害的影响。

（2）经过处理后的土体重度基本不变，不会因为自重应力增加而导致软弱下卧层的附加变形。

（3）与旋喷桩相比，水泥用量大为减少，造价低、工期短。

（4）施工时无振动、无噪声、无污染等。

2. 深层搅拌法的适用范围

水泥土搅拌桩复合地基适用于处理正常固结的淤泥、淤泥质土、素填土、黏性土（软塑、可塑）、粉土（稍密、中密）、粉细砂（松散、中密）、中粗砂（松散、稍密）、饱和黄土等土层；不适用于含大孤石或障碍物较多且不易清除的杂填土、欠固结的淤泥和淤泥质土、硬塑及坚硬的黏性土、密实的砂类土，以及地下水渗流影响成桩质量的土层。当地基土的天然含水量小于 30%（黄土含水量小于 25%）时不宜采用粉体搅拌法。冬期施工时，应考虑负温对处理地基效果的影响。

水泥土搅拌桩用于处理泥炭土、有机质土、pH 小于 4 的酸性土、塑性指数大于 25 的黏土，或在腐蚀性环境中以及无工程经验的地区使用时，必须通过现场和室内试验确定其适用性。

深层搅拌法多用于墙下条形基础，大面积堆料厂房基础，深基坑开挖时防止坑壁及边坡塌滑、坑底隆起等以及做地下防渗墙等工程。

加固体可根据需要做成柱状、壁状、格栅状或块状三种形式。柱状是每隔一定的距离打设一根搅拌桩，适用于单独基础和条形、筏形基础下的地基加固；壁状是将相邻搅拌桩部分重叠搭接而成，适用于深基坑开挖时的软土边坡加固以及多层砌体结构房屋条形基础下的加固；块状是将多根搅拌桩纵横相互重叠搭接而成，适用于上部结构荷载大而对不均匀沉降控制严格的建筑物地基加固和防止深基坑隆起及封底时使用。

3. 深层搅拌法的设计要求

水泥土搅拌桩的长度应根据上部结构对地基承载力和变形的要求确定，并应穿透软弱土层到达地基承载力相对较高的土层。当设置的搅拌桩同时为提高地基稳定性时，其桩长应超过危险滑弧以下不少于 2.0m。干法的加固深度不宜大于 15m，湿法的加固深度不宜大于 20m。

水泥土搅拌桩复合地基宜在基础和桩之间设置褥垫层，其厚度可取 200～300mm。褥垫层的材料可选用中砂、粗砂、级配砂石等，最大粒径不宜大于 20mm。褥垫层的夯填度不应大于 0.9。

复合地基的承载力特征值应通过现场单桩或多桩复合地基静荷载试验确定；单桩承载力特征值应通过现场静荷载试验确定。

水泥土搅拌桩施工时，停浆(灰)面应高于桩顶设计标高 500mm。在开挖基坑时，应将桩顶以上土层及桩顶施工质量较差的桩段采用人工挖除。

11.8 水泥粉煤灰碎石桩复合地基

11.8.1 加固机理

CFG 桩是水泥粉煤灰碎石桩(cement fly-ash gravel pile)的简称，是由水泥、粉煤灰、碎石、石屑或砂加水按一定比例拌和均匀制成的高黏结强度的桩。CFG 桩通过在基础与桩顶之间设置由散体材料构成的褥垫层来分配桩土荷载，保证桩土协同工作，形成复合地基。

CFG 桩是在碎石桩的基础上发展起来的，属于复合地基刚性桩，从严格意义上说，CFG 桩应该是一种半柔半刚性桩。与柔性桩复合地基相比，复合地基承载力的提高幅度较大，且通过改变桩的长度，具有很大的可调性，并且具有沉降小、稳定快的特点。

CFG 桩复合地基的加固机理包括置换作用和挤密作用，其中以置换作用为主。

(1) 采用长螺旋钻钻孔、管内泵压灌注成桩施工工艺时，属于排土成桩工艺，对地基的加固效应只有置换作用。

由于在上部荷载的作用下，桩体的压缩性明显小于周围软土，因此基础传给复合地基的附加应力随地基的变形而逐渐集中到桩体上，荷载则沿桩身传到持力层上，桩体承担了主要的荷载。

该工艺具有穿透能力强，无泥浆污染、无振动、低噪声，适用地质条件广、施工效率高及质量容易控制等特点。与混凝土桩基相比，桩身不配筋并可以充分发挥桩间土的承载能力，因此处理费用远低于其他桩基础，其经济效益非常显著。

(2) 对于地基土是松散的饱和粉细砂、粉土，以消除液化和提高地基承载力为目的，应选择振动沉管成桩，属于挤土成桩工艺。此时复合地基的加固效果除了置换作用以外，尚有一定的挤密作用。该工艺难以穿透较厚的硬土层、砂层和卵石层等。在饱和黏性土中成桩，会造成地表隆起，挤断已成桩，且振动、噪声污染严重，在城市居民区施工受到限制。

11.8.2 适用范围

CFG 桩复合地基适用于处理黏性土、粉土、砂土和自重固结已完成的素填土地基。对淤泥质土应按地区经验或通过现场试验确定其适用性。

施工工艺的选择应符合下列规定。

(1) 长螺旋钻孔灌注成桩：适用于地下水位以上的黏性土、粉土、素填土、中等密实以上的砂土地基。

(2) 长螺旋钻中心压灌成桩：适用于黏性土、粉土、砂土和素填土地基，对噪声或泥浆污染要求严格的场地可优先选用；穿越卵石夹层时应通过试验确定适用性。

(3) 振动沉管灌注成桩：适用于粉土、黏性土及素填土地基；挤土造成地面隆起量大时，应采用较大桩距施工。

(4) 泥浆护壁成孔灌注成桩：适用于地下水位以下的黏性土、粉土、砂土、填土、碎石土及风化岩层等地基，桩长范围和桩端有承压水的土层应通过试验确定其适用性。

11.8.3 设计要求

CFG 桩复合地基设计应符合下列规定。

(1) CFG 桩应选择承载力和压缩模量相对较高的土层作为桩端持力层。

(2) CFG 桩的桩径：长螺旋钻中心压灌、干成孔和振动沉管成桩宜为 350～600mm，泥浆护壁钻孔成桩宜为 600～800mm。

(3) 桩间距应根据基础形式、设计要求的复合地基承载力和变形、土性质及施工工艺确定。

① 采用非挤土成桩工艺和部分挤土成桩工艺的桩间距宜为桩径的 3～5 倍。

② 采用挤土成桩工艺和墙下条形基础单排布桩的桩间距宜为桩径的 3～6 倍。

③ 桩长范围内有饱和粉土、粉细砂、淤泥、淤泥质土层，采用长螺旋钻中心压灌成桩施工中可能发生窜孔时宜采用较大桩距。

(4) 桩顶和基础之间应设置褥垫层，褥垫层厚度宜为桩径的 40%～60%。试验研究和工程实践经验表明，一般取 100～300mm 较为合适。褥垫层材料宜采用中砂、粗砂、级配砂石和碎石等，最大粒径不宜大于 30mm，碎石粒径宜为 5～16mm，不宜选用卵石。褥垫层夯填度不应大于0.9。

(5) CFG桩复合地基竣工验收时,复合地基承载力检验应采用复合地基静荷载试验和单桩静荷载试验,数量不应少于总桩数的1%,且每个单体工程的复合地基静荷载试验的试验数量不应少于3点。承载力检验宜在施工结束28天后进行,桩体强度应满足试验荷载条件。同时,采用低应变动力试验检测桩身完整性,检验数量不低于总桩数的10%。

(6) 施工桩顶标高宜高出设计桩顶标高不少于0.5m;当施工作业面高出桩顶设计标高较大时,宜增加混凝土灌注量。

小 结

软弱土是指淤泥、淤泥质土和部分冲填土、杂填土及其他高压缩性土。

软弱土地基处理的目的就是要改善地基土的性质,达到满足建筑物对地基强度、变形和稳定性的要求。主要包括改善地基土的渗透性;提高地基强度或增加其稳定性;降低地基的压缩性,以减少其变形;改善地基的动力特性,以提高其抗液化性能。

根据地基的处理方法的原理,常用的软弱土地基处理方法分为碾压夯实、换填垫层、排水固结、振密挤密、置换及拌入、加筋等,其原理和适用范围如表11.1所示。

各种地基处理方法具有不同的加固机理、特点和适用范围,应注意了解各种方法的设计和施工要点。

需注意复合地基的概念及与桩基础的区别。

思 考 题

1. 什么是软弱土?软弱土的种类有哪些?地基处理的目的是什么?
2. 常用地基处理方法有哪些?各适用于什么情况?
3. 换填垫层法的基本原理及作用是什么?
4. 强夯法加固地基的机理是什么?它与重锤夯实法有什么不同?
5. 排水砂井与挤密砂桩有什么区别?
6. 试述挤密法和振冲法的加固机理与适用范围。
7. 高压喷射注浆法与深层搅拌法各有什么特点?
8. 水泥粉煤灰碎石桩(CFG桩)有什么特点?其施工工法有哪些?
9. 复合地基与桩基础的区别是什么?

第12章 基坑工程

学习目标

知识目标

1. 知晓基坑支护的目的和作用;知晓并理解基坑支护结构安全等级的概念。

2. 能描述基坑支护类型,初步知晓主要支护类型的适用条件。

3. 能叙述影响支护选型的因素;能比较经典土压力与支护结构上土压力的区别;了解支护结构的水平荷载计算。

4. 能描述桩墙支护(支挡结构)的构成和设计内容。

5. 能描述土钉墙的构成和施工工艺流程;了解土钉墙的工作机理;能描述水泥土墙的破坏类型。

6. 能描述和解释支护结构稳定性分析的内容。

7. 知晓基坑地下水控制的方法;能描述和解释基坑降水带来的问题;知晓防范井点降水的不利影响的措施。

8. 能描述基坑监测的对象和项目,知晓哪些情况下需要进行危险报警。

能力目标

能根据《建筑基坑支护技术规程》(JGJ 120—2012)的规定初步进行基坑支护选型。

12.1 基坑工程概述

12.1.1 基坑工程与支护结构

为了确保基坑施工、地下主体结构的安全、基坑周边既有建筑物及地下设施的安全,必须对深基坑采取支护措施,严格控制支护边坡岩土体的变形。由此而设置支护结构、采取地下水控制和环境保护等措施以及土方开挖与回填,包括勘察、设计、施工和监测等称为基坑工程。它是地下工程施工中内容丰富而富于变化的领域,是一项风险工程,也是一门综合性很强的新型学科,涉及工程地质、土力学、基础工程、结构力学、原位测试技术、施工技术以及环境岩土工程等多学科问题。

基坑工程采用的围护墙、支撑(或土层锚杆)、围檩、防渗帷幕等结构体系总称为支护结构。基坑工程事故主要表现为支护结构产生较大位移、支护结构破坏、基坑塌方及大面积滑坡、基坑周围道路开裂和塌陷、与基坑相邻的地下设施(管线、电缆)变位以至于破坏,邻近的建筑物开裂甚至倒塌等,从而造成严重的生命、财产损失。

12.1.2 基坑工程的特点

基坑工程具有以下主要特点。

(1) 基坑工程大多是临时性的工程,设计与施工往往重视不足,风险较大。

(2) 建筑趋向高层化,基坑向大而深的方向发展。这给支护体和支撑系统带来了较大的难度。

(3) 基坑工程对周围环境的影响较大。在软弱土层中,基坑开挖会产生较大的位移和沉降,对周围建筑物、市政设施和地下管线造成很大影响;在相邻场地施工中,打桩、降水、挖土及基础浇注混凝土等会相互制约与影响。

(4) 基坑工程施工期较长,受降雨、周边堆载、振动等许多不利因素的影响,使其安全度的不确定性变大,这些都会对基坑的稳定性产生不利影响。

(5) 设计与施工难度较大,基坑工程事故频发。一是地基土层和水文地质条件的复杂性造成勘察所得数据离散性大,难以代表土层的总体情况;二是制约和影响的因素较多,包括周围建筑物、市政设施和地下管线、周边环境的重要性和容许变形量,降雨、重物堆放、振动等;三是设计计算理论不完善。岩土的本构关系、土压力理论等还不完善,时空效应等因素的影响还未得到充分考虑。因此,在基坑施工的同时必须进行基坑监测和监控,以及时修正设计、处理发现的问题。

(6) 基坑工程是一项综合性很强的系统工程。设计和施工密不可分,需要设计、施工人员密切配合,具有丰富的现场实践经验。

12.1.3 基坑支护的作用和目的

基坑支护结构的设计及施工技术是基坑支护工程的核心内容。基坑支护的作用是挡土、挡水、控制边坡变形。基坑支护的目的如下。

(1) 确保基坑开挖和地下主体结构施工安全、顺利。

(2) 保证环境安全。即确保基坑周边地铁、隧道、地下管线、建(构)筑物、道路等的安全和正常使用。

(3) 保证主体工程地基及桩基的安全,防止地面出现塌陷、坑底管涌等现象。

安全可靠性、经济合理性、施工便利性和工期保证性构成了基坑支护设计方案的基本技术要求。

12.2 基坑工程分类

基坑工程可按以下方式分类。

1. 按开挖深度分

基坑开挖深度 $H \geqslant 5\mathrm{m}$ 的称为深基坑,基坑开挖深度 $H < 5\mathrm{m}$ 的为浅基坑。

2. 按开挖方式分

按照土方开挖方式将基坑分为放坡开挖和支护开挖两大类。

3. 按功能用途分

基坑按功能用途分为楼宇基坑、地铁站基坑、市政工程基坑、工业地下厂房基坑等。

4. 按安全等级分

《建筑基坑支护技术规程》(JGJ 120—2012)以破坏后果的严重程度(很严重、严重、不严重),将支护结构划分为三个安全等级。支护结构的安全等级,主要反映在设计时支护结构及其构件的重要性系数和各种稳定性安全系数的取值上。

《建筑基坑支护技术规程》规定,基坑支护设计时,应综合考虑基坑周边环境和地质条件的复杂程度、基坑深度等因素,按表12.1采用支护结构的安全等级,对同一基坑的不同部位可采用不同的安全等级。当需要提高安全标准时,支护结构的重要性系数可以根据具体工程的实际情况取大于表12.1中的数值。

表12.1 基坑支护结构的安全等级

安全等级	破坏后果	重要性系数
一级	支护结构失效、土体过大变形对基坑周边环境或主体结构施工安全的影响很严重	1.1
二级	支护结构失效、土体过大变形对基坑周边环境或主体结构施工安全的影响严重	1.0
三级	支护结构失效、土体过大变形对基坑周边环境或主体结构施工安全的影响不严重	0.9

5. 按支护结构形式分

(1) 支护型。将支护墙(排桩)作为主要受力构件的支护形式,如板桩墙、排桩、地下连续墙等。在基坑较浅时可不设支撑,形成悬臂式结构;当基坑较深或对周围地面变形严格限制时,应设水平或斜向支撑,或锚拉系统,形成空间力系。

(2) 加固型。充分利用加固土体的强度进行支护的结构形式,如水泥土搅拌桩、高压旋喷桩、注浆和树根桩等。

12.3 基坑支护结构的类型与选型

12.3.1 常见基坑支护结构的类型

1. 无围护放坡开挖

对于支护结构安全等级为三级的基坑工程,基坑深度较浅,具备放坡条件时可直接采取放坡开挖;若地下水位高于基坑底面,应在放坡前采取降水措施。开挖的坡度角大小与土质条件、开挖深度、地面荷载等因素有关。

2. 桩墙支护

桩墙支护是基坑工程应用最多的支护方法，可用于各类基坑，不受支护条件的限制。桩墙支护形式如图 12.1 所示，它由桩墙结构及支护结构两部分组成，桩墙结构有钢板桩、板桩墙、灌注桩排、地下连续墙；支护结构类型有内支撑式、锚杆支护、地面锚拉式、无锚悬臂式等。其中，悬臂式结构在软土地层中的支护深度不宜大于 5m。

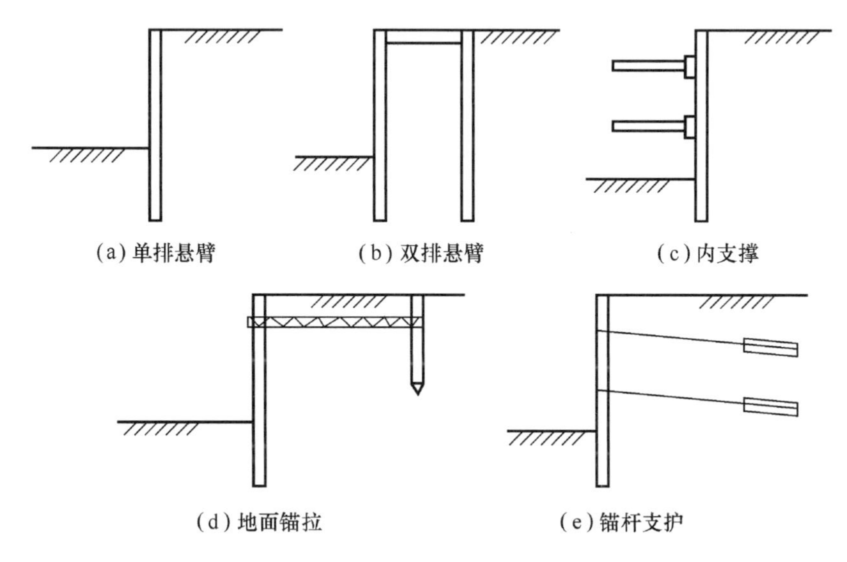

图 12.1 桩墙支护形式

3. 重力式支护结构

对于软土地基或松散砂土层，不能直接采用锚杆支护时，可采用水泥土墙进行支护。水泥土墙是由水泥土桩相互搭接形成的格网状、壁状等形式的重力式挡土结构物。通常采用搅拌桩，也可采用旋喷桩等，如图 12.2 所示。水泥土墙一般适用于基坑深度小于等于 7m、支护结构安全等级为二、三级的基坑。

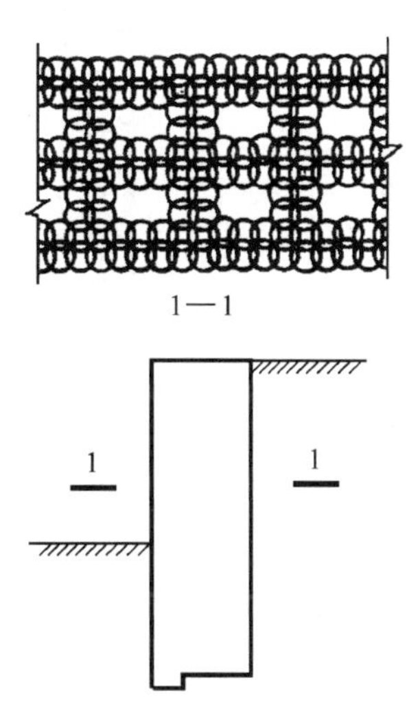

图 12.2 水泥土墙示意

4. 土钉墙支护

对于支护结构安全等级为二、三级的基坑工程,可直接采用土钉墙进行支护。土钉墙是用钢筋作为加筋件,依靠土与加筋件之间的摩擦力使土体拉结成整体,并在坡面上挂网喷射混凝土,以提高边坡的稳定性,如图 12.3 所示。土钉墙支护适用于水位较低的黏土、砂土和粉土,基坑深度一般在 12m 以下。

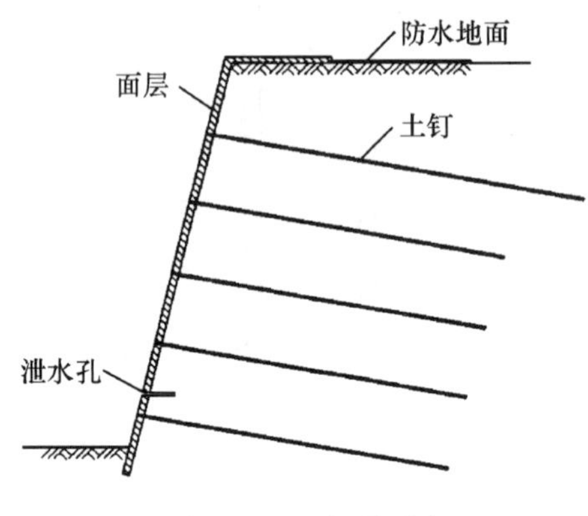

图 12.3　土钉墙示意

5. 墙前被动区土体加固法

对流塑、软塑黏土层深基坑,为控制挡墙侧向位移,增加土体抗剪强度,降低护桩的入土深度,在基坑开挖前采用深层搅拌法、高压旋喷注浆法或静压注浆法对墙前土体进行加固或改良,加固体可采用格栅或实体形式,其加固深度为 3～6m,宽度为 5～9m,如图 12.4 所示。

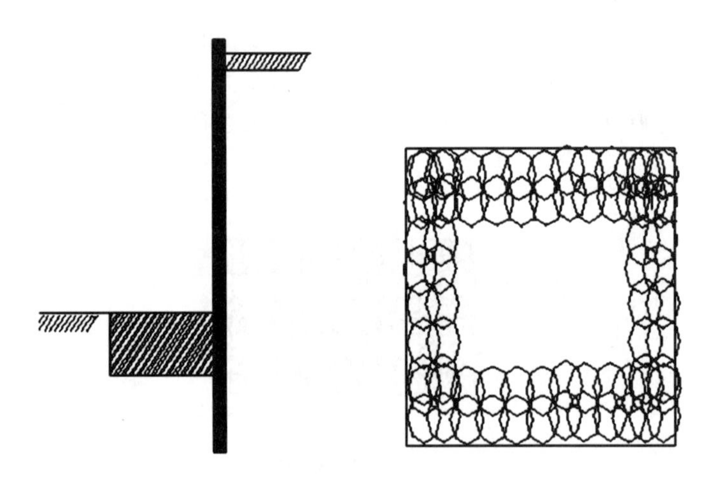

图 12.4　墙前被动区土体加固法示意

6. 逆作拱墙

逆作拱墙又称为闭合拱圈,根据基坑周边场地条件可采用全封闭拱墙或局部拱墙来支挡土压力以围护基坑的稳定性。闭合拱墙用钢筋混凝土就地浇注,只需在基坑深度范围内配置,并可分若干道自上而下施工,每道高 2m 左右。如图 12.5 所示,闭合拱墙平面可以由若干条不连续的二次曲线组成,也可以是一个完整的椭圆形;拱墙剖面一般做成 Z 字形,根据基坑开挖深度，可采用各种类型的拱墙截面形式，如图 12.5(b)所示。采用逆作拱墙法，基坑开挖深度不宜大于 12m，当地下水位高于基坑底面时，应采取降水或截水措施。拱结构是以受压力为主，能更好地发挥混凝土抗压强度高的材料特性，而且拱圈支挡高度只需在坑底以上。采用逆作拱墙可节省挡土费用，仅为排桩支护的 40%～60%。

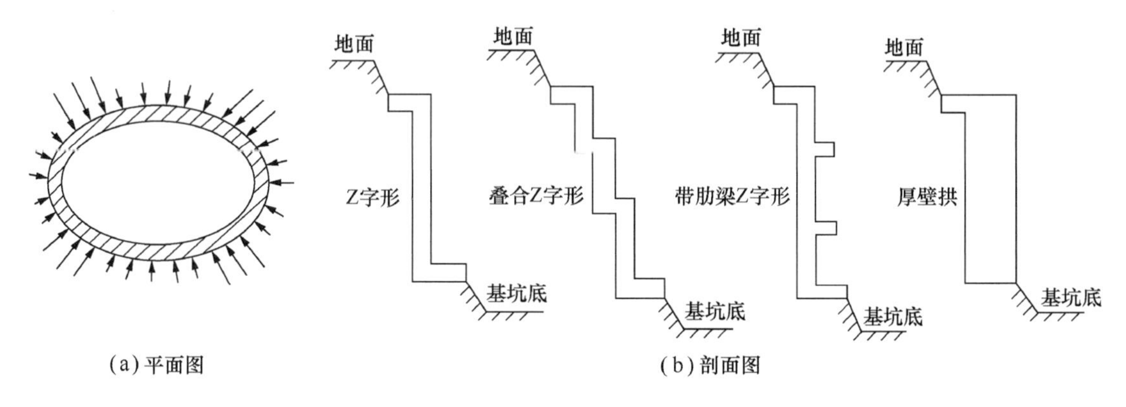

图 12.5　逆作拱墙

7. 地下连续墙逆作法

高层建筑深基础采用地下连续墙工程，可实施基坑开挖逆作法施工作业。

动画：地连墙施工工艺（拓展内容）

8. 沉井法

对于沉井工程，当向下开挖基坑时，沉井起到挡土、挡水的支护作用；基坑开挖后沉井又可作为地下永久构筑物的外墙或地下基础。

9. 组合型支护

对于较深的基坑工程，将两种以上的支护方法组合起来使用，既能保证支护结构的安全，又能降低成本。如基坑上部放坡，下部桩墙锚杆支护；锚杆与土钉的组合；土钉与注浆作业法相组合；水泥土搅拌桩与灌注桩排组合；水泥土搅拌桩中打入 H 型钢桩组合支护(即 S. M. W 工法)等。

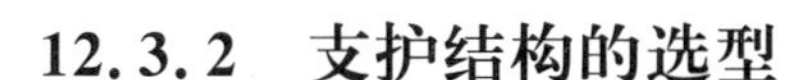

12.3.2　支护结构的选型

支护结构选型时，应综合考虑下列因素。

(1) 基坑深度。

(2) 土的性状及地下水条件。

(3) 基坑周边环境对基坑变形的承受能力及支护结构失效的后果。

(4) 主体地下结构和基础形式及其施工方法、基坑平面尺寸及形状。

(5) 支护结构施工工艺的可行性。

(6) 施工场地条件及施工季节。

(7) 经济指标、环保性能和施工工期。

《建筑基坑支护技术规程》介绍了几种支护结构类型，并给出了包括基坑安全等级、基坑深度、环境条件、土类和地下水条件的适用条件，如表 12.2 所示。

表 12.2 各类支护结构的适用条件

<table>
<tr><th colspan="2" rowspan="2">结构类型</th><th colspan="4">适用条件</th></tr>
<tr><th>安全等级</th><th colspan="3">基坑深度、环境条件、土类和地下水条件</th></tr>
<tr><td rowspan="5">支挡式结构</td><td>锚拉式结构</td><td rowspan="5">一级、二级、三级</td><td rowspan="2">适用于较深的基坑</td><td colspan="2" rowspan="5">(1) 排桩适用于可采用降水或截水帷幕的基坑；
(2) 地下连续墙宜同时用作主体地下结构外墙，可同时用于截水；
(3) 锚杆不宜用在软土层和高水位的碎石土、砂土层中；
(4) 当邻近基坑有建筑物地下室、地下构筑物等，锚杆的有效锚固长度不足时，不应采用锚杆；
(5) 当锚杆施工会造成基坑周边建(构)筑物的损害或违反城市地下空间规划等规定时，不应采用锚杆</td></tr>
<tr><td>支撑式结构</td></tr>
<tr><td>悬臂式结构</td><td>适用于较浅的基坑</td></tr>
<tr><td>双排桩</td><td>当锚拉式、支撑式和悬臂式结构不适用时，可考虑采用双排桩</td></tr>
<tr><td>支护结构与主体结构结合的逆作法</td><td>适用于基坑周边环境条件很复杂的深基坑</td></tr>
<tr><td rowspan="4">土钉墙</td><td>单一土钉墙</td><td rowspan="4">二级、三级</td><td colspan="2">适用于地下水位以上或降水的非软土基坑，且基坑深度不宜大于 12m</td><td rowspan="4">当基坑潜在滑动面内有建筑物、重要地下管线时，不宜采用土钉墙</td></tr>
<tr><td>预应力锚杆复合土钉墙</td><td colspan="2">适用于地下水位以上或降水的非软土基坑，且基坑深度不宜大于 15m</td></tr>
<tr><td>水泥土桩复合土钉墙</td><td colspan="2">用于非软土基坑时，基坑深度不宜大于 12m；用于淤泥质土基坑时，基坑深度不宜大于 6m；不宜用在高水位的碎石土、砂土层中</td></tr>
<tr><td>微型桩复合土钉墙</td><td colspan="2">适用于地下水位以上或降水的基坑，用于非软土基坑时，基坑深度不宜大于 12m；用于淤泥质土基坑时，基坑深度不宜大于 6m</td></tr>
<tr><td colspan="2">重力式水泥土墙</td><td>二级、三级</td><td colspan="3">适用于淤泥质土、淤泥基坑，且基坑深度不宜大于 7m</td></tr>
<tr><td colspan="2">放坡</td><td>三级</td><td colspan="3">(1) 施工场地满足放坡条件；
(2) 放坡与上述支护结构形式结合</td></tr>
</table>

注：1. 当基坑不同部位的周边环境条件、土层性状、基坑深度等不同时，可在不同部位分别采用不同的支护形式。
2. 支护结构可采用上、下部以不同结构类型组合的形式。

12.4 排桩、地下连续墙的受力与设计概要

12.4.1 概述

排桩、地下连续墙支挡方式有悬臂支挡、单层支点支挡和多层支点支挡等，支点是指内

支撑、锚杆或两者的组合。当地基土质较好、基坑开挖深度较浅时，往往采用施工方便、受力简单的悬臂式支挡结构，但对于地基土质较差、基坑开挖深度较深的基坑支挡，采用单层或多层支点支挡结构更加合理。

对于排桩、地下连续墙支挡方式，其主要设计内容如下。

(1) 支挡结构的结构分析。

(2) 支挡结构的稳定性验算。

(3) 排桩设计或地下连续墙设计。

(4) 锚杆设计或内支撑结构设计。

(5) 构造要求及施工和检测要求。

(6) 绘制施工图。

排桩、地下连续墙作为挡土(挡水)结构物会受到基坑内外土体(水体)的水平推力。因此，首先应当了解挡土结构物上的土压力分布情况，进而通过稳定性分析进行挡土结构物及水平支撑的设计。

12.4.2 土压力的计算方法

基坑支护的受力随基坑开挖不断发生变化，支护结构后的土体也处于动态平衡状态。支护结构上土压力与经典土压力存在差别。具体区别如表12.3所示。

表 12.3 经典土压力与支护结构上土压力的区别

项目	库仑、朗肯土压力	支护结构上的土压力
土性	各向同性，均质	土类复杂
应力状态	先筑墙后填土，填土过程是土体应力增加的过程	先设桩(墙)，后开挖，开挖过程是土体应力释放的过程
土压力特性	挡土墙建成后，视土压力为定值	土压力的大小和分布随结构类型、刚度、支点而异，且随开挖过程动态变化
结构特性	挡墙为刚体	支护结构多数为柔性结构
墙、土间摩擦力	朗肯假设无摩擦	存在摩擦力
空间效应	平面问题	呈现空间效应
时间效应	静态平衡	动态平衡
施工效应	计算参数采用定值	降水及打桩的挤土效应引起土的力学参数变化

因此，经典土压力理论需根据具体情况作必要的修正后才能用于支护结构上。实际应用中需借助现场测试和室内模型试验，提出简单实用且尽可能合理的土压力计算模型。

挡土结构按刚度及位移方式不同可分为刚性挡土结构(墙)与柔性挡土结构(墙)。

1. 刚性挡土结构(墙)

由砖、石、混凝土或水泥土等形成的断面较大的刚性挡土结构(墙)的刚度大，结构的挠曲可忽略，其墙背受到的土压力呈三角形分布，即如经典土压力理论计算所得。

2. 柔性挡土结构(墙)

当挡土结构在土压力作用下发生挠曲变形时，结构的变形将影响土压力的大小和分布，这种类型的挡土结构称为柔性挡土结构。实践表明，不同结构变形情况下支护结构上的土压力分布如图 12.6 所示。工程中土压力的计算方法如下。

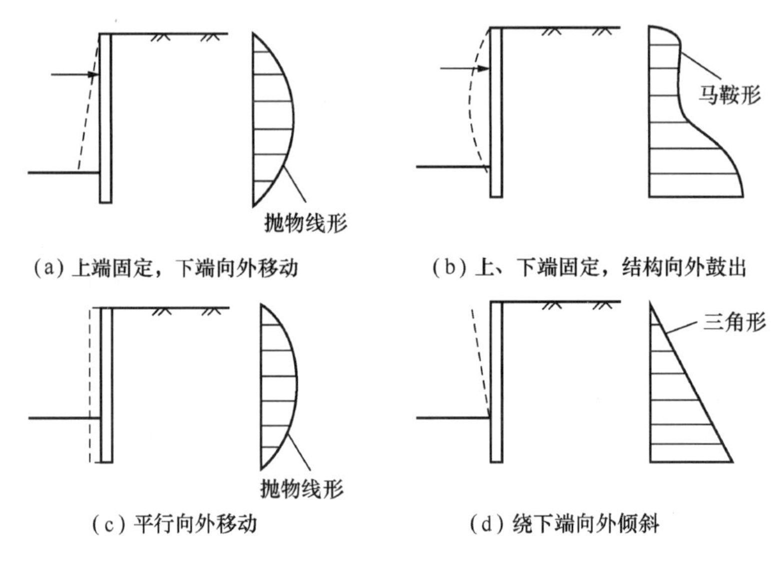

图 12.6 不同变位时土压力分布示意

1) 悬臂式支护结构的土压力

可按朗肯理论公式进行估算，再根据实践经验进行适当的修正，对于一般黏性土是偏于安全的。

2) 单支点支护结构的土压力

可按朗肯、库仑理论公式进行计算。所得到的锚杆型单支点支护结构的计算弯矩值偏于安全，但锚杆拉力偏小。

3) 多支点支护结构的土压力

基坑深度较大时，随着开挖深度的增加，需从上至下逐层设置多道锚杆或多道支撑，土层开挖与设置锚杆或支撑交替进行。因此，在锚杆或支撑设置以前，挡土结构已经产生了一定量的位移，而用锚杆或支撑将已经移位(变形)的挡土结构恢复到原来的位置，则需要很大的锚固力或支撑力，这样将引起土压力的增加，因此，土压力的大小受设计采用的每道锚杆的锚固力或每道支撑的支撑力以及挡土结构的实际变形大小影响。由此可见，多支点柔性挡土支护结构的土压力的计算是十分复杂和困难的，目前均采用经验方法。

基坑开挖深度以上的水平荷载在设计计算时按主动土压力计算。实践证明，以主动土压力系数作为自重应力下的侧压力系数计算开挖面以上的水平荷载是偏于安全的。

12.4.3 支挡结构的稳定性验算

支挡结构的嵌固深度需满足整体稳定性、抗倾覆稳定性、支挡结构踢脚稳定性、基坑抗隆起稳定性、基坑渗流稳定性等要求。除此之外，对于悬臂式结构，尚不宜小于 $0.8h$；对于单支点支挡式结构，尚不宜小于 $0.3h$；对于多支点支挡式结构，尚不宜小于 $0.2h$。其中，h 为基坑深度。

1. 悬臂式支挡结构的抗倾覆稳定性分析

悬臂式支挡结构的嵌固深度需保证绕挡土构件底部转动的整体极限平衡，满足抗倾覆稳定性要求，如图 12.7 所示。

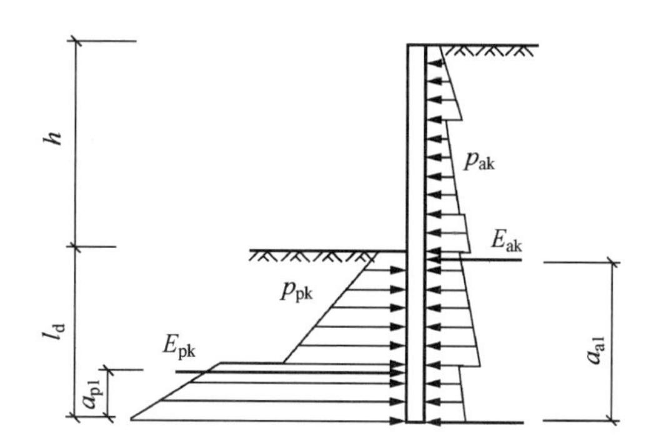

图 12.7　悬臂式结构嵌固稳定性验算

$$\frac{E_{pk}a_{p1}}{E_{ak}a_{a1}} \geqslant K_e \tag{12.1}$$

式中：K_e——嵌固稳定安全系数，安全等级为一级、二级、三级的悬臂式支挡结构，K_e 分别不应小于 1.25、1.2、1.15；

E_{ak}、E_{pk}——基坑外侧主动土压力、基坑内侧被动土压力标准值，kN；

a_{a1}、a_{p1}——基坑外侧主动土压力、基坑内侧被动土压力合力作用点至挡土构件底端的距离，m。

2. 单层锚杆和单层支撑的支挡结构的踢脚稳定性分析

单支点结构嵌固深度需保证绕支点转动的整体极限平衡，满足挡土构件嵌固段的踢脚稳定性要求，即验算支点以下的主、被动土压力绕支点的转动力矩是否平衡，如图 12.8 所示。

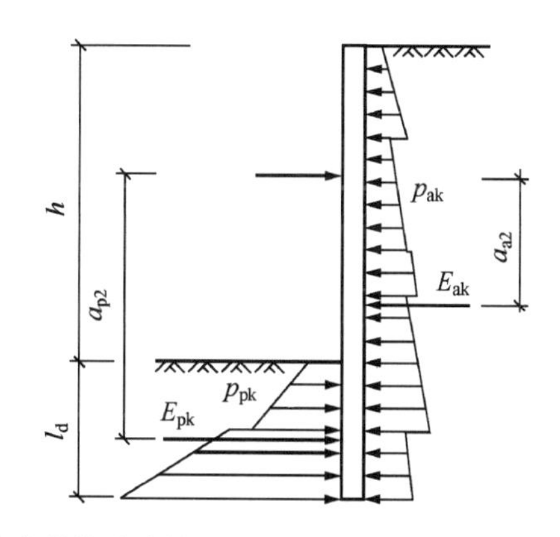

图 12.8　单支点锚拉式支挡结构和支撑式支挡结构的嵌固稳定性验算

$$\frac{E_{pk}a_{p2}}{E_{ak}a_{a2}} \geqslant K_e \tag{12.2}$$

式中：K_e——嵌固稳定安全系数，安全等级为一级、二级、三级的锚拉式支挡结构和支撑式支挡结构，K_e 分别不应小于 1.25、1.2、1.15；

a_{a1}、a_{p2}——基坑外侧主动土压力、基坑内侧被动土压力合力作用点至支点的距离，m。

3. 整体滑动稳定性分析

整体滑动稳定性一般采用圆弧滑动条分法进行分析。有支挡结构时滑动面的圆心一般在基坑内侧附近，并假定滑动面通过支挡结构的底部，可通过试算确定最危险的滑动圆弧及最小安全系数，主要目的是确定拟支挡结构的嵌固深度是否满足整体稳定性。

锚拉式、悬臂式支挡结构和双排桩采用圆弧滑动条分法时，其整体滑动稳定性应符合下列规定(图 12.9)。

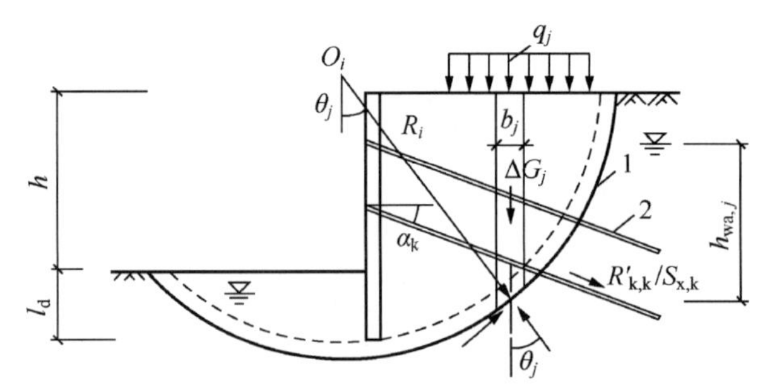

图 12.9 圆弧滑动条分法整体稳定性验算

1—任意圆弧滑动面；2—锚杆

$$\min\{K_{s,1}, K_{s,2}, \cdots, K_{s,i}, \cdots\} \geqslant K_s \tag{12.3}$$

式中：K_s——圆弧滑动稳定安全系数，安全等级为一级、二级、三级的支挡式结构，K_s 分别不应小于 1.35、1.3、1.25；

$K_{s,i}$——第 i 个圆弧滑动体的抗滑力矩与滑动力矩的比值；抗滑力矩与滑动力矩之比的最小值宜通过搜索不同圆心及半径的所有潜在滑动圆弧确定，$K_{s,i}$ 公式详见《建筑基坑支护技术规程》(JGJ 120—2012)第 4.2.3 条。

4. 坑底抗隆起稳定性分析

开挖将导致基坑开挖面以下土体的原有应力解除，对于深度较大的基坑，当嵌固深度较小、土的强度较低时，土体从挡土构件底端以下向基坑内隆起挤出是锚拉式支挡结构和支撑式支挡结构的一种破坏模式。这是一种土体丧失竖向平衡状态的破坏模式，由于锚杆和支撑只能对支挡结构提供水平方向的平衡力，对隆起破坏不起作用，对特定基坑深度和土性，只能通过增加挡土构件嵌固深度来提高抗隆起稳定性。因此，基坑底部土体抗隆起稳定性分析主要是验算支护结构嵌固深度是否满足抗隆起稳定性要求。

锚拉式支挡结构和支撑式支挡结构的嵌固深度应符合下列规定(图 12.10)。

$$\frac{\gamma_{m2} l_d N_q + c N_c}{\gamma_{m1}(h + l_d) + q_0} \geqslant K_b \tag{12.4}$$

$$N_q = \tan^2\left(45° + \frac{\varphi}{2}\right) e^{\pi \tan\varphi} \tag{12.5}$$

$$N_c = (N_q - 1)/\tan\varphi \tag{12.6}$$

式中：K_b——抗隆起安全系数，安全等级为一级、二级、三级的支护结构，K_b 分别不应小于1.8、1.6、1.4；

γ_{m1}、γ_{m2}——基坑外、内挡土构件底面以上土的天然重度，kN/m^3，对于多层土，取各层土按厚度加权的平均重度；

l_d——挡土构件的嵌固深度，m；

h——基坑深度，m；

q_0——地面均布荷载，kPa；

N_c、N_q——承载力系数；

c、φ——挡土构件底面以下土的黏聚力(kPa)、内摩擦角(°)，按《建筑基坑支护技术规程》第3.1.14条的规定取值。

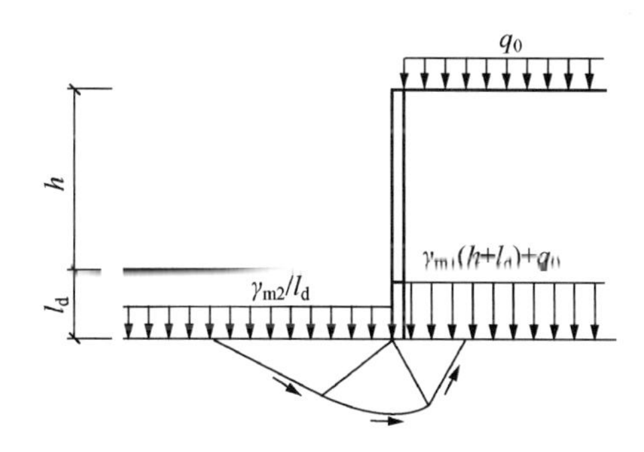

图12.10 挡土构件底端平面下土的隆起稳定性验算

当挡土构件底面以下有软弱下卧层时，坑底隆起稳定性的验算部位尚应包括软弱下卧层。软弱下卧层的隆起稳定性可按式(12.4)验算，但其中的 γ_{m1}、γ_{m2} 应取软弱下卧层顶面以上土的重度(图12.11)，l_d 应以 D 代替，D 为基坑底面至软弱下卧层顶面的土层厚度(m)。

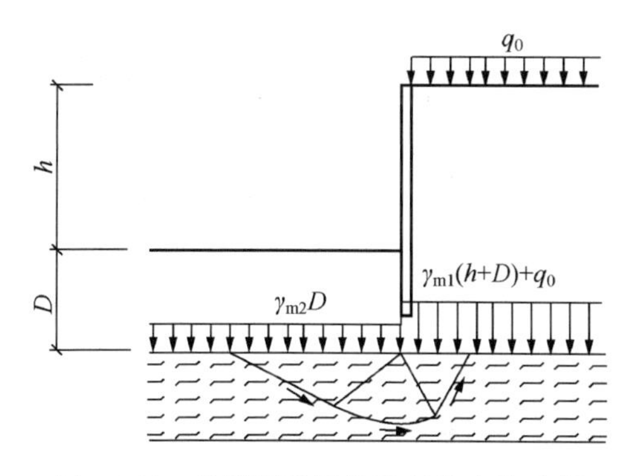

图12.11 软弱下卧层的隆起稳定性验算

《建筑基坑支护技术规程》还规定，悬臂式支挡结构可不进行隆起稳定性验算。

当验算结果不能满足抗隆起稳定性要求时，可以采用以下两种方法：①增加支护结构的嵌固深度；②改变基坑底部土体的工程性质，如采取地基处理的办法使基坑内土体的抗剪强度增大。

5. 以最下层支点为转动轴心的圆弧滑动稳定性分析

锚拉式支挡结构和支撑式支挡结构，当坑底以下为软土时，其嵌固深度应符合下列以最下层支点为转动轴心的圆弧滑动稳定性要求（图 12.12）。

$$\frac{\sum\left[c_j l_j+\left(q_j b_j+\Delta G_j\right)\cos\theta_j\tan\varphi_j\right]}{\sum\left(q_j b_j+\Delta G_j\right)\sin\theta_j} \geqslant K_{\mathrm{r}} \tag{12.7}$$

式中：K_{t}——以最下层支点为轴心的圆弧滑动稳定安全系数，安全等级为一级、二级、三级的支挡式结构，K_{r} 分别不应小于 2.2、1.9、1.7；

c_j、φ_j——第 j 土条在滑弧面处土的黏聚力(kPa)、内摩擦角(°)，按《建筑基坑支护技术规程》第 3.1.14 条的规定取值。

b_j——第 j 土条的宽度，m；

θ_j——第 j 土条滑弧面中点处的法线与垂直面的夹角(°)；

l_j——第 j 土条的滑弧长度，m，取 $l_j=b_j/\cos\theta_j$；

q_j——第 j 土条顶面上的竖向压力标准值，kPa；

ΔG_j——第 j 土条的自重，kN，按天然重度计算。

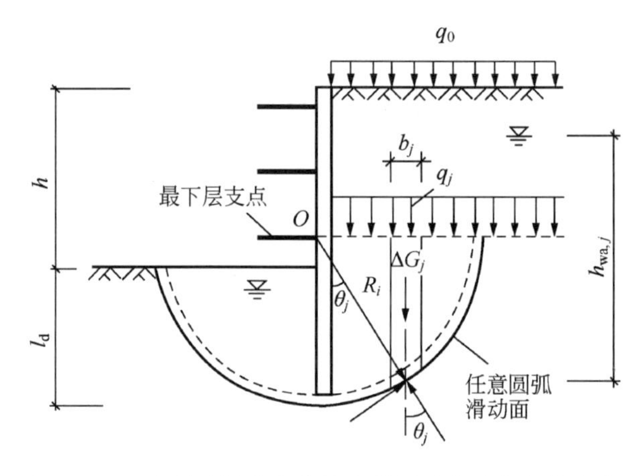

图 12.12 以最下层支点为轴心的圆弧滑动稳定性验算

6. 地下水渗透稳定性分析

采用悬挂式截水帷幕或坑底以下存在水头高于坑底的承压水含水层时，应进行地下水渗透稳定性验算。

1）基坑底部土体突涌稳定性分析

当基坑底部隔水层较薄，而其下有水头高于坑底的承压水含水层，且未用截水帷幕隔断其基坑内外的水力联系时，有可能隔水层土体自重不足以抵消下部水压而导致基坑底部隆起破坏，支护结构产生失稳。因此，基坑底部土体突涌稳定性分析就是隔水层土体自重与下部水压是否平衡的验算。

承压水作用下的坑底突涌稳定性应符合下列规定（图 12.13）。

$$\frac{D\gamma}{h_{\mathrm{w}}\gamma_{\mathrm{w}}} \geqslant K_{\mathrm{h}} \tag{12.8}$$

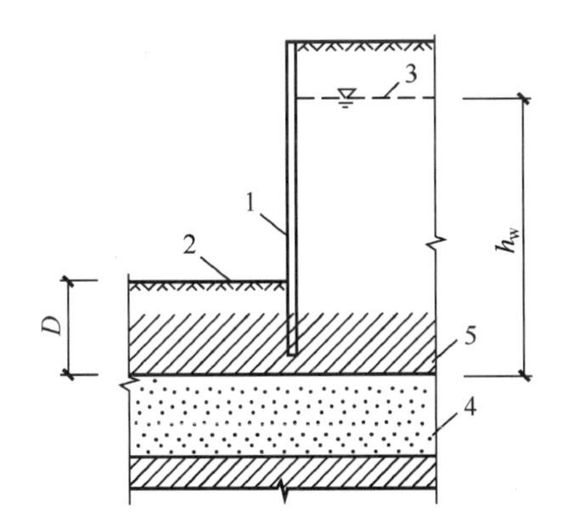

图 12.13 坑底土体的突涌稳定性验算

1—截水帷幕；2—基底；3—承压水测管水位；4—承压水含水层；5—隔水层

式中：K_h——突涌稳定安全系数，K_h不应小于 1.1；

D——承压水含水层顶面至坑底的土层厚度，m；

γ——承压水含水层顶面至坑底土层的天然重度，kN/m^3，对于多层土，取按土层厚度加权的平均天然重度；

h_w——承压水含水层顶面的压力水头高度，m；

γ_w——水的重度，kN/m^3。

当验算结果不能满足土体突涌稳定性要求时，可以采取以下两种方法：①做截水帷幕，截断含水层，同时将帷幕内的承压水降压；②在基坑底部进行地基加固，加大土体重度。

2）基坑渗流稳定性分析

支护结构和土体开挖改变了原有土体中的渗流场，如未采取适当降排水措施，当支护结构的嵌固深度不足时，地下水的渗流将在基坑内产生诸如流土、管涌甚至渗流隆起等工程问题，因此基坑渗流稳定性分析的任务就是验算支护结构嵌固深度是否满足渗流稳定性要求。

悬挂式截水帷幕底端位于碎石土、砂土或粉土含水层时，对于均质含水层，地下水渗流的流土稳定性应符合下式规定（图 12.14），对渗透系数不同的非均质含水层，宜采用数值方法进行渗流稳定性分析。

$$\frac{(2l_d + 0.8D_1)\gamma'}{\Delta h \gamma_w} \geqslant K_f \tag{12.9}$$

式中：K_f——流土稳定性安全系数，安全等级为一级、二级、三级的支护结构，K_f分别不应小于 1.6、1.5、1.4；

l_d——截水帷幕在坑底以下的插入深度，m；

D_1——潜水面或承压水含水层顶面至基坑底面的土层厚度，m；

γ'——土的浮重度，kN/m^3；

Δh——基坑内外的水头差，m；

γ_w——水的重度，kN/m^3。

有关流土、管涌内容详见本书第 2.3 节内容。

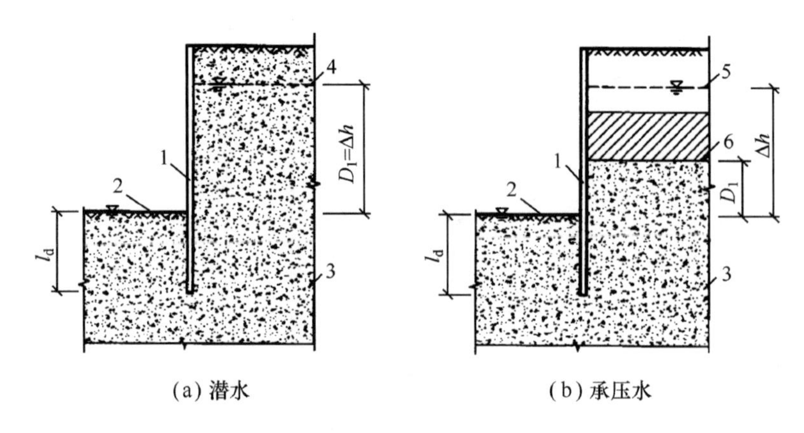

图 12.14 采用悬挂式帷幕截水时的流土稳定性验算

1—截水帷幕；2—基坑底面；3—含水层；4—潜水水位；
5—承压水测管水位；6—承压水含水层顶面

12.4.4 桩(墙)结构分析

支挡式结构应对下列设计工况进行结构分析，并应按其中最不利作用效应进行支护结构设计。

(1) 基坑开挖至坑底时的状况。

(2) 对于锚拉式和支撑式支挡结构，基坑开挖至各层锚杆或支撑施工面时的状况。

(3) 在主体地下结构施工过程中需要以主体结构构件替换支撑或锚杆的状况，此时，主体结构构件应满足替换后各设计工况下的承载力、变形及稳定性要求。

(4) 对于水平内支撑式支挡结构，基坑各边水平荷载不对等的各种状况。

12.4.5 支撑体系的选型和结构分析

内支撑分为平面支撑体系和竖向斜撑体系两种。平面支撑体系包括钢筋混凝土(钢管和型钢)支撑、冠梁和腰梁以及立柱等，竖向斜撑体系包括斜撑、腰梁和斜撑基础等构件。

内支撑结构选型应符合下列原则。

(1) 宜采用受力明确、连接可靠、施工方便的结构形式。

(2) 宜采用对称平衡性、整体性强的结构形式。

(3) 应与主体地下结构的结构形式、施工顺序协调，应便于主体结构施工。

(4) 应利于基坑土方开挖和运输。

(5) 需要时，可考虑内支撑结构作为施工平台。

1. 平面支撑体系和竖向斜撑体系的构成

1) 平面支撑体系的构成

根据工程具体情况，水平支撑可以用对撑、对撑桁架、斜角撑、斜撑桁架以及边桁架和八字撑等形式组成平面结构体系，如图 12.15 所示。

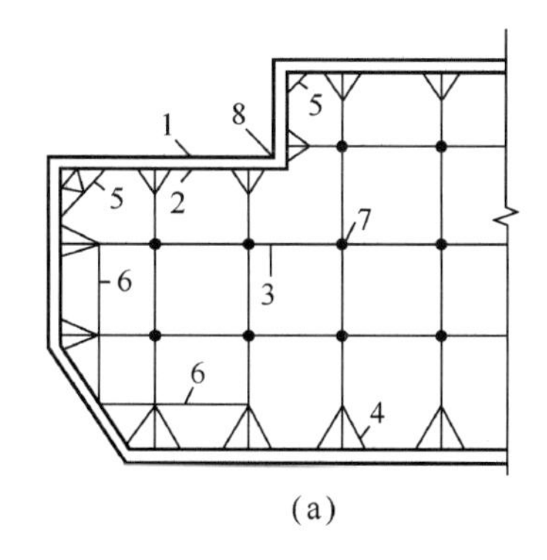

(a)

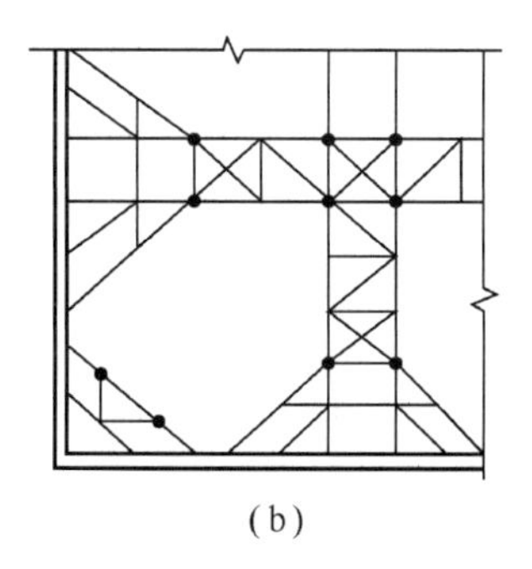

(b)

图 12.15　平面支撑体系

1—围护墙；2—腰梁；3—对撑；4—八字撑；5—角撑；6—系杆；7—立柱；8—阳角

水平式支撑根据基坑平面形状及尺寸、开挖深度、周围环境条件、主体结构形式和施工要求等，可以设计成多种形状，常用的有井字形、角撑形、圆环形、连环形、水平桁架形或椭圆形等，如图 12.16 所示。狭窄的长条形基坑可采用对撑式支撑、十字形或分段桁架形，如图 12.17 所示。

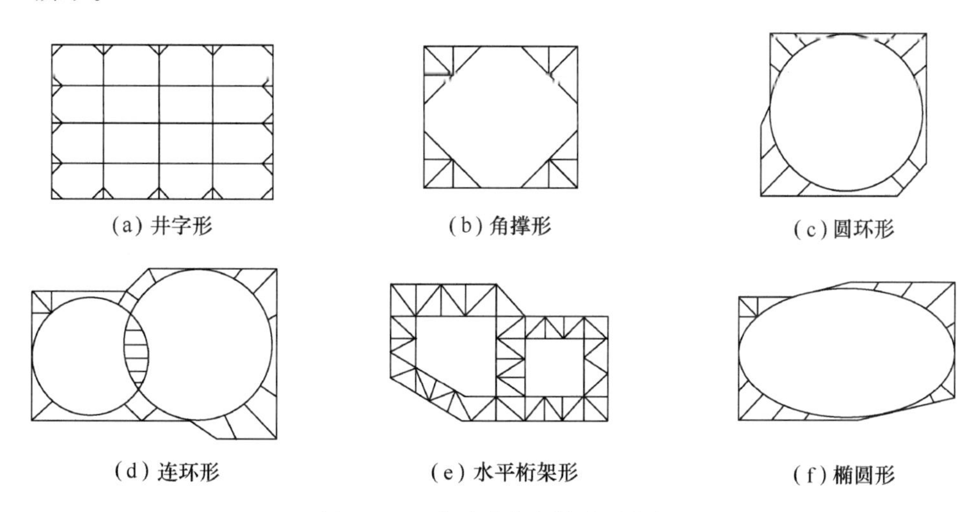

(a) 井字形　(b) 角撑形　(c) 圆环形

(d) 连环形　(e) 水平桁架形　(f) 椭圆形

图 12.16　水平式内支撑平面示意

各种支撑的特点如下。

(1) 井字形布置，可采用钢支撑或钢筋混凝土支撑，支撑受力明确，安全稳定，有利于墙体的变形控制，但开挖土方较困难，地下结构施工不便。

(2) 角撑形布置，适合于平面尺寸不大，且长短边长相差不大的基坑。其开挖土方的空间较大，但控制变形的能力不是很高。

(3) 桁架形布置，多采用钢筋混凝土支撑，中部形成大空间，有利于土方开挖和地下结构施工。

(4) 圆环形布置，多采用钢筋混凝土支撑，支撑体系受力条件好，开挖空间大，有利于地下结构施工。

2) 竖向斜撑体系的构成

竖向斜撑体系包括斜撑、腰梁和斜撑基础等构件，如图 12.18 所示。竖向斜撑体系的特

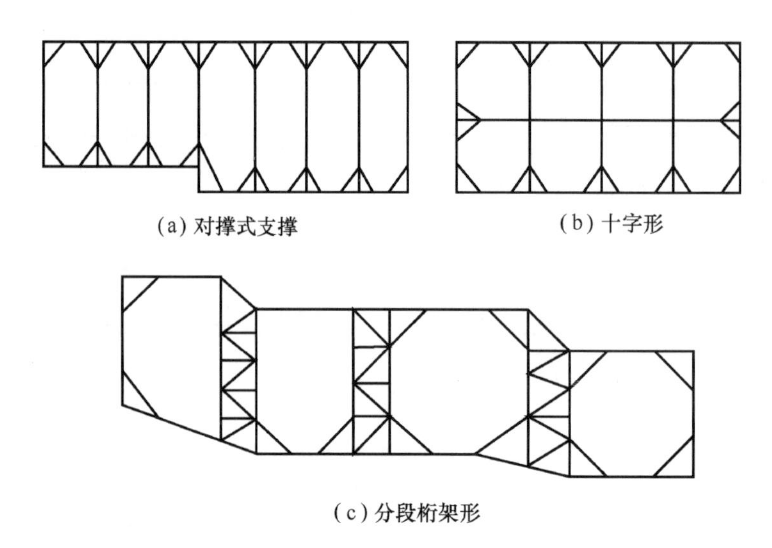

图 12.17 长条形基坑水平支撑示意

点为适用于深度较浅、面积较大的基坑;在软弱土层中,不易控制基坑的稳定性和变形。

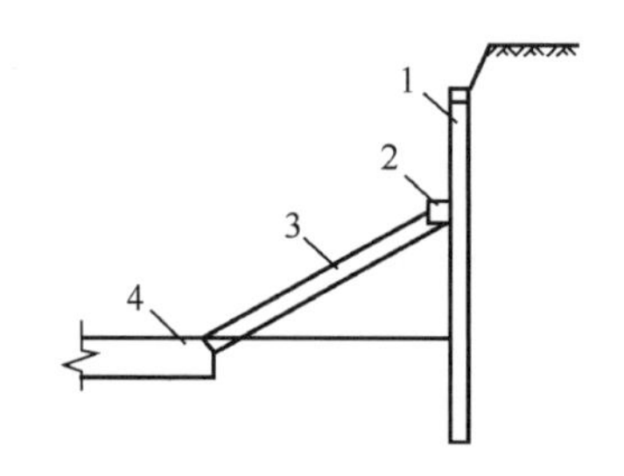

图 12.18 竖向斜撑体系

1—挡土构件;2—腰梁或冠梁;3—竖向斜撑;4—竖向斜撑基础

3) 冠梁、腰梁

由基坑外侧水、土及地面荷载所产生的对竖向围护构件的水平作用力通过冠梁和腰梁传给支撑。同时设置了冠梁和腰梁后可使原来各自独立的竖向围护构件形成一个闭合的、连续的抵抗水平力的整体,其刚度对围护结构的整体刚度影响很大。因此,冠梁和腰梁是内撑式支护结构的必备构件。冠梁通常采用现浇钢筋混凝土结构,以保证有较好的连续性和整体性。腰梁可采用型钢或钢筋混凝土结构,钢腰梁可采用 H 型钢、槽钢或这类型钢的组合构件。

2. 构件结构分析

支撑通过冠梁或腰梁对排桩、地下连续墙施加支点力,而支点力的大小与排桩、地下连续墙及土体刚度及支撑体系布置形式、结构尺寸有关。因此,在一般情况下,应考虑支撑体系在平面上各点的不同变形与排桩、地下连续墙的变形协调作用而优先采用整体分析的空间分析方法。但是,支护结构的空间分析方法由于建立模型相对复杂、部分模型参数的确定也没有积累足够的经验,因此,目前将空间支护结构简化为平面结构的分析方法和平面有限元法的应用较为广泛。

内支撑结构分析时,应同时考虑下列作用。

(1) 由挡土构件传至内支撑结构的水平荷载。

(2) 支撑结构自重;当支撑作为施工平台时,尚应考虑施工荷载。

(3) 当温度改变引起的支撑结构内力不可忽略不计时,应考虑温度应力。

(4) 当支撑立柱下沉或隆起量较大时,应考虑支撑立柱与挡土构件之间差异沉降产生的作用。

立柱的基础应满足抗压和抗拔的要求。

12.4.6 锚杆系统及其设计内容

锚杆系统的主要设计内容有锚杆的材料选用、锚杆的布置、锚杆长度和直径的设计验算、锚杆腰梁设计等。

1. 锚杆系统的构成

基坑支护土层锚杆系统由外露的锚头(包括锚具、承压板、腰梁和台座)和埋在土体中的锚杆杆体组成,锚杆杆体由提供锚固力的锚固段和不提供锚固力的自由段组成。其剖面形状一般为圆柱形,如图 12.19 所示。对于锚固于砂性土、硬黏性土层并要求较高承载力的锚杆,可采用扩大端部型锚固体;对于锚固于淤泥质土层并要求较高承载力的锚杆,可采用连续球体型锚固体,如图 12.20 所示。

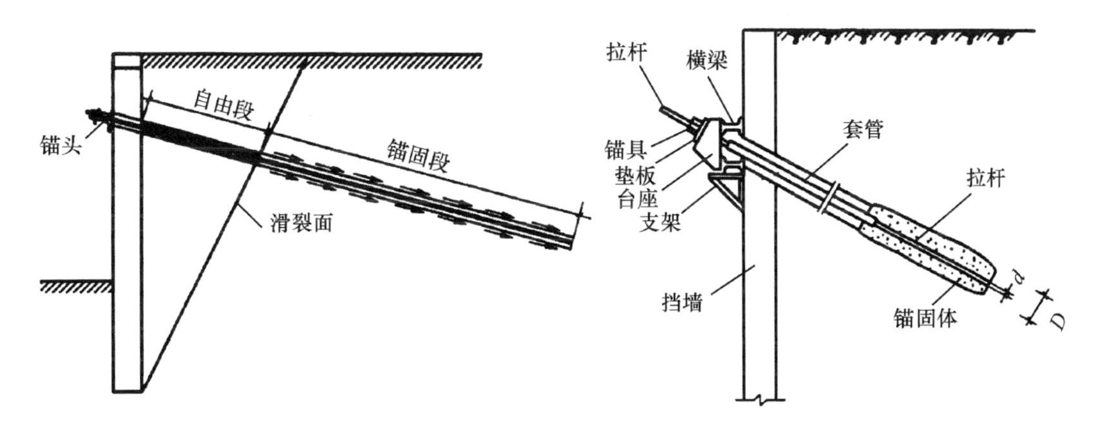

图 12.19 锚杆示意

基坑支护中的锚杆通常是土层锚杆,锚固方式以钻孔灌浆为主。锚杆杆体材料可选用普通钢筋、钢管、钢丝束和钢绞线。施加预应力时宜选用钢绞线、高强钢丝或高强螺纹钢筋。当选用钢绞线或高强钢丝作为杆体材料时也称作锚索。目前常用的锚杆注浆工艺有一次常压注浆和二次压力注浆。一次常压注浆是浆液(水泥砂浆或水泥浆)在自重压力的作用下充填锚杆孔。二次压力注浆则是在一次注浆液初凝后一定时间,再进行二次注浆。二次压力注浆可以大幅提高锚杆的极限抗拔力。锚杆有临时性和永久性之分,用于基坑工程的一般为服务年限为 2 年以下的临时性锚杆。

锚杆技术的优点如下。

(1) 锚杆设置在围护结构以外,与内支撑相比,使基坑内有较大的空间,有利于基坑内施工。

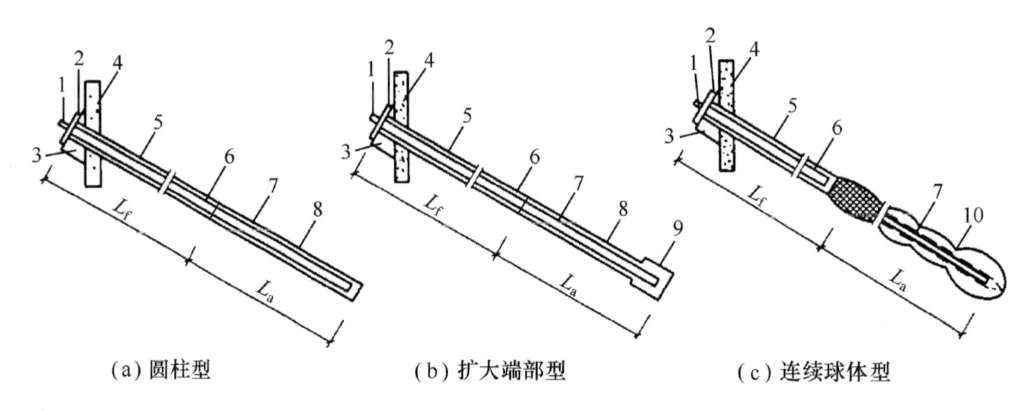

(a) 圆柱型　(b) 扩大端部型　(c) 连续球体型

图 12.20　锚杆锚固段的形式

1—锚具;2—承压板;3—台座;4—挡土结构;5—钻孔;6—灌浆;7—拉杆;8—圆柱形锚固体;9—端部扩大头;10—连续球体;L_f—自由段长度;L_a—锚固段长度

(2) 锚杆施工机械及设备的作业空间不大,适用于各种地形及场地。

(3) 锚杆的设计拉力可由抗拔试验来获得,可保证设计有足够的安全度。

(4) 预应力锚杆可施加预加拉力,以控制挡土结构的变形量。

(5) 施工时噪声和振动均较小。

设计锚杆系统前应进行场地调查和工程地质勘察;查明与锚固工程有关的地形与场地周边环境条件,如附近建筑物基础和地下室结构与范围、地上与地下公共设施(各种管线、隧道、道路、河道等)的状况,保证周围场地具有设置锚杆的环境和地质条件,以免发生意外。

2. 锚杆的设计验算

锚杆的设计验算包括锚杆的极限抗拔承载力验算和锚杆杆体的受拉承载力验算。锚杆极限抗拔承载力通过抗拔试验确定。

12.5 土钉墙的工作机理与设计概要

12.5.1 土钉墙及工作机理

1. 土钉墙的概念

土钉支护是以土钉作为主要受力构件,由被加固的原位土体、放置原位土体中密集的土钉群、附着于坡面的混凝土面层和必要的防水系统组成,形成一个类似于重力式挡土墙的支护结构,称为"土钉墙",如图 12.21 所示。

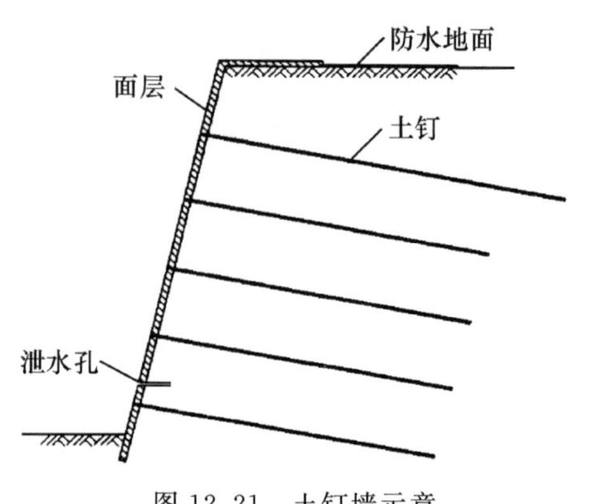

图 12.21　土钉墙示意

土钉是指用来加固或同时锚固现场原位土体的细长杆件,通常采取土中钻孔、置入变形钢筋(即带肋钢筋)并沿孔全长注浆的方法做成。土钉也可用钢管、角钢等作为钉体,采取直接击入的方法置入土中。土钉依靠于土体之间的界面黏结力或摩擦力，在土体发生变形的条件下被动受力，承受拉力和剪力并主要承受拉力作用。

土钉墙采用从上到下、分段分层施工，每层先挖土，后作土钉，即边开挖边支护。土钉墙的施工工艺流程如下。

(1) 开挖工作面、修整边坡。

(2) 设置土钉(包括钻孔、清孔、插筋、注浆等)。

(3) 铺设、固定钢筋网。

(4) 喷射混凝土面层。

上述顺序可根据不同的土性特点和支护构造方法进行变化。对易坍塌的土体可在修整后的边壁上喷上一层薄的混凝土，待凝结后再进行钻孔；也可待钻孔并设置土钉后再清坡。支护的内排水应按整个支护从上到下的施工过程穿插设置。

2. 土钉墙的工作机理

土体的抗剪强度较低，抗拉强度很小。在基坑边壁土体内放置一定长度和分布密集的土钉，与土共同作用，形成复合体，可有效提高土体的整体刚度，弥补土体自身强度的不足，改变边坡变形和破坏状态，从而提高整体的稳定性。

(1) 土钉对复合体起骨架约束作用

土钉本身的刚度和强度较大，密集的土钉群组成复合体骨架，有约束土体变形的作用。

(2) 土钉对复合体起分担作用

在复合体内，土钉与土体共同承担外荷载和自重应力，土钉起着分担作用。在土体进入塑性状态后，应力逐渐向土钉转移。当土体开裂时，土钉分担作用则更为突出。复合体之所以塑性变形延迟，渐进性开裂，与土钉的分担作用是密切相关的。

(3) 土钉起着应力传递与扩散作用

当土体开裂时，土钉伸入到滑裂域外稳定土体中的部分仍能提供较大的抗拉力。土钉通过其应力传递作用，将滑裂域内部分应力传递到后边稳定土体中，并分散在较大范围的土体内，降低应力集中程度。

(4) 坡面变形的约束作用

在坡面上设置与土钉连在一起的钢筋网喷射混凝土面板，喷射混凝土面板起到坡面变形的约束作用，面板约束力取决于土钉表面与土的摩阻力。

12.5.2 土钉墙的特点

土钉墙的主要特点如下。

(1) 土钉与土体形成整体后共同作用，提高了基坑侧壁土体的自稳定性，同时混凝土护面的协同作用也强化了土体的自稳定性。

(2) 土钉墙增强了土体破坏的延性。土钉墙破坏一般是从一个土钉处破坏开始，随后周围土体破坏，最后导致基坑失稳，破坏前有变形发展过程，有利于安全施工。

(3) 土钉墙体位移小，对相邻建筑影响小。但由于施工是分段、分层进行，易产生施工阶段的不稳定性，因此必须从施工开始就进行土钉墙位移监测，以便于出现问题时及时采取必要的措施。

(4) 施工设备轻便,操作方法简单,施工方便灵活,占用场地小,对环境的干扰也很小。

(5) 和其他支护结构相比,可缩短基坑施工工期。土钉墙随土方开挖实行平行流水作业,不需要单独占用施工工期,可缩短施工工期。

(6) 经济效益好。一般来说,土钉墙的材料用量少,成本低于排桩及地下连续墙支护,可节约造价 1/5～1/3。

12.5.3 土钉墙的设计内容

土钉墙的主要设计内容如下。

(1) 确定基坑侧壁的平面和剖面尺寸以及分段施工高度。

(2) 设计土钉的布置方式和间距以及直径、长度、倾角及在空间的方向。

(3) 设计土钉内钢筋的类型、直径及构造。

(4) 注浆配方设计、注浆方式、浆体强度指标。

(5) 喷射混凝土面层设计。

(6) 坡顶预防措施。

(7) 土钉抗拔力验算及整体稳定性分析计算,通过计算验证上述设计参数。

(8) 现场监测和反馈设计。

(9) 施工图及说明书。

12.5.4 土钉墙分析内容与方法

上述土钉墙设计内容当中的前六项是结合基坑的实际情况,根据工程类比和工程经验进行设计的。

设计参数必须经过土钉极限抗拔承载力验算、土钉杆体受拉承载力验算以及整体稳定性分析计算,整体稳定性分析计算又包括墙体内部整体稳定性及墙体外部整体稳定性两个方面。

墙体内部整体稳定性分析是指基坑侧壁土体中可能出现的破裂面发生在墙体内部并穿过全部或部分土钉,采用圆弧滑动条分法进行整体滑动稳定性验算。由于土钉墙是分段施工的,墙体是自上而下分段形成的,当某步开挖完成而土钉尚未设置或已设置但浆体强度未达到设计应有的强度,此时应根据施工期间不同开挖深度进行内部整体稳定性分析,如图 12.22 所示。当支护内有薄弱土层时,还应验算上部土体在背面土压力作用下沿薄弱层面滑动的可能性,如图 12.23 所示。

墙体外部整体稳定性分析是将土钉墙视为重力式挡土墙,墙体宽度等于最下一道土钉的水平投影长度,验算挡土墙的抗滑移稳定性、抗倾覆稳定性、墙体底部的地基承载力以及整个支护连同外部土体沿深部的圆弧破坏面的整体滑动稳定性,如图 12.24 所示。

土钉墙的实际计算一般取单位长度按平面应变问题进行,对基坑平面上靠近凹角的区段,可考虑三维空间作用的有利影响,对该处的设计参数(如土钉长度、设置密度等)作部分调整,对基坑平面上靠近凸角的区段应局部加强。对于重要工程,可采用有限单元法进行分析计算。

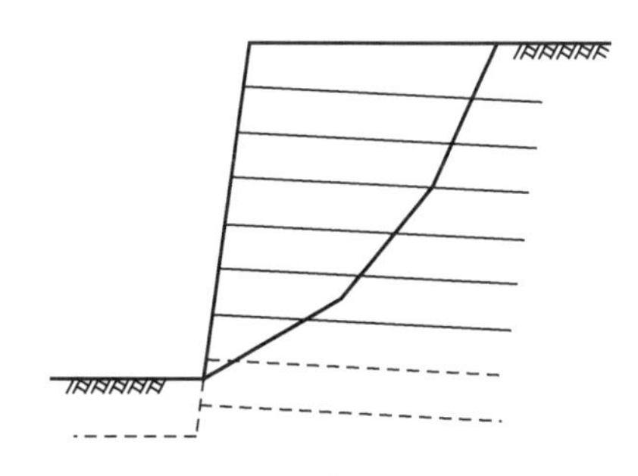

图 12.22　施工阶段墙体内部整体稳定性分析

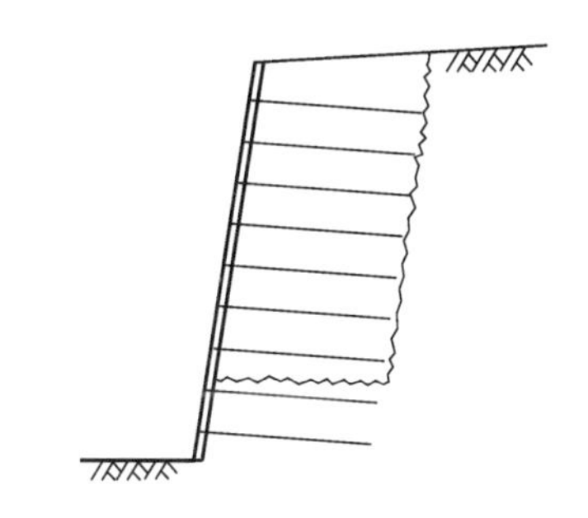

图 12.23　上部土体沿薄弱层面滑动失稳

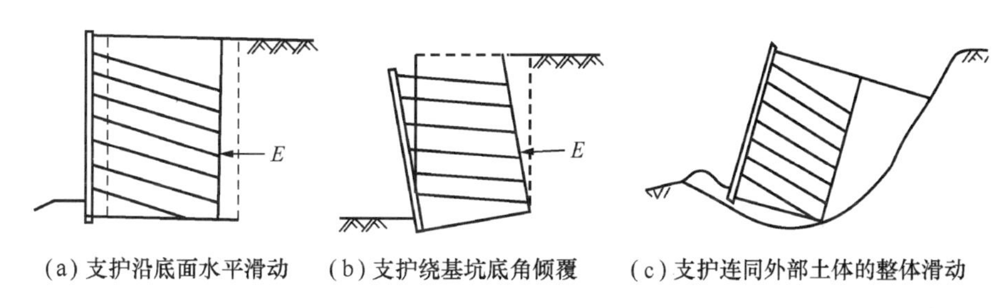

(a) 支护沿底面水平滑动　(b) 支护绕基坑底角倾覆　(c) 支护连同外部土体的整体滑动

图 12.24　墙体外部整体稳定性分析

另外,基坑底面下有软土层的土钉墙结构还应进行坑底隆起稳定性验算。土钉的极限抗拔承载力应按《建筑基坑支护技术规程》第 5.2.5 条的规定通过抗拔试验确定。

12.5.5　土钉墙构造与施工

1. 剖面尺寸和分段施工高度

(1) 土钉墙的坡比(墙面垂直高度与水平宽度的比值)不宜大于 1∶0.2;当基坑较深、土的抗剪强度较低时,宜取较小坡比。对于砂土、碎石土、松散填土,确定土钉墙坡度时应考虑开挖时坡面的局部自稳能力。

(2) 分段施工高度主要由设计的土钉竖向间距确定,但由于混凝土面层内上、下段钢筋网的搭接长度要求大于 300mm,因此,分段施工高度必须大于土钉竖向间距。一般分段底端低于土钉 300～500mm,如土钉竖向间距为 1500mm,则分段施工高度为 1800～2000mm。

2. 土钉的施工方式

土钉墙宜采用洛阳铲成孔的钢筋土钉。对于易塌孔的松散或稍密的砂土、稍密的粉土、填土，或易缩颈的软土，宜采用打入式钢管土钉。对洛阳铲成孔或钢管土钉打入困难的土层，宜采用机械成孔的钢筋土钉。

3. 土钉的布置

（1）土钉的布置方式呈矩形或梅花形布置；土钉水平间距和竖向间距宜为 1～2m；当基坑较深、土的抗剪强度较低时，土钉间距应取较小值。土钉倾角（与水平面夹角）宜为 5°～20°。土钉与水平面的夹角越小，对控制边坡的水平位移越有利，对土钉墙整体的稳定越有利，但角度过小，成孔过于水平，注浆质量不易保证；角度太大，人工成孔比较困难。另外，当上层土质软弱时，可适当加大向下倾角，使土钉插入强度较高的下层土中。

（2）土钉长度应按各层土钉受力均匀、各土钉拉力与相应土钉极限承载力的比值相近的原则确定。

4. 注浆材料

钢筋土钉的注浆材料可采用水泥浆或水泥砂浆。水泥浆的水灰比宜取 0.5～0.55，水泥砂浆的水灰比宜取 0.4～0.45；同时，灰砂比宜取 0.5～1.0，拌和用砂宜选用中粗砂，按质量计的含泥量不得大于 3%。打入式钢管土钉的注浆材料应采用水泥浆，其水泥浆的水灰比宜取 0.5～0.6。

5. 喷射混凝土面层及土钉和面层的连接

土钉墙高度不大于 12m 时，喷射混凝土面层的构造应符合下列要求。

（1）喷射混凝土面层厚度宜取 80～100mm。

（2）喷射混凝土设计强度等级不宜低于 C20。

（3）喷射混凝土面层中应配置钢筋网和通长的加强钢筋，钢筋网宜采用 HPB300 级钢筋，钢筋直径宜取 6～10mm，钢筋间距宜取 150～250mm，钢筋网间的搭接长度应大于 300mm。加强钢筋的直径宜取 14～20mm，当充分利用土钉杆体的抗拉强度时，加强钢筋的截面面积不应小于土钉杆体截面面积的 1/2。

土钉必须和面层有效连接，当在土钉拉力作用下喷射混凝土面层的局部受冲切承载力不足时，应采用设置承压钢板等加强措施。承压板应与土钉螺栓连接，土钉与加强钢筋宜采用焊接连接，其连接应满足承受土钉拉力的要求，如图 12.25 所示。

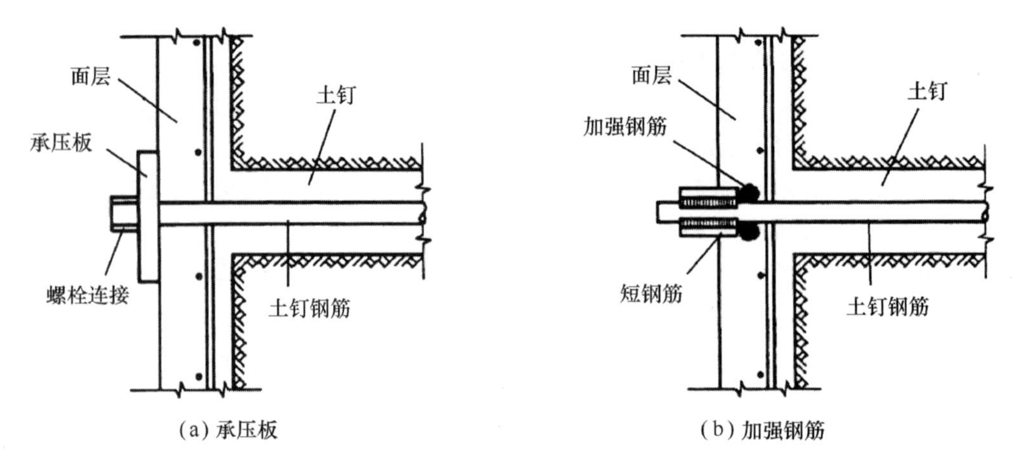

图 12.25　土钉与面层连接

6. 坡顶防护和防水

喷射混凝土面层宜插入基坑底部以下，插入深度不小于0.2m；在基坑顶部也宜设置宽度为1～2m的喷射混凝土护面。坡顶护面自坡顶1000mm内应配置与墙面内相同的钢筋，1000mm外在地表作防水处理即可。

当地下水位高于基坑底面时，应采取降水或截水措施。坡顶和坡脚应设排水措施，排水措施主要是设置排水沟。

当土钉墙后存在滞水时，应在含水层部位的墙面设置泄水孔或采取其他疏水措施。

12.5.6 复合土钉墙的概念和类型

复合土钉墙是将土钉墙与其他一种或几种支护技术（如有限放坡、止水帷幕、微型桩、水泥土墙、锚杆等）有机组合成的复合支护体系。它是一种改进或加强型土钉墙，能限制基坑上部的变形、阻止边坡土体内水的渗出、解决开挖面的自立性或阻止基坑地面隆起等，扩大了土钉墙的使用范围。在很多情况下，它可以取代排桩或地下连续墙支护方式，使支护工期缩短，费用降低。

常用的复合土钉墙有以下三种基本类型，如图12.26所示。

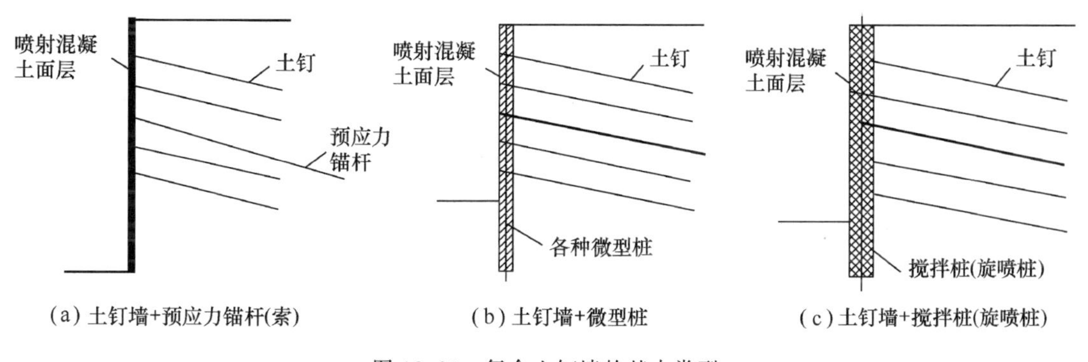

图12.26 复合土钉墙的基本类型

1. 土钉墙＋预应力锚杆（索）

当对基坑顶面的水平位移和沉降有严格要求时，可采用土钉与锚杆组合式支护技术，如图12.26(a)所示。

2. 土钉墙＋微型桩

在基坑开挖前，开挖线外侧施打各类微型桩进行超前支护；在基坑开挖过程中，再施作土钉墙，并与微型桩连接成整体，如图12.26(b)所示。

这种方式适用于土质松散、自立性较差、对基坑没有止水、隔水要求或地下水位较低，无必要进行防渗处理的地层情况，对限制基坑的变形、增加边坡稳定性十分有利。

微型桩常采用钻孔灌注桩、型钢桩、钢管桩以及木桩等。

3. 土钉墙＋搅拌桩（旋喷桩）截水帷幕

当对基坑有防渗要求时，为防止因基坑外地下水位下降而引起地面沉降，可以采用土钉与截水帷幕复合支护技术，如图12.26(c)所示。在基坑开挖前，沿基坑开挖线设置水泥土桩（搅拌桩或旋喷桩等桩型）作为临时挡墙和截水帷幕，阻止基坑开挖后土体渗水、保证开挖面土体局部的自立性、减少基坑底部隆起等问题。在基坑开挖过程中,再施作土钉墙。

设置截水帷幕后,土钉墙的变形一般较大,在基坑较深、变形要求严格的情况下,需要采用预应力锚杆限制土钉墙的位移,这样就形成土钉墙+截水帷幕+预应力锚杆(索)、土钉墙+微型桩+截水帷幕+预应力锚杆(索)等复合土钉墙,如图12.27所示。它能够满足大多数实际工程的需要。采用微型桩时,宜同时采用预应力锚杆。

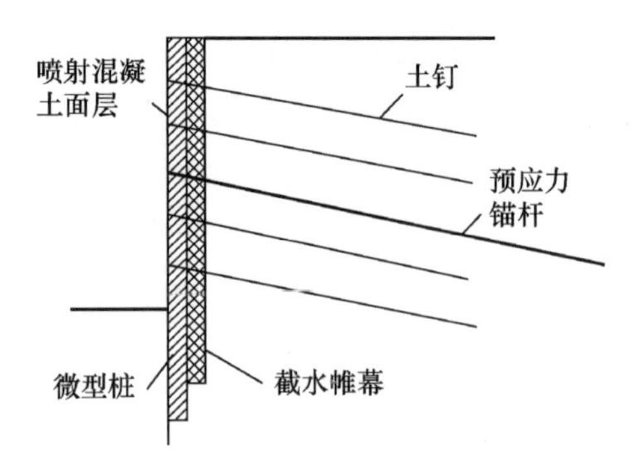

图12.27 多种形式联合的复合土钉

12.6 水泥土墙的受力与设计概要

12.6.1 水泥土墙的概念

水泥土墙是指由水泥土桩相互搭接形成的格栅状、壁状等形式的重力式结构。它利用墙体自重和嵌入基坑底面下的嵌固深度对基坑侧壁土体进行支护,既可单独作为一种支护方式使用,也可与混凝土灌注桩、预制桩、钢板桩等相结合,形成组合式支护结构,同时还可作为其他支护方式的止水帷幕。

动画:TRD工法水泥土墙施工工艺(拓展内容)

水泥土墙主要的组成构件是水泥土桩。水泥土桩有采用水泥土搅拌法形成的搅拌桩和高压喷射注浆法形成的旋喷桩两种。出于成本考虑,在基坑支护结构中,搅拌桩使用得较多,当搅拌桩难以施工时可采用旋喷桩。

动画:三轴搅拌桩施工工艺

目前常用的施工机械包括双轴水泥土搅拌机、三轴水泥土搅拌机、高压旋喷注浆机(包含单管法、双管法和三管法)。根据搅拌轴数的不同,搅拌桩的截面又分为双轴、三轴等类别。常用的水泥土墙平面形式如图12.28所示。其中,壁状布桩形式是沿纵向将相邻桩体重叠搭接而成;格栅状布桩形式是间隔布桩形成格栅,并沿纵、横两个方向将相邻桩体重叠搭接而成;块状布桩形式是满布桩体,并将纵、横两个方向相邻的桩体全部重叠搭接而成。

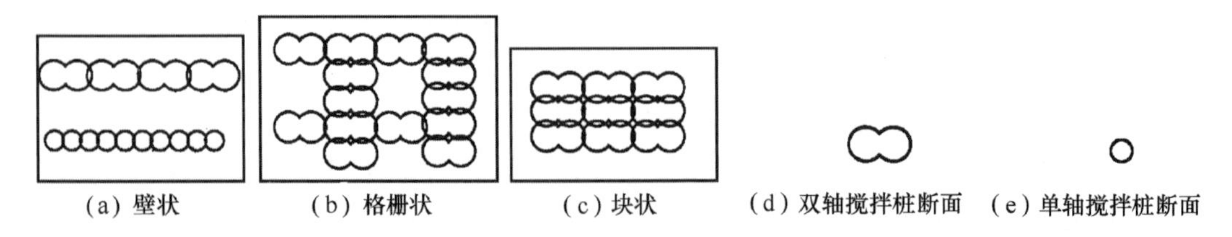

(a) 壁状　(b) 格栅状　(c) 块状　(d) 双轴搅拌桩断面　(e) 单轴搅拌桩断面

图12.28 几种水泥土墙平面形式

12.6.2　水泥土墙的特点

水泥土墙的特点如下。

(1) 墙体占地面积大。在软土地区,当基坑开挖深度 $h\leqslant 5m$ 时,水泥搅拌桩按格栅状形式布置,墙宽为0.6～0.8倍开挖深度,桩插入基坑底深度为0.8～1.2倍开挖深度。

(2) 施工操作简便、成桩工期较短,基坑深度在7m以下时造价较低。

(3) 坑内无支撑,便于机械化快速挖土。

(4) 水泥土加固体渗透系数小,隔水防渗性能良好,具有挡土、挡水的双重功能。基坑内外可以有水位差。

(5) 位移相对较大,尤其是在基坑长度大时,此时可采取中间加墩、起拱等措施对位移加以限制。由于基坑开挖阶段墙体的侧向位移较大,会使坑外一定范围的土体产生沉降和变位,因此在基坑周边距离1～2倍开挖深度范围内存在对沉降和变形较敏感的建(构)筑物时,应慎重选用水泥土重力式围护墙。

12.6.3　水泥土墙的设计内容

水泥土墙的主要设计内容如下。

(1) 结构布置。

(2) 结构分析计算。

(3) 水泥掺量与外加剂配合比确定。

(4) 构造处理。

12.6.4　水泥土墙分析内容与方法

水泥土墙可近似看作软土地基中的刚性墙体,其破坏形式包括以下几类。

(1) 墙整体倾覆。

(2) 墙整体滑移。

(3) 沿墙体以外土中某一滑动面的土体整体滑动。

(4) 墙下地基承载力不足而使墙体下沉并伴随基坑隆起。

(5) 墙身材料的应力超过抗拉、抗压或抗剪强度而使墙体断裂。

(6) 地下水渗流造成土体渗透破坏。

水泥土墙作为无支撑自立式挡土墙,依靠墙体自重、墙底摩阻力和墙前基坑开挖面以下土体的被动土压力稳定墙体,以满足围护墙的整体稳定性、抗倾覆稳定性、抗滑移稳定性和控制墙体变形等要求。

水泥土墙可按重力式挡土墙进行设计,即先根据墙体所处的条件拟定截面尺寸(指墙体高度、宽度和墙体插入坑底深度等),然后对墙体进行抗倾覆、抗滑移、墙身强度和变形验算;对于基坑,还要作墙底地基承载力验算,基坑坑底隆起、整体稳定性验算及抗渗流(抗管涌)的计算。

在实际分析中，由于土体整体滑动稳定性、基坑隆起稳定性和嵌固深度密切相关与墙宽无关，而墙的倾覆稳定性、墙的滑移稳定性和嵌固深度与墙宽都有关；且分析研究结果表明，一般情况下，当墙的嵌固深度满足整体稳定性条件时，抗隆起条件也会满足，即常常是整体稳定性条件决定嵌固深度下限。因此，宜按整体稳定性条件确定嵌固深度，再按墙的抗倾覆条件计算墙宽。此墙宽一般自然能够同时满足抗滑移条件。

当地下水位高于坑底时，尚应进行地下水渗透稳定性验算，参见 12.4.4 小节的相关内容。

重力式水泥土墙的嵌固深度，对于淤泥质土不宜小于 $1.2h$，对于淤泥不宜小于 $1.3h$；重力式水泥土墙的宽度，对于淤泥质土不宜小于 $0.7h$，对于淤泥不宜小于 $0.8h$。其中 h 为基坑深度。

在较深的软土中，应注意由于墙趾地基产生过大塑性变形导致墙体变形过大或失稳。

12.6.5 水泥土墙构造要求

(1) 重力式水泥土墙宜采用水泥土搅拌桩相互搭接成格栅状的结构形式，也可采用水泥土搅拌桩相互搭接成实体的结构形式。搅拌桩的施工工艺宜采用喷浆搅拌法。

(2) 重力式水泥土墙采用格栅形式时，格栅的面积置换率(水泥土面积与水泥土墙的总面积的比值)，对于淤泥质土不宜小于 0.7，对于淤泥不宜小于 0.8，对于一般黏性土及砂土不宜小于 0.6。格栅内侧的长宽比不宜大于 2。每个格栅内的土体面积应符合下式要求：

$$A \leqslant \delta \frac{cu}{\gamma_m} \tag{12.10}$$

式中：A——格栅内的土体面积，m^2；

δ——计算系数，对于黏性土取 $\delta=0.5$，对于砂土、粉土取 $\delta=0.7$；

c——格栅内土的黏聚力，kPa，按《建筑基坑支护技术规程》第 3.1.14 条的规定取值；

u——计算周长，m，按图 12.29 计算；

γ_m——格栅内土的天然重度，kN/m^3，对于多层土，取水泥土墙深度范围内各层土按厚度加权的平均天然重度。

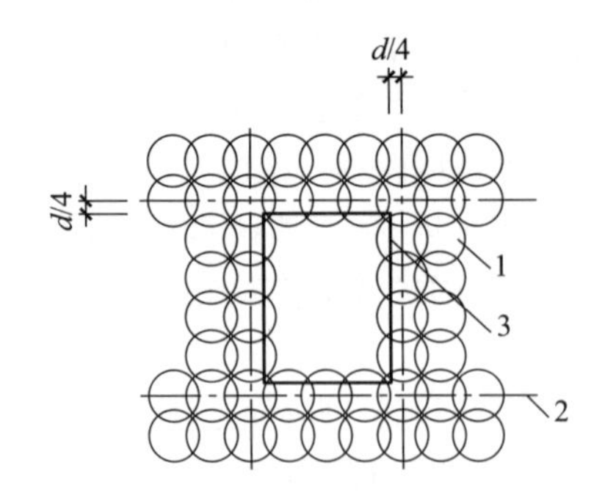

图 12.29 格栅式水泥土墙

1—水泥土桩；2—水泥土桩中心线；3—计算周长

(3) 水泥土搅拌桩的搭接宽度不宜小于 150mm。

(4) 采用水泥土搅拌桩兼作截水帷幕时，搅拌桩的搭接宽度应符合《建筑基坑支护技术规程》(JGJ 120—2012)第 7.2 节对截水的要求。

(5) 水泥土墙的 28 天无侧限抗压强度不宜小于 0.8MPa。当需要增强墙体的抗拉性能时，可在水泥土桩内插入杆筋，杆筋可采用钢筋、钢管或毛竹，杆筋的插入深度宜大于基坑深度。杆筋应锚入面板内，如图 12.30 所示。

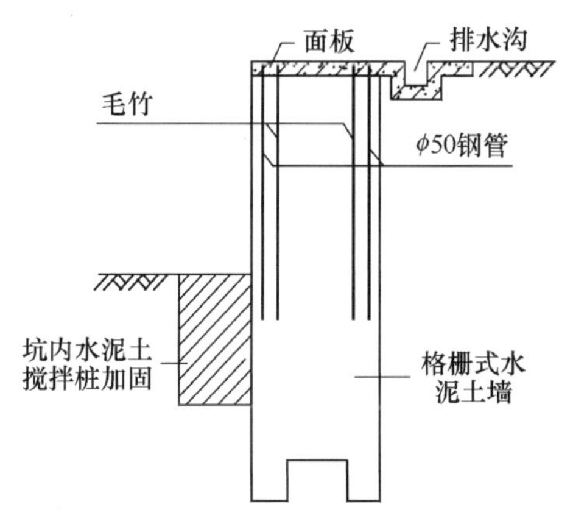

图 12.30 水泥土墙插筋

(6) 水泥土墙顶部宜设置现浇钢筋混凝土连接面板，面板厚度不宜小于 150mm，混凝土强度等级不宜低于 C15。面板应设置双向配筋，配筋百分率不宜小于 0.15，钢筋直径不小于 8mm，间距不大于 200mm。为了减小位移，将面板加厚并加强配筋，或增设较宽的冠梁，只要面板或压顶梁与水泥土墙顶面之间能承受足够的剪力，则对于减少位移的作用是十分显著的。在这种情况下，面板或宽冠梁的配筋应将其作为卧梁来考虑，承受水泥土墙传来的水平荷载。为增强面板或冠梁与水泥土墙之间的抗剪强度，可在水泥土桩中增强插筋。

面板不但有利于加强墙体整体性、减少变形，而且可防止因坑外地表水从墙顶渗入水泥土格栅而损坏墙体，也有利于施工场地的利用，便于后期施工。

(7) 水泥土墙起拱也能有效地减少水泥土墙位移。一是利用地下结构外形尽可能地将水泥土墙设计成向外起拱的形状；二是对于较长的直线段水泥土墙，将其设计成起拱的折线，如图 12.31 所示。

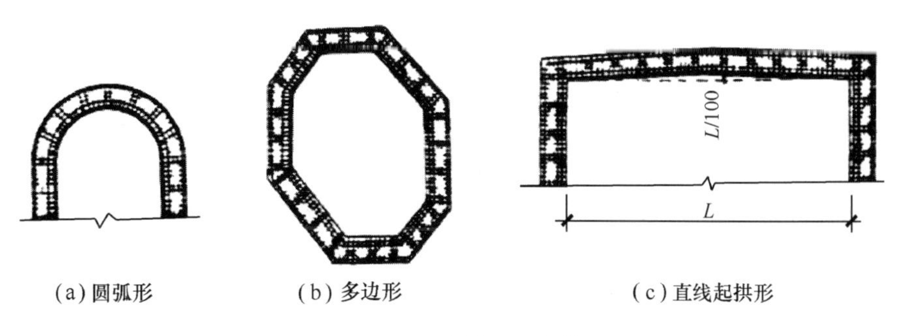

图 12.31 水泥土墙起拱

(8) 水泥土墙转角及两侧剪力较大的部位应采取搅拌桩满打、加宽或加深墙体等措施对围护墙进行加强。

(9) 对基坑开挖深度有变化,围护墙体宽度和深度变化较大的断面附近,应当对墙体进行加强。

12.7 基坑降排水

12.7.1 降排水方法

基坑工程中的降低地下水也称为地下水控制。地下水控制的方法包括截水、降水、集水明排,地下水回灌不作为独立的地下水控制方法,但可作为一种补充措施与其他方法一同使用。根据具体工程的特点,基坑工程可采用单一地下水控制方法,也可采用多种地下水控制方法相结合的形式,如悬挂式截水帷幕+坑内降水、基坑周边控制降深的降水+截水帷幕、截水或降水+回灌、部分基坑边截水+部分基坑边降水等。一般情况下,降水或截水都要结合集水明排。另外,采用哪种地下水控制的方式是基坑周边环境条件的客观要求,基坑支护设计时应首先确定地下水控制方法,然后再根据选定的地下水控制方法,选择支护结构形式。地下水控制应符合国家和地方法规对地下水资源、区域环境的保护要求,符合基坑周边建筑物、市政设施保护的要求。当降水不会对基坑周边环境造成损害且国家和地方法规允许时,可优先考虑采用降水,否则应采用基坑截水,即设置连续搭接的水泥土搅拌桩、地下连续墙、水泥和化学灌浆帷幕等。

人工降低地下水位的方法,按照其降水机理的不同,分为重力式降水和强制式降水。重力式降水即排水沟及集水井排水,强制式降水即井点降水。井点降水根据井点系统的形式及抽水设备的不同又分为真空(轻型)井点、喷射井点、管井井点、电渗井点和深井井点等。在选择基坑工程降排水方法时,应根据工程的实际情况,综合考虑以下因素确定。

(1) 地下水位的标高及基底标高,一般要求地下水位应降到基底标高以下 0.5~1.5m。

(2) 土层性质,包括土的种类和渗透系数。

(3) 基坑开挖施工的形式,是放坡开挖还是支护开挖。

(4) 开挖面积的大小。

(5) 周围环境的情况,在降水影响范围内有无建筑物或地下管线以及它们对基础沉降的敏感程度和重要性等。

常用地下水控制方法及适用条件宜符合表 12.4 的规定。

集水井降水属重力降水,是在开挖基坑时沿坑底周围开挖排水沟,每隔一定距离设集水井,使基坑内挖土时渗出的水经排水沟流向集水井,然后用水泵抽出基坑。排水沟和集水井的截面尺寸取决于基坑的涌水量。一般来说,集水井降水施工方便,操作简单,所需设备和费用都较低。对于弱透水地层中的较浅基坑,当基坑环境简单、含水层较薄时,可考虑采用集水明排。但是,当基坑开挖深度较大,地下水的动水压力有可能造成流砂、管涌、基底隆起和边坡失稳时,宜采取井点降水法。

表 12.4 地下水控制方法及适用条件

方法名称		土 类	渗透系数/(cm/s)	降水深度(地面以下)/m	水文地质特征
集水明排		填土、黏性土、粉土、砂土	$1\times10^{-7}\sim2\times10^{-4}$	$\leqslant3$	上层滞水或潜水
降水	轻型井点			$\leqslant6$	
	多级轻型井点			$6\sim10$	
	喷射井点		$1\times10^{-7}\sim2\times10^{-4}$	$8\sim20$	
	电渗井点		$<1\times10^{-7}$	$6\sim10$	
	真空管井		$>1\times10^{-6}$	>6	
	管井	黏性土、粉土、砂土、碎石土、黄土	$>1\times10^{-5}$	>6	含水丰富的潜水、承压水和裂隙水
回灌		填土、粉土、砂土、碎石土、黄土	$>1\times10^{-5}$	不限	不限

井点降水法是地下水位较高地区基础工程施工的重要措施。它能克服流砂现象,稳定坑基边坡,降低承压水位,防止坑底隆起并加速土体固结,使天然地下水位以下的开挖施工能在较干燥的环境下进行。各类井点的降水原理不同,适用范围也不同。

一般来说,当地质情况良好、降水深度不大时,可采用单层轻型井点降水;当降水深度超过 6m 且土层垂直渗透系数较小时,宜用二级轻型井点或多层轻型井点降水,或在坑中另布井点,以分别降低上层土的水位;如土质较差、降水深度较大,采用多层轻型井点设备增多,土方量增大,经济上不合算时,可采用喷射井点降水较为适宜;如果降水深度不大,土的渗透系数大,涌水量大,降水时间长,可选用离心泵管井井点降水;如果降水很深,涌水量大,土层复杂多变,降水时间很长,此时宜采用潜水电泵管井井点(深井井点)降水。当各种井点降水方法影响邻近建筑物产生不均匀沉降和使用安全时,应采用回灌井点或在基坑有建筑物一侧采用旋喷桩等加固土体和防渗。

12.7.2 井点降水对周围环境的影响

1. 井点降水的不利影响

井点抽水,在井点周围形成漏斗状的弯曲水面,即“降落漏斗”,如图 12.32 所示。降落漏斗范围内的地下水位下降后,必然造成地面固结沉降。由于漏斗形的降水面不是平面,因而所产生的沉降也是不均匀的。在实际工程中,由于井点过滤器滤网和砂滤层结构不良,土层中的黏土、粉土颗粒甚至细砂与地下水一同抽出地面的情况经常出现,从而使地面的不均匀沉降加剧。以上原因造成附近建(构)筑物、市政管线和地铁、隧道等地面和地下设施不同程度的损坏。

井点抽水的危害通常表现为如下几种。

(1) 建(构)筑物下沉、移位,出现裂缝甚至断裂现象。

(2) 吊车等设备因轨道倾斜或错位而运行困难,甚至不能行走;机械设备不能正常运转。

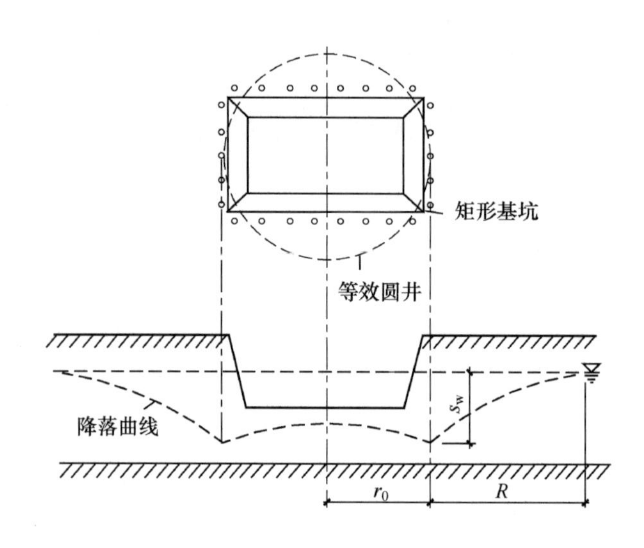

图 12.32　基坑群井降水示意

(3) 管线和其他地下设施开裂、渗漏或气体泄漏。

(4) 基坑附近的蓄水设施(如井、塘等)干涸。

2. 井点降水的影响范围和产生的沉降

预估井点降水对周围环境的影响范围和造成的地面沉降,可借鉴已有的同类工程实例,也可用一些简易的方法进行估算。

1) 降水对环境的影响范围

关于基坑降水的影响范围,目前尚无可靠的计算公式可用。工程上常用影响半径来估算影响范围。降水影响半径 R 宜通过试验确定。缺少试验时,可按下列公式计算并结合当地经验取值。

(1) 潜水含水层

$$R = 2s_w\sqrt{kH} \tag{12.11}$$

(2) 承压水含水层

$$R = 10s_w\sqrt{k} \tag{12.12}$$

式中:R——降水影响半径,m;

s_w——井水位降深,m,当井水位降深小于 10m 时,取 $s_w=10$m;

k——含水层的渗透系数,m/d;

H——潜水含水层厚度,m。

降水影响半径 R 的经验值如表 12.5 所示。

表 12.5　降水影响半径 R 的经验值

土的种类	极细砂	细砂	中砂	粗砂	极细砂	小砾石	中砾石	大砾石
粒径/mm	0.05～0.1	0.1～0.25	0.25～0.5	0.5～1	1～2	2～3	3～5	5～10
所占质量/%	＞70	＞70	＞50	＞50	＞50	—	—	—
影响半径 R/m	25～50	50～100	100～200	200～400	400～500	500～600	600～1500	1500～3000

降水影响半径与降水深度、含水层厚度、含水层的渗透系数等因素有关。由于含水层厚度和渗透系数的离散性很大，由计算得到的降水影响半径与实际观测到的结果往往不一致。对于降承压水的影响范围，目前尚未得到较为一致的看法。但降承压水要比降潜水的影响半径大得多，因为承压含水层一般厚度大、渗透性好，抽水时水力坡降小，而且承压水埋藏较深、水头压力大，抽水量大，所以要达到同样的降水深度，影响半径自然也要大得多。

2）降水引起的地面沉降

目前，降水引起的地层变形计算方法尚不成熟，只能在今后积累大量工程实测数据及进行充分研究后，再加以改进充实。现阶段，宜根据地区基坑降水工程的经验，结合计算与工程类比综合确定降水引起的地层变形量和分析降水对周边建筑物的影响。

在井点降水无大量细颗粒随地下水被带走的情况下，周围地面所产生的沉降量可用分层总和法进行计算，详见《建筑基坑支护技术规程》规定。

12.7.3　防范井点降水不利影响的措施

1. 在降水前认真做好对周围环境的调研工作

（1）必须较为准确地掌握工程场地的地质勘察资料，包括地层分布、地下水种类与分布情况、各层土体的渗透系数、土体的孔隙比和压缩系数等。降水参数宜通过现场抽水试验确定；尤其对于需要降承压水的情况，由于降水时的各种观测数据较难获取，所以抽水试验就显得格外重要。

（2）查清地下储水体，如周围的地下古河道、古水塘之类的分布情况，防止出现井点和地下储水体穿通的现象。

（3）查清邻近地下管线的分布和类型、邻近地上地下建（构）筑物的结构形式、基础形式、结构质量以及对差异沉降的承受能力，考虑是否需要采取预先加固措施，地铁、隧道是降水时需要重点保护的对象。

2. 合理使用井点降水，尽可能减少对周围环境的影响

（1）井点降水系统的布设，有条件时应远离保护对象，减小保护对象下地下水位变化的幅度。同时，适当放缓降水漏斗线的坡度，增大降水影响范围，减轻不均匀沉降造成的降水影响区内地下管线和建筑物的损伤程度。

（2）控制降水深度。在放坡开挖时，井点降水不仅会降低坑内地下水位，同时也会降低坑外地下水位，在确保坑内土体不发生流土、管涌的前提下，控制降水曲面在开挖面以下0.5～1.0m即可，坑内降水时也一样。

（3）防范抽水带走土层中的细颗粒而增加周围地面的沉降。应根据周围土层的情况选用合适的滤网，同时应重视埋设井管时的成孔和回填砂滤料的质量。在降水时要随时注意抽出的地下水是否有混浊现象。

（4）井点应连续运转，尽量避免间歇和反复抽水。现场和室内试验均表明，间歇和反复抽水时，每次降水都会产生沉降，每次降水的沉降量随着反复次数的增加而减少，并逐渐趋向于零，但是总的沉降量可以累积到一个相当可观的程度。

（5）控制抽水量。井点降水区域会随着降水时间的延长，向外、向下扩张。井点降水时，若水位观察井的水位达到设置的控制值时，可调整使抽水量和抽吸真空度降低。若地下水补给量较小,也可适当缩短开泵抽水时间或减少抽水井点,以达到控制抽水量和坑外降水曲面的目的。

(6) 抽水系统的使用期应满足主体结构的施工要求。当主体结构有抗浮要求时,停止降水的时间应满足主体结构施工期的抗浮要求。

3. 降水场地外侧设置截水帷幕,减小降水影响范围

降水场地外侧设置截水帷幕,减小降水影响范围。即在降水场地外侧有条件的情况下设置一圈截水帷幕,切断降水漏斗曲线的外侧延伸部分,减小降水影响范围,从而把降水对周围的影响降到最低,如图 12.33 所示。

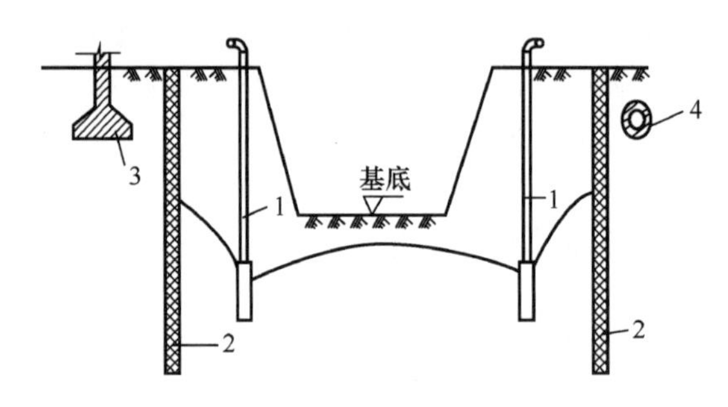

图 12.33 设置截水帷幕

1—井点管;2—截水帷幕;3—坑外建筑物浅基础;4—坑外地下管线

截水帷幕在平面布置上应沿基坑周边闭合。当采用沿基坑周边非闭合的平面布置形式时,应对地下水沿帷幕两端绕流引起的渗流破坏和地下水位下降进行分析。

4. 降水场地外缘设置回灌水系统

回灌技术是在降水井点与需保护的建筑、管线之间设置回灌井点、回灌砂井或回灌砂沟,在降水井点抽水的同时,持续不断地用水回灌,形成一道水幕,以减小降水曲面向外扩张,减少降水区域以外的地下水流失,使邻近建筑物、管线等基础下地基土中的地下水位基本保持不变,避免或减轻因降水使地基自重应力增加而引起的地面沉降。采取回灌技术,应合理确定回灌井与降水井的间距、回灌井的井径、深度等参数并设置水位观察井,确保回灌效果。

5. 加强降水工程的监测与维护

(1) 降水监测。在降水监测与维护期,应对各降水井和观测孔的水位、水量进行同步监测。根据水位、水量观测记录,查明降水过程中的不正常状况及其产生的原因,及时提出调整补充措施,确保达到降水深度。在基坑开挖过程中,应随时观测基坑侧壁、基坑底的渗水现象,并应查明原因,及时采取工程措施。

(2) 降水维护。降水期间应对抽水设备和运行状况进行维护检查,每天检查不应少于 3 次,并应观测记录水泵的工作压力、真空泵、电动机、水泵温度、电流、电压、出水等情况,发现问题及时处理,使抽水设备始终处在正常运行状态。

6. 加强工程环境影响的预测、监测,做好水土资源保护

(1) 工程环境影响预测和监测。当降水工程区及邻近存在建(构)筑物和地下管线时,应预测其工程环境影响。当预测的工程环境影响情况超出有关标准或允许范围时,或监测项目指标达到监测预警值时,应采取工程措施。

（2）水土资源保护。

① 对于基坑出水量大的降水工程，应在降水工程施工前，对水土资源做好利用、保护计划；暂时难以利用的，可将抽出的地下水引调储存在不影响工程环境的地表或地下。

② 对于滨海地区的降水工程，应注意防止海水入浸，防止淡水资源遭受污染。

③ 降水施工期间洗井抽出的淡水应在现场基本澄清后排放，并应防止淤塞市政管网或污染地表水体。

④ 降水施工排出的土和泥浆不应任意排放，防止污染城市环境或影响土地功能。

12.8 基坑工程监测

12.8.1 基坑监测的意义和目的

1. 工程监测的意义

由于工程地质情况的不确定性、设计理论的不完善性、施工因素的多变性，在基坑施工过程中，土体与支护结构的受力和变形无法准确预测。而且支护结构的变形会引起基坑周围既有建(构)筑物、设施、管道、道路、岩土体及水系等在内的环境发生变化，从而造成各种不利影响，甚至造成重大安全事故。因此，对基坑支护结构及周边环境进行全面、系统的监测，才能对基坑工程的安全性和对周围环境的影响程度有一个全面的了解。在出现异常情况时及时反馈，并采取必要的工程应急措施，甚至调整施工工艺或修改设计参数，以确保工程顺利进行。

2. 基坑监测的目的

基坑监测的目的主要有以下三个方面。

（1）检测设计假设和参数的正确性，判断前一步施工工艺与参数是否符合预期要求，以确定和优化下一步施工参数，指导开展基坑开挖和支护结构的信息化施工。

（2）确保基坑支护结构和相邻建筑、设施的安全。

在深基坑工程施工和使用期间，必须避免产生过大的变形而引起邻近建(构)筑物的损坏，防止邻近管线渗漏等。当建(构)筑物和管线的变形接近警戒值时，需及时采取对建筑物和管线本体进行保护的技术应急措施，避免或减轻破坏的后果。

（3）积累工程经验，通过反分析法研究和完善现有理论，为提高基坑工程的设计和施工的水平提供依据。

12.8.2 监测的基本规定

（1）开挖深度大于或等于5m或开挖深度小于5m但现场地质情况和周围环境较复杂的基坑工程以及其他需要监测的基坑工程应实施基坑工程监测。

（2）基坑的监测应当在设计阶段根据工程的具体情况提出要求。设计单位有责任在设计文件中提出监测的具体技术要求，如监测项目、测点布置、观测精度、监测频率、报警值等。

（3）基坑工程施工前，应由建设方委托具备相应资质的第三方对基坑工程实施现场监测。监测单位应编制监测方案,监测方案需经建设方、设计方、监理方等认可,必要时还需与基坑周边环境涉及的有关管理单位协商一致后方可实施。

(4) 监测方案应包括下列内容:工程概况;建设场地岩土工程条件及基坑周边环境状况;监测目的和依据;监测内容及项目;基准点、监测点的布设与保护;监测方法及精度;监测期和监测频率;监测报警及异常情况下的监测措施;监测数据处理与信息反馈;监测人员的配备;监测仪器、设备及检定要求;作业安全及其他管理制度。

(5) 下列基坑工程的监测方案应进行专门论证:地质和环境条件复杂的基坑工程;邻近重要建筑和管线,以及历史文物、优秀近现代建筑、地铁、隧道等破坏后果很严重的基坑工程;已发生严重事故,重新组织施工的基坑工程;采用新技术、新工艺、新材料、新设备的一、二级基坑工程;其他需要论证的基坑工程。

(6) 监测单位应严格实施监测方案。当基坑工程设计或施工有重大变更时,监测单位应与建设方及相关单位研究并及时调整监测方案。

12.8.3 监测项目

1. 一般规定

(1) 基坑工程的现场监测应采用仪器监测与巡视检查相结合的方法。

(2) 基坑工程现场监测的对象应包括:支护结构;地下水状况;基坑底部及周边土体;周边建筑;周边管线及设施;周边重要的道路;其他应监测的对象。

(3) 基坑工程的监测项目应与基坑工程设计、施工方案相匹配。应针对监测对象的关键部位,做到重点观测、项目配套并形成有效、完整的监测系统。

2. 仪器监测

基坑监测项目应根据支护结构类型、地下水控制方法、支护结构的安全等级等进行确定。按《建筑基坑支护技术规程》,监测项目如表 12.6 所示。并应根据支护结构的具体形式、基坑周边环境的重要性及地质条件的复杂性确定监测点部位及数量。选用的监测项目及其监测部位应能够反映支护结构的安全状态和基坑周边环境受影响的程度。

表 12.6 基坑监测项目选择

监测项目	支护结构的安全等级		
	一级	二级	三级
支护结构顶部水平位移	应测	应测	应测
基坑周边建(构)筑物、地下管线、道路沉降	应测	应测	应测
坑边地面沉降	应测	应测	宜测
支护结构深部水平位移	应测	应测	选测
锚杆拉力	应测	应测	选测
支撑轴力	应测	应测	选测
挡土构件内力	应测	宜测	选测

续表

监测项目	支护结构的安全等级		
	一级	二级	三级
支撑立柱沉降	应测	宜测	选测
挡土构件、水泥土墙沉降	应测	宜测	选测
地下水位	应测	应测	选测
土压力	宜测	选测	选测
孔隙水压力	宜测	选测	选测

注：表内各监测项目中，仅选择实际基坑支护形式所含有的内容。

由表12.8可知，基坑的监测除对基坑支护结构本身进行外，还应视支护结构的安全等级对基坑周边环境（如建筑物、构筑物、地下管线、道路等）进行监测。

另外，因支护结构水平位移和基坑周边建筑物沉降能直观、快速地反应支护结构的受力、变形状态及对环境的影响程度，《建筑基坑支护技术规程》以强制性条文的方式规定，安全等级为一级、二级的支护结构，在基坑开挖过程与支护结构使用期内，必须进行支护结构的水平位移监测和基坑开挖影响范围内建（构）筑物、地面的沉降监测。

3. 巡视检查

基坑工程施工和使用期内，每天均应由专人进行巡视检查，检查内容包括支护结构、施工工况、周边环境、监测设施等。具体要求详见《建筑基坑工程监测技术规范》(GB 50497—2009)。

巡视检查宜以目测为主，可辅以锤、钎、量尺、放大镜等工（器）具以及摄像、摄影等设备进行。检查记录应及时整理，并与仪器监测数据进行综合分析。

巡视检查如发现异常和危险情况，应及时通知建设方及其他相关单位。

12.8.4 监测点布置

(1) 基坑工程监测点的布置应能反映监测对象的实际状态及其变化趋势，监测点应布置在内力及变形关键特征点上，并应满足监控要求。

(2) 基坑工程监测点的布置应不妨碍监测对象的正常工作，并应减少对施工作业的不利影响。

(3) 监测标志应稳固、明显、结构合理，监测点的位置应避开障碍物以便于观测。

监测点布置在基坑内、支护结构以及基坑周边环境中，具体规定详见《建筑基坑工程监测技术规范》第5.2和5.3节。另外，《建筑基坑支护技术规程》第8.2节也做出规定。

12.8.5 监测报警

基坑工程监测必须确定监测报警值，监测报警值应满足基坑工程设计、地下结构设计以及周边环境中被保护对象的控制要求。监测报警值应由基坑工程设计方确定。

基坑工程监测报警值应由监测项目的累计变化量和变化速率值共同控制。基坑及支护结构监测报警值应根据土质特征、设计结果及当地经验等因素确定；当无当地经验时，可根据土质特征、设计结果，参照有关国家或地方规范规定确定。

《建筑基坑工程监测技术规范》(GB 50497—2009)以强制性条文的形式规定，当出现下列情况之一时，必须立即进行危险报警，并应对基坑支护结构和周边环境中的保护对象采取相应措施。

(1) 监测数据达到监测报警值的累计值。

(2) 基坑支护结构或周边土体的位移值突然明显增大或基坑出现流砂、管涌、隆起、陷落或较严重的渗漏等。

(3) 基坑支护结构的支撑或锚杆体系出现过大变形、压屈、断裂、松弛或拔出迹象。

(4) 周边建筑的结构部分、周边地面出现较严重的突发裂缝或危害结构的变形裂缝。

(5) 周边管线变形突然明显增长或出现裂缝、泄漏等。

(6) 根据当地工程经验判断，出现其他必须进行危险报警的情况。

小 结

基坑支护工程的构成包括护坡墙体结构、支撑(或锚固)系统、土体开挖及加固、地下水控制、工程监测、环境保护等几个部分。

基坑支护结构的设计及施工技术是基坑支护工程的核心内容。

基坑支护的作用是挡土、挡水、控制边坡变形。

基坑支护的目的如下。

(1) 确保基坑开挖和基础结构施工安全、顺利。

(2) 保证环境安全，即确保基坑邻近地铁、隧道、管线、房屋建筑等正常使用。

(3) 保证主体工程地基及桩基的安全，防止地面出现塌陷、坑底管涌等现象。

基坑工程可按开挖深度、开挖方式、功能用途、安全等级、支护结构形式等方式进行分类。按支护结构的破坏后果，基坑支护结构的安全等级分为一、二、三级。

常见基坑支护结构的类型有：无围护放坡开挖；桩墙支护；重力式支护结构；土钉墙支护；墙前被动区土体加固法；逆作拱墙；地下连续墙逆作法；沉井法；组合型支护。

支护结构的类型应根据基坑周边环境、开挖深度、工程地质与水文地质、施工作业设备和施工季节等条件综合考虑，并因地制宜地选择。

刚性挡土结构和柔性挡土结构上的土压力有差别，计算方法也不同。

排桩、地下连续墙的支护方式有悬臂支护、单层支点支护和多层支点支护。支挡结构的嵌固深度需满足整体稳定性、抗倾覆稳定性、支挡结构踢脚稳定性、基坑抗隆起稳定性、基坑渗流稳定性等要求。

土钉墙以土钉作为主要受力构件，由被加固的原位土体、放置原位土体中密集的土钉群、附着于坡面的混凝土面层和必要的防水系统组成，形成一个类似于重力式挡土墙的支护结构。

复合土钉墙是将土钉墙与其他一种或几种支护技术(如有限放坡、止水帷幕、微型桩、水泥土墙、锚杆等)有机组合成复合支护体系，是一种改进或加强型土钉墙。

水泥土墙利用水泥材料为固化剂，采用特殊机械（如深层搅拌机和高压旋喷机）将其与原状土强制拌和，形成具有一定强度、整体性和水稳定性的圆柱体（柔性桩）。将其相互搭接，形成具有一定强度和整体结构的水泥土墙，以保证基坑边坡的稳定性。

基坑工程控制地下水位的方法有降低地下水位、隔离地下水两类。

降低地下水位方法有重力式降水和强制式降水。重力式降水即排水沟及集水井排降水，强制式降水的方法即井点降水。井点降水根据井点系统的形式及抽水设备的不同又分为真空（轻型）井点降水、喷射井点降水、管井井点降水、电渗井点降水和深井井点降水等。应重点掌握不同降水方法的特点和适用条件。

隔离地下水位的方法一般为防渗帷幕（连续搭接的水泥土搅拌桩、地下连续墙、水泥和化学灌浆帷幕等）。

井点抽水，在井点周围形成漏斗状的弯曲水面，即降落漏斗。

预估井点降水对周围环境的影响范围和造成的地面沉降，可借鉴已有的同类工程实例，也可用一些简易的方法进行估算。关于基坑降水的影响范围，目前尚无可靠的计算公式可用。工程上常用影响半径来估算影响范围。降水影响半径 R 宜通过试验确定。缺少试验时，可通过公式计算并结合当地经验取值。

降水引起的地层变形计算方法尚不成熟，只能在今后积累大量工程实测数据及进行充分研究后，再加以改进充实。现阶段，宜根据地区基坑降水工程的经验，结合计算与工程类比综合确定降水引起的地层变形量和分析降水对周边建筑物的影响。

可通过合理采取井点降水、降水场地外侧设置挡土帷幕、降水场地外缘设置回灌水系统等措施减轻降水对周围环境的影响。同时，应在降水前认真做好对周围环境的调研工作，注意降水工程的监测与维护，加强工程环境影响的预测、监测和防治，做好水土资源保护。

在基坑开挖前、开挖过程中需做出系统的监测方案。监测方案应包括监测目的、监测项目、监测报警值、监测方法及精度、监测点的布置、监测周期、工序管理和记录制度以及信息反馈系统等。根据支护结构形式、安全等级，按规范要求对相应检测项目进行观测。监测报警值应满足基坑工程设计、地下结构设计以及周边环境中被保护对象的控制要求。基坑及支护结构监测报警值应由基坑工程设计方根据土质特征、设计结果及当地经验等因素确定。监测报警值应由监测项目的累计变化量和变化速率值共同控制。

思 考 题

1. 基坑工程的主要特点有哪些？
2. 基坑工程是如何分类的？
3. 基坑支护结构安全等级分为哪几级？它们是如何划分的？
4. 基坑支护结构的形式一般有哪些？分别适用于什么条件？
5. 水平式内支撑有哪些形式？
6. 影响锚杆抗拔力的因素有哪些？
7. 土钉墙有哪些特点？土钉墙与土层锚杆有哪些相似和不同？
8. 土钉墙的工作机理是什么？进行土钉墙设计时应进行什么验算？

9. 重力式水泥土墙设计时,需进行哪些基本验算?
10. 基坑降水对周围环境有哪些影响?
11. 防范基坑降水影响的工程措施有哪些?
12. 基坑监测的目的是什么?
13. 基坑工程仪器监测有哪些主要项目?
14. 监测报警值一般包含哪两个参数?

第13章 特殊土地基

学习目标

知识目标

了解湿陷性黄土、膨胀土的分布特征和工程特性，以及为防止其危害相应采取的工程措施。

能力目标

初步具备针对湿陷性黄土和膨胀土危害的工程处理措施的选择能力。

我国地域辽阔，土类众多。某些土类由于受不同的地理环境、气候条件、地质历史及物质成分等因素的影响，而具有不同于一般土的特殊工程性质，称为特殊土，这些特殊土在分布上表现出明显的区域性，所以也称为区域性特殊土。当其作为建筑物地基时，如果不注意到土的这些特殊性，很容易造成工程事故。我国的特殊土主要有湿陷性黄土、膨胀土、红黏土、软土、多年冻土等。本章主要介绍湿陷性黄土、膨胀土两种特殊土的分布特征和特殊的工程性质，以及为防止其危害应采取的工程措施。

13.1 湿陷性黄土地基

13.1.1 黄土的特征与分布

黄土是一种在第四纪地质历史时期干旱条件下产生的沉积物，其内部物质成分和外部形态特征均不同于同时期的其他沉积物，地理分布上具有一定的规律性。

黄土颗粒组成以粉粒为主，富含碳酸钙盐类等可溶性盐类，孔隙比较大，外观颜色主要呈黄色或褐黄色。

黄土在天然含水量状态下，一般强度较高，压缩性较小，能保持直立的陡坡。但在一定压力下受水浸湿后，结构迅速破坏，并产生显著的附加下沉(其强度也随之迅速降低)，这种现象称为湿陷性。具有湿陷性的黄土，称为湿陷性黄土；而不具湿陷性的黄土，称为非湿陷性黄土，非湿陷性黄土地基的设计与施工和一般黏性土地基无差别。

湿陷性黄土又分为自重湿陷性和非自重湿陷性两种。在上覆土的饱和自重压力作用下受水浸湿，产生显著附加下沉的称为自重湿陷性黄土；在上覆土的饱和自重压力作用下受水浸湿，不产生显著附加下沉的称为非自重湿陷性黄土。

黄土在我国分布广泛，面积达 64 万 km^2，其中湿陷性黄土约占 3/4。我国湿陷性黄土主要分布在山西、陕西、甘肃等大部分地区，河南西部和宁夏、青海、河北的部分地区，新疆、内蒙古和山东、辽宁、黑龙江等省、自治区的局部地区亦有分布。

《湿陷性黄土地区建筑标准》(GB 50025—2018)给出了我国湿陷性黄土工程地质分区略图。

13.1.2 黄土湿陷性发生的原因和影响因素

黄土的湿陷现象是一个复杂的地质、物理、化学过程，其湿陷的原因和机理有多种不同的理论和假说，至今尚无大家公认的理论能够充分解释所有的湿陷现象和本质；但归纳起来，可分为外因和内因两个方面，外因即黄土受水浸湿和荷载作用，内因即黄土的物质成分及结构特征。

黄土发生湿陷性的影响因素主要有以下几点。

1. 物质成分的影响

在组成黄土的物质成分中，黏粒含量对湿陷性有一定的影响。一般情况下，黏粒含量越多湿陷性越小。在我国分布的黄土中，其湿陷性存在着由西北向东南递减的趋势，这与自西北向东南方向砂粒含量减少而黏粒增多的情况相一致。另外，黄土中盐类及其存在的状态对湿陷性有着更为直接的影响。例如，起胶结作用而难溶解的碳酸钙含量增大时，黄土的湿陷性减弱；而中溶性石膏及其他碳酸盐、硫酸盐和氯化物等易溶盐的含量越多，则黄土的湿陷性越强。

2. 物理性质的影响

黄土的湿陷性与孔隙比和含水量的大小有关。孔隙比越大，湿陷性越强；而含水量越高，则湿陷性越小，但当天然含水量相同时，黄土的湿陷变形随湿度增长程度的增加而增大。饱和度 $S_r \geqslant 80\%$ 的黄土称为饱和黄土，其湿陷性已退化。

除以上两项因素外，黄土的湿陷性还受外加压力的影响，外加压力越大，湿陷量也将显著增加，但当压力超过某一数值时，再增加压力，湿陷量反而减小。

13.1.3 湿陷性黄土地基的工程措施

在湿陷性黄土地区进行建设，除了必须遵循一般地基的设计和施工原则外，还应根据湿陷性黄土的特点、工程要求和工程所处水环境，因地制宜，采取以地基处理为主的综合措施，防止地基湿陷对建筑物产生危害。

1. 地基基础措施

(1) 地基措施。通过地基处理使全部或部分湿陷性地基变为非湿陷性地基，消除地基的全部或部分湿陷量。地基处理的目的在于破坏湿陷性黄土的大孔结构，以便消除或部分消除黄土地基的湿陷性，从根本上避免或削弱湿陷现象的发生。《湿陷性黄土地区建筑标准》(GB 50025—2018)规定，拟建建筑物应根据重要性、高度、体形、地基受水浸湿可能性大小和对不均匀沉降限制的严格程度等分为甲、乙、丙、丁四类。

甲类建筑基底压力大，压缩层深度较深，对一般湿陷性黄土地基(基底下黄土厚度小于20m)，考虑到此范围内土层被水渗入的可能性较大，应将全部湿陷性黄土层进行处理；但对大厚度湿陷性黄土地基(基底下湿陷性黄土层厚度不小于20m)，对甲类建筑除将自重湿陷性黄土层全部处理外，对附加压力和上覆土饱和自重压力之和大于湿陷起始压力的非自重湿陷土层也应处理。

乙类、丙类建筑应消除地基的部分湿陷量,但对处理深度等参数提出了要求。

丁类属次要建筑物,地基可不做处理。

常用的地基处理方法有垫层法、强夯法、挤密法、预浸水法、注浆法等。

(2) 基础措施。将基础设置在非湿陷性土层上,即在湿陷性土层较薄、持力层深度不深时可将基础直接放置于持力层上;也可采用桩基础穿透全部湿陷性黄土层,使上部荷载通过桩基础传递至压缩性低或较低的非湿陷性土(岩)层上。从而将地基浸水引起的附加沉降控制在允许范围内。

2. 防水措施

防水措施是在建筑物施工和使用期间,防止和减少水浸入地基,从而消除黄土产生湿陷性的外在条件。需综合考虑整个建筑场地以及单体建筑物的排水、防水。防水措施包括以下内容。

(1) 基本防水措施:在总平面设计、场地排水、地面防水、排水沟、管道敷设、建筑物散水、屋面排水、管道材料和连接等方面采取措施,防止雨水或生产、生活用水的渗漏。

(2) 检漏防水措施:在基本防水措施的基础上,对防护范围内的地下管道增设检漏管沟和检漏井。

(3) 严格防水措施:在检漏防水措施的基础上,提高防水地面、排水沟、检漏管沟和检漏井等设施的材料标准,如增设可靠的防水层、采用钢筋混凝土排水沟等。

(4) 侧向防水措施:在建筑物周围采取防止水从建筑物外侧渗入地基中的措施,如设置防水帷幕、增大地基处理外放尺寸等。

3. 结构措施

结构措施的目的是为了减小或调整建筑物的不均匀沉降,或使结构适应地基的变形,它是对前两项措施非常必要的补充。工程中应选择适宜的结构体系;宜采取能调整建筑物沉降变形的基础形式,如钢筋混凝土条基或筏板基础等,尽可能避免独立基础;加强结构的整体性和空间刚度;基础预留适当的沉降净空等。

工程中应根据场地湿陷类型、地基湿陷等级和地基处理后下部未处理湿陷性黄土层的湿陷起始压力值或剩余湿陷量,结合当地建筑经验和施工条件等因素,针对建筑的不同类别(甲类～丁类),综合确定采取的地基基础措施、防水措施、结构措施,具体规定详见《湿陷性黄土地区建筑标准》(GB 50025—2018)。

对场地自重湿陷量较小、已消除地基全部湿陷量和采用桩基情况,可选较低标准防水措施;对场地自重湿陷量较大、建筑物地基尚有剩余湿陷量的情况,应选择较高级别防水措施和结构措施。对丁类建筑以防水措施为主。

13.2 膨胀土地基

13.2.1 膨胀土的特征与分布

膨胀土是指土中黏粒成分主要由亲水性矿物组成,同时具有显著的吸水膨胀和失水收缩两种变形特性的黏性土。

膨胀土多出现于二级或二级以上阶地、山前和盆地边缘丘陵地带。所处地形平缓，无明显自然陡坎。旱季时地表常见裂缝(长达数十米至百米，深数米)，雨季时裂缝闭合。

我国膨胀土形成的地质年代大多数为第四纪晚更新世(Q_3)及其以前，少量为全新世(Q_4)。其颜色呈黄色、黄褐色、红褐色、灰白色或花斑色等；结构致密，多呈坚硬或硬塑状态($I_L \leqslant 0$)，压缩性小。其黏土矿物成分中含有较多的蒙脱石、伊利石等亲水性矿物，这类矿物具有较强的与水结合的能力，即吸水膨胀；塑性指数 $I_p > 17$，孔隙比中等偏小，一般在 0.7 及以上。

裂隙发育是膨胀土的一个重要特征，常见光滑面或擦痕。裂隙有竖向、斜交和水平三种，竖向裂隙常出露地表，裂隙宽度随深度的增加而逐渐尖灭；斜交剪切裂隙越发育，胀缩性越严重。裂隙间常充填灰绿、灰白色黏土。

膨胀土在我国分布范围较广，黄河以南地区较多，其中云南、广西、湖北、安徽、四川、河南、河北及山东等 20 多个省和自治区均分布有膨胀土。

13.2.2 膨胀土的危害

一般黏性土都具有胀缩性，但其量不大，对工程没有太大影响。而膨胀土的膨胀—收缩—再膨胀的周期性变形特性非常显著。建在膨胀土地基上的建筑物，随季节气候变化会反复不断地产生不均匀的抬升和下沉，从而使建筑物破坏。其破坏具有下列规律。

(1) 建筑物的开裂破坏具有地区性成群出现的特点，建筑物裂缝随气候的变化不停地张开和闭合；而且以低层轻型、砖混结构损坏最为严重，因为这类房屋的质量小、整体性较差，且基础埋深浅，地基土易受外界环境变化的影响而产生胀缩变形。

(2) 房屋在垂直和水平方向都受弯和受扭，故在房屋转角处首先开裂，墙上出现对称或不对称的正八字形裂缝、倒八字形裂缝和 X 形裂缝。外纵墙基础由于受到地基在膨胀过程中产生的竖向切力和侧向水平推力的作用，造成基础移动而产生水平裂缝和位移。室内地坪和楼板发生纵向隆起开裂。

(3) 边坡上的建筑物不稳定，地基会产生垂直和水平方向的变形，故损坏比平地上更严重。

13.2.3 膨胀土地基的工程措施

1. 设计措施

(1) 场址选择。尽量布置在地形条件比较简单、土质较均匀、胀缩性较弱的场地。

(2) 建筑体形力求简单。在地基土显著不均匀处、建筑平面转折处和高差(荷重)较大处以及建筑结构类型不同部位应设置沉降缝。

(3) 加强隔水、排水措施，尽量减少地基土的含水量变化。室外排水应畅通，避免积水，屋面排水宜采用外排水。采用宽散水，其宽度不小于 1.2m，并加隔热保温层。

(4) 使用要求特别严格的房屋地坪可采取地面配筋或地面架空等措施，尽量与墙体脱开。一般要求的可采用预制块铺砌，块体间嵌填柔性材料。大面积地面可做分格变形缝。

(5) 合理确立建筑物与周围树木间距离，绿化避免选用吸水量大、蒸发量大的树种。建筑物周围宜种植草皮。

(6) 膨胀土地区的民用建筑层数宜多于2层，以加大基底压力，防止膨胀变形。

(7) 承重砌体结构可采用拉结较好的实心砖墙，不得采用空斗墙、砌块墙或无砂混凝土砌体，不宜采用砖拱结构、无砂大孔混凝土和无筋中型砌块等对变形敏感的结构。

(8) 较均匀的膨胀土地基可采用条形基础；基础埋深较大或条基基底压力较小时，宜采用墩基础。

(9) 加强建筑物的整体刚度。基础顶部和房屋顶层宜设置圈梁，其他层隔层设置或层层设置。

(10) 基础埋藏深度的选择应综合考虑膨胀土地基胀缩等级以及大气影响深度等因素，基础不宜设置在季节性干湿变化剧烈的土层内，一般膨胀土地基上建筑物基础的埋深不应小于1m。当膨胀土位于地表下3m，或地下水位较高时，基础可以浅埋。若膨胀土层不厚，则尽可能将基础埋置在非膨胀土上。

(11) 钢和钢筋混凝土排架结构的山墙和内隔墙应采用与柱基相同的基础形式；围护墙应砌置在基础梁上，基础梁下宜预留100mm空隙，并应做防水处理。

(12) 膨胀土地基可采用地基处理方法减小或消除地基胀缩对建筑物的危害，常用的方法有换土垫层、土性改良、深基础等。换土可采用非膨胀性的黏土、砂石或灰土等材料，换土厚度应通过变形计算确定，垫层宽度应大于基础宽度。土性改良可通过在膨胀土中掺入一定量的石灰、水泥来提高土的强度。工程中可采用压力灌浆的办法将石灰浆液灌注入膨胀土的裂隙中起加固作用。当大气影响深度较深、膨胀土层较厚、选用地基加固或墩式基础施工有困难时，可选用桩基础穿越。

2. 施工措施

膨胀土地区的建筑物应根据设计要求、场地条件和施工季节，做好施工组织设计。在施工中应尽量减少地基中含水量的变化。

(1) 基础施工前，应完成场区土方、挡土墙、排水沟等工程，使排水畅通、边坡稳定。

(2) 施工用水应妥善管理，防止管网漏水，应做好排水措施，防止施工用水流入基槽内。临时水池、洗料场等与建筑物外墙的距离不应小于10m。需大量浇水的材料，堆放在距基坑(槽)边缘的距离不应小于10m。

(3) 基础施工宜采取分段快速作业法，施工过程中不得使基坑暴晒或浸泡。地基基础工程宜避开雨天施工，雨季施工应采取防水措施。施工灌注桩时，在成孔过程中不得向孔内注水。

(4) 基础施工出地面后，基坑(槽)应及时分层回填并夯实。填料宜选用非膨胀土或经改良后的膨胀土。

小 结

我国的特殊土主要有湿陷性黄土、膨胀土、红黏土、软土、多年冻土等。

黄土有湿陷性黄土和非湿陷性黄土之分，湿陷性黄土又分为自重湿陷性和非自重湿陷性两种。

湿陷性黄土常用的地基处理方法有垫层法、强夯法、挤密法、预浸水法、注浆法等;也可采用使桩端进入非湿陷性土层的桩基础。地基处理是主要的工程措施,基础措施、防水措施和结构措施应根据实际情况配合使用。

膨胀土的胀缩性不同于一般黏性土。其膨胀—收缩—再膨胀的周期性变形特性非常显著,使建造在其上的建筑物,随季节气候的变化会反复不断地产生不均匀的抬升和下沉,导致建筑物破坏。

膨胀土地基的工程措施主要从建筑结构设计、地基处理、施工措施等方面加以考虑。

思　考　题

1. 什么叫湿陷性黄土?试述湿陷性黄土的工程特征。

2. 对湿陷性黄土地基,在防水和结构方面可采取哪些措施?可采用哪些地基处理方法?

3. 试述膨胀土的特征。膨胀土地基对房屋有哪些危害?

4. 膨胀土地基应采取哪些工程措施?

附录1　土力学试验指导

试验一　含水率试验(烘干法)

一、指标含义与试验目的

土的含水率是试样在105～110℃温度下烘至恒量时所失去的水质量和达恒重后干土质量的比值,以百分数表示。

测定土的含水率,以了解土的含水情况,是计算土的孔隙比、液性指数、饱和度和其他物理力学性质指标不可缺少的一个基本指标。也是检测土工构筑物施工质量的重要指标。

二、试验方法

测定含水率的方法有烘干法、酒精燃烧法、炒干法、微波法等。

本试验采用烘干法,这是室内试验的标准方法。

三、仪器设备

(1) 烘箱:可采用电热烘箱或温度能保持105～110℃的其他能源烘箱。

(2) 电子天平:称量200g,分度值0.01g。

(3) 电子台秤:称量5000g,分度值1g。

(4) 干燥器:通常用附有氯化钙干燥剂的玻璃干燥缸。

(5) 其他:称量盒、削土刀、盛土容器等。

四、操作步骤

(1) 湿土称量。取有代表性试样:细粒土15～30g,砂类土50～100g,砂砾石2～5kg。将试样放入称量盒内,立即盖好盒盖,称出称量盒与湿土的总质量,细粒土、砂类土称量应准确至0.01g,砂砾石称量应准确至1g。当使用恒质量盒时,可先将其放置在电子天平或电子台秤上清零,再称量装有试样的恒质量盒,称出结果即为湿土质量。

(2) 烘干。揭开盒盖,将试样和称量盒放入烘箱。在105～110℃下烘至恒量。烘干时间为对黏质土不得少于8h;对砂类土不得少于6h;对有机质含量是5%~10%的土,应将烘干温度控制在65~70℃的恒温下烘至恒量。

(3) 冷却称重。将烘干后的试样和称量盒从烘箱中取出,盖好盒盖,放入干燥器内冷却至室温,称出称量盒加干土质量。

五、注意事项

(1) 刚烘干的土样要等冷却后方可称重。

(2) 含水率应在打开试验用的土样包装后立即取样测定,以免水分改变影响结果。

(3) 本试验应进行两次平行测定,取其算数平均值作为最后结果,以百分数表示。最大允许平行差值应符合附表1规定。

附表1　最大允许平行差值

含水率 w/%	最大允许平行差值/%
<10	±0.5
10~40	±1.0
>40	±2.0

(4) 称量盒中的湿试样在质量称量以后由实验室负责烘干。

六、计算公式

按下式计算土样的含水率,即

$$w=\left(\frac{m_0}{m_d}-1\right)\times 100\%=\left(\frac{m_1-m_2}{m_2-m_3}\right)\times 100\%$$

式中:w——含水率,准确至0.1%;

m_3——称量盒质量,g,可根据盒号由实验室提供的表格查得;

m_1——称量盒加湿土质量,g;

m_2——称量盒加干土质量,g;

m_d——干土质量,g;

m_0——湿土质量,g。

七、试验记录

试验记录见附表2。

附表2　含水率试验记录(烘干法)

任务单号 ____________　　　　　　　　　　试验者 ____________

天平编号 ____________　烘箱编号 ____________　　计算者 ____________

试验日期 ____________　　　　　　　　　　校核者 ____________

试样编号	盒号	称量盒质量/g	称量盒加湿土质量/g	称量盒加干土质量/g	水分质量/g	干土质量 m_d/g	含水率 w/%	平均含水率 $\bar{w}$/%
		(1)	(2)	(3)	(4)=(2)−(3)	(5)=(3)−(1)	(6)=(4)/(5)×100	(7)

试验二　密度试验(环刀法)

一、指标含义与试验目的

单位体积土的质量称为土的密度。它是土的基本物理性质指标之一,其单位为 g/cm^3。

测定土的湿密度,以了解土的疏密和干湿状态,用于换算土的其他物理性质指标和工程设计,以及控制施工质量。

二、试验方法与原理

环刀法是采用一定体积环刀切取土样并称土质量的方法,环刀内土的质量与体积之比即为土的密度。密度试验方法有环刀法、蜡封法、灌水法和灌砂法等。对于细粒土,宜采用环刀法;对于试样易碎裂、难以切削时,可用蜡封法;现场测定粗粒土的密度,可用灌水法或灌砂法。

三、仪器设备

(1) 环刀:内径 61.8mm 或 79.8mm,高度 20mm。

(2) 天平:称量 500g,分度值 0.1g;称量 200g,分度值 0.01g。

(3) 其他:切土刀、钢丝锯、玻璃板、凡士林等。

四、操作步骤

(1) 按工程需要取原状土试样或制备所需状态的扰动土试样,土样的高度和直径应大于环刀,整平其两端,放在玻璃板上。

(2) 量测环刀。取出环刀,称出环刀的质量,并在环刀内壁涂一薄层凡士林,刃口向下放在试样上。

(3) 切取土样。用切土刀(或钢丝锯)将土样削成略大于环刀直径的土柱。然后将环刀垂直下压,边压边削,至土样伸出环刀为止。将环刀两端余土削去修平。取剩余的代表性土样测定含水率。

(4) 土样称量。擦净环刀外壁，称出环刀和土的总质量，准确至0.1g。

五、注意事项

(1) 用环刀切试样时，环刀应垂直均匀下压，防止环刀内试样结构被扰动。

(2) 夏天室温很高，为了防止称质量时试样中水分蒸发，影响试验结果，宜用两块玻璃片盖住上下口称取质量，但计算时必须扣除玻璃片的质量。

(3) 称取环刀前，把土样削平并擦净环刀外壁。

(4) 如果使用电子天平称重则必须预热，待稳定后方可使用，称重时精确至小数点后二位。

(5) 本试验应进行两次平行测定，其最大允许平行差值应为±0.03g/cm³，取其算术平均值作为最后结果。

六、计算公式

按下式计算土的湿密度，即

$$\rho=\frac{m_0}{V}=\frac{m_1-m_2}{V}$$

式中：ρ——密度，计算至0.01g/cm³；

m_0——湿土质量，g；

m_1——环刀加湿土质量，g；

m_2——环刀质量，g；

V——环刀容积，cm³。

七、试验记录

试验记录见附表3。

附表3 密度试验记录(环刀法)

任务单号 ________ 试验者 ________

天平编号 ________ 烘箱编号 ________ 计算者 ________

试验日期 ________ 校核者 ________

试样编号	环刀号	环刀加湿土质量/g	环刀质量/g	湿土质量/g	环刀体积/cm³	密度 ρ/(g/cm³)	
		m_1	m_2	m_0	V	单值	平均值

试验三 界限含水率试验(液限、塑限联合测定法)

一、指标含义与试验目的

塑限是指黏性土的可塑状态与半固体状态的界限含水量。

液限是指黏性土的可塑状态和流动状态的界限含水量。

测定黏性土的液限 w_L 和塑限 w_p,并由此计算塑性指数 I_p、液性指数 I_L,进行黏性土的定名及判别黏性土的软硬程度。

二、试验方法与原理

液限、塑限联合测定法是根据圆锥仪的圆锥入土深度与其相应的含水率在双对数坐标上具有线性关系的特性来进行的。利用圆锥质量为 76g 的液塑限联合测定仪测得土在不同含水率时的圆锥入土深度,并绘制其关系直线图。在图上查得圆锥下沉深度为 17mm 所对应的含水率即为液限;查得圆锥下沉深度为 10mm 所对应的含水率为 10mm 液限;查得圆锥下沉深度为 2mm 所对应的含水率即为塑限。

三、试验设备

(1) 液塑限联合测定仪:如附图 1 所示,应包括带标尺的圆锥仪、电磁铁、显示屏、控制开关和试样杯。圆锥仪质量为 76g,锥角为 30°;读数显示宜采用光电式、游标式和百分表式。

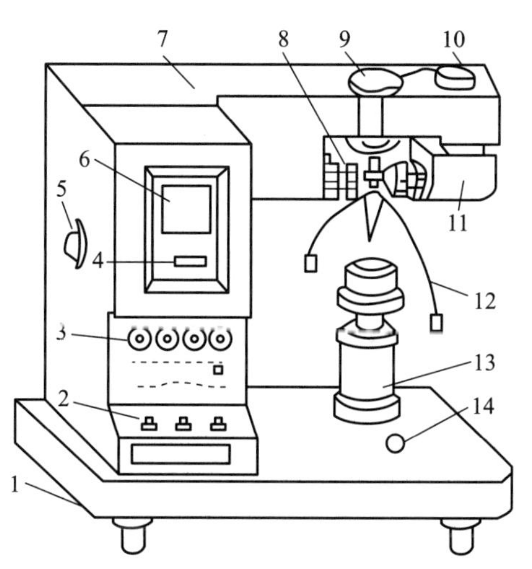

附图 1 光电式液塑限仪结构示意

1—水平调节螺丝;2—控制开关;3—指示灯;4—零线调节螺丝;5—反光镜调节螺丝;6—屏幕;7—机壳;8—物镜调节螺丝;9—电磁装置;10—光源调节螺丝;11—光源;12—圆锥仪;13—升降台;14—水平泡

(2) 天平:称量 200g,分度值 0.01g。

(3) 筛:孔径 0.5mm。

(3) 其他:调土刀、凡士林、称量盒、烘箱、干燥器等。

四、操作步骤

(1) 宜采用天然含水率的土样制备试样,也可用风干土制备试样。

(2) 当采用天然含水率的土样时,应过筛剔除粒径大于 0.5mm 的颗粒,再分别按接近液限、塑限和二者的中间状态制备不同稠度的土膏,静置湿润。静置时间可视原含水率的大小而定。

(3) 当采用风干土样时,取过 0.5mm 筛的代表性土样约 200g,分成 3 份,分别放入 3 个盛土皿中,加入不同数量的纯水,使其分别达到上一步骤所述的含水率,调成均匀土膏,放入密封的保湿缸中,静置 24h。

(4) 将制备好的土膏用调土刀充分调拌均匀,密实地填入试样杯中,应使空气逸出。高出试样杯的余土用刮土刀刮平,将试样杯放在仪器底座上。刮去多余土时,不得用刀在土面上反复涂抹。

(5) 取圆锥仪,在锥体上涂以薄层润滑油脂,接通电源,使电磁铁吸稳圆锥仪。当使用游标式或百分表式时,提起锥杆,用旋钮固定。

(6) 调节屏幕准线,使初读数为零。调节升降座,使圆锥仪锥角接触试样面,指示灯亮时圆锥在自重下沉入试样内,当使用游标式或百分表式时用手扭动旋扭,松开锥杆,经 5s 后测读圆锥下沉深度。然后取出试样杯,挖去锥尖入土处的润滑油脂,取锥体附近的试样不得少于 10g,放入称量盒内称量,准确至 0.01g,测定含水率。

(7) 按上述(4)~(6)的规定,测试其余 2 个试样的圆锥下沉深度和含水率。

五、注意事项

(1) 土样分层装杯时,注意土中不能留有空隙。

(2) 每种含水率设三个测点,取平均值作为这种含水率所对应土的圆锥下沉深度,如三点下沉深度相差太大,则必须重新调试土样。

(3) 圆锥下沉深度宜为 3~4mm,7~9mm,15~17mm。

六、计算公式

(1) 计算各试样的含水率,即

$$w = \frac{m_1 - m_2}{m_2 - m_3} \times 100\% \quad (\text{准确至 } 0.1\%)$$

式中:m_1——称量盒加湿土的质量,g;

m_2——称量盒加干土的质量,g;

m_3——称量盒的质量，g。

(2) 以含水率为横坐标，圆锥下沉深度为纵坐标，在双对数坐标纸上绘制关系曲线，三点连成一条直线(如附图 2 中的 A 线)。当三点不在一条直线上时，可通过高含水率的一点与另两点连成两条直线，在圆锥下沉深度为 2mm 处查得相应的含水率。当两个含水率的差值≥2%时，应补做试验。当两个含水率的差值小于 2%时，用这两个含水率的平均值与高含水率的点连成一条直线(如附图 2 中的 B 线)。

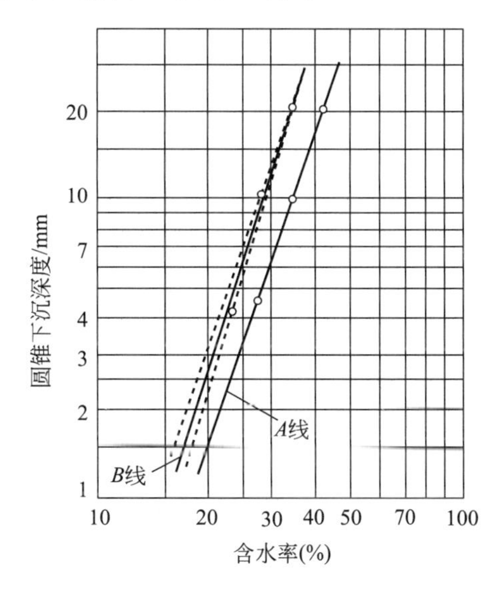

附图 2 圆锥下沉深度与含水率关系图

(3) 在圆锥下沉深度与含水率的关系图上，查得下沉深度为 17mm 所对应的含水率为液限；查得下沉深度为 10mm 所对应的含水率为 10mm 液限；查得下沉深度为 2mm 所对应的含水率为塑限，取值以百分数表示，准确至 0.1%。

七、试验记录

试验记录见附表 4。

附表 4 液限、塑限联合试验记录

任务单号 ____________ 试验者 ____________

天平编号 ____________ 烘箱编号 ____________ 计算者 ____________

试验日期 ____________ 校核者 ____________

试样编号	圆锥下沉深度/mm	盒号	盒质量 m_3/g	称量盒加湿土质量 m_1/g	称量盒加干土质量 m_2/g	水分质量 m_w/g	干土质量 m_s/g	含水率 w/%	液限 w_L/%	塑限 w_p/%

试验四　塑 限 试 验

一、指标含义与试验目的

塑限是指土的可塑状态与半固体状态的界限含水率。

测定土的塑限，并与蝶式仪测定液限试验结合计算土的塑性指数和液性指数，作为黏性土分类的一个依据。

二、试验方法

采用搓条法(搓滚法)，本试验方法适用于粒径小于 0.5mm 以及有机质含量不大于干土质量的 5%的土。

三、仪器设备

(1) 毛玻璃板：尺寸宜为 200mm×300mm。

(2) 卡尺：分度值 0.02mm(或直径 3mm 的金属丝)。

(3) 筛：孔径 0.5rnm。

(4) 其他：同含水率试验。

四、操作步骤

(1) 取过 0.5mm 筛的代表性土样约 100g，加纯水搅拌，浸润静置过夜。

(2) 将试样在手中捏揉至不黏手，捏扁，当出现裂缝时，表示含水量已接近塑限。

(3) 取一小块接近塑限的试样，先用手捏成橄榄形，然后再用手掌在毛玻璃板上轻轻搓滚。搓滚时手掌均匀施加压力于土条上，不得使土条在毛玻璃板上无力滚动，土条不得有空心现象，土条长度不宜大于手掌宽度(制备好的土样含水率一般大于塑限，搓滚的目的一方面促使试样中的水分逐渐蒸发，另一方面将试样慢慢塑成规定的 3mm 直径的土条)。

(4) 当土条搓成 3mm 直径时，产生裂缝，并开始断裂，表示试样的含水率达到塑限含水率(每组有一直径 3mm 的金属丝比较)。将已达到塑限的断裂土条立即放入称量盒中，盖紧盒盖。再取试样用同样的方法继续试验，待称量盒中合格的断土条累积有 3～5g 时，即可测定含水率，此含水率即为塑限。

若土条搓至 3mm 直径时，不产生裂缝及断裂，表示这时试样的含水率高于塑限；当土条直径大于 3mm 时即断裂，则表示试样的含水率低于塑限，遇到这两种情况时，均应重新取试样进行试验。当土条在任何含水率下始终搓不到 3mm 即开始断裂，则该土无塑性。

五、注意事项

(1) 搓条法测塑限需要一定的操作经验,特别是塑性低的土更难搓成。初次操作时必须耐心地反复实践,才能达到试验标准。下列经验可供参考:先取一部分试样,用两手反复揉搓成球(大小似乒乓球),然后放在毛玻璃板上压成厚4～5mm的土饼。如果土饼四周边缘出现辐射状短裂缝时表示搓条的起始水分合适,然后用小刀将土饼切一小条搓滚,一次不成再切第二条,如果第一次搓成3mm直径而未断裂,则第二条可切宽一些,反之,则切窄一些,如附图3所示。

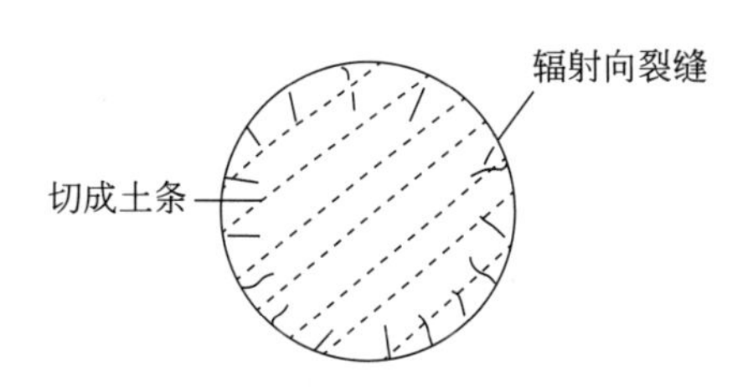

附图3　搓条前切成的土饼示意

(2) 本试验应进行两次平行测定,取其算术平均值作为最后结果,其平行差值不得大于附表5的规定。

附表5　最大允许平行差值

含水率 w/%	最大允许平行差值/%
<10	±0.5
10～40	±1.0
>40	±2.0

六、计算公式

按下式计算塑限,即

$$w_p = \frac{m_1 - m_2}{m_2 - m_3} \times 100\% \quad (准确至0.1\%)$$

式中:m_1——称量盒加湿土的质量,g;

m_2——称量盒加干土的质量,g;

m_3——称量盒的质量,g。

七、试验记录

试验记录见附表6。

附表 6　搓滚塑限法试验记录

任务单号 ＿＿＿＿＿＿　　　　　　　　　　　试验者 ＿＿＿＿＿＿

天平编号 ＿＿＿＿＿＿　烘箱编号 ＿＿＿＿＿＿　计算者 ＿＿＿＿＿＿

试验日期 ＿＿＿＿＿＿　　　　　　　　　　　校核者 ＿＿＿＿＿＿

试验次数			1	2
称量盒号				
称量盒质量	g	m_3		
称量盒＋湿土质量	g	m_1		
称量盒＋干土质量	g	m_2		
水分质量	g	m_1-m_2		
干土质量	g	m_2-m_3		
含水量	%	w_p		
平均含水量	%	w_p		

试验五　液限试验

一、指标含义与试验目的

液限是指黏性土的可塑状态和流动状态的界限含水量。

测定土的液限，用来计算土的塑性指数和液性指数，作为黏性土分类及确定黏性土软硬状态的依据。

二、试验方法

试验方法有电动落锥法、手提落锥法和碟式仪法等。本试验介绍蝶式仪法。

三、仪器设备

(1) 碟式液限仪(附图 4)：由土碟和支架组成专用仪器，并有专用划刀。

(2) 筛：孔径为 0.5mm。

(3) 其他：同含水率试验。

四、操作步骤

(1) 取过 0.5mm 筛的代表性土样(天然含水率的土样或风干土样均可)约 100g，放在

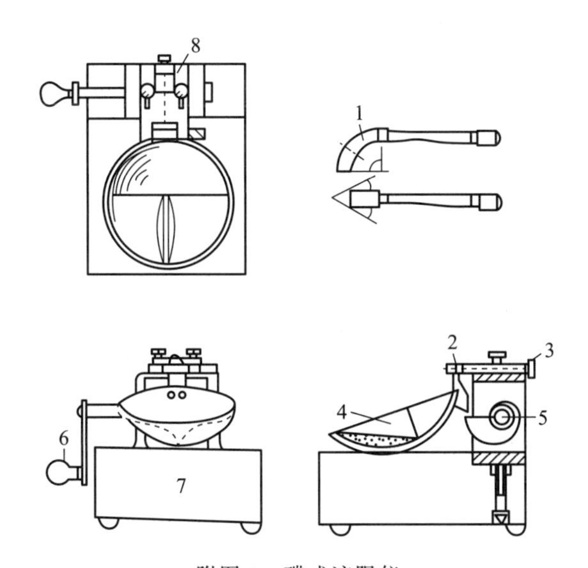

附图 4 碟式液限仪

1—开槽器；2—销子；3—支架；4—土碟；5—蜗轮；6—摇柄；7—底座；8—调整板

调土皿中，按需要加纯水，用调土刀反复拌匀。

(2) 取一部分试样，平铺于土碟的前半部。铺土时应防止试样中混入气泡。用调土刀将试样面修平，使最厚处为 10mm，多余试样放回调土皿中。以蜗形轮为中心，用划刀自后至前沿土碟中央将试样划成槽缝清晰的两半(附图 5)。为避免槽缝边扯裂或试样在土碟中滑动，允许从前至后，再从后至前多划几次，将槽逐步加深，以代替一次划槽。最后一次从后至前的划槽能明显的接触碟底，但应尽量减少划槽的次数。

(3) 以每秒 2 转的速率转动摇柄，使土碟反复起落，坠击于底座上，数记击数，直至试样两边在槽底的合拢长度为 13mm 为止(附图 6)，记录击数，并在槽的两边采取试样 10g 左右，测定其含水率。

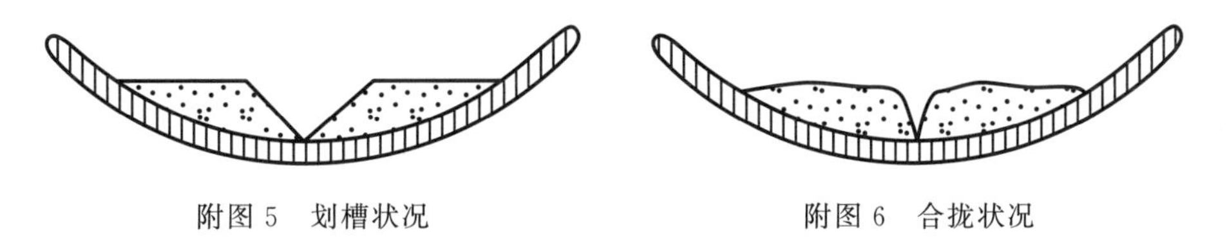

附图 5 划槽状况

附图 6 合拢状况

(4) 将土碟中的剩余试样移至调土皿中，再加水彻底拌和均匀，重复上述步骤(2)、(3)，至少再做两次试验。这两次土的稠度应使合拢长度为 13mm 时所需击数为 15～35 次，其中 25 次以上及以下各 1 次。然后测定各击次下试样的相应含水率。

五、注意事项

(1) 检验碟式液限仪，确定处于良好的状态，避免土碟左右活动。调整土碟的提升高度，使碟底与台座之间落距控制在 10mm。

(2) 铺土时注意尽量少压几次，以防试样中混入气泡。

六、计算公式

(1) 各击次下合拢时试样的相应含水率应按下式计算：

$$w_N = \left(\frac{m_N}{m_d} - 1\right) \times 100\%$$

式中：w_N——N 击下试样的含水率，%；

m_N——N 击下试样的质量，g。

(2) 根据试验结果，在单对数坐标上绘制击次与含水率关系曲线(附图 7)。以含水率为纵坐标(数学标尺)，击次为横坐标(对数标尺)。曲线为一直线，绘制时应尽可能通过三个或三个以上的试验点。查得曲线上击数 25 次所对应的含水率即为该试样的液限。

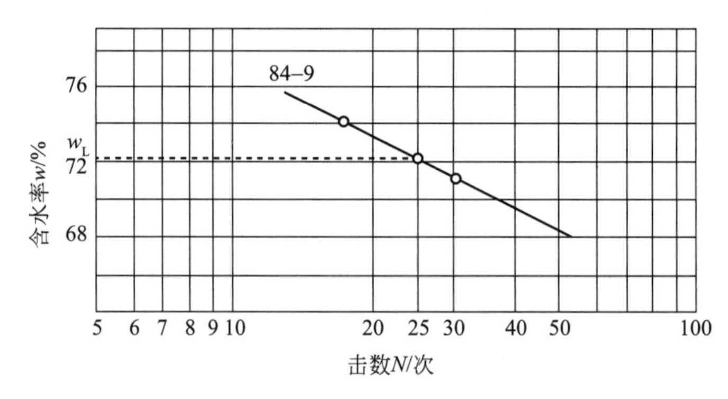

附图 7　液限曲线

七、试验记录

试验记录如附表 7 所示。

附表 7　蝶式仪液限法试验记录

任务单号 ________　　试验者 ________

天平编号 ________　烘箱编号 ________　　计算者 ________

试验日期 ________　　校核者 ________

试样编号	击数 N	盒号	湿土质量 m_N/g	干土质量 m_d/g	含水率 w_N/%	液限 w_L/%
	—	—	(1)	(2)	(3)=[(1)/(2)−1]	(4)

试验六 固结试验

一、指标含义与试验目的

压缩系数为土在完全侧限条件下，孔隙比变化与压力变化的比值。

压缩模量为土在完全侧限条件下，土的竖向附加应力与竖向应变增量的比值。

测定试样在侧限与轴向排水条件下的压缩变形 Δh 和荷载 P 的关系，以便计算土的单位沉降量 S_1、压缩系数 a 和压缩模量 E_s 等。用于判断土的压缩性和计算基础沉降。

二、试验方法与原理

土的压缩性主要是由于孔隙体积减小而引起的。在饱和土中，水具有流动性，在外力作用下沿着土中孔隙排出，从而引起土体积减小而发生压缩，试验时由于金属环刀及刚性护环所限，土样在压力作用下只能在竖向产生压缩，而不可能产生侧向变形，故称为侧限压缩。

三、仪器设备

(1) 固结仪：如附图 8 所示，试样面积 $30cm^2$，高 2cm。

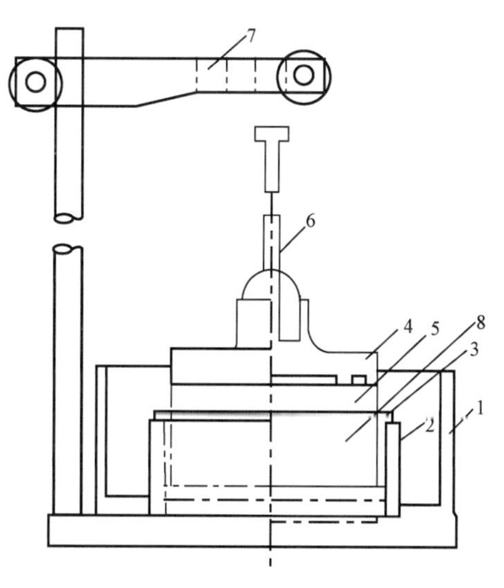

附图 8 固结仪示意

1—水槽；2—护环；3—环刀；4—加压上盖；5—透水石；6—量表导杆；7—量表架；8—试样

(2) 百分表：如附图 9 所示，量程 10mm，最小分度值 0.01mm。

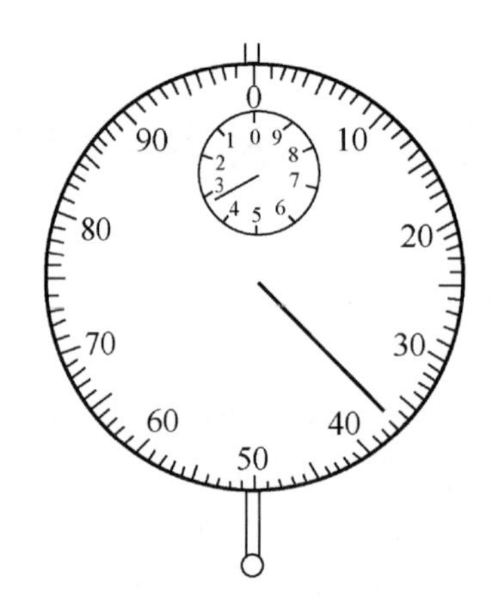

附图 9　百分表示意

注：短针表示一小格为 1.0mm，长针表示一小格为 0.01mm。此图所示相应读数为 3.37mm。

(3) 其他：刮土刀、钢丝锯、电子天平、秒表。

四、操作步骤

(1) 制备试样。根据工程需要，切取原状土试样或制备给定密度与含水率的扰动土试样。土样的高度和直径应大于环刀，整平其两端，放在玻璃板上。

(2) 切取试样。在环刀内壁抹一薄层凡士林，刃口向下放在土样上；用修土刀将土样修成略大于环刀直径的土柱，将环刀垂直下压，边压边削，至土样伸出环刀为止，然后将环刀两端的余土削去修平。

注意：

① 刮平环刀两端时，不得用力反复涂抹，以免土面孔隙堵塞，或使土面析水。

② 切得土样的四周应与环刀密合，且保持完整，如不合要求应重取。

(3) 测定试样密度与含水量。取削下的余土测定含水率，需要时将试样进行饱和。

(4) 安放试样。在固结容器内放置护环、透水板和薄滤纸，将带有环刀的试样刃口向下小心地装入护环，然后在试样上放薄滤纸、透水板和加压盖板，置于加压框架下。

(5) 检查设备。检查加压设备是否灵敏，利用平衡砣调整杠杆至水平位置。

(6) 安装量表。将装好试样的固结容器放在加压框架的正中，将传压钢珠与加压横梁的凹穴相连接。然后装上量表，调节量表杆头使其可伸长的长度不小于 8mm，并检查量表是否灵活和垂直(在教学试验中，学生应先练习量表读数)。

(7) 施加预压。为保证试样与仪器上下各部件之间接触良好，施加 1kPa 的预压压力，然后调整量表读数至零处(或某一整数)。

(8) 加压观测。

① 记下百分表读数并加第一级压力，并在加上砝码的同时开动秒表。加荷重时，将砝码轻轻放在砝码盘上避免冲击和摇晃。第一级压力的大小视土的软硬程度或工程要求而定，一般可采用 12.5kPa、25kPa 或 50kPa。最后一级的压力应大于上覆土层的计算压力 100～200kPa。需测定压缩系数时，其最大压力不小于 400kPa。

注：原状土的第一级压力，除软黏土外，也可按天然荷重施加。压力等级一般为 50kPa、

100kPa、200kPa、400kPa。

② 如果是饱和试样，应在施加第一级压力后，立即向水槽中注水浸没试样；如果是非饱和试样，需用湿棉围住加压盖板四周，避免水分蒸发。

③ 当不需要测定沉降速率时，稳定标准规定为每级压力下固结 24h 或试样变形每小时变化不大于 0.01mm（教学试验可另行假定稳定时间）。测记稳定读数后，再施加第二级压力。之后依次逐级加压至试验结束。

④ 试验结束后，迅速拆除仪器各部件，取出带环刀的试样。需测定试验后的含水率时，应用干滤纸吸去试样两端表面上的水，然后测定其含水率。

五、注意事项

（1）先装好试样，再安装量表。在装量表的过程中，小指针调至整数位，大指针调至零，量表杆头要有一定的伸缩范围，固定在位移计（量表）架上。

（2）加荷时，应按顺序加砝码；试验中不要震动试验台，以免指针产生移动。

六、计算与制图

（1）按下式计算试样的初始孔隙比：

$$e_0 = \frac{d_s \rho_w (1 + w_0)}{\rho_0} - 1$$

（2）按下式计算各级压力下固结稳定后的孔隙比 e_i：

$$e_i = e_0 - (1 + e_0) \frac{\sum \Delta h_i}{h_0}$$

式中：d_s——土粒相对密度（教学实验可结合当地经验由实验室提供）；

ρ_w——水的密度，g/cm^3；

w_0——试样起始含水率，%；

ρ_0——试样起始密度，g/cm^3；

$\sum \Delta h_i$——在某级压力下试样固结稳定后的总变形量，mm，其值等于该级压力下压缩稳定后的量表读数减去仪器变形量（由实验室提供资料）；

h_0——试样起始高度，mm，即环刀高度。

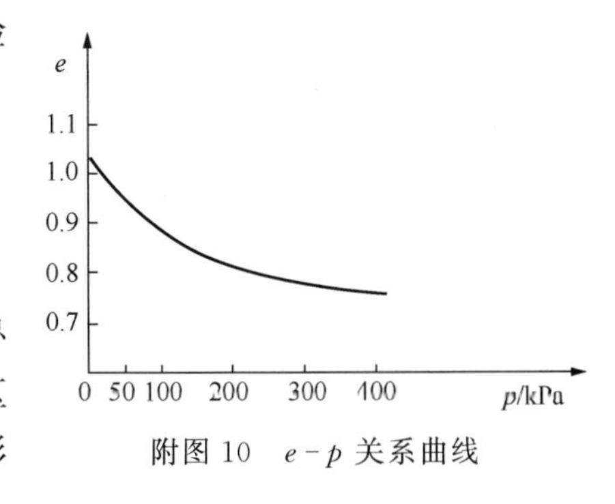

附图 10 $e-p$ 关系曲线

（3）绘制压缩曲线。

以孔隙比 e 为纵坐标、压力 p 为横坐标，绘制孔隙比与压力的关系曲线，如附图 10 所示。

（4）按下式计算压缩系数 a_{1-2} 与压缩模量 E_s：

$$a_{1-2}=\frac{e_1-e_2}{p_2-p_1}\times 1000(\mathrm{MPa}^{-1}),\quad E_s=\frac{1+e_0}{a_{1-2}}$$

七、试验记录

试验记录如附表 8 所示。

附表 8　固结试验记录表

任务单号＿＿＿＿＿　试样面积＿＿＿＿＿ cm^2　试验者＿＿＿＿＿

试样编号＿＿＿＿＿　土粒相对密度＿＿＿＿＿　计算者＿＿＿＿＿

仪器编号＿＿＿＿＿　试验前试样高度 h_0=＿＿＿ mm　校核者＿＿＿＿＿

试验日期＿＿＿＿＿　试验前孔隙比 e_0=＿＿＿＿＿

加压历时	压力 p	量表读数	仪器变形量 λ	试样变形量 $\sum \Delta h_i$	单位沉降量 S_i	孔隙比 e_i
/h	/kPa	/mm	/mm	/mm	$\left(\sum \Delta h_i/h_0\right)$	$\left(e_i=e_0-(1+e_0)\frac{\sum \Delta h_i}{h_0}\right)$
0	0					
	50					
	100					
	200					
	400					

试验七　直接剪切试验(快剪法)

一、指标含义与试验目的

土的抗剪强度是土在外力作用下,其一部分土体对于另一部分土体滑动时所具有的抵抗剪切的极限强度。

直接剪切试验是测定土的抗剪强度的一种常用方法。通常采用四个试样为一组,分别在不同的垂直压力 σ 下施加水平剪应力进行剪切,求得破坏时的剪应力 τ,然后根据库仑定律确定土的抗剪强度参数内摩擦角 φ 和黏聚力 c。在确定地基土的承载力、挡土墙的土压力以及验算土坡的稳定性等时,都要用到抗剪强度指标。

二、试验方法与原理

直剪试验分为快剪(Q)、固结快剪(CQ)和慢剪(S)三种试验方法。在教学中可采用快剪法。

快剪试验是在试样上施加垂直压力后立即快速施加水平剪切力,以 0.8～1.2mm/min

的速率剪切，一般使试样在 3～5min 剪破。快剪法适用于渗透系数小于 10^{-6} cm/s 的细粒土，测定黏性土天然强度。

三、仪器设备

（1）应变控制式直接剪切仪：如附图 11 所示，有剪力盒、垂直加压框架、负荷传感器或测力计及推动机构等。

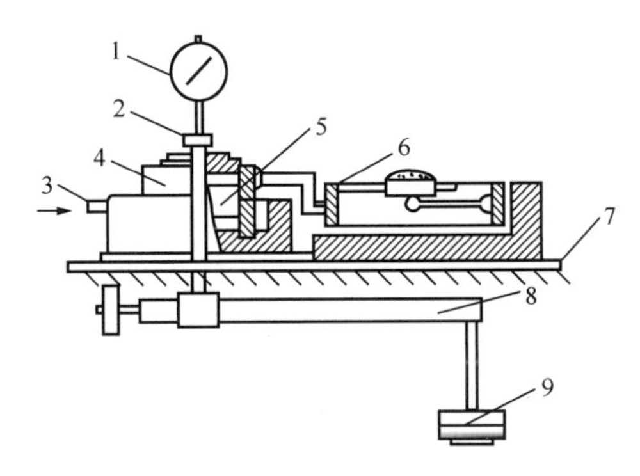

附图 11 应变控制式直剪仪结构示意

1—垂直变形百分表；2—垂直加压框架；3—推动座；4—剪切盒；5—试样；6—测力计；7—台板；8—杠杆；9—砝码

（2）位移传感器或位移计（百分表）：量程 5～10mm，分度值 0.01mm。

（3）天平：称量 500g，分度值 0.1g。

（4）环刀：内径 61.8mm，高度 20mm。

（5）其他设备：饱和器、削土刀或钢丝锯、秒表等。

四、操作步骤

（1）切取试样。根据工程需要，从原状土或制备成所需状态的扰动土中用环刀切 4 个试样，如果是原状土样，切试样方向应与土在天然地层中的方向一致。

测定试样的密度及含水率。如果试样需要饱和，可对试样进行抽气饱和。以上做法要求与固结试验相同。

（2）安装试样。对准剪切容器上、下盒，插入固定销钉。在下盒内放入不透水板，将装有试样的环刀平口向下，对准剪切盒口，在试样顶面放不透水板，然后将试样徐徐推入剪切盒内，移去环刀。

（3）施加垂直压力。转动手轮，使上盒前端钢珠刚好与测力计接触，调整测力计中的量表读数为零。依次加上加压盖板、钢珠、压力框架。每组 4 个试样，分别在四种不同的垂直压力下进行剪切。可根据工程实际和土的软硬程度施加各级垂直压力，垂直压力的各级差值要大致相等。在教学上，可取 4 个垂直压力分别为 100kPa、200kPa、300kPa、400kPa。各个垂直压力可一次轻轻施加。若土质松软，也可分级施加以防试样挤出。

（4）进行剪切。施加垂直压力后，立即拔出固定销钉，开动秒表，宜采用 0.8～1.2mm/min

的速率剪切,每分钟4～6转的均匀速度旋转手轮(在教学中可采用每分钟6转),使试样在3～5min内剪损。当剪应力的读数达到稳定或有显著后退时,表示试样已剪损。宜剪至剪切变形达到4mm。当剪应力读数继续增加时,剪切变形达到6mm为止。手轮每转一转,同时测记负荷传感器或测力计读数,直至剪损为止。

(5) 拆卸试样。剪切结束后,吸去剪切盒中的积水,倒转手轮,移去垂直压力、框架、钢珠、加压盖板等,取出试样。

五、注意事项

(1) 先安装试样,再装量表。安装试样时要用不透水石把土样从环刀推进剪切盒内,试验前量表中的大指针调至零。

(2) 加荷时,应使砝码上的缺口彼此错开,防止砝码一起倒下砸伤脚;也不要摇晃砝码。

(3) 开始剪切之前,千万不能忘记拔去插销,否则仪器会损坏。

六、计算与制图

(1) 按下式计算各级垂直压力下所测的抗剪强度:

$$\tau_f = CR$$

式中:τ_f——土的抗剪强度,kPa;

C——测力计率定系数,kPa/0.01mm;

R——测力计量表读数,0.01mm。选取出现剪应力峰值点或稳定值时对应的测力计量表读数,或无明显峰值点时,剪切位移为4mm时对应的测力计量表读数。

需要说明的是,手轮每转一转,推动座将剪切容器下盒推动位移0.2mm,故手轮转动n转时,如测力计量表读数为R,则试样剪切位移$\Delta l=(n\times 20-R)\times 0.01$,单位为mm。

(2) 绘制$\tau_f-\sigma$曲线。

① 手工绘图。

把试验数据点绘在以抗剪强度τ_f为纵坐标、垂直压力σ为横坐标的坐标系中(纵、横坐标必须同一比例),将数据点连成一条直线,在画这条直线时,根据最小二乘法原理尽量让落在直线两边的点大致相等即可。该直线在纵轴上的截距就是黏聚力c,该直线的倾角就是土的内摩擦角φ,如附图12所示。

② 利用Excel软件确定土的抗剪强度指标。

例如,按照附表9建立工作表,在B1单元格输入测力计率定系数,B2:E2输入不同的垂直压力值,B3:E3输入与不同垂直压力相对应的破坏时测力计百分表读数,B4单元格输入公式"=\$B\$1 * B3",选定B4单元格应用鼠标拖动复制功能下拉至F4,B5单元格输入"=INTERCEPT(B4:E4,B2:E2)"以求黏聚力,D5单元格输入"= ATAN (SLOPE(B4:E4,B2:E2)) * 180/PI( )"以求内摩擦角,F5单元格输入"CORREL(B4:E4,B2:E2)"以求相关系数。

单击"图表向导"图标,在"标准类型"中选择"xy散点图","子图表类型"中选择"散点图",之后单击"下一步"按钮,在"系列"选项卡"X值(X)"中填入"=Sheetl! \$B\$2:\$E\$2",在"Y值(Y)"中填入"=Sheetl! \$B\$4:\$E\$4",然后单击"确定"按钮;右击图中数据点，当弹出下拉菜单后，单击“添加趋势线”，在其中的“类型”选项卡中选择“线性”类型，最后单击“确定”按钮，如附图 12 所示。

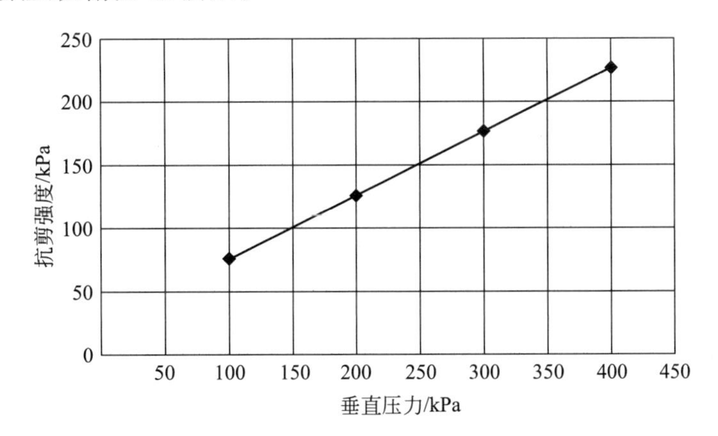

附图 12　抗剪强度与垂直压力关系曲线

附表 9　抗剪强度指标工作表

序号	A	B	C	D	E	F
1	测力计率定系数/[kPa·(0.01mm)$^{-1}$]	2.01	试验方法		固结快剪	
2	压力/kPa	100	200	300	400	
3	破坏时百分表读数/0.01mm	37.5	62.8	88.5	112.5	
4	剪应力/kPa	75.375	126.228	177.885	226.125	
5	黏聚力/kPa	25.427	内摩擦角/(°)	26.7	相关系数 r	0.9999

注：相关系数 r 是衡量两个随机变量之间线性相关程度的指标。取值范围为[−1,1]，$r>0$ 表示正相关，$r<0$ 表示负相关，$|r|$ 表示变量之间相关程度的高低。特殊地，$r=1$ 称为完全正相关，$r=-1$ 称为完全负相关，$r=0$ 称为不相关。通常 $|r|>0.8$ 时，认为两个变量有很强的线性相关性。

七、试验记录

试验记录如附表 10 所示。

附表 10　直接剪切试验记录表

任务单号 ________　　　　　　　　　　　　试验者 ________

试样编号 ________　　仪　器　编　号 ________　　计算者 ________

试样说明 ________　　测力计率定系数 ________　　校核者 ________

试验方法 快剪法　　手　轮　转　数　6 转/min　　试验日期 ________

垂直压力 P /kPa	手轮转数 n /转	测力计读数 R /0.01mm	剪切位移 Δl /mm	剪切历时 t /秒	抗剪强度 τ_f /kPa
100					
200					
300					
400					
内摩擦角 $\varphi=$			黏聚力 $c=$		(kPa)

试验八　击实试验

一、指标含义与试验目的

在一定的压实功能作用下，使土最容易被压实，并能达到最大密实度时的含水率，称为土的最优含水率 w_{op}，相应的干密度则称为最大干密度 ρ_{dmax}。

本试验的目的是用标准的击实方法测定土的密度与含水率的关系，从而确定土的最大干密度与最优含水率。它们是控制路堤、土坝和填土地基等密实度的重要指标。

击实试验适用于粒径小于 20mm 的土。

二、试验方法与原理

本试验采用轻型击实仪进行击实试验。土的压实程度与含水率、压实功能和压实方法有着密切的关系。当压实功能和压实方法不变时，土的干密度随含水率的增加而增加，但当含水率增加到一定程度时，干密度将达到最大值，此时如果含水率继续增加，干密度则会减小。

三、仪器设备

(1) 轻型击实仪：由击实筒、击锤和导筒组成。锤质量 2.5kg，锤底直径 51mm，落高 305mm，击实筒内径 102mm，筒高 116mm，容积 947.4cm^3，护筒高度 50mm，如附图 13 所示。

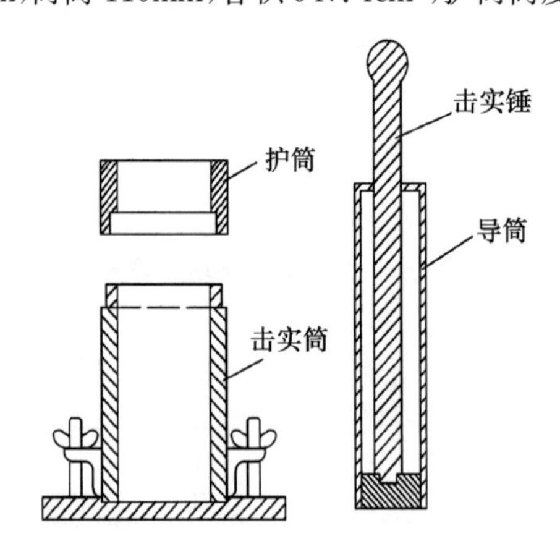

附图 13　击实仪示意

(2) 天平：称量 200g，分度值 0.01g。

(3) 台秤：称量 10kg，分度值 1g。

(4) 标准筛：孔径为 25mm、5mm。

(5) 其他：烘箱、喷水设备、碾土器、盛土器、推土器、修土刀等。

四、操作步骤

1. 试样制备

试样制备分为干法制备和湿法制备两种。

1）干法制备

（1）用四点分法取约 20kg 的代表性风干试样，放在橡皮板上用木碾碾散，也可用碾土器碾散。

（2）过 5mm 或 20mm 的筛，将筛下土样拌匀，并测定土样的风干含水率。

（3）根据土的塑限预估最优含水率，并制备不少于 5 个不同含水率的一组试样，相邻 2 个试样含水率的差值宜为 2%。其中 2 个含水率大于塑限，2 个含水率小于塑限，1 个含水率接近塑限。

制备试样所需加水量应按下式计算：

$$m_w = \frac{m_0}{1 + 0.01w_0} \times 0.01(w_1 - w_0)$$

式中：m_w——土样所需加水量，g；

m_0——风干土（或湿土）质量，g；

w_0——风干土（或湿土）含水率，%；

w_1——制备要求的含水率，%。

按预定含水率制备试样时，将约 2.5kg 的试样平铺于不吸水的盛土盘内，按预定含水率用喷水设备往土样上均匀喷洒所需加水量，拌匀并装入塑料袋内或密封于盛土器内静置备用。静置时间分别为：高液限黏土不得少于 24h，低液限黏土可酌情缩短，但不应少于 12h。

2）湿法制备

（1）取天然含水率的代表性土样约 20kg，碾散。

（2）过 5mm 或 20mm 的筛，将筛下土样拌匀，并测定土样的天然含水率。

（3）根据土的塑限预估最优含水率，同干法制备一样，制备 5 个不同含水率的一组试样。制备时分别风干或加水到所要求的不同含水率。制备好的土样水分应均匀分布。

2. 分层击实

（1）将击实仪平稳地置于刚性基础上，击实筒内壁和底板涂一薄层润滑油，连接好击实筒与底板，安装好护筒。检查仪器各部件及配套设备的性能是否正常，并做好记录。

（2）从制备好的一份试样中称取一定量的土料（2～5kg），分 3 层或 5 层倒入击实筒内并将土面整平，分层击实。手工击实时，应保证使击锤自由铅直下落，锤击点必须均匀分布于土面上；机械击实时，可将定数器拨到所需的击数处，按动电钮进行击实。每层击数为 25 击，击实后的每层试样高度应大致相等，两层交接面的土面应刨毛。击实完成后，超出击实筒顶的试样高度应小于 6mm。

3. 称土质量

用修土刀沿护筒内壁削挖后，扭动开取下护筒，测出超高，应取多个测值平均，准确至

0.1mm。沿击实筒顶细心修平试样，拆除底板。试样底面超出筒外时，应修平。擦净筒外壁，称量，准确至1g，用以计算试样的湿密度。

4. 测定含水率

用推土器从击实筒内推出试样，从试样中心处取2个一定量的土料，细粒土为15～30g，含粗粒土为50～100g。平行测定土的含水率，称量准确至0.01g，两个含水率的最大允许差值应为±1%。

5. 不同含水率试样试验

按(2)～(4)步骤进行其他不同含水率试样的击实试验。一般不重复使用土样。

五、注意事项

(1) 试验前，击实筒内壁和底板需涂一层润滑油。

(2) 两层交界处的土面应刨毛，以使层与层之间压密。

六、计算与制图

1. 计算击实后各试样的干密度，计算至0.01g/cm³

$$\rho_d = \frac{\rho}{1+0.01w}$$

式中：ρ——试样的湿密度，g/cm³；

w——试样的含水率，%。

2. 计算土的饱和含水率

$$w_{sat} = \left(\frac{\rho_w}{\rho_d} - \frac{1}{G_s}\right) \times 100$$

式中：w_{sat}——试样的饱和含水率，%；

ρ_w——温度4℃时水的密度，g/cm³；

ρ_d——试样的干密度，g/cm³；

G_s——土颗粒相对密度。

3. 绘制击实曲线

以干密度为纵坐标、含水率为横坐标，绘制干密度与含水率的关系曲线，即击实曲线。曲线峰值点的纵、横坐标分别为击实试样的最大干密度和最优含水率。当曲线不能绘出峰值点时应进行补点。

计算各个干密度下的饱和含水率。以干密度为纵坐标、含水率为横坐标，在击实曲线的图中绘制出饱和曲线，用来校正击实曲线，如附图14所示。

七、试验记录

试验记录如附表11所示。

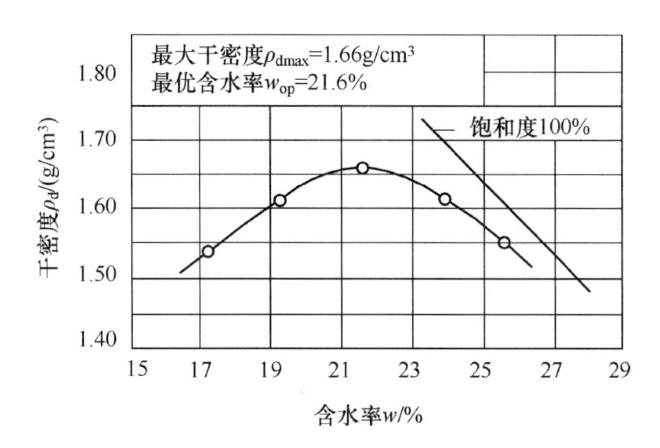

附图 14 黏性土的击实曲线

附表 11 击实试验记录表

任务单号 ＿＿＿＿＿　　土粒相对密度 ＿＿＿＿＿　　试验者 ＿＿＿＿＿

试样编号 ＿＿＿＿＿　　风干含水率 ＿＿＿＿＿　　计算者 ＿＿＿＿＿

试验日期 ＿＿＿＿＿　　击实筒容积 ＿＿＿＿＿　　校核者 ＿＿＿＿＿

试验序号	筒加试样质量/g	筒质量/g	试样质量/g	湿密度/(g/cm³)	干密度/(g/cm³)	盒号	称量盒加湿土质量/g	称量盒加干土质量/g	称量盒质量/g	水分质量/g	干土质量/g	含水率/%	平均含水率/%	超高/mm
	(1)	(2)	(3)	(4)	(5)		(6)	(7)	(8)	(9)	(10)	(11)	(12)	
			(1)－(2)	$\frac{(3)}{V}$	$\frac{(4)}{1+0.01\times(12)}$					(6)－(7)	(7)－(8)	$\frac{(9)}{(10)}\times100$		
1														
2														
3														
4														
5														
	最大干密度 ρ_{dmax}＝ (g/cm³)						最优含水率 w_{op}＝ (%)							

附录 2 地质年代表

相对年代				距今年数/百万年	构造阶段	地史简要特征
代	纪		世			
新生代(K_z)	第四纪(Q)		全新世(Q_h 或 Q_4)	0.012	喜马拉雅阶段	地球表面发展成现代地貌
			更新世(Q_p)	1～2		冰川广布，黄土生成
	第三纪(R)	晚第三纪(N)	上新世(N_2)	12		西部造山运动，东部低平，湖泊广布
			中新世(N_1)	26		
		早第三纪(E)	渐新世(E_3)	40		哺乳类分化
			始新世(E_2)	60		蔬果繁盛，哺乳类急速发展
			古新世(E_1)	65		（我国尚无古新世地层发现）
中生代(M_z)	白垩纪(K)		晚白垩世(K_2) 早白垩世(K_1)	135	燕山阶段	造山作用强烈，岩浆岩活动矿产生成
	侏罗纪(J)		晚侏罗世(J_3) 中侏罗世(J_2) 早侏罗世(J_1)	195		恐龙极盛，中国南山俱成，大陆煤田生成
	三叠纪(T)		晚三叠世(T_3) 中三叠世(T_2) 早三叠世(T_1)	230	印支阶段	中国南部最后一次海侵，恐龙哺乳类发育
古生代(P_z)	晚古生代(P_{z2})	二叠纪(P)	晚二叠世(P_2) 早二叠世(P_1)	285	海西阶段	世界冰川广布，新南最大海侵，造山作用强烈
		石炭纪(C)	晚石炭世(C_3) 中石炭世(C_2) 早石炭世(C_1)	350		气候温热，煤田生成，爬行类昆虫得竹，地形低平，珊瑚礁发育
		泥盆纪(D)	晚泥盆世(D_3) 中泥盆世(D_2) 早泥盆世(D_1)	400		森林发育，腕足类鱼类极盛，两栖类发育
	早古生代(P_{z1})	志留纪(S)	晚志留世(S_3) 中志留世(S_2) 早志留世(S_1)	435	加里东阶段	珊瑚礁发育，气候局部干燥，造山运动强烈
		奥陶纪(O)	晚奥陶世(O_3) 中奥陶世(O_2) 早奥陶世(O_1)	500		地势低平，海水广布，无脊椎动物极盛，末期华北升起
		寒武纪($\in$)	晚寒武世($\in_3$) 中寒武世($\in_2$) 早寒武世($\in_1$)	570		浅海广布，生物开始大量发展

续表

<table>
<tr><th colspan="4">相对年代</th><th rowspan="2">距今年数/百万年</th><th rowspan="2">构造阶段</th><th rowspan="2">地史简要特征</th></tr>
<tr><th>代</th><th colspan="2">纪</th><th>世</th></tr>
<tr><td rowspan="5">元古代(P_t)</td><td rowspan="2">新元古代(P_{t3})</td><td>震旦纪(Z)</td><td></td><td>800</td><td></td><td>地形不平,冰川广布,晚期海侵加广</td></tr>
<tr><td>青白口纪(Q_n)</td><td></td><td>1000</td><td rowspan="3">晋宁阶段</td><td rowspan="3">沉积深厚,造山变质强烈,岩浆岩活动,矿产生成</td></tr>
<tr><td rowspan="2">中元古代(P_{t2})</td><td>蓟县纪(J_x)</td><td></td><td>1400</td></tr>
<tr><td>长城纪(C_h)</td><td></td><td>1900</td></tr>
<tr><td>古元古代(P_{t1})</td><td></td><td></td><td>2500</td><td rowspan="2"></td><td rowspan="2">早期基性喷发,继以造山作用,变质强烈,花岗石侵入</td></tr>
<tr><td colspan="2">太古代(Ar)</td><td></td><td></td><td>4000</td></tr>
<tr><td colspan="4">地球初期发展阶段</td><td>4600</td><td></td><td>地壳局部变动,大陆开始形成</td></tr>
</table>

参考文献

[1] 华南理工大学,等. 地基及基础[M]. 北京:中国建筑工业出版社,1998.

[2] 周景星,王洪瑾,等. 基础工程[M]. 北京:清华大学出版社,1996.

[3] 熊智彪. 建筑基坑支护[M]. 北京:中国建筑工业出版社,2008.

[4] 刘宗仁. 基坑工程[M]. 哈尔滨:哈尔滨工业大学出版社,2008.

[5] 建筑施工手册(第五版)编委会. 建筑施工手册[M]. 5版. 北京:中国建筑工业出版社,2012.

[6] 中华人民共和国国家标准. 建筑地基基础设计规范(GB 50007—2011)[S]. 北京:中国建筑工业出版社,2012.

[7] 中华人民共和国国家标准. 土工试验方法标准(GB/T 50123—2019)[S]. 北京:中国计划出版社,2019.

[8] 中华人民共和国国家标准. 岩土工程勘察规范(2009年版)(GB 50021—2001)[S]. 北京:中国建筑工业出版社,2009.

[9] 中华人民共和国行业标准. 建筑桩基技术规范(JGJ 94—2008)[S]. 北京:中国建筑工业出版社,2008.

[10] 中华人民共和国行业标准. 建筑地基处理技术规范(JGJ 79—2012)[S]. 北京:中国建筑工业出版社,2013.

[11] 中华人民共和国行业标准. 建筑基坑支护技术规程(JGJ 120—2012)[S]. 北京:中国建筑工业出版社,2012.

[12] 中华人民共和国国家标准. 建筑基坑工程监测技术规范(GB 50497—2009)[S]. 北京:中国建筑工业出版社,2009.

[13] 中华人民共和国国家标准. 建筑地基基础工程施工质量验收规范(GB 50202—2018)[S]. 北京:中国计划出版社,2018.

[14] 中华人民共和国行业标准. 建筑变形测量规范(JGJ 8—2016)[S]. 北京:中国建筑工业出版社,2016.

[15] 中华人民共和国国家标准. 建筑边坡工程技术规范(GB 50330—2013)[S]. 北京:中国建筑工业出版社,2014.

[16] 中华人民共和国行业标准. 建筑地基检测技术规范(JGJ 340—2015)[S]. 北京:中国建筑工业出版社,2015.

[17] 中华人民共和国国家标准. 建筑地基基础工程施工规范(GB 51004—2015)[S]. 北京:中国建筑工业出版社,2015.

[18] 中华人民共和国国家标准. 建筑边坡工程施工质量验收标准(GB/T 51351—2019)[S]. 北京:中国建筑工业出版社,2019.

[19] 中华人民共和国行业标准. 高层建筑筏形与箱形基础技术规范(JGJ 6—2011)[S]. 北京:中国建筑工业出版社,2011.

[20] 中华人民共和国行业标准. 高层建筑岩土工程勘察标准(JGJ/T 72—2017)[S]. 北京:中国建筑工业出版社,2018.